PREFACE 머리말

"꾸준함이 빛을 발하는 합격의 길"

여러분이 손에 잡은 이 교재는 위험물기능사 자격증을 향한 여정에서 중요한 길잡이가 될 것입니다.
최근 개정된 법령으로 많은 변화가 있었지만, 본 교재를 통해 체계적이고 반복적인 학습을 거치다 보면 어느새 자신감이 굳건해지면서 합격의 길로 걸어가고 있음을 경험하게 될 것입니다.

2025년도 위험물기능사 시험은 새롭게 개정된 법령과 위험물 명칭에 있어 중요한 변화가 있었으며, 이에 대한 정확한 이해 없이는 시험에서 좋은 결과를 기대하기 어렵습니다.
본 교재는 이러한 새로운 변화들을 상세히 다루고 있어 여러분들이 시험에 임하는 데 필요한 지식을 완벽히 갖추고자 하였습니다.

이 교재를 통해 학습할 때 주의 깊게 접근해야 할 몇 가지 중요한 포인트는 다음과 같습니다.

첫째, 변경된 법령과 위험물 명칭에 대해 꼼꼼히 숙지하도록 합니다.
둘째, 과년도 기출문제를 반복적으로 풀어봄으로써 문제의 패턴을 파악하고 개념을 한번 더 점검하여 실력을 한층 끌어올릴 수 있습니다.
셋째, 틀린 문제는 확실하게 다시 복습하는 과정을 반복하면서 실전 적응력을 향상시킬 수 있는 연습을 합니다.

마지막으로 자격증 공부에서 가장 중요한 것은 끈기와 자신감이라는 것을 명심하시길 바랍니다.
본 교재가 여러분의 학습 과정에서 신뢰할 수 있는 동반자가 되어 주기를 바라며, 모든 수험생들이 최종 목표에 도달할 때까지 최선을 다해 지원하겠습니다.

여러분의 노력과 이 교재가 만나 성공적인 결과로 이어지기를 진심으로 기원합니다.

편저자 김연진

위험물기능사 취득방법

구분		내용
시험과목	필기	위험물의 성질 및 안전관리
	실기	위험물 취급 실무
검정방법	필기	객관식 4지 택일형, 60문항(60분)
	실기	필답형(1시간 30분)
합격기준	필기	100점을 만점으로 하여 60점 이상
	실기	100점을 만점으로 하여 60점 이상

위험물기능사 합격률

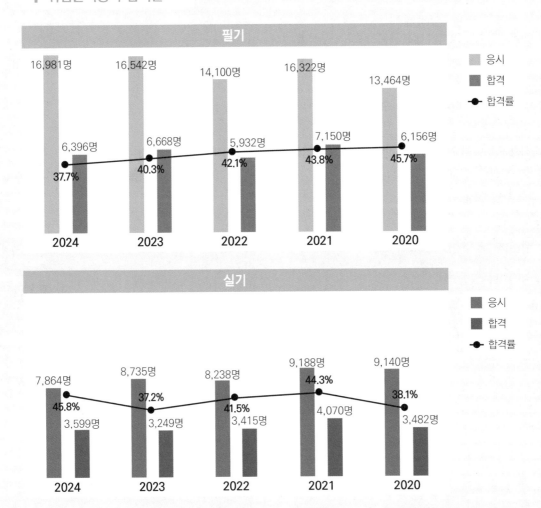

GUIDE 위험물기능사 필기 출제기준

직무분야	화학	중직무분야	위험물	자격종목	위험물 기능사	적용기간	2025.01.01.~ 2029.12.31.
필기검정방법	객관식		문제수	60		시험시간	1시간

필기과목명	주요항목	세부항목
위험물의 성질 및 안전관리	1. 화재 및 소화	1. 물질의 화학적 성질
		2. 화재 및 소화이론의 이해
		3. 소화약제 및 소방시설의 기초
	2. 제1류 ~ 제6류 위험물 취급	1. 성상 및 특성
		2. 저장 및 취급방법의 이해
		3. 소화방법
	3. 위험물 운송 · 운반	1. 위험물 운송기준
		2. 위험물 운반기준
	4. 위험물 제조소 등의 유지관리	1. 위험물 제조소
		2. 위험물 저장소
		3. 위험물 취급소
		4. 제조소등의 소방시설 점검
	5. 위험물 저장 · 취급	1. 위험물 저장기준
		2. 위험물 취급기준
	6. 위험물안전관리 감독 및 행정처리	1. 위험물시설 유지관리감독
		2. 위험물안전관리법상 행정사항

✅ 합격비법 손글씨 핵심요약

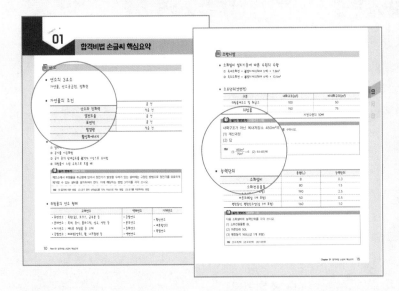

Point 1

꼭 알아야 할 중요한 핵심이론만 눈이 편한 손글씨로 정리

Point 2

실기 맛보기 문제를 통해 실기시험 유형 파악 및 대비 가능

✅ 7개년 CBT 기출복원문제(2018년 ~ 2024년)

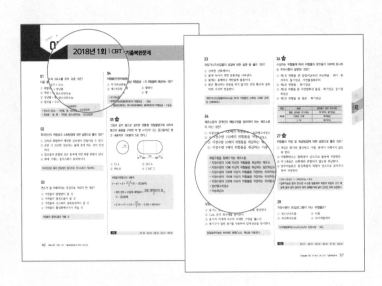

Point 1

7개년 CBT 기출복원문제로 기출경향을 파악하고 빈출표시를 통해 문제적응력 향상

Point 2

문제 해결을 위한 포인트만 콕! 집어 쉽고 명확한 해설로 문제해결력 업그레이드

✅ 최신 CBT 기출복원문제(2025년 1회 · 2회)

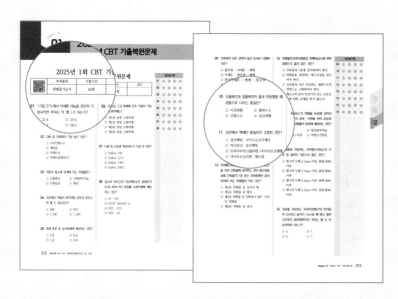

Point 1

2025년 1회·2회 CBT 기출복원문제
풀이로 실전 대비를 위한 최종마무리

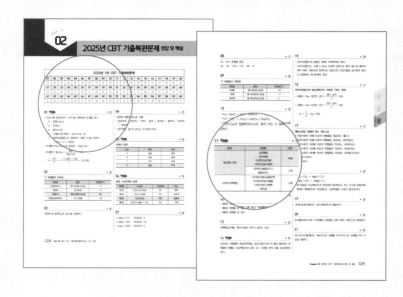

Point 2

핵심만 정확하게 찍어주는 해설로 문제
해결을 위한 스킬 향상

GUIDE 개정 용어 정리표

위험물안전관리법령 주요 개정사항 정리표

🔍 화학 관련 주요 개정용어

개정 전 용어	개정 후 용어	개정 전 용어	개정 후 용어
브롬	브로민	히-	하이-
망간	망가니즈	디-	다이-
과망간산칼륨	과망가니즈산칼륨	트리-	트라이-
요오드	아이오딘	니트로-	나이트로-
유황	황	에테르	에터
황화린	황화인	에스테르	에스터
크롬	크로뮴	메탄	메테인
중크롬산염류	다이크로뮴산염류	에탄	에테인
시안화수소	사이안화수소	프로판	프로페인
알데히드	알데하이드	불소	플루오린
염소화이소시아눌산	염소화아이소사이아누르산	할로겐	할로젠
클레오소트유	크레오소트유	할론	하론
갑종방화문	60분+방화문, 60분방화문	을종방화문	30분방화문

🔍 제5류 위험물 개정사항(2024.4.30. 기준)

개정 전		개정 후	
1. 유기과산화물	10킬로그램	1. 유기과산화물	
2. 질산에스테르류	10킬로그램	2. 질산에스터류	
3. 니트로화합물	200킬로그램	3. 나이트로화합물	
4. 니트로소화합물	200킬로그램	4. 나이트로소화합물	
5. 아조화합물	200킬로그램	5. 아조화합물	
6. 디아조화합물	200킬로그램	6. 다이아조화합물	
7. 히드라진 유도체	200킬로그램	7. 하이드라진 유도체	
8. 히드록실아민	100킬로그램	8. 하이드록실아민	
9. 히드록실아민염류	100킬로그램	9. 하이드록실아민염류	
10. 그 밖에 행정안전부령으로 정하는 것	10킬로그램, 100킬로그램 또는 200킬로그램	10. 그 밖에 행정안전부령으로 정하는 것	제1종 : 10킬로그램 제2종 : 100킬로그램
11. 제1호 내지 제10호의 1에 해당하는 어느 하나 이상을 함유한 것		11. 제1호부터 제10호까지의 어느 하나에 해당하는 위험물을 하나 이상 함유한 것	

CONTENTS 목차

Study check 표 활용법

스스로 학습 계획을 세워서 체크하는 과정을 통해 학습자의 학습능률을 향상시키기 위해 구성하였습니다.
각 단원의 학습을 완료할 때마다 날짜를 기입하고 체크하여, 자신만의 3회독 플래너를 완성시켜보세요.

PART

01

합격비법
손글씨 핵심요약

합격비법 손글씨 핵심요약

📑 연소

- **연소의 3요소**

  가연물, 산소공급원, 점화원

- **가연물의 조건**

산소와 친화력	클 것
열전도율	작을 것
표면적	클 것
발열량	클 것
활성화에너지	작을 것

- **정전기 방지대책**

  ① 접지에 의한 방법

  ② 공기를 이온화함

  ③ 공기 중의 상대습도를 ☆70% 이상으로 유지함

  ④ 위험물이 느린 유속으로 흐를 때

  > 📖 **실기 맛보기** [2024년 3회]
  >
  > 제조소에서 위험물을 취급함에 있어서 정전기가 발생할 우려가 있는 설비에는 규정된 방법으로 정전기를 유효하게 제거할 수 있는 설비를 설치하여야 한다. 이에 해당하는 방법 3가지를 각각 쓰시오.
  >
  > **정답** (1) 접지에 의한 방법 (2) 공기 중의 상대습도를 70% 이상으로 하는 방법 (3) 공기를 이온화하는 방법

- **위험물의 연소 형태**

고체연소	액체연소	기체연소
• 표면연소 : 목탄(숯), 코크스, 금속분 등 • 분해연소 : 목재, 종이, 플라스틱, 섬유, 석탄 등 • 자기연소 : 제5류 위험물 중 고체 • 증발연소 : 파라핀(양초), 황, 나프탈렌 등	• 증발연소 • 분무연소 • 등화연소 • 액면연소	• 확산연소 • 예혼합연소 • 폭발연소

■ 자연발화

자연발화 조건	자연발화 방지법
• 주위의 온도가 높을 것 • 열전도율이 적을 것 • 발열량이 클 것 • 습도가 높을 것 • 표면적이 넓을 것	• 주위의 온도를 낮출 것 • 습도를 낮게 유지할 것 • 환기를 잘 시킬 것 • ☆열의 축적을 방지할 것

■ 위험도(연소범위에 따른 위험한 정도)

$$☆위험도 = \frac{연소상한 - 연소하한}{연소하한}$$

📖 **실기 맛보기** [2022년 1회]

연소범위가 2 ~ 13%인 아세톤의 위험도를 구하시오.
(1) 계산과정
(2) 답

정답 (1) • 아세톤의 연소범위 : 2 ~ 13%
　　　• 위험도 = $\frac{연소상한 - 연소하한}{연소하한}$ = $\frac{13 - 2}{2}$ = 5.5
　　(2) 5.5

■ 주요 연소범위

아세톤	2~13%	아세틸렌	2.5~81%
휘발유(가솔린)	1.4~7.6%	다이에틸에터	1.9~48%
메탄	5~15%	에틸알코올	약 3.1~27.7%
톨루엔	약 1.27~7%	에틸에터	1.7~48%

■ 이상기체 방정식

$$PV = \frac{wRT}{M}$$

• P : 압력　　• V : 부피　　• w : 질량　　• R : 기체상수(0.082atm·m³)
• M : 분자량　　• T : 절대온도(K = 273 + ℃)

> 📖 **실기 맛보기** [2022년 3회]
>
> 이산화탄소 6kg이 섭씨 26도 1atm에서 부피가 몇 L인지 구하시오.
>
> ---
>
> **정답**
>
> $V = \dfrac{wRT}{MP} = \dfrac{6,000g \times 0.082 \times 299K}{44g/mol \times 1} = 3,343.36L$

- 고온체의 색상과 온도

색상	담암적색	암적색	적색	황색	휘적색	황적색	백적색	휘백색
온도(°C)	520	700	850	900	950	1,100	1,300	1,500

📋 화학의 기본법칙

- 수소이온농도

  ① pH : 수소이온농도[H⁺]의 역수의 상용로그 값으로 나타내며, pH값이 작을수록 강한 산성을 나타냄

  $$pH = \log\frac{1}{[H^+]} = -\log[H^+]$$

  ② pOH(수산화이온지수) : 수산화이온농도[OH⁻]의 역수의 상용로그 값으로 나타냄

  $$pOH = \log\frac{1}{[OH^-]} = -\log[OH^-]$$

  ③ pH와 pOH의 관계 : 수소이온이 많을수록 pH값이 작아지고, 수소이온이 적을수록 pH값이 커짐

  $$pH + pOH = 14$$

- 노르말농도(N)

  용액 1L 속에 녹아 있는 용질의 g당량 수를 나타낸 농도

  $$N농도 = \frac{용질의\ 당량\ 수}{용액\ 1L}$$

화재 및 폭발

- 화재의 종류

급수	명칭(화재)	색상	물질
A	일반	백색	목재, 섬유 등
B	유류	황색	유류, 가스 등
C	전기	청색	낙뢰, 합선 등
D	금속	무색	Al, Na, K 등

- 플래시오버(Flash Over)
  ① 실내에서 어느 부분이 무염 연소 또는 연소 확대되는 과정에서 실내의 온도가 높아짐에 따라 가연성 혼합기의 인화점 또는 착화점보다 높게 되면 순간 폭발적으로 연소되며 실내의 가연물에 일시에 착화되는 현상
  ② 발화기 → ☆성장기 → 플래시오버 → 최성기 → 감쇠기
  ③ 내장재의 종류와 개구부의 크기에 영향을 받음

- 분진폭발

분진폭발 위험이 없는 물질	☆시멘트, 모래, 석회분말 등
분진폭발 위험이 있는 물질	금속분, 알루미늄, 밀가루, 설탕, 황 등

소화종류 및 약제

- 소화종류

물리적 소화	냉각소화, 질식소화, 제거소화
화학적 소화	억제소화(부촉매소화)

- 분말 소화약제

약제명	주성분	분해식	색상	적응화재
제1종	탄산수소나트륨	$2NaHCO_3 \rightarrow Na_2CO_3 + CO_2 + H_2O$	백색	BC
제2종	탄산수소칼륨	$2KHCO_3 \rightarrow K_2CO_3 + CO_2 + H_2O$	보라색(담회색)	BC
제3종	인산암모늄	• 1차 : $NH_4H_2PO_4 \rightarrow NH_3 + H_3PO_4$ • 2차 : $NH_4H_2PO_4 \rightarrow NH_3 + HPO_3 + H_2O$	담홍색	ABC
제4종	탄산수소칼륨 + 요소	—	회색	BC

📖 **실기 맛보기** [2024년 3회]

다음의 소화약제의 1차 열분해반응식을 쓰시오.
(1) 제1인산암모늄
(2) 탄산수소칼륨

정답 (1) $NH_4H_2PO_4 \rightarrow NH_3 + H_3PO_4$
    (2) $2KHCO_3 \rightarrow K_2CO_3 + CO_2 + H_2O$

- 이산화탄소 소화약제
  ① 이산화탄소 소화농도 계산식

$$\frac{21 - O_2\%}{21} \times 100$$

  ② 저장용기 설치기준
   • 방호구역 외의 장소에 설치
   • 온도가 40℃ 이하, 온도변화가 작은 곳에 설치
   • 직사광선 및 빗물 침투 우려가 없는 곳에 설치
   • 방화문으로 구획된 실에 설치

- 고팽창포 소화약제
  고팽창포는 고농도의 거품을 생성하고 공기의 흐름을 차단하여 화재 현장에 산소가 공급되지 않도록(질식소화) 하고, 또한 열을 흡수하여 주변 온도를 낮춰 불을 끄는 방식으로 사용됨

📑 소방시설

- **소화설비 설치기준에 따른 수원의 수량**
  ① 옥내소화전 = ✿설치개수(최대 5개) × 7.8m³
  ② 옥외소화전 = ✿설치개수(최대 4개) × 13.5m³

- **소요단위(연면적)**

구분	내화구조(m²)	비내화구조(m²)
위험물제조소 및 취급소	100	50
위험물저장소	150	75
위험물	지정수량의 10배	

> 📖 **실기 맛보기** [2024년 1회]
>
> 내화구조가 아닌 옥내저장소 450m²의 소요단위를 구하시오.
> (1) 계산과정
> (2) 답
>
> ---
> **정답**
> (1) $\frac{450m^2}{75m^2} = 6$ (2) 6소요단위

- **능력단위**

소화설비	용량(L)	능력단위
소화전용물통	8	0.3
수조(물통 3개 포함)	80	1.5
수조(물통 6개 포함)	190	2.5
마른모래(삽 1개 포함)	50	0.5
팽창질석, 팽창진주암(삽 1개 포함)	160	1.0

> 📖 **실기 맛보기** [2020년 1회]
>
> 다음 소화설비의 능력단위를 각각 쓰시오.
> (1) 소화전용물통 8L
> (2) 마른모래 50L
> (3) 팽창질석 160L(삽 1개 포함)
>
> ---
> **정답** (1) 0.3단위 (2) 0.5단위 (3) 1.0단위

■ 경보설비

설치기준	지정수량 10배 이상의 위험물을 저장, 취급하는 제조소등(이동탱크저장소 제외)에는 화재 발생 시 이를 알릴 수 있는 경보설비 설치
종류	• 자동화재탐지설비 • 자동화재속보설비 • 비상경보설비(비상벨장치 또는 경종 포함) • 확성장치(휴대용확성기 포함) • 비상방송설비

■ 자동화재탐지설비 설치기준

10	지정수량 10배 이상을 저장 또는 취급하는 것
50	하나의 경계구역의 한 변의 길이는 50m 이하로 할 것
500	• 제조소 및 일반취급소의 연면적이 500m² 이상일 때 설치 • 500m² 이하이면 두 개의 층에 걸치는 것 가능
600	원칙적으로 경계구역 면적 600m² 이하
1,000	주요 출입구에서 그 내부의 전체를 볼 수 있는 경우 면적 1,000m² 이하

■ 유도등 설치

주유취급소 중 건축물의 2층 이상의 부분을 점포, 휴게음식점 또는 전시장의 용도로 사용하는 것에 있어서는 당해 건축물의 2층 이상으로부터 주유취급소의 부지 밖으로 통하는 출입구와 당해 출입구로 통하는 통로, 계단 및 출입구에는 유도등을 설치할 것

📋 소화난이도등급

■ 소화난이도등급 Ⅰ에 해당하는 제조소등

구분	기준
제조소 일반취급소	• 연면적 1,000m² 이상인 것 • 지정수량의 100배 이상인 것 • 지반면으로부터 6m 이상의 높이에 위험물 취급설비가 있는 것 • 일반취급소로 사용되는 부분 외의 부분을 갖는 건축물에 설치된 것
주유취급소	면적의 합이 500m² 초과하는 것

옥내저장소	• ✿지정수량의 150배 이상인 것 • 연면적 150m² 초과하는 것 • ✿처마높이가 6m 이상인 단층건물 • 옥내저장소로 사용되는 부분 외의 부분이 있는 건축물에 설치된 것
옥외저장소	• 덩어리 상태의 황을 저장하는 것으로서 ✿경계표시 내부의 면적이 100m² 이상인 것 • 인화성 고체, 제1석유류 또는 알코올류를 저장하는 것으로서 지정수량의 100배 이상인 것
옥내탱크저장소	• ✿액표면적이 40m² 이상인 것(제6류 위험물을 저장하는 것 및 고인화점 위험물만을 100℃ 미만의 온도에서 저장하는 것은 제외) • ✿바닥면으로부터 탱크 옆판의 상단까지 높이가 6m 이상인 것(제6류 위험물을 저장하는 것 및 고인화점 위험물만을 100℃ 미만의 온도에서 저장하는 것은 제외) • 탱크전용실이 단층건물 외의 건축물에 있는 것으로서 인화점 38℃ 이상 70℃ 미만의 위험물을 지정수량의 5배 이상 저장하는 것
옥외탱크저장소	• 액표면적이 40m² 이상인 것 • 지반면으로부터 탱크 옆판의 상단까지 높이가 6m 이상인 것 • 지중탱크 또는 해상탱크로서 지정수량의 100배 이상인 것 • 고체위험물을 저장하는 것으로서 지정수량의 100배 이상인 것
암반탱크저장소	• 액표면적이 40m² 이상인 것(제6류 위험물을 저장하는 것 및 고인화점 위험물만을 100℃ 미만의 온도에서 저장하는 것은 제외) • 고체위험물만을 저장하는 것으로서 지정수량의 100배 이상인 것
이송취급소	모든 대상

■ 소화기 사용방법
① 적응화재에 따라 사용
② ✿바람을 등지고 사용
③ 성능에 따라 방출거리 내에서 사용
④ 양옆으로 비를 쓸 듯이 방사

■ 물분무등소화설비의 종류
① 물분무 소화설비
② 포 소화설비
③ 불활성 가스 소화설비
④ 할로젠화합물 소화설비
⑤ 분말 소화설비

📋 위험물 분류

- **위험물 유별 암기법**
  ① 제1류 위험물 : 50 아염과무 300 브질아 1,000 과다
  ② 제2류 위험물 : 100 황건적이 황을 들고 500 금속철마를 타고 옴 1,000 인화성 고체
  ③ 제3류 위험물 : 10 알칼리나 20 황 50 알토유기 300 금수인탄
  ④ 제5류 위험물 : 10 질유 100 하실나아다하

- **혼재 가능한 위험물**

1	6		혼재 가능
2	5	4	혼재 가능
3	4		혼재 가능

> 📖 **실기 맛보기** [2024년 2회]
>
> 다음 유별에 대하여 운반 시 혼재 가능한 유별을 모두 쓰시오. (단, 지정수량의 1/10을 초과하여 운반하는 경우이다.)
> (1) 제1류 위험물
> (2) 제2류 위험물
> (3) 제3류 위험물
>
> **정답** (1) 제6류 위험물 (2) 제5류 위험물, 제4류 위험물 (3) 제4류 위험물

- **유별을 달리하더라도 1m 이상 간격을 둘 때 저장 가능한 경우**
  ① 제1류 위험물(알칼리금속의 과산화물 또는 이를 함유한 것을 제외함)과 제5류 위험물을 저장하는 경우
  ② 제1류 위험물과 제6류 위험물을 저장하는 경우
  ③ 제1류 위험물과 제3류 위험물 중 자연발화성 물질(황린 또는 이를 함유한 것에 한함)을 저장하는 경우
  ④ 제2류 위험물 중 인화성 고체와 제4류 위험물을 저장하는 경우
  ⑤ 제3류 위험물 중 알킬알루미늄등과 제4류 위험물(알킬알루미늄 또는 알킬리튬을 함유한 것에 한함)을 저장하는 경우
  ⑥ 제4류 위험물 중 유기과산화물 또는 이를 함유하는 것과 제5류 위험물 중 유기과산화물 또는 이를 함유한 것을 저장하는 경우

📑 위험물 종류

- 제1류 위험물(산화성 고체)

① 종류

등급	품명	지정수량(kg)	위험물	분자식	기타
I	아염소산염류	50	아염소산나트륨	$NaClO_2$	-
	염소산염류		염소산칼륨	$KClO_3$	
			염소산나트륨	$NaClO_3$	
	과염소산염류		과염소산칼륨	$KClO_4$	
			과염소산나트륨	$NaClO_4$	
	무기과산화물		과산화칼륨	K_2O_2	• 과산화칼슘 • 과산화마그네슘
			과산화나트륨	Na_2O_2	
II	브로민산염류	300	브로민산암모늄	NH_4BrO_3	-
	질산염류		질산칼륨	KNO_3	
			질산나트륨	$NaNO_3$	
	아이오딘산염류		아이오딘산칼륨	KIO_3	
III	과망가니즈산염류	1,000	과망가니즈산칼륨	$KMnO_4$	
	다이크로뮴산염류		다이크로뮴산칼륨	$K_2Cr_2O_7$	

② 특징

일반적인 성질	강산화성 물질, 불연성 고체, 조연성, 조해성, 비중이 1보다 큼
무기과산화물	• ✿물과 반응하여 산소 발생하므로 주수소화 금지 • 산화 반응하여 과산화수소 발생 • ✿분해하여 산소 발생
위험성	• 알칼리금속의 과산화물은 물과 반응 시 산소 방출 및 심한 발열을 함 • 가연물과 접촉·혼합으로 분해폭발
저장방법	서늘하고 환기가 잘 되는 곳에 보관
소화방법	• ✿알칼리금속의 과산화물 : 주수금지 • 그 외 : 주수소화

다음은 제1류 위험물에 대한 내용이다. 빈칸에 알맞은 내용을 쓰시오.

물질명	화학식	지정수량(kg)
과망가니즈산나트륨	(①)	1,000
과염소산나트륨	(②)	(③)
질산칼륨	(④)	(⑤)

정답 ① $NaMnO_4$ ② $NaClO_4$ ③ 50 ④ KNO_3 ⑤ 300

■ 제2류 위험물(가연성 고체)

① 종류

등급	품명	지정수량(kg)	위험물	분자식
II	황화인	100	삼황화인	P_4S_3
			오황화인	P_2S_5
			칠황화인	P_4S_7
	적린		적린	P
	황		황	S
III	금속분	500	알루미늄분	Al
			아연분	Zn
			안티몬	Sb
	철분		철분	Fe
	마그네슘		마그네슘	Mg
	인화성 고체	1,000	고형알코올	-

② 특징

일반적인 성질	비중이 1보다 큼, 불용성, 산소를 함유하지 않는 강한 환원성 물질
위험물 기준	• 황 : ✿순도 60wt% 이상인 것 • 철분 : ✿$53\mu m$ 표준체를 통과하는 것이 50wt% 이상인 것 • 금속분 : ✿구리분, 니켈분을 제외하고 $150\mu m$ 표준체를 통과하는 것이 50wt% 이상인 것 • 마그네슘 : 지름 2mm 이상의 막대 모양이거나 2mm 체를 통과하지 않는 덩어리 상태의 것 제외

저장방법	• 점화원으로부터 멀리하고 가열을 피할 것 • 강산화성 물질과의 혼합을 피할 것 • 금속분, 철분, 마그네슘은 물, 습기, 산과의 접촉을 피해야 함
소화방법	• 금속분, 철분, 마그네슘 : 주수금지, 질식소화 • 인화성 고체 및 그 외 : 주수소화

📖 **실기 맛보기** [2023년 4회]

제2류 위험물 중 지정수량이 500kg인 품명 3가지를 쓰시오.

정답 철분, 마그네슘, 금속분

■ 제3류 위험물(자연발화성 및 금수성 물질)

① 종류

등급	품명	지정수량(kg)	위험물	분자식
I	알킬알루미늄	10	트라이에틸알루미늄	$(C_2H_5)_3Al$
	칼륨		칼륨	K
	알킬리튬		알킬리튬	RLi
	나트륨		나트륨	Na
	황린	20	황린	P_4
II	알칼리금속 (칼륨, 나트륨 제외)	50	리튬	Li
			루비듐	Rb
	알칼리토금속		칼슘	Ca
			바륨	Ba
	유기금속화합물(알킬알루미늄, 알킬리튬 제외)		-	-
III	금속의 수소화물	300	수소화칼슘	CaH_2
			수소화나트륨	NaH
	금속의 인화물		인화칼슘	Ca_3P_2
	칼슘, 알루미늄의 탄화물		탄화칼슘	CaC_2
			탄화알루미늄	Al_4C_3

② 특징

일반적인 성질	• 자연발화성 물질(황린) : 공기 중에서 온도가 높아지면 스스로 발화 • 금수성 물질(황린 외) : 물과 접촉하면 가연성 가스 발생
저장방법	• 황린 : ✡pH 9인 물속에 저장 • K, Na 및 알칼리금속 : 산소가 함유되지 않은 ✡석유류에 저장
소화방법	• ✡자연발화성 물질 : 주수소화 • 금수성 물질 : 주수금지, 질식소화

■ 제4류 위험물(인화성 액체)

① 종류

등급	품명		지정수량(L)	위험물	분자식	기타
I	특수인화물	비수용성	50	이황화탄소	CS_2	• 이소프로필아민 • 황화다이메틸
		수용성		다이에틸에터	$C_2H_5OC_2H_5$	
				아세트알데하이드	CH_3CHO	
				산화프로필렌	CH_2CHOCH_3	
II	제1석유류	비수용성	200	휘발유	-	• 사이클로헥산 • 염화아세틸 • 초산메틸 • 에틸벤젠
				메틸에틸케톤	-	
				톨루엔	$C_6H_5CH_3$	
				벤젠	C_6H_6	
		수용성	400	사이안화수소	HCN	
				아세톤	CH_3COCH_3	
				피리딘	C_5H_5N	
	알코올류			메틸알코올	CH_3OH	
				에틸알코올	C_2H_5OH	

등급	품명		지정수량(L)	위험물	분자식	기타
III	제2석유류	비수용성	1,000	등유	-	-
				경유	-	
				스틸렌	-	
				크실렌	-	
				클로로벤젠	C_6H_5Cl	
		수용성	2,000	아세트산	CH_3COOH	
				포름산	$HCOOH$	
	제3석유류	비수용성		하이드라진	N_2H_4	
				크레오소트유	-	
				중유	-	
				아닐린	$C_6H_5NH_2$	
				나이트로벤젠	$C_6H_5NO_2$	
		수용성	4,000	글리세린	$C_3H_5(OH)_3$	
				에틸렌글리콜	$C_2H_4(OH)_2$	
	제4석유류		6,000	윤활유	-	
				기어유		
				실린더유		
	동식물유류		10,000	대구유		
				정어리유		
				해바라기유		
				들기름		
				아마인유		

② 특징

일반적인 성질	비수용성, 비중이 1보다 작아 물보다 가벼움, 전기부도체, 증기비중은 공기보다 무거움
위험물 기준	• 특수인화물 : 이황화탄소, 다이에틸에터 그 밖에 1기압에서 발화점이 섭씨 100도 이하인 것 또는 ✽인화점이 섭씨 영하 20도 이하이고 ✽비점이 섭씨 40도 이하인 것 • 제1석유류 : 아세톤, 휘발유 그 밖에 1기압에서 ✽인화점이 섭씨 21도 미만인 것 • 제2석유류 : 등유, 경유 그 밖에 1기압에서 ✽인화점이 섭씨 21도 이상 70도 미만인 것
저장방법	통풍이 잘 되는 냉암소에 저장, 누출 방지 위해 밀폐용기 사용
소화방법	질식소화, 억제소화
인화점	이황화탄소 > 산화프로필렌 > 아세트알데하이드 > 다이에틸에터 > 이소펜탄

③ 동식물유류의 종류

구분	아이오딘값	불포화도	종류
건성유	130 이상	큼	대구유, 정어리유, 상어유, 해바라기유, 동유, 아마인유, 들기름
반건성유	100 초과 130 미만	중간	면실유, 청어유, 쌀겨유, 옥수수유, 채종유, 참기름, 콩기름
불건성유	100 이하	작음	소기름, 돼지기름, 고래기름, 올리브유, 팜유. 땅콩기름, 피마자유, 야자유

📖 **실기 맛보기** [2023년 2회]

다음 중 불건성유를 모두 선택하여 쓰시오. (단, 해당하는 물질이 없으면 "없음"이라 쓰시오.)

야자유, 아마인유, 해바라기유, 피마자유, 올리브유

정답 야자유, 피마자유, 올리브유

■ 제5류 위험물(자기반응성 물질)

① 종류

등급	품명	지정수량(kg) 제1종 : 10kg 제2종 : 100kg	위험물	분자식	기타
I	질산에스터류	10	질산메틸	CH_3ONO_2	-
			질산에틸	$C_2H_5ONO_2$	
			나이트로글리세린	$C_3H_5(ONO_2)_3$	
			나이트로글리콜		
			나이트로셀룰로오스	-	
			셀룰로이드		
	유기과산화물		과산화벤조일	$(C_6H_5CO)_2O_2$	• 과산화메틸에틸케톤
			아세틸퍼옥사이드	-	
II	하이드록실아민	100		NH_2OH	-
	하이드록실아민염류				
	나이트로화합물		트라이나이트로톨루엔	$C_6H_2(NO_2)_3CH_3$	• 다이나이트로벤젠 • 다이나이트로톨루엔
			트라이나이트로페놀	$C_6H_2(NO_2)_3OH$	
			테트릴		
	나이트로소화합물				
	아조화합물				
	다이아조화합물		-		-
	하이드라진유도체				
	질산구아니딘				

② 특징

일반적인 성질	• 유기화합물이며(하이드로진유도체 제외) 가연성 물질, 비중이 1보다 큼 • 분자 자체에 산소 함유하고 있어 산소 공급 없이도 가열, 충격 등에 의해 연소 폭발		
	품명	위험물	상태
상온에서 위험물 상태	질산에스터류	질산메틸 질산에틸 나이트로글리콜 나이트로글리세린	액체
		나이트로셀룰로오스 셀룰로이드	고체
	나이트로화합물	트라이나이트로톨루엔 트라이나이트로페놀 다이나이트로벤젠 테트릴	고체
소화방법	주수소화		

📖 **실기 맛보기** [2024년 4회]

다음 [보기] 중 질산에스터류에 해당하는 물질을 모두 쓰시오.

─────────────── [보기] ───────────────
트라이나이트로톨루엔, 나이트로셀룰로오스, 나이트로글리세린, 테트릴, 질산메틸, 피크린산

정답 나이트로셀룰로오스, 나이트로글리세린, 질산메틸

- **제6류 위험물(산화성 액체)**
  ① 종류

등급	위험물	지정수량(kg)	분자식	기타
I	질산	300	HNO_3	-
	과산화수소		H_2O_2	-
	과염소산		$HClO_4$	
	할로젠간화합물		BrF_3	삼플루오린화브로민
			BrF_5	오플루오린화브로민
			IF_5	오플루오린화아이오딘

② 특징

일반적인 성질	무기화합물, 불연성, 조연성, 강산화제, 분자 내에 산소 함유하고 있어 분해 시 산소 발생
저장방법	• 화기 및 직사광선 피해 저장 • 물, 가연물, 유기물과 접촉 금지
위험물 기준	• 질산 : ☆비중 1.49 이상 • 과산화수소 : ☆농도 36wt% 이상
소화방법	주수소화, 마른모래(건조사)

📖 **실기 맛보기** [2024년 2회]

제6류 위험물에 대하여 다음 물음에 답하시오. (해당하지 않으면 "해당 없음"이라 쓰시오.)

(1) 질산
  • 화학식
  • 위험물 기준

(2) 과염소산
  • 화학식
  • 위험물 기준

(3) 과산화수소
  • 화학식
  • 위험물 기준

정답 (1) HNO_3 / 비중 1.49 이상 (2) $HClO_4$ / 해당 없음 (3) H_2O_2 / 농도 36wt% 이상

📋 위험물별 특징

■ 위험물별 유별 주의사항 및 게시판, 피복유형
   ① 게시판 크기 : 표지는 한 변의 길이가 0.3m, 다른 한 변의 길이는 0.6m 이상
   ② 위험물별 유별 특징

유별	종류	운반용기 외부 주의사항	게시판	소화방법	피복
제1류	알칼리금속 과산화물	가연물접촉주의 화기 · 충격주의 물기엄금	물기엄금	주수금지	방수성 차광성
	그 외	가연물접촉주의 화기 · 충격주의	-	주수소화	차광성
제2류	철분 · 금속분 · 마그네슘	화기주의 물기엄금	화기주의	주수금지	방수성
	인화성 고체	화기엄금	화기엄금	주수소화 질식소화	-
	그 외	화기주의	화기주의	주수소화	

유별	종류	운반용기 외부 주의사항	게시판	소화방법	피복
제3류	자연발화성 물질	화기엄금 공기접촉엄금	화기엄금	주수소화	차광성
	금수성 물질	물기엄금	물기엄금	주수금지	방수성
제4류	-	화기엄금	화기엄금	질식소화	차광성 (특수인화물)
제5류		화기엄금 충격주의	화기엄금	주수소화	차광성
제6류		가연물접촉주의	-	주수소화	차광성

📖 **실기 맛보기** [2024년 4회]

다음 물질의 운반용기 외부에 표시해야 하는 주의사항을 쓰시오.

(1) 과산화벤조일   (2) 과산화수소   (3) 아세톤
(4) 마그네슘   (5) 황린

정답 (1) 화기엄금, 충격주의 (2) 가연물접촉주의 (3) 화기엄금 (4) 화기주의, 물기엄금 (5) 화기엄금, 공기접촉엄금

③ 게시판 종류 및 바탕, 문자색

종류	바탕색	문자색
위험물제조소	백색	흑색
위험물	흑색	황색
주유 중 엔진정지	황색	흑색
화기엄금, 화기주의	적색	백색
물기엄금	청색	백색

■ 주요한 위험물별 화학반응식

① 탄화알루미늄과 물의 반응식

> • $Al_4C_3 + 12H_2O \rightarrow 4Al(OH)_3 + 3CH_4$
> • 탄화알루미늄은 물과 반응하여 수산화알루미늄과 메탄을 발생한다.

② 알루미늄분과 물의 반응식

> • $2Al + 6H_2O \rightarrow 2Al(OH)_3 + 3H_2$
> • 알루미늄분은 물과 반응하여 수산화알루미늄과 수소를 발생하며 폭발한다.

③ 탄화칼슘과 물의 반응식

- $CaC_2 + 2H_2O \rightarrow Ca(OH)_2 + C_2H_2$
- 탄화칼슘은 물과 반응하여 수산화칼슘과 아세틸렌을 발생한다.

④ 인화칼슘과 물의 반응식

- $Ca_3P_2 + 6H_2O \rightarrow 3Ca(OH)_2 + 2PH_3$
- 인화칼슘은 물과 반응하여 수산화칼슘과 포스핀가스를 발생한다.

⑤ 적린의 연소반응식

- $4P + 5O_2 \rightarrow 2P_2O_5$
- 적린은 연소하여 오산화인이 발생한다.

⑥ 벤젠의 연소반응식

- $2C_6H_6 + 15O_2 \rightarrow 12CO_2 + 6H_2O$
- 벤젠은 연소하여 이산화탄소와 물을 생성한다.

⑦ 이황화탄소와 물의 반응식

- $CS_2 + 2H_2O \rightarrow CO_2 + 2H_2S$
- 이황화탄소는 물과 반응하여 이산화탄소와 황화수소를 발생한다.

⑧ 과산화나트륨과 물의 반응식

- $2Na_2O_2 + 2H_2O \rightarrow 4NaOH + O_2$
- 과산화나트륨은 물과 반응하여 수산화나트륨과 산소를 발생한다.

⑨ 삼황화인의 연소반응식

- $P_4S_3 + 8O_2 \rightarrow 2P_2O_5 + 3SO_2$
- 삼황화인은 연소하여 오산화인과 이산화황을 발생한다.

⑩ 오황화인의 연소반응식

- $2P_2S_5 + 15O_2 \rightarrow 2P_2O_5 + 10SO_2$
- 오황화인은 연소하여 오산화인과 이산화황을 발생한다.

⑪ 트라이메틸알루미늄의 연소반응식

- $2(CH_3)_3Al + 12O_2 \rightarrow Al_2O_3 + 6CO_2 + 9H_2O$
- 트라이메틸알루미늄은 연소하여 산화알루미늄, 이산화탄소, 물을 생성한다.

⑫ 칼륨과 에탄올의 반응식

> • 2K + 2C$_2$H$_5$OH → 2C$_2$H$_5$OK + H$_2$
>
> • 칼륨은 에탄올과 반응하여 칼륨에틸레이트와 수소를 생성한다.

📖 **실기 맛보기** [2024년 3회]

다음 위험물의 연소반응식을 쓰시오.

(1) 삼황화인

(2) 오황화인

정답 (1) P$_4$S$_3$ + 8O$_2$ → 2P$_2$O$_5$ + 3SO$_2$ (2) 2P$_2$S$_5$ + 15O$_2$ → 2P$_2$O$_5$ + 10SO$_2$

📋 위험물 운반

■ 위험물 적재방법

고체위험물	☀운반용기 내용적의 95% 이하의 수납율로 수납
액체위험물	☀운반용기 내용적의 98% 이하의 수납율로 수납하되, 55℃의 온도에서 누설되지 않도록 충분한 공간용적 유지
알킬알루미늄등	☀운반용기 내용적의 90% 이하의 수납율로 수납하되, ☀50℃의 온도에서 5% 이상의 공간용적 유지

■ 위험물안전관리자

① 안전관리자를 선임한 제조소등의 관계인은 안전관리자를 해임하거나 안전관리자가 퇴직한 때에는 해임하거나 퇴직한 날부터 ☀30일 이내에 다시 안전관리자를 선임하여야 함

② 안전관리자를 선임한 경우 선임한 날부터 ☀14일 이내 행정안전부령으로 정하는 바에 따라 ☀소방본부장 또는 소방서장에게 신고하여야 함

③ ☀안전관리자, 탱크시험자, 위험물운반자, 위험물운송자 등 위험물의 안전관리와 관련된 업무를 수행하는 자는 ☀소방청장이 실시하는 안전교육을 받아야 함

■ 운송책임자의 감독, 지원을 받아 운송하는 위험물

① ☀알킬알루미늄

② ☀알킬리튬

③ 알킬알루미늄, 알킬리튬을 함유하는 위험물

- 위험물안전카드를 휴대해야 하는 위험물

  ✿제4류 위험물 중 특수인화물 및 제1석유류

> 📖 **실기 맛보기** [2024년 1회]
>
> 위험물안전관리법령상 제4류 위험물을 운송할 때 위험물안전카드를 휴대해야 하는 위험물 품명 2가지를 쓰시오.
>
> ---
> **정답** 특수인화물, 제1석유류

📋 위험물제조소

- 안전거리

구분	거리
사용전압 7,000V 초과 35,000V 이하 특고압 가공전선	3m 이상
사용전압 35,000V 초과의 특고압 가공전선	5m 이상
주거용으로 사용	10m 이상
고압가스, 액화석유가스, 도시가스를 저장, 취급하는 시설	20m 이상
✿학교, 병원, 영화상영관 등 수용인원 300명 이상 ✿복지시설, 어린이집 등 수용인원 20명 이상	30m 이상
✿지정문화유산, 천연기념물 등	50m 이상

> 📖 **실기 맛보기** [2024년 3회]
>
> 제조소등으로부터 다음 시설물까지의 안전거리는 몇 m 이상으로 해야 하는지 쓰시오.
> (1) 노인복지시설
> (2) 고압가스시설
> (3) 35,000V를 초과하는 특고압 가공전선
>
> ---
> **정답** (1) 30m 이상 (2) 20m 이상 (3) 5m 이상

- 보유공지

취급하는 위험물의 최대수량	공지의 너비
지정수량의 10배 이하	3m 이상
지정수량의 10배 초과	5m 이상

■ 위험물제조소 구조 기준

건축물 구조	• 벽·기둥·바닥·보·서까래 및 계단은 ✷불연재료로 함 • 연소의 우려가 있는 외벽은 출입구 외의 개구부가 없는 내화구조의 벽으로 하여야 함
환기설비	• 환기는 자연배기방식으로 할 것 • 급기구는 낮은 곳에 설치하고 가는 눈의 구리망 등으로 인화방지망을 설치
배출설비	• 급기구는 높은 곳에 설치하고, 가는 눈의 구리망 등으로 인화방지망을 설치 • 국소방식 배출능력은 1시간당 배출장소 용적의 20배 이상인 것으로 하여야 함
파괴판	위험물의 성질에 따라 안전밸브의 작동이 곤란한 가압설비에 한하여 설치
피뢰설비	제6류 위험물을 취급하는 경우를 제외하고 지정수량의 10배 이상의 위험물을 취급하는 제조소에 설치
방유제 용량	제조소 옥외에 있는 위험물취급탱크의 방유제 용량 • 탱크 1기 = ✷탱크용량 × 0.5 • 탱크 2기 = ✷(최대 탱크용량 × 0.5) + (나머지 탱크용량 × 0.1)

📖 실기 맛보기 [2024년 4회]

위험물제조소의 옥외에 용량이 500L와 200L인 액체위험물(이황화탄소 제외) 취급탱크 2기가 있다. 2기의 탱크 주위에 하나의 방유제를 설치하는 경우 방유제의 용량은 얼마 이상이 되게 하여야 하는지 쓰시오. (단, 지정수량 이상을 취급하는 경우이다.)

(1) 계산과정

(2) 답

정답 (1) 위험물제조소 옥외의 위험물취급탱크 방유제 용량 계산식

탱크 2기인 경우 = (최대 탱크용량 × 0.5) + (나머지 탱크용량 × 0.1) = (500L × 0.5) + (200L × 0.1) = 270L

(2) 270L

📋 위험물저장소

- 옥내저장소

저장창고 구조	• 벽, 기둥 및 바닥 : 내화구조 • 보, 서까래 : 불연재료 • 출입구 : 60분 + 방화문, 60분방화문 또는 30분방화문 설치
지정과산화물 저장·취급하는 옥내저장소 기준	• 서까래 간격 : 30cm 이하로 할 것 • 저장창고 출입구 : 60분+방화문, 60분방화문 설치 • 저장창고의 창 - 바닥면으로부터 2m 이상의 높이에 설치 - 하나의 벽면에 두는 창의 면적의 합계 : 당해 벽면의 면적의 80분의 1 이내 - 하나의 창의 면적 : 0.4m² 이내 • 저장창고 : 150m² 이내마다 격벽으로 완전하게 구획할 것

- 옥외저장소
  ① 덩어리 상태의 황만을 지반면에 설치한 경계표시의 안쪽에서 저장 또는 취급 시 기준
     • 하나의 경계표시의 내부 면적은 100m² 이하일 것
     • 경계표시의 높이는 1.5m 이하로 할 것
  ② 저장할 수 있는 위험물
     • 제2류 위험물 중 황 또는 인화성 고체(인화점 0℃ 미만은 취급불가)
     • 제4류 위험물 중 특수인화물 제외한 것(제1석유류는 인화점이 0℃ 이상인 것에 한함)
     • 제6류 위험물

- 저장소별 보유공지
  ① 옥내저장소

위험물 최대수량	공지의 너비	
	벽, 기둥 및 바닥이 내화구조	그 밖의 건축물
지정수량의 5배 이하	-	0.5m 이상
지정수량의 5배 초과 10배 이하	1m 이상	1.5m 이상
지정수량의 10배 초과 20배 이하	2m 이상	3m 이상
지정수량의 20배 초과 50배 이하	3m 이상	5m 이상
지정수량의 50배 초과 200배 이하	5m 이상	10m 이상
지정수량의 200배 초과	10m 이상	15m 이상

② 옥외저장소

위험물 최대수량	공지의 너비
지정수량의 10배 이하	3m 이상
지정수량의 10배 초과 20배 이하	5m 이상
지정수량의 20배 초과 50배 이하	9m 이상
지정수량의 50배 초과 200배 이하	12m 이상
지정수량의 200배 초과	15m 이상

③ 옥외탱크저장소

위험물 최대수량	공지의 너비
지정수량의 500배 이하	3m 이상
지정수량의 500배 초과 1,000배 이하	5m 이상
지정수량의 1,000배 초과 2,000배 이하	9m 이상
지정수량의 2,000배 초과 3,000배 이하	12m 이상
지정수량의 3,000배 초과 4,000배 이하	15m 이상
지정수량의 4,000배 초과	탱크의 수평단면의 최대지름과 높이 중 큰 것 이상 ① 소 : 15m 이상 ② 대 : 30m 이하

📖 **실기 맛보기** [2024년 3회]

위험물안전관리법령상 지정수량의 3천배 초과 4천배 이하의 위험물을 저장하는 옥외탱크저장소에 확보하여야 하는 보유공지의 너비는 얼마인지 쓰시오.

정답 15m 이상

■ 옥내탱크저장소의 구조

① 단층건물에 설치된 탱크전용실에 설치할 것
② 옥내저장탱크와 탱크전용실의 벽과의 사이 및 옥내저장탱크 상호 간에는 ☆0.5m 이상의 간격을 유지할 것
③ 옥내저장탱크의 용량은 지정수량의 40배 이하일 것

📖 **실기 맛보기** [2022년 4회]

옥내탱크저장소에 탱크 2기가 설치되어 있다. 다음 물음에 답하시오.
(1) 탱크와 벽 사이의 거리는 몇 m 이상으로 하여야 하는지 쓰시오.
(2) 탱크 상호 간의 거리는 몇 m 이상으로 하여야 하는지 쓰시오.

정답 (1) 0.5m 이상 (2) 0.5m 이상

■ 옥외탱크저장소 외부구조 및 설비

밸브 없는 통기관	• 지름은 30mm 이상일 것 • 끝부분은 수평면보다 45도 이상 구부려 빗물 등의 침투를 막는 구조로 할 것 • 인화점이 38℃ 미만인 위험물만을 저장 또는 취급하는 탱크 : 화염방지장치 설치 • 그 외의 탱크 : 40메쉬 이상의 구리망 또는 동등 이상의 성능을 가진 인화방지장치 설치
대기밸브부착 통기관	• ✿5kPa 이하의 압력 차이로 작동할 수 있을 것 • ✿가는 눈의 구리망 등으로 ✿인화방지망 설치
방유제	• 용량 　- 탱크 1기 = ✿탱크용량의 110% 이상 　- 탱크 2기 이상 = ✿최대인 것 용량의 110% 이상 　- 인화성 없는 액체 = 100%로 함 • 높이 0.5m 이상 3m 이하, 두께 0.2m 이상 • 면적 : 80,000m² 이하 • 방유제 내에 설치하는 옥외저장탱크 수 : 10 이하 • 방유제는 옥외저장탱크의 지름에 따라 그 탱크의 옆판으로부터 다음의 거리를 유지 　- 지름 15m 미만인 경우 : 탱크 높이의 ✿3분의 1 이상 　- 지름 15m 이상인 경우 : 탱크 높이의 ✿2분의 1 이상

📖 **실기 맛보기** [2023년 3회]

휘발유를 저장하는 옥외탱크저장소에 대하여 다음 물음에 답하시오.
(1) 하나의 방유제 내에 설치할 수 있는 탱크의 개수를 쓰시오.
(2) 방유제의 높이를 쓰시오.
(3) 하나의 방유제 내의 면적은 몇 m² 이하로 하는지 쓰시오.

정답 (1) 10개 (2) 0.5m 이상 3m 이하 (3) 8만m² 이하

■ 지하탱크저장소
① 탱크전용실 벽의 두께는 ✿0.3m 이상
② 지하저장탱크와 탱크전용실 안쪽과의 간격은 ✿0.1m 이상 간격 유지
③ 지하저장탱크를 ✿2 이상 인접하게 설치하는 경우는 그 상호 간에 ✿1m 이상 간격 유지

- 간이탱크저장소

  ① 간이저장탱크 용량 : ✹600L 이하

  ② 간이저장탱크 두께 : ✹3.2mm 이상의 강판으로 흠이 없도록 제작하여야 하며, ✹70kPa의 압력으로 ✹10분간의 수압시험을 실시하여 새거나 변형되지 않아야 함

  ③ 하나의 간이탱크저장소에 설치하는 간이저장탱크의 수 : ✹3 이하

  📖 **실기 맛보기** [2023년 4회]

  위험물안전관리법령상 간이탱크저장소에 대하여 다음 각 물음에 답하시오.
  (1) 1개의 간이탱크저장소에 설치하는 간이저장탱크는 몇 개 이하로 하여야 하는지 쓰시오.
  (2) 간이저장탱크의 용량은 몇 L 이하이어야 하는지 쓰시오.
  (3) 간이저장탱크는 두께를 몇 mm 이상의 강판으로 하여야 하는지 쓰시오.

  정답 (1) 3개 (2) 600L (3) 3.2mm

- 이동탱크저장소

  ① 이동저장탱크의 구조

칸막이	✹4,000L 이하마다 ✹3.2mm 이상의 강철판 또는 이와 동등 이상의 강도, 내열성 및 내식성이 있는 금속성의 것으로 설치
방파판	두께 1.6mm 이상의 강철판 또는 이와 동등 이상의 강도, 내열성 및 내식성이 있는 금속성의 것으로 할 것

  ② 이동저장탱크의 외부도장 색상

유별	제1류	제2류	제3류	제5류	제6류
색상	회색	적색	청색	황색	청색

- 탱크의 용적 산정기준

  ① 탱크용량

  $$탱크내용적 - 공간용적 = (탱크의\ 내용적) \times (1 - 공간용적비율)$$

  ② 원통형 탱크의 내용적(횡으로 설치한 것)

  $$✹\ v = \pi r^2 (l + \frac{l_1 + l_2}{3})(1 - 공간용적)$$

  $$= 원의\ 면적 \times (가운데\ 체적길이 + \frac{양끝\ 체적길이의\ 합}{3}) \times (1 - 공간용적)$$

- 탱크의 용량
  ① 일반적인 탱크의 공간용적은 탱크 내용적의 ✻100분의 5 이상 100분의 10 이하로 함
  ② 소화설비(소화약제 방출구를 탱크 안의 윗부분에 설치하는 것에 한함) 설치 시 탱크용적은 소화약제 방출구 아래 ✻0.3m 이상 1m 미만 사이의 면으로부터 ✻윗부분의 용적으로 함
  ③ 암반탱크에 있어서 탱크 내 용출하는 ✻7일간의 지하수 양에 상당하는 용적과 해당 탱크의 내용적의 ✻100분의 1의 용적 중 보다 큰 용적을 공간용적으로 함

  > 📖 **실기 맛보기** [2022년 2회]
  >
  > 다음은 위험물안전관리법령에서 정한 탱크 용적 산정기준에 관한 내용이다. 빈칸에 알맞은 수치를 쓰시오.
  >
  > - 위험물을 저장 또는 취급하는 탱크의 용량은 당해 탱크 내용적에서 공간용적을 뺀 용적으로 한다.
  > - 탱크의 공간용적은 탱크의 내용적의 100분의 (1) 이상 100분의 (2) 이하의 용적으로 한다. 다만, 소화설비(소화약제 방출구를 탱크 안의 윗부분에 설치하는 것에 한한다)를 설치하는 탱크의 공간용적은 해당 소화설비의 소화약제 방출구 아래의 (3)미터 이상 (4)미터 미만 사이의 면으로부터 윗부분의 용적으로 한다.
  >
  > 정답 (1) 5 (2) 10 (3) 0.3 (4) 1

📄 위험물취급소

- 주유취급소의 위험물 취급기준
  ① 자동차에 인화점 ✻40℃ 미만의 위험물을 주유할 때에는 자동차의 원동기를 반드시 정지시킬 것
  ② 자동차에 주유할 때는 ✻고정주유설비 이용하여 직접 주유
  ③ 주유설비의 중심선을 기점으로 ✻도로경계선까지 4m 이상의 거리를 유지할 것

- 판매취급소

판매취급소 구분	• 제1종 판매취급소 : 저장, 취급하는 위험물의 수량이 지정수량의 ✻20배 이하인 판매취급소
	• 제2종 판매취급소 : 저장, 취급하는 위험물의 수량이 지정수량의 ✻40배 이하인 판매취급소
배합실 기준	• 바닥면적은 ✻6m² 이상 15m² 이하로 할 것
	• 내화구조 또는 불연재료로 된 벽으로 구획할 것
	• 출입구에는 수시로 열 수 있는 자동폐쇄식의 60분+방화문, 60분방화문을 설치할 것
	• 출입구 문턱의 높이는 바닥면으로부터 ✻0.1m 이상으로 할 것

■ 이송취급소에 설치하는 경보설비

① 이송기지 : 비상벨장치 및 확성장치 설치
② 가연성 증기를 발생하는 위험물을 취급하는 펌프실 등 : 가연성 증기 경보설비 설치

📄 제조소등에서 위험물 저장 및 취급

■ 알킬알루미늄등을 취급하는 제조소의 특례
① 알킬알루미늄등을 취급하는 설비의 주위에는 누설범위를 국한하기 위한 설비와 누설된 알킬알루미늄등을 안전한 장소에 설치된 저장실에 유입시킬수 있는 설비를 갖출 것
② 알킬알루미늄등을 취급하는 설비에는 불활성 기체를 봉입하는 장치를 갖출 것

■ 아세트알데하이드등을 취급하는 제조소의 특례
① 아세트알데하이드등을 취급하는 설비는 ✸은·수은·동·마그네슘 또는 이들을 성분으로 하는 합금으로 만들지 아니할 것
② 아세트알데하이드등을 취급하는 설비에는 연소성 혼합기체의 생성에 의한 폭발을 방지하기 위한 불활성 기체 또는 수증기를 봉입하는 장치를 갖출 것
③ 아세트알데하이드등을 취급하는 탱크(옥외에 있는 탱크 또는 옥내에 있는 탱크로서 그 용량이 지정수량의 5분의 1 미만의 것을 제외)에는 냉각장치 또는 저온을 유지하기 위한 장치(이하 "보냉장치") 및 연소성 혼합기체의 생성에 의한 폭발을 방지하기 위한 불활성 기체를 봉입하는 장치를 갖출 것

■ 아세트알데하이드등 저장기준
① 보냉장치가 있는 경우 : 이동저장탱크에 저장하는 아세트알데하이드등 또는 다이에틸에터등의 온도는 당해 위험물의 ✸비점 이하로 유지할 것
② 보냉장치가 없는 경우 : 이동저장탱크에 저장하는 아세트알데하이드등 또는 다이에틸에터등의 온도는 ✸40℃ 이하로 유지할 것
③ 옥외저장탱크·옥내저장탱크 또는 지하저장탱크 중 압력탱크에 저장하는 아세트알데하이드등 또는 다이에틸에터등의 온도는 ✸40℃ 이하로 유지할 것

아세트알데하이드등과 다이에틸에터등의 저장기준에 대하여 다음 빈칸을 채우시오.

(1) 옥외저장탱크·옥내저장탱크 또는 지하저장탱크 중 압력탱크에 저장하는 아세트알데하이드등 또는 다이에틸에터등의 온도는 (   ) 이하로 유지할 것
(2) 보냉장치가 있는 이동저장탱크에 저장하는 아세트알데하이드등 또는 다이에틸에터등의 온도는 당해 위험물의 (   ) 이하로 유지할 것
(3) 보냉장치가 없는 이동저장탱크에 저장하는 아세트알데하이드등 또는 다이에틸에터등의 온도는 (   ) 이하로 유지할 것

정답 (1) 40℃ (2) 비점 (3) 40℃

📄 위험물안전관리법

- ## 위험물시설의 설치 및 변경 등
  ① 제조소등의 설치허가 또는 변경허가를 받으려는 자는 설치허가 또는 변경허가신청서에 행정안전부령으로 정하는 서류를 첨부하여 시·도지사에게 제출하여 허가를 받아야 함
  ② 제조소등의 위치·구조 또는 설비의 변경 없이 당해 제조소등에서 저장하거나 취급하는 위험물의 품명·수량 또는 지정수량의 배수를 변경하고자 하는 자는 변경하고자 하는 날의 ☀1일 전까지 행정안전부령이 정하는 바에 따라 시·도지사에게 신고하여야 함
  ③ 다음의 경우 허가를 받지 않고 당해 제조소등을 설치하거나 그 위치·구조 또는 설비를 변경할 수 있으며, 신고를 하지 않고 위험물의 품명·수량 또는 지정수량의 배수를 변경할 수 있음
    • 주택의 난방시설(공동주택의 중앙난방시설을 제외)을 위한 저장소 또는 취급소
    • ☀농예용·축산용 또는 수산용으로 필요한 난방시설 또는 건조시설을 위한 지정수량 ☀20배 이하의 저장소

- ## 정기점검

정기점검	☀연 1회 이상
결과제출	정기점검을 한 제조소등의 관계인은 점검을 한 날부터 ☀30일 이내 점검결과를 ☀시·도지사에게 제출해야 함
정기점검대상 제조소등	• 지정수량 10배 이상의 위험물을 취급하는 제조소 • 지정수량 10배 이상의 위험물을 취급하는 일반취급소 • 지정수량 100배 이상의 위험물을 저장하는 옥외저장소 • 지정수량 150배 이상의 위험물을 저장하는 옥내저장소 • 지정수량 200배 이상의 위험물을 저장하는 옥외탱크저장소 • 암반탱크저장소

정기점검대상 제조소등	• 이송취급소 • 지하탱크저장소 • 이동탱크저장소 • 위험물을 취급하는 탱크로서 지하에 매설된 탱크가 있는 제조소 · 주유취급소 또는 일반취급소

- **예방규정을 정해야 하는 제조소등**
  ① 지정수량의 10배 이상의 위험물을 취급하는 제조소
  ② 지정수량의 10배 이상의 위험물을 취급하는 일반취급소
  ③ 지정수량의 100배 이상의 위험물을 저장하는 옥외저장소
  ④ 지정수량의 150배 이상의 위험물을 저장하는 옥내저장소
  ⑤ 지정수량의 200배 이상의 위험물을 저장하는 옥외탱크저장소
  ⑥ 암반탱크저장소
  ⑦ 이송취급소

- **자체소방대**
  ① 위험물안전관리법령상 자체소방대를 설치해야 하는 사업소
  - 제조소 또는 일반취급소에서 취급하는 제4류 위험물의 최대수량의 합이 지정수량의 3천배 이상인 경우(다만, 보일러로 위험물을 소비하는 일반취급소 등 행정안전부령으로 정하는 일반취급소는 제외한다)
  - 옥외탱크저장소에 저장하는 제4류 위험물의 최대수량이 지정수량의 50만배 이상인 경우
  ② 자체소방대 설치기준

제조소 또는 일반취급소에서 취급하는 제4류 위험물의 최대수량 합	화학소방자동차 (대)	자체소방대원 수 (인)
지정수량 3천배 이상 12만배 미만인 사업소	1	5
지정수량 12만배 이상 24만배 미만인 사업소	2	10
지정수량 24만배 이상 48만배 미만인 사업소	3	15
지정수량 48만배 이상인 사업소	4	20
옥외탱크저장소에 저장하는 제4류 위험물의 최대수량이 지정수량의 50만배 이상인 사업소	2	10

📖 **실기 맛보기** [2024년 3회]

제조소 또는 일반취급소에서 취급하는 제4류 위험물의 최대수량의 합이 지정수량의 24만배 이상 48만배 미만일 경우 화학소방자동차의 수 및 자체소방대원의 수는 몇 명인지 쓰시오.
(1) 화학소방자동차의 수
(2) 자체소방대원의 수

정답 (1) 3대 (2) 15명

PART

02

7개년
CBT 기출복원문제
(2018년~2024년)

01

다음 중 연소의 3요소를 모두 갖춘 것은?

① 휘발유 + 공기 + 수소
② 적린 + 수소 + 성냥불
③ 성냥불 + 황 + 염소산암모늄
④ 알코올 + 수소 + 염소산암모늄

- 연소의 3요소 : 가연물, 열, 산소공급원
- 성냥불 : 열, 황 : 가연물, 염소산암모늄 : 산소공급원

02

피크린산의 위험성과 소화방법에 대한 설명으로 틀린 것은?

① 금속과 화합하여 예민한 금속염이 만들어질 수 있다.
② 운반 시 건조한 것보다는 물에 젖게 하는 것이 안전하다.
③ 알코올과 혼합된 것은 충격에 의한 폭발 위험이 있다.
④ 화재 시에는 질식소화가 효과적이다.

피크린산은 물과 반응성이 없으므로 주수소화가 가능하다.

03

연소가 잘 이루어지는 조건으로 거리가 먼 것은?

① 가연물의 발열량이 클 것
② 가연물의 열전도율이 클 것
③ 가연물과 산소와의 접촉표면적이 클 것
④ 가연물의 활성화에너지가 작을 것

가연물의 열전도율이 적을 것

04

위험물안전관리법령상 위험등급 Ⅰ의 위험물에 해당하는 것은?

① 무기과산화물   ② 황화인
③ 제1석유류   ④ 황

- 무기과산화물(제1류)의 위험등급 : Ⅰ등급
- 황화인(제2류), 제1석유류(제4류), 황(제2류)의 위험등급 : Ⅱ등급

05

그림과 같이 횡으로 설치한 원통형 위험물탱크에 대하여 탱크의 용량을 구하면 약 몇 m³인가? (단, 공간용적은 탱크 내용적의 100분의 5로 한다.)

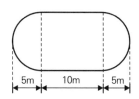

① 52.4   ② 261.6
③ 994.8   ④ 1,047.2

위험물저장탱크의 내용적

$$V = \pi r^2 \times (l + \frac{l_1 + l_2}{3})(1 - 공간용적)$$

$$= 원의 면적 \times (가운데 체적길이 + \frac{양끝 \ 체적길이의 \ 합}{3})$$
$$(1 - 공간용적)$$

$$= 3.14 \times 5^2 \times (10 + \frac{10}{3})(1 - 0.05) = 994.8m^3$$

정답   01 ③ 02 ④ 03 ② 04 ① 05 ③

06 ⭐빈출

위험물을 취급함에 있어서 정전기를 유효하게 제거하기 위한 설비를 설치하고자 한다. 위험물안전관리법령상 공기 중의 상대습도를 몇 % 이상 되게 하여야 하는가?

① 50
② 60
③ 70
④ 80

> 정전기를 유효하게 제거하기 위해서는 상대습도를 70% 이상 되게 하여야 한다.

07

위험물제조소의 경우 연면적이 최소 몇 m²이면 자동화재탐지설비를 설치해야 하는가? (단, 원칙적인 경우에 한한다.)

① 100
② 300
③ 500
④ 1,000

> 제조소 및 일반취급소는 연면적이 500m² 이상이면 자동화재탐지설비를 설치해야 한다.

08

석유류가 연소할 때 발생하는 가스로 강한 자극적인 냄새가 나며 취급하는 장치를 부식시키는 것은?

① H_2
② CH_4
③ NH_3
④ SO_2

> 이산화황(SO_2)은 석유류에 포함된 황 성분이 연소할 때 발생하는 가스로, 강한 자극성 냄새를 띠며, 대기 중의 수분과 반응하여 황산(H_2SO_4)을 형성해 취급하는 장치를 부식시킬 수 있다.

09

위험물안전관리법령상 제6류 위험물에 적응성이 없는 것은?

① 스프링클러설비
② 포 소화설비
③ 불활성 가스 소화설비
④ 물분무 소화설비

> • 제6류 위험물은 주로 대량의 물에 의한 주수소화가 가능하다.
> • 옥내소화전설비, 옥외소화전설비, 스프링클러설비, 물분무 소화설비, 포 소화설비, 인산염류 분말 소화설비 등은 제6류 위험물에 적응성이 있다.
> • 이산화탄소 소화기는 폭발이 없을 경우에 한하여 설치할 수 있다.

10

위험물안전관리법령상 제조소등의 관계인은 예방규정을 정하여 누구에게 제출하여야 하는가?

① 행정안전부장관
② 행정안전부장관 또는 소방서장
③ 시·도지사
④ 한국소방안전협회장 또는 행정안전부장관

> 위험물안전관리법 제17조 제1항(예방규정)
> 대통령령으로 정하는 제조소등의 관계인은 해당 제조소등의 화재예방과 화재 등 재해발생 시의 비상조치를 위하여 행정안전부령으로 정하는 바에 따라 예방규정을 정하여 해당 제조소등의 사용을 시작하기 전에 시·도지사에게 제출하여야 한다. 예방규정을 변경한 때에도 또한 같다.

11

단층건물에 설치하는 옥내탱크저장소의 탱크전용실에 비수용성의 제2석유류 위험물을 저장하는 탱크 1개를 설치할 경우, 설치할 수 있는 탱크의 최대용량은?

① 10,000L
② 20,000L
③ 40,000L
④ 80,000L

> 옥내저장탱크의 용량(동일한 탱크전용실에 옥내저장탱크를 2 이상 설치하는 경우에는 각 탱크의 용량의 합계를 말한다)은 지정수량의 40배(제4석유류 및 동식물유류 외의 제4류 위험물에 있어서 당해 수량이 20,000L를 초과할 때에는 20,000L) 이하일 것

12

위험물안전관리법령상 옥내저장소에서 기계에 의하여 하역하는 구조로 된 용기만을 겹쳐 쌓아 위험물을 저장하는 경우 그 높이는 몇 미터를 초과하지 않아야 하는가?

① 2
② 4
③ 6
④ 8

옥내저장소에서 위험물을 저장하는 경우 기계에 의하여 하역하는 구조로 된 용기만을 겹쳐 쌓는 경우에 있어서는 6m 높이를 초과하여 용기를 겹쳐 쌓지 않아야 한다.

13 빈출

메틸알코올 8,000리터에 대한 소화능력으로 삽을 포함한 마른모래를 몇 리터 설치하여야 하는가?

① 100
② 200
③ 300
④ 400

소화설비의 능력단위

소화설비	용량(L)	능력단위
소화전용물통	8	0.3
수조(물통 3개 포함)	80	1.5
수조(물통 6개 포함)	190	2.5
마른모래(삽 1개 포함)	50	0.5
팽창질석, 팽창진주암(삽 1개 포함)	160	1.0

- 메틸알코올의 지정수량 : 400L
- 1소요단위 = 10 × 지정수량 = 10 × 400 = 4,000L
- $\dfrac{8,000}{4,000} = 2$
- $0.5x = 2$이므로 $x = 4$
- 마른모래 용량 = 4 × 50L = 200L

14 빈출

위험물안전관리법령상 위험물의 운반에 관한 기준에서 적재 시 혼재가 가능한 위험물을 옳게 나타낸 것은? (단, 각각 지정수량의 10배 이상인 경우이다.)

① 제1류와 제4류
② 제3류와 제6류
③ 제1류와 제5류
④ 제2류와 제4류

유별을 달리하는 위험물 혼재기준

1	6		혼재 가능
2	5	4	혼재 가능
3	4		혼재 가능

15

금속화재에 마른모래를 피복하여 소화하는 방법은?

① 제거소화
② 질식소화
③ 냉각소화
④ 억제소화

이산화탄소 등 불활성 가스의 방출로 화재를 제어하거나 모래 등으로 불을 끄는 소화는 질식소화의 예이다.

16

주된 연소형태가 증발연소인 것은?

① 나트륨
② 코크스
③ 양초
④ 나이트로셀룰로오스

양초, 황, 나프탈렌 등은 고체의 증발연소이다.

17 빈출

제3종 분말 소화약제의 열분해 시 생성되는 메타인산의 화학식은?

① H_3PO_4
② HPO_3
③ $H_4P_2O_7$
④ $CO(NH_2)_2$

분말 소화약제의 종류

약제명	주성분	분해식
제1종	탄산수소나트륨	$2NaHCO_3 \rightarrow Na_2CO_3 + CO_2 + H_2O$
제2종	탄산수소칼륨	$2KHCO_3 \rightarrow K_2CO_3 + CO_2 + H_2O$
제3종	인산암모늄	$NH_4H_2PO_4 \rightarrow NH_3 + HPO_3 + H_2O$
제4종	탄산수소칼륨 + 요소	–

정답   12 ③ 13 ② 14 ④ 15 ② 16 ③ 17 ②

18

위험물안전관리법령상 위험물옥외탱크저장소에 방화에 관하여 필요한 사항을 게시한 게시판에 기재하여야 하는 내용이 아닌 것은?

① 위험물의 지정수량의 배수
② 위험물의 저장최대수량
③ 위험물의 품명
④ 위험물의 성질

- 제조소에는 보기 쉬운 곳에 다음의 기준에 따라 방화에 관하여 필요한 사항을 게시한 게시판을 설치하여야 한다.
- 게시판에는 저장 또는 취급하는 위험물의 유별 · 품명 및 저장최대수량 또는 취급최대수량, 지정수량의 배수 및 안전관리자의 성명 또는 직명을 기재할 것

19

지정수량의 몇 배 이상의 위험물을 취급하는 제조소에는 화재발생 시 이를 알릴 수 있는 경보설비를 설치하여야 하는가?

① 5
② 10
③ 20
④ 100

지정수량의 10배 이상의 위험물을 저장, 취급하는 제조소등(이동탱크저장소를 제외한다)에는 화재발생 시 이를 알릴 수 있는 경보설비를 설치하여야 한다.

20 ⭐빈출

위험물제조소 표지 및 게시판에 대한 설명이다. 위험물안전관리법령상 옳지 않은 것은?

① 표지는 한 변의 길이가 0.3m, 다른 한 변의 길이가 0.6m 이상으로 하여야 한다.
② 표지의 바탕은 백색, 문자는 흑색으로 하여야 한다.
③ 취급하는 위험물에 따라 규정에 의한 주의사항을 표시한 게시판을 설치하여야 한다.
④ 제2류 위험물(인화성 고체 제외)은 "화기엄금" 주의사항 게시판을 설치하여야 한다.

- 제2류 위험물(인화성 고체 제외)은 "화기주의" 주의사항 게시판을 설치하여야 한다.
- 제2류 위험물 중 인화성 고체는 "화기엄금" 주의사항 게시판을 설치하여야 한다.

21

위험물안전관리법령상 옥내저장소 저장창고의 바닥은 물이 스며 나오거나 스며들지 아니하는 구조로 하여야 한다. 다음 중 반드시 이 구조로 하지 않아도 되는 위험물은?

① 제1류 위험물 중 알칼리금속의 과산화물
② 제4류 위험물
③ 제5류 위험물
④ 제2류 위험물 중 철분

저장창고의 바닥을 물이 스며 나오거나 스며들지 아니하는 구조로 해야 하는 위험물
- 제1류 위험물 중 알칼리금속의 과산화물 또는 이를 함유하는 것
- 제2류 위험물 중 철분 · 금속분 · 마그네슘 또는 이 중 어느 하나 이상을 함유하는 것
- 제3류 위험물 중 금수성 물질
- 제4류 위험물

22

가솔린의 연소범위(vol%)에 가장 가까운 것은?

① 1.4 ~ 7.6
② 8.3 ~ 11.4
③ 12.5 ~ 19.7
④ 22.3 ~ 32.8

가솔린의 연소범위는 1.4 ~ 7.6vol%이다.

23

위험물안전관리법령상 자동화재탐지설비의 설치기준으로 옳지 않은 것은?

① 경계구역은 건축물의 최소 2개 이상의 층에 걸치도록 할 것
② 하나의 경계구역의 면적은 600m² 이하로 할 것
③ 감지기는 지붕 또는 벽의 옥내에 면한 부분에 유효하게 화재의 발생을 감지할 수 있도록 설치할 것
④ 비상전원을 설치할 것

경계구역은 건축물 그 밖의 공작물의 2개의 층에 걸치지 아니할 것

24

위험물안전관리법령상 제조소에서 취급하는 제4류 위험물의 최대수량의 합이 지정수량의 12만배 미만인 사업소에 두어야 하는 화학소방자동차 및 자체소방대원의 수의 기준으로 옳은 것은?

① 1대 – 5인
② 2대 – 10인
③ 3대 – 15인
④ 4대 – 20인

제4류 위험물의 최대수량의 합	소방차	소방대원
지정수량의 3천배 이상 12만배 미만	1대	5인
지정수량의 12만배 이상 24만배 미만	2대	10인
지정수량의 24만배 이상 48만배 미만	3대	15인
지정수량의 48만배 이상	4대	20인

25

연소할 때 연기가 거의 나지 않아 밝은 곳에서 연소상태를 잘 느끼지 못하는 물질로, 독성이 매우 강해 먹으면 실명 또는 사망에 이를 수 있는 것은?

① 메틸알코올
② 에틸알코올
③ 등유
④ 경유

메틸알코올은 무색의 휘발성 · 가연성 · 유독성 액체로, 연소할 때 연기가 거의 나지 않아 밝은 곳에서 연소상태를 잘 느끼지 못하며, 독성이 매우 강해 먹으면 실명 또는 사망에 이를 수 있다.

26 ⭐빈출

상온에서 액체인 물질로만 조합된 것은?

① 질산메틸, 나이트로글리세린
② 피크린산, 질산메틸
③ 트라이나이트로톨루엔, 다이나이트로벤젠
④ 나이트로글리콜, 테트릴

품명	위험물	상태
질산에스터류	질산메틸 질산에틸 나이트로글리콜 나이트로글리세린	액체
	나이트로셀룰로오스 셀룰로이드	고체
나이트로화합물	트라이나이트로톨루엔 트라이나이트로페놀 다이나이트로벤젠 테트릴	고체

27 ⭐빈출

위험물안전관리법령상 운송책임자의 감독 · 지원을 받아 운송하여야 하는 위험물에 해당하는 것은?

① 특수인화물
② 알킬리튬
③ 질산구아니딘
④ 하이드라진유도체

운송하는 위험물이 알킬알루미늄, 알킬리튬이거나 이 둘을 함유하는 위험물을 운송할 때에는 운송책임자의 감독 또는 지원을 받아 이를 운송하여야 한다.

28

위험물안전관리법령상 위험물 운반 시 방수성 덮개를 하지 않아도 되는 위험물은?

① 나트륨
② 적린
③ 철분
④ 과산화칼륨

적린(제2류)은 물기엄금 위험물이 아니므로 방수성 덮개는 하지 않아도 된다.

정답   23 ① 24 ① 25 ① 26 ① 27 ② 28 ②

29

위험물안전관리법령상 품명이 나머지 셋과 다른 하나는?

① 트라이나이트로톨루엔
② 나이트로글리세린
③ 나이트로글리콜
④ 셀룰로이드

품명	위험물	상태
질산에스터류	질산메틸 질산에틸 나이트로글리콜 나이트로글리세린	액체
	나이트로셀룰로오스 셀룰로이드	고체
나이트로화합물	트라이나이트로톨루엔 트라이나이트로페놀 다이나이트로벤젠 테트릴	고체

30

다음 중 위험물안전관리법에서 정의한 "제조소"의 의미로 가장 옳은 것은?

① "제조소"라 함은 위험물을 제조할 목적으로 지정수량 이상의 위험물을 취급하기 위하여 허가를 받은 장소 이다.
② "제조소"라 함은 지정수량 이상의 위험물을 제조할 목적으로 위험물을 취급하기 위하여 허가를 받은 장 소이다.
③ "제조소"라 함은 지정수량 이상의 위험물을 제조할 목적으로 지정수량 이상의 위험물을 취급하기 위하여 허가를 받은 장소이다.
④ "제조소"라 함은 위험물을 제조할 목적으로 위험물을 취급하기 위하여 허가를 받은 장소이다.

"제조소"라 함은 위험물을 제조할 목적으로 지정수량 이상의 위험물을 취급하기 위하여 허가를 받은 장소이다.

31

제4류 위험물의 화재예방 및 취급방법으로 옳지 않은 것은?

① 이황화탄소는 물속에 저장한다.
② 아세톤은 일광에 의해 분해될 수 있으므로 갈색병에 보관한다.
③ 초산은 내산성 용기에 저장하여야 한다.
④ 건성유는 다공성 가연물과 함께 보관한다.

건성유는 자연발화의 위험이 있으므로 가연물과 함께 보관을 피해야 한다.

32

위험물안전관리법령상 운반차량에 혼재해서 적재할 수 없는 것은? (단, 각각의 지정수량은 10배인 경우이다.)

① 염소화규소화합물 – 특수인화물
② 고형알코올 – 나이트로화합물
③ 염소산염류 – 질산
④ 질산구아니딘 – 황린

유별을 달리하는 위험물 혼재기준

1	6		혼재 가능
2	5	4	혼재 가능
3	4		혼재 가능

질산구아니딘(제5류)과 황린(제3류)은 혼재 불가하다.

33

질산암모늄에 대한 설명으로 옳은 것은?

① 물에 녹을 때 발열반응을 한다.
② 가열하면 폭발적으로 분해하여 산소와 암모니아를 생성한다.
③ 소화방법으로 질식소화가 좋다.
④ 단독으로도 급격한 가열, 충격으로 분해·폭발할 수 있다.

질산암모늄(제1류, NH_4NO_3)은 공기 중에서는 안정하지만, 고온 또는 밀폐용기에 있거나 가연성 물질과 공존 또는 단독으로 급격한 가열, 충격으로 분해·폭발할 수 있다.

정답   29 ①   30 ①   31 ④   32 ④   33 ④

34

위험물안전관리법령상 위험물 운반용기의 외부에 표시하여야 하는 사항에 해당하지 않는 것은?

① 위험물에 따라 규정된 주의사항
② 위험물의 지정수량
③ 위험물의 수량
④ 위험물의 품명

위험물은 그 운반용기의 외부에 다음에 정하는 바에 따라 위험물의 품명, 수량 등을 표시하여 적재하여야 한다.
• 위험물의 품명 · 위험등급 · 화학명 및 수용성("수용성" 표시는 제4류 위험물로서 수용성인 것에 한한다)
• 위험물의 수량
• 수납하는 위험물에 따라 다음의 규정에 의한 주의사항

35

다음 중 산화성 고체위험물에 속하지 않는 것은?

① Na_2O_2
② $HClO_4$
③ NH_4ClO_4
④ $KClO_3$

과염소산($HClO_4$)은 산화성 액체로 제6류 위험물이다.

36

위험물안전관리법령상 지정수량이 50kg인 것은?

① $KMnO_4$
② $KClO_2$
③ $NaIO_3$
④ NH_4NO_3

아염소산칼륨(제1류, $KClO_2$) : 50kg

37 빈출

특수인화물 200L와 제4석유류 12,000L를 저장할 때 각각의 지정수량 배수의 합은 얼마인가?

① 3
② 4
③ 5
④ 6

• 특수인화물의 지정수량 : 50L
• 제4석유류의 지정수량 : 6,000L
• 지정수량 배수의 합 = $\dfrac{200}{50} + \dfrac{12,000}{6,000}$ = 6배

38

나이트로글리세린은 여름철(30℃)과 겨울철(0℃)에 어떤 상태인가?

① 여름 - 기체, 겨울 - 액체
② 여름 - 액체, 겨울 - 액체
③ 여름 - 액체, 겨울 - 고체
④ 여름 - 고체, 겨울 - 고체

품명	위험물	상태
질산에스터류	질산메틸 질산에틸 나이트로글리콜 나이트로글리세린	액체
	나이트로셀룰로오스 셀룰로이드	고체
나이트로화합물	트라이나이트로톨루엔 트라이나이트로페놀 다이나이트로벤젠 테트릴	고체

나이트로글리세린은 상온에서 액체, 겨울철에는 고체상태이다.

39

위험물의 인화점에 대한 설명으로 옳은 것은?

① 톨루엔이 벤젠보다 낮다.
② 피리딘이 톨루엔보다 낮다.
③ 벤젠이 아세톤보다 낮다.
④ 아세톤이 피리딘보다 낮다.

• 아세톤의 인화점 : -18℃
• 피리딘의 인화점 : 16℃

정답   34 ②   35 ②   36 ②   37 ④   38 ③   39 ④

40

동식물유류에 대한 설명 중 틀린 것은?

① 연소하면 열에 의해 액온이 상승하여 화재가 커질 위험이 있다.
② 아이오딘값이 낮을수록 자연발화의 위험이 높다.
③ 동유는 건성유이므로 자연발화의 위험이 있다.
④ 아이오딘값이 100 ~ 130인 것을 반건성유라고 한다.

아이오딘값이 커지면 건성유가 되고 이는 자연발화의 위험이 큼을 나타낸다.

41

적린이 연소하였을 때 발생하는 물질은?

① 인화수소
② 포스겐
③ 오산화인
④ 이산화황

• $4P + 5O_2 \rightarrow 2P_2O_5$
• 적린은 연소하면 오산화인이 발생한다.

42

저장 또는 취급하는 위험물의 최대수량이 지정수량의 500 배 이하일 때 옥외저장탱크의 측면으로부터 몇 m 이상의 보유공지를 유지하여야 하는가? (단, 제6류 위험물은 제외한다.)

① 1
② 2
③ 3
④ 4

옥외탱크저장소의 보유공지

저장 또는 취급하는 위험물의 최대수량	공지의 너비
지정수량의 500배 이하	3m 이상
지정수량의 500배 초과 1,000배 이하	5m 이상
지정수량의 1,000배 초과 2,000배 이하	9m 이상
지정수량의 2,000배 초과 3,000배 이하	12m 이상
지정수량의 3,000배 초과 4,000배 이하	15m 이상

43

나이트로화합물, 나이트로소화합물, 질산에스터류, 하이드록실아민을 각각 50킬로그램씩 저장하고 있을 때 지정수량의 배수가 가장 큰 것은?

① 나이트로화합물
② 나이트로소화합물
③ 질산에스터류
④ 하이드록실아민

각 위험물의 지정수량의 배수

• 나이트로화합물 = $\frac{50}{100}$ = 0.5

• 나이트로소화합물 = $\frac{50}{100}$ = 0.5

• 질산에스터류 = $\frac{50}{10}$ = 5

• 하이드록실아민 = $\frac{50}{100}$ = 0.5

44

다음 위험물 중 착화온도가 가장 높은 것은?

① 이황화탄소
② 다이에틸에터
③ 아세트알데하이드
④ 산화프로필렌

각 위험물의 착화온도
• 이황화탄소(CS_2) : 약 90°C
• 다이에틸에터($C_2H_5OC_2H_5$) : 약 160°C
• 아세트알데하이드(CH_3CHO) : 약 175°C
• 산화프로필렌(CH_2CHOCH_3) : 약 430°C

정답   40 ② 41 ③ 42 ③ 43 ③ 44 ④

45

과산화벤조일과 과염소산의 지정수량의 합은 몇 kg인가?

① 310
② 350
③ 400
④ 500

- 과산화벤조일(제5류)의 지정수량 : 10kg
- 과염소산(제6류)의 지정수량 : 300kg
- 지정수량의 합 : 10 + 300 = 310kg

46

제3류 위험물 중 금수성 물질을 제외한 위험물에 적응성이 있는 소화설비가 아닌 것은?

① 분말 소화설비
② 스프링클러설비
③ 옥내소화전설비
④ 포 소화설비

- 금수성 물질의 소화에는 탄산수소염류 등을 이용한 분말 소화약제 등 금수성 위험물에 적응성이 있는 분말 소화약제를 이용한다.
- 자연발화성만 가진 위험물의 소화에는 물 또는 강화액 포와 같은 주수소화를 사용하는 것이 가능하며 마른모래, 팽창질석 등 질식 소화는 제3류 위험물 전체의 소화에 사용가능하다.

47

위험물안전관리법령상 "연소의 우려가 있는 외벽"은 기산점이 되는 선으로부터 3m(2층 이상의 층에 대해서는 5m) 이내에 있는 제조소등의 외벽을 말하는데 이 기산점이 되는 선에 해당하지 않는 것은?

① 동일 부지 내의 다른 건축물과 제조소 부지 간의 중심선
② 제조소등에 인접한 도로의 중심선
③ 제조소등이 설치된 부지의 경계선
④ 제조소등의 외벽과 동일 부지 내의 다른 건축물의 외벽 간의 중심선

위험물안전관리에 관한 세부기준 제41조(연소의 우려가 있는 외벽)
연소(延燒)의 우려가 있는 외벽은 다음의 1에 정한 선을 기산점으로 하여 3m(2층 이상의 층에 대해서는 5m) 이내에 있는 제조소등의 외벽을 말한다. 다만, 방화상 유효한 공터, 광장, 하천, 수면 등에 면한 외벽은 제외한다.

- 제조소등이 설치된 부지의 경계선
- 제조소등에 인접한 도로의 중심선
- 제조소등의 외벽과 동일 부지 내의 다른 건축물의 외벽 간의 중심선

48

질산과 과산화수소의 공통적인 성질을 옳게 설명한 것은?

① 물보다 가볍다.
② 물에 녹는다.
③ 점성이 큰 액체로서 환원제이다.
④ 연소가 매우 잘된다.

질산과 과산화수소의 공통점
- 물보다 무겁다.
- 물에 녹는다.
- 점성이 작은 액체이며 산화제이다.
- 불에 타지 않는 불연성이다.

49

위험물의 저장방법에 대한 설명으로 옳은 것은?

① 황화인은 알코올 또는 과산화물 속에 저장하여 보관한다.
② 마그네슘은 건조하면 분진폭발의 위험성이 있으므로 물에 습윤하여 저장한다.
③ 적린은 화재예방을 위해 할로겐 원소와 혼합하여 저장한다.
④ 수소화리튬은 저장용기에 아르곤과 같은 불활성 기체를 봉입한다.

수소화리튬은 물 또는 습기와 반응하여 수소를 발생시키는 위험이 있기 때문에, 산소나 수분과의 접촉을 차단해야 한다. 따라서 저장용기 내에 아르곤과 같은 불활성 기체를 봉입하여 산소와의 반응을 막고 안전하게 저장한다.

정답   45 ①   46 ①   47 ①   48 ②   49 ④

50

부틸리튬(n-Butyl lithium)에 대한 설명으로 옳은 것은?

① 무색의 가연성 고체이며 자극성이 있다.
② 증기는 공기보다 가볍고 점화원에 의해 산화의 위험이 있다.
③ 화재발생 시 이산화탄소 소화설비는 적응성이 없다.
④ 탄화수소나 다른 극성의 액체에 용해가 잘 되며 휘발성은 없다.

부틸리튬은 이산화탄소와 만나 부티레이트리튬이 생성되므로 이산화탄소 소화설비는 적응성이 없다.

51

저장하는 위험물의 최대수량이 지정수량의 15배일 경우, 건축물의 벽·기둥 및 바닥이 내화구조로 된 위험물옥내저장소의 보유공지는 몇 m 이상이어야 하는가?

① 0.5   ② 1
③ 2   ④ 3

옥내저장소 보유공지

위험물의 최대수량	공지의 너비	
	벽, 기둥 및 바닥 : 내화구조	그 밖의 건축물
지정수량의 5배 이하	–	0.5m 이상
지정수량의 5배 초과 10배 이하	1m 이상	1.5m 이상
지정수량의 10배 초과 20배 이하	2m 이상	3m 이상
지정수량의 20배 초과 50배 이하	3m 이상	5m 이상
지정수량의 50배 초과 200배 이하	5m 이상	10m 이상
지정수량의 200배 초과	10m 이상	15m 이상

52

정기점검대상 제조소등에 해당하지 않는 것은?

① 이동탱크저장소
② 지정수량 120배의 위험물을 저장하는 옥외저장소
③ 지정수량 120배의 위험물을 저장하는 옥내저장소
④ 이송취급소

정기점검대상 제조소등
- 지정수량 10배 이상의 위험물을 취급하는 제조소
- 지정수량 10배 이상의 위험물을 취급하는 일반취급소
- 지정수량 100배 이상의 위험물을 저장하는 옥외저장소
- 지정수량 150배 이상의 위험물을 저장하는 옥내저장소
- 지정수량 200배 이상의 위험물을 저장하는 옥외탱크저장소
- 암반탱크저장소
- 이송취급소
- 지하탱크저장소
- 이동탱크저장소
- 위험물을 취급하는 탱크로서 지하에 매설된 탱크가 있는 제조소·주유취급소 또는 일반취급소

53

위험물의 저장방법에 대한 설명 중 틀린 것은?

① 황린은 공기와의 접촉을 피해 물속에 저장한다.
② 황은 정전기의 축적을 방지하여 저장한다.
③ 알루미늄 분말은 건조한 공기 중에서 분진폭발의 위험이 있으므로 정기적으로 분무상의 물을 뿌려야 한다.
④ 황화인은 산화제와의 혼합을 피해 격리해야 한다.

- $2Al + 6H_2O \rightarrow 2Al(OH)_3 + 3H_2$
- 알루미늄은 물과 만나 수소를 방출하며 폭발의 위험이 크기 때문에 물과 닿지 않아야 한다.

54

위험물에 대한 설명으로 틀린 것은?

① 과산화나트륨은 산화성이 있다.
② 과산화나트륨은 인화점이 매우 낮다.
③ 과산화바륨과 염산을 반응시키면 과산화수소가 생긴다.
④ 과산화바륨의 비중은 물보다 크다.

과산화나트륨(제1류, Na_2O_2)의 특징
- 과산화나트륨은 인화점을 가지지 않는다.
- 과산화나트륨은 스스로 연소하지는 않지만 강력한 산화제로서, 가연성 물질과 접촉하면 쉽게 발화하거나 폭발할 수 있다. 특히 물과 반응하면 산소(O_2)를 방출하면서 발열 반응을 일으켜 화재를 일으킬 수 있다.

 정답

50 ③   51 ③   52 ③   53 ③   54 ②

55

탄화칼슘의 성질에 대하여 옳게 설명한 것은?

① 공기 중에서 아르곤과 반응하여 불연성 기체를 발생한다.
② 공기 중에서 질소와 반응하여 유독한 기체를 낸다.
③ 물과 반응하면 탄소가 생성된다.
④ 물과 반응하여 아세틸렌 가스가 생성된다.

- $CaC_2 + 2H_2O \rightarrow Ca(OH)_2 + C_2H_2$
- 탄화칼슘은 물과 반응하여 수산화칼슘과 아세틸렌을 생성한다.

56

다음은 P_2S_5와 물의 화학반응이다. ( )에 알맞은 숫자를 차례대로 나열한 것은?

$$P_2S_5 + (\ \ )H_2O \rightarrow (\ \ )H_2S + (\ \ )H_3PO_4$$

① 2, 8, 5
② 2, 5, 8
③ 8, 5, 2
④ 8, 2, 5

- $P_2S_5 + 8H_2O \rightarrow 5H_2S + 2H_3PO_4$
- 오황화인은 물과 반응하여 황화수소(H_2S) 5분자와 인산(H_3PO_4) 2분자를 생성한다.

57

황가루가 공기 중에 떠 있을 때의 주된 위험성에 해당하는 것은?

① 수증기 발생
② 전기감전
③ 분진폭발
④ 인화성 가스 발생

황가루는 공기와 만나 분진폭발한다.

58

염소산칼륨의 성질에 대한 설명으로 옳은 것은?

① 가연성 고체이다.
② 강력한 산화제이다.
③ 물보다 가볍다.
④ 열분해하면 수소를 발생한다.

염소산칼륨(제1류, $KClO_3$)은 순수형태에서는 흰 결정의 물질로, 마찰과 충격에 예민해 잘 폭발하며, 강력한 산화제이다.

59

위험물안전관리법령에 명기된 위험물의 운반용기 재질에 포함되지 않는 것은?

① 고무류
② 유리
③ 도자기
④ 종이

운반용기의 재질은 강판·알루미늄판·양철판·유리·금속판·종이·플라스틱·섬유판·고무류·합성섬유·삼·짚 또는 나무로 한다.

60

제조소등의 위치·구조 또는 설비의 변경 없이 해당 제조소등에서 저장하거나 취급하는 위험물의 품명·수량 또는 지정수량의 배수를 변경하고자 하는 자는 변경하고자 하는 날의 며칠 전까지 행정안전부령이 정하는 바에 따라 시·도지사에게 신고하여야 하는가?

① 1일
② 14일
③ 21일
④ 30일

위험물안전관리법 제6조 제2항(위험물시설의 설치 및 변경 등)
제조소등의 위치·구조 또는 설비의 변경 없이 당해 제조소등에서 저장하거나 취급하는 위험물의 품명·수량 또는 지정수량의 배수를 변경하고자 하는 자는 변경하고자 하는 날의 1일 전까지 행정안전부령이 정하는 바에 따라 시·도지사에게 신고하여야 한다.

정답 55 ④ 56 ③ 57 ③ 58 ② 59 ③ 60 ①

Chapter 02

2018년 2회 | CBT 기출복원문제

01  빈출

소화전용물통 8리터의 능력단위는 얼마인가?

① 0.1 ② 0.3
③ 0.5 ④ 1.0

소화설비의 능력단위

소화설비	용량(L)	능력단위
소화전용물통	8	0.3
수조(물통 3개 포함)	80	1.5
수조(물통 6개 포함)	190	2.5
마른모래(삽 1개 포함)	50	0.5
팽창질석 · 팽창진주암(삽 1개 포함)	160	1.0

02

지정수량 10배의 위험물을 저장 또는 취급하는 제조소에 있어서 연면적이 최소 몇 m²이면 자동화재탐지설비를 설치해야 하는가?

① 100 ② 300
③ 500 ④ 1,000

자동화재탐지설비를 설치해야 하는 제조소 및 취급소의 기준
• 연면적이 500m² 이상인 것
• 옥내에서 지정수량의 100배 이상을 취급하는 것
• 일반취급소로 사용되는 부분 외의 부분이 있는 건축물에 설치된 일반취급소

03

위험물제조소등에 설치해야 하는 각 소화설비의 설치기준에 있어서 각 노즐 또는 헤드 끝부분의 방사압력 기준이 나머지 셋과 다른 설비는?

① 옥내소화전설비 ② 옥외소화전설비
③ 스프링클러설비 ④ 물분무 소화설비

방사압력 기준
• 스프링클러설비 : 100kPa
• 옥내소화전설비, 옥외소화전설비, 물분무 소화설비 : 350kPa

04

가연물이 되기 쉬운 조건이 아닌 것은?

① 산화반응의 활성이 크다.
② 표면적이 넓다.
③ 활성화에너지가 크다.
④ 열전도율이 낮다.

활성화에너지가 작아야 한다.

05 빈출

A, B, C급 화재에 모두 적응성이 있는 소화약제는?

① 제1종 분말 소화약제
② 제2종 분말 소화약제
③ 제3종 분말 소화약제
④ 제4종 분말 소화약제

분말 소화약제의 종류

약제명	주성분	적응화재	색상
제1종	탄산수소나트륨	BC	백색
제2종	탄산수소칼륨	BC	보라색
제3종	인산암모늄	ABC	담홍색
제4종	탄산수소칼륨 + 요소	BC	회색

 정답

01 ② 02 ③ 03 ③ 04 ③ 05 ③

06

유기과산화물의 화재 시 적응성이 있는 소화설비는?

① 물분무 소화설비
② 이산화탄소 소화설비
③ 할로젠화합물 소화설비
④ 분말 소화설비

유기과산화물은 주로 주수소화한다.

07

주수소화가 적합하지 않은 물질은?

① 과산화벤조일
② 과산화나트륨
③ 피크린산
④ 염소산나트륨

- $2Na_2O_2 + 2H_2O \rightarrow 4NaOH + O_2$
- 과산화나트륨은 물과 반응하여 수산화나트륨과 산소를 발생하므로 주수소화가 금지된다.

08 ⭐빈출

정전기로 인한 재해방지대책 중 틀린 것은?

① 접지를 한다.
② 실내를 건조하게 유지한다.
③ 공기 중의 상대습도를 70% 이상으로 유지한다.
④ 공기를 이온화한다.

정전기 방지대책
- 접지에 의한 방법
- 공기를 이온화함
- 공기 중의 상대습도를 70% 이상으로 유지
- 위험물이 느린 유속으로 흐를 때

09

이동저장탱크에 알킬알루미늄을 저장하는 경우에 불활성 기체를 봉입하는데 이때의 압력은 몇 kPa 이하이어야 하는가?

① 10   ② 30
③ 20   ④ 40

알킬알루미늄등을 이동저장탱크에 저장할 때에는 20kPa 이하의 압력으로 불활성 기체를 봉입한다.

10 ⭐빈출

제3류 위험물 중 금수성 물질을 취급하는 제조소에 설치하는 주의사항 게시판의 내용과 색상으로 옳은 것은?

① 물기엄금 : 백색바탕에 청색문자
② 물기엄금 : 청색바탕에 백색문자
③ 물기주의 : 백색바탕에 청색문자
④ 물기주의 : 청색바탕에 백색문자

제3류 위험물 중 금수성 물질을 취급하는 제조소에 설치하는 주의사항 게시판에는 "물기엄금"을 청색바탕에 백색문자로 표시한다.

11

폭발 시 연소파의 전파속도 범위에 가장 가까운 것은?

① 0.1 ~ 10m/s
② 100 ~ 1,000m/s
③ 2,000 ~ 3,500m/s
④ 5,000 ~ 10,000m/s

폭연과 폭굉의 전파속도
- 폭연(연소파) : 0.1 ~ 10m/s
- 폭굉(폭굉파) : 1,000 ~ 3,500m/s

12

위험물제조소등에 옥내소화전설비를 설치할 때 옥내소화전이 가장 많이 설치된 층의 소화전의 개수가 4개일 경우 확보하여야 할 수원의 수량은?

① 10.4m³   ② 20.8m³
③ 31.2m³   ④ 41.6m³

소화설비 설치기준에 따른 수원의 수량
- 옥내소화전 = 설치개수(최대 5개) × 7.8m³
- 옥외소화전 = 설치개수(최대 4개) × 13.5m³
∴ 옥내소화전의 수원의 수량 = 4 × 7.8 = 31.2m³

13

대형수동식소화기의 설치기준은 방호대상물의 각 부분으로부터 하나의 대형수동식소화기까지의 보행거리가 몇 m 이하가 되도록 설치하여야 하는가?

① 10   ② 20
③ 30   ④ 40

대형수동식소화기의 설치기준에서 방호대상물의 각 부분으로부터 하나의 대형수동식소화기까지의 보행거리는 30m 이하가 되도록 설치하여야 한다. 단 옥내소화전설비, 옥외소화전설비, 스프링클러설비 또는 물분무등소화설비와 함께 설치하는 경우는 그러하지 아니하다.

14

다음 점화에너지 중 물리적 변화에서 얻어지는 것은?

① 압축열   ② 산화열
③ 중합열   ④ 분해열

공기를 압축하면 분자가 더 빠르게 움직여서 온도가 증가하는데 이는 물리적 변화에서 얻어지는 것이다.

15

위험물안전관리법령상 연면적이 450m²인 저장소의 건축물 외벽이 내화구조가 아닌 경우 이 저장소의 소화기 소요단위는?

① 3   ② 4.5
③ 6   ④ 9

위험물의 소요단위(연면적)

구분	외벽 내화구조	외벽 비내화구조
제조소 취급소	100m²	50m²
저장소	150m²	75m²

- 외벽이 내화구조가 아닌 저장소의 1소요단위 : 75m²
- $\frac{450}{75} = 6$
- 소요단위는 6단위 이상이 되어야 한다.

16

연소범위에 대한 설명으로 옳지 않은 것은?

① 연소범위는 연소하한값부터 연소상한값까지이다.
② 연소범위의 단위는 공기 또는 산소에 대한 가스의 % 농도이다.
③ 연소하한이 낮을수록 위험이 크다.
④ 온도가 높아지면 연소범위가 좁아진다.

온도가 높아지면 연소범위가 넓어진다.

17

이산화탄소 소화기 사용 시 줄 – 톰슨 효과에 의해서 생성되는 물질은?

① 포스겐   ② 일산화탄소
③ 드라이아이스   ④ 수성가스

이산화탄소 소화약제는 줄 – 톰슨 효과에 의해 드라이아이스를 생성한다.

18

건축물 화재 시 성장기에서 최성기로 진행될 때 실내온도가 급격히 상승하기 시작하면서 화염이 실내 전체로 급격히 확대되는 연소현상은?

① 슬롭오버(Slop over)
② 플래시오버(Flash over)
③ 보일오버(Boil over)
④ 프로스오버(Froth over)

플래시오버(Flash over)의 특징
• 발생시점은 성장기에서 최성기로 넘어가는 분기점이다.
• 화재로 인하여 온도가 급격히 상승하여 화재가 순간적으로 실내 전체에 확산되어 연소하는 현상이다.

19 ⭐빈출

B급 화재의 표시색상은?

① 청색
② 무색
③ 황색
④ 백색

화재의 종류

급수	화재(명칭)	색상
A	일반	백색
B	유류	황색
C	전기	청색
D	금속	무색

20

품명이 나머지 셋과 다른 것은?

① 산화프로필렌
② 아세톤
③ 이황화탄소
④ 다이에틸에터

• 산화프로필렌, 이황화탄소, 다이에틸에터 : 특수인화물
• 아세톤 : 제1석유류

21

질산에 대한 설명으로 옳은 것은?

① 산화력은 없고 강한 환원력이 있다.
② 자체 연소성이 있다.
③ 크산토프로테인 반응을 한다.
④ 조연성과 부식성이 없다.

질산(제6류, HNO_3)은 단백질과 크산토프로테인 반응을 일으켜 노란색으로 변한다.

22 ⭐빈출

제5류 위험물의 공통된 취급방법이 아닌 것은?

① 용기의 파손 및 균열에 주의한다.
② 저장 시 가열, 충격, 마찰을 피한다.
③ 운반용기 외부에 주의사항으로 "자연발화주의"를 표기한다.
④ 점화원 및 분해를 촉진시키는 물질로부터 멀리한다.

유별	종류	운반용기 외부 주의사항
제1류	알칼리금속의 과산화물	가연물접촉주의, 화기 · 충격주의, 물기엄금
	그 외	가연물접촉주의, 화기 · 충격주의
제2류	철분, 금속분, 마그네슘	화기주의, 물기엄금
	인화성 고체	화기엄금
	그 외	화기주의
제3류	자연발화성 물질	화기엄금, 공기접촉엄금
	금수성 물질	물기엄금
제4류		화기엄금
제5류	–	화기엄금, 충격주의
제6류		가연물접촉주의

정답 18 ② 19 ③ 20 ② 21 ③ 22 ③

23

과망가니즈산칼륨의 성질에 대한 설명 중 옳은 것은?

① 강력한 산화제이다.
② 물에 녹아서 연한 분홍색을 나타낸다.
③ 물에는 용해하나 에탄올에 불용이다.
④ 묽은 황산과는 반응을 하지 않지만 진한 황산과 접촉하면 서서히 반응한다.

과망가니즈산칼륨($KMnO_4$)은 제1류 위험물인 산화성 고체로 강력한 산화제이다.

24

제조소등의 관계인이 예방규정을 정하여야 하는 제조소등이 아닌 것은?

① 지정수량 100배의 위험물을 저장하는 옥외탱크저장소
② 지정수량 150배의 위험물을 저장하는 옥내저장소
③ 지정수량 10배의 위험물을 취급하는 제조소
④ 지정수량 5배의 위험물을 취급하는 이송취급소

예방규정을 정해야 하는 제조소등
• 지정수량의 10배 이상의 위험물을 취급하는 제조소
• 지정수량의 10배 이상의 위험물을 취급하는 일반취급소
• 지정수량의 100배 이상의 위험물을 저장하는 옥외저장소
• 지정수량의 150배 이상의 위험물을 저장하는 옥내저장소
• 지정수량의 200배 이상의 위험물을 저장하는 옥외탱크저장소
• 암반탱크저장소
• 이송취급소

25

알킬알루미늄의 저장 및 취급방법으로 옳은 것은?

① 용기는 완전 밀봉하고 CH_4, C_3H_8 등을 봉입한다.
② C_6H_6 등의 희석제를 넣어준다.
③ 용기의 마개에 다수의 미세한 구멍을 뚫는다.
④ 통기구가 달린 용기를 사용하여 압력상승을 방지한다.

알킬알루미늄은 희석제로 벤젠(C_6H_6), 헥산을 이용한다.

26 ⭐

수납하는 위험물에 따라 위험물의 운반용기 외부에 표시하는 주의사항이 잘못된 것은?

① 제1류 위험물 중 알칼리금속의 과산화물 : 화기·충격주의, 물기엄금, 가연물접촉주의
② 제4류 위험물 : 화기엄금
③ 제3류 위험물 중 자연발화성 물질 : 화기엄금, 공기접촉엄금
④ 제2류 위험물 중 철분 : 화기엄금

유별	종류	운반용기 외부 주의사항
제2류	철분, 금속분, 마그네슘	화기주의, 물기엄금
	인화성 고체	화기엄금
	그 외	화기주의

27 ⭐

위험물의 저장 및 취급방법에 대한 설명으로 틀린 것은?

① 적린은 화기와 멀리하고 가열, 충격이 가해지지 않도록 한다.
② 이황화탄소는 발화점이 낮으므로 물속에 저장한다.
③ 마그네슘은 산화제와 혼합되지 않도록 취급한다.
④ 알루미늄분은 분진폭발의 위험이 있으므로 분무주수하여 저장한다.

• $2Al + 6H_2O \rightarrow 2Al(OH)_3 + 3H_2$
• 알루미늄은 물과 만나면 수소를 방출하며 폭발의 위험이 크기 때문에 물과 닿지 않아야 하며 밀폐용기에 넣어 건조한 곳에 보관한다.

28

지정수량이 50킬로그램이 아닌 위험물은?

① 염소산나트륨　　　　② 리튬
③ 과산화나트륨　　　　④ 다이에틸에터

다이에틸에터($C_2H_5OC_2H_5$)의 지정수량 : 50L

정답　　　23 ①　24 ①　25 ②　26 ④　27 ④　28 ④

29

위험물의 운반에 관한 기준에서 적재방법 기준으로 틀린 것은?

① 고체위험물은 운반용기 내용적의 95% 이하의 수납율로 수납할 것
② 액체위험물은 운반용기 내용적의 98% 이하의 수납율로 수납할 것
③ 알킬알루미늄은 운반용기 내용적의 95% 이하의 수납율로 수납하되, 50℃의 온도에서 5% 이상의 공간용적을 유지하도록 할 것
④ 제3류 위험물 중 자연발화성 물질에 있어서는 불활성 기체를 봉입하여 밀봉하는 등 공기와 접하지 아니하도록 할 것

알킬알루미늄등은 운반용기 내용적의 90% 이하의 수납율로 수납하되, 50℃의 온도에서 5% 이상의 공간용적을 유지하도록 할 것

30

위험물안전관리법령상 제2류 위험물의 위험등급에 대한 설명으로 옳은 것은?

① 제2류 위험물 중 위험등급 Ⅰ에 해당되는 품명이 없다.
② 제2류 위험물 중 위험등급 Ⅲ에 해당되는 품명은 지정수량이 500kg인 품명만 해당된다.
③ 제2류 위험물 중 황화인, 적린, 황 등 지정수량이 100kg인 품명은 위험등급 Ⅰ에 해당한다.
④ 제2류 위험물 중 지정수량이 1,000kg인 인화성 고체는 위험등급 Ⅱ에 해당한다.

제2류 위험물의 종류

등급	품명	지정수량(kg)
Ⅱ	황화인	
	적린	100
	황	
Ⅲ	금속분	
	철분	500
	마그네슘	
	인화성 고체	1,000

31

지정수량 20배의 알코올류 옥외탱크저장소의 경우 펌프실 외의 장소에 설치하는 펌프설비의 기준으로 옳지 않은 것은?

① 펌프설비 주위에는 3m 이상의 공지를 보유한다.
② 펌프설비 그 직하의 지반면 주위에 높이 0.15m 이상의 턱을 만든다.
③ 펌프설비 그 직하의 지반면의 최저부에는 집유설비를 만든다.
④ 집유설비에는 위험물이 배수구에 유입되지 않도록 배출설비를 설치한다.

위험물안전관리법 시행규칙 별표 6
• 펌프설비의 주위에는 너비 3m 이상의 공지를 보유할 것
• 펌프설비에는 그 직하의 지반면의 주위에 높이 0.15m 이상의 턱을 만들고 최저부에는 집유설비를 할 것
• 펌프설비에 있어서는 당해 위험물이 직접 배수구에 유입하지 아니하도록 집유설비에 유분리장치를 설치할 것

32

제4류 위험물의 일반적 성질이 아닌 것은?

① 대부분 유기화합물이다.
② 전기의 양도체로서 정전기 축적이 용이하다.
③ 발생증기는 가연성이며 증기비중은 공기보다 무거운 것이 대부분이다.
④ 모두 인화성 액체이다.

제4류 위험물은 전기부도체이다.

33

위험물제조소등의 용도폐지신고에 대한 설명으로 옳지 않은 것은?

① 용도폐지한 날부터 30일 이내에 신고하여야 한다.
② 완공검사합격확인증을 첨부한 용도폐지신고서를 제출하는 방법으로 신고한다.
③ 전자문서로 된 용도폐지신고서를 제출하는 경우에도 완공검사합격확인증을 제출하여야 한다.
④ 신고의무의 주체는 해당 제조소등의 관계인이다.

용도폐지한 날부터 14일 이내에 신고하여야 한다.

34

질산에틸과 아세톤의 공통적인 성질 및 취급방법으로 옳은 것은?

① 휘발성이 낮기 때문에 마개 없는 병에 보관하여도 무방하다.
② 점성이 커서 다른 용기에 옮길 때 가열하여 더운 상태에서 옮긴다.
③ 통풍이 잘 되는 곳에 보관하고 불꽃 등의 화기를 피하여야 한다.
④ 인화점이 높으나 증기압이 낮으므로 햇빛에 노출된 곳에 저장이 가능하다.

• 질산에틸(제5류)은 직사광선을 피하고 통풍이 잘 되는 냉암소 등에 보관한다.
• 아세톤(제4류)은 환기가 잘 되는 곳에 밀폐하여 저장한다.

35

위험물의 유별 구분이 나머지 셋과 다른 하나는?

① 나이트로글리콜
② 벤젠
③ 아조벤젠
④ 다이나이트로벤젠

• 나이트로글리콜, 아조벤젠, 다이나이트로벤젠 : 제5류 위험물
• 벤젠 : 제4류 위험물

36

제4류 위험물 중 제1석유류에 속하는 것은?

① 에틸렌글리콜
② 글리세린
③ 휘발유
④ n-부탄올

"제1석유류"라 함은 아세톤, 휘발유 그 밖에 1기압에서 인화점이 섭씨 21도 미만인 것을 말한다. 즉, 휘발유는 제1석유류(비수용성)에 해당한다.

37 ⭐빈출

위험물안전관리법령상 운송책임자의 감독 · 지원을 받아 운송하여야 하는 위험물은?

① 알킬리튬
② 과산화수소
③ 가솔린
④ 경유

운송하는 위험물이 알킬알루미늄, 알킬리튬이거나 이 둘을 함유하는 위험물일 때에는 운송책임자의 감독 또는 지원을 받아 이를 운송하여야 한다.

38

무취의 결정이며 분자량이 약 122, 녹는점이 약 482℃이고 산화제, 폭약 등에 사용되는 위험물은?

① 염소산바륨
② 과염소산나트륨
③ 아염소산나트륨
④ 과산화바륨

과염소산나트륨(제1류, $NaClO_4$)의 성질
• 무취의 결정이다.
• 분자량 : 약 122
• 녹는점 : 약 482℃
• 물, 알코올, 아세톤에 잘 녹으나 에터에는 녹지 않는다.
• 가열하면 분해하여 산소를 발생한다.

정답   33 ①   34 ③   35 ②   36 ③   37 ①   38 ②

39

물과 접촉하면 발열하면서 산소를 방출하는 것은?

① 과산화칼륨
② 염소산암모늄
③ 염소산칼륨
④ 과망가니즈산칼륨

- $2K_2O_2 + 2H_2O \rightarrow 4KOH + O_2 + 발열$
- 과산화칼륨은 물과 반응하면 발열하면서 산소를 발생하며 폭발의 위험이 있기 때문에 모래, 팽창질석 등을 이용하여 질식소화한다.

40

산화프로필렌의 성상에 대한 설명 중 틀린 것은?

① 청색의 휘발성이 강한 액체이다.
② 인화점이 낮은 인화성 액체이다.
③ 물에 잘 녹는다.
④ 에테르향의 냄새를 가진다.

산화프로필렌(제4류)은 무색의 휘발성이 강한 액체이다.

41

위험물안전관리법령상 사업소의 관계인이 자체소방대를 설치하여야 할 제조소등의 기준으로 옳은 것은?

① 제4류 위험물을 지정수량의 3천배 이상 취급하는 제조소 또는 일반취급소
② 제4류 위험물을 지정수량의 5천배 이상 취급하는 제조소 또는 일반취급소
③ 제4류 위험물 중 특수인화물을 지정수량의 3천배 이상 취급하는 제조소 또는 일반취급소
④ 제4류 위험물 중 특수인화물을 지정수량의 5천배 이상 취급하는 제조소 또는 일반취급소

위험물안전관리법령상 자체소방대를 설치해야 하는 사업소
- 제조소 또는 일반취급소에서 취급하는 제4류 위험물의 최대수량의 합이 지정수량의 3천배 이상인 경우(다만, 보일러로 위험물을 소비하는 일반취급소등 행정안전부령으로 정하는 일반취급소는 제외한다)
- 옥외탱크저장소에 저장하는 제4류 위험물의 최대수량이 지정수량의 50만배 이상인 경우

42 ⭐빈출

위험물을 유별로 정리하여 상호 1m 이상의 간격을 유지하는 경우에도 동일한 옥내저장소에 저장할 수 없는 것은?

① 제1류 위험물(알칼리금속의 과산화물 또는 이를 함유한 것을 제외한다)과 제5류 위험물
② 제1류 위험물과 제6류 위험물
③ 제1류 위험물과 제3류 위험물 중 황린
④ 인화성 고체를 제외한 제2류 위험물과 제4류 위험물

유별을 달리하더라도 1m 이상 간격을 둘 때 저장 가능한 경우
- 제1류 위험물(알칼리금속의 과산화물 또는 이를 함유한 것을 제외한다)과 제5류 위험물을 저장하는 경우
- 제1류 위험물과 제6류 위험물을 저장하는 경우
- 제1류 위험물과 제3류 위험물 중 자연발화성 물질(황린 또는 이를 함유한 것에 한한다)을 저장하는 경우
- 제2류 위험물 중 인화성 고체와 제4류 위험물을 저장하는 경우
- 제3류 위험물 중 알킬알루미늄등과 제4류 위험물(알킬알루미늄 또는 알킬리튬을 함유한 것에 한한다)을 저장하는 경우
- 제4류 위험물 중 유기과산화물 또는 이를 함유하는 것과 제5류 위험물 중 유기과산화물 또는 이를 함유한 것을 저장하는 경우

43 ⭐빈출

다음 물질 중 위험물 품명에 따른 구분이 나머지 셋과 다른 하나는?

① 질산메틸
② 다이나이트로벤젠
③ 나이트로글리콜
④ 나이트로글리세린

품명	위험물	상태
질산에스터류	질산메틸 질산에틸 나이트로글리콜 나이트로글리세린	액체
	나이트로셀룰로오스 셀룰로이드	고체
나이트로화합물	트라이나이트로톨루엔 트라이나이트로페놀 다이나이트로벤젠 테트릴	고체

44

다음에서 설명하는 물질은 무엇인가?

> • 살균제 및 소독제로도 사용된다.
> • 분해할 때 발생하는 발생기 산소 'O'는 난·분해성 유기물질을 산화시킬 수 있다.

① $HClO_4$ ② CH_3OH
③ H_2O_2 ④ H_2SO_4

과산화수소(H_2O_2)의 성질
• 표백제 또는 살균제로 이용된다.
• 열, 햇빛에 의해 분해가 촉진된다.
• 60wt% 이상에서 단독으로 분해되며 폭발한다.
• 뚜껑에 작은 구멍을 뚫은 갈색 용기에 보관한다.

45

적린과 황린의 공통적인 사항으로 옳은 것은?

① 연소할 때는 오산화인의 흰 연기를 낸다.
② 냄새가 없는 적색 가루이다.
③ 물, 이황화탄소에 녹는다.
④ 맹독성이다.

• $4P + 5O_2 \rightarrow 2P_2O_5$ 적린은 연소할 때 오산화인이 발생한다.
• $P_4 + 5O_2 \rightarrow 2P_2O_5$ 황린은 연소할 때 오산화인이 발생한다.

46 빈출

고형알코올 2,000kg과 철분 1,000kg의 각각 지정수량 배수의 총합은 얼마인가?

① 3 ② 4
③ 5 ④ 6

• 고형알코올(제2류)의 지정수량 : 1,000kg
• 철분(제2류)의 지정수량 : 500kg
∴ 지정수량 배수의 총합 = $\frac{2,000}{1,000} + \frac{1,000}{500}$ = 4배

47

다음 중 지정수량이 다른 물질은?

① 황화인 ② 적린
③ 철분 ④ 황

• 황화인, 적린, 황의 지정수량 : 100kg
• 철분의 지정수량 : 500kg

48

제5류 위험물이 아닌 것은?

① $Pb(N_3)_2$ ② CH_3ONO_2
③ N_2H_4 ④ NH_2OH

하이드라진(N_2H_4)은 제4류 위험물이다.

49 빈출

그림과 같이 횡으로 설치한 원형탱크의 용량은 약 몇 m³인가? (단, 공간용적은 내용적의 10/100이다.)

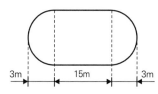

① 1,690.9 ② 1,335.1
③ 1,268.4 ④ 1,201.1

위험물저장탱크의 내용적

$V = \pi r^2 \times (l + \frac{l_1 + l_2}{3})(1 - 공간용적)$

= 원의 면적 × (가운데 체적길이 + $\frac{양끝 체적길이의 합}{3}$)
  (1 - 공간용적)

= $3.14 \times 5^2 \times (15 + \frac{6}{3})(1 - 0.1) = 1,201.05m^3$

50

소화난이도등급 I의 옥내탱크저장소에 설치하는 소화설비가 아닌 것은? (단, 인화점이 70℃ 이상의 제4류 위험물만을 저장, 취급하는 장소이다.)

① 물분무 소화설비, 고정식 포 소화설비
② 이동식 이외의 이산화탄소 소화설비, 고정식 포 소화설비
③ 이동식의 분말 소화설비, 스프링클러설비
④ 이동식 이외의 할로젠화합물 소화설비, 물분무 소화설비

소화난이도등급 I의 옥내탱크저장소에서 인화점 70℃ 이상의 제4류 위험물만을 저장, 취급하는 곳에 설치하는 소화설비
- 물분무 소화설비
- 고정식 포 소화설비
- 이동식 이외의 불활성 가스 소화설비
- 이동식 이외의 할로젠화합물 소화설비
- 이동식 이외의 분말 소화설비

51

다음 아세톤의 완전연소 반응식에서 ( )에 알맞은 계수를 차례대로 옳게 나타낸 것은?

$$CH_3COCH_3 + (\ )O_2 \rightarrow (\ )CO_2 + 3H_2O$$

① 3, 4
② 4, 3
③ 6, 3
④ 3, 6

아세톤의 완전연소 반응식
- $CH_3COCH_3 + 4O_2 \rightarrow 3CO_2 + 3H_2O$
- 아세톤은 산소와 반응하여 이산화탄소와 물을 생성한다.

52

금속칼륨의 보호액으로 가장 적합한 것은?

① 물
② 아세트산
③ 등유
④ 에틸알코올

금속칼륨은 공기와의 접촉을 막기 위해 등유, 경유 등의 산소가 함유되지 않은 보호액(석유류)에 저장한다.

53 ⭐빈출

아염소산염류 100kg, 질산염류 3,000kg 및 과망가니즈산염류 1,000kg을 같은 장소에 저장하려 한다. 각각의 지정수량 배수의 합은 얼마인가?

① 5배
② 10배
③ 13배
④ 15배

- 아염소산염류(제1류)의 지정수량 : 50kg
- 질산염류(제1류)의 지정수량 : 300kg
- 과망가니즈산염류(제1류)의 지정수량 : 1,000kg
- ∴ 지정수량 배수의 총합 = $\frac{100}{50} + \frac{3,000}{300} + \frac{1,000}{1,000}$ = 13배

54

제6류 위험물에 속하는 것은?

① 염소화아이소사이아누르산
② 퍼옥소이황산염류
③ 질산구아니딘
④ 할로젠간화합물

- 염소화아이소사이아누르산, 퍼옥소이황산염류 : 제1류 위험물
- 질산구아니딘 : 제5류 위험물

55

물질의 발화온도가 낮아지는 경우는?

① 발열량이 작을 때
② 산소의 농도가 작을 때
③ 화학적 활성도가 클 때
④ 산소와 친화력이 작을 때

화학적 활성도가 커질수록 반응성이 증가하는 것이므로 발화점은 낮아진다.

56

다음의 위험물을 위험등급 Ⅰ, 위험등급 Ⅱ, 위험등급 Ⅲ의 순서로 옳게 나열한 것은?

> 황린, 수소화나트륨, 리튬

① 황린, 수소화나트륨, 리튬
② 황린, 리튬, 수소화나트륨
③ 수소화나트륨, 황린, 리튬
④ 수소화나트륨, 리튬, 황린

- 황린(제3류) : 위험등급 Ⅰ
- 리튬(제3류) : 위험등급 Ⅱ
- 수소화나트륨(제3류) : 위험등급 Ⅲ

57

글리세린은 제 몇 석유류에 해당하는가?

① 제1석유류
② 제2석유류
③ 제3석유류
④ 제4석유류

글리세린[$C_3H_5(OH)_3$]은 제4류 위험물 중 제3석유류(수용성)로 비중 1.26, 인화점 160℃이다.

58

벤젠에 관한 설명 중 틀린 것은?

① 인화점은 약 -11℃ 정도이다.
② 이황화탄소보다 착화온도가 높다.
③ 벤젠 증기는 마취성은 있으나 독성은 없다.
④ 취급할 때 정전기 발생을 조심해야 한다.

벤젠(C_6H_6) 증기는 마취성이 있고 독성도 있다.

59

위험물안전관리법령상 제6류 위험물에 해당하는 것은?

① H_3PO_4
② IF_5
③ H_2SO_4
④ HCl

제6류 위험물의 종류
- 질산(HNO_3)
- 과산화수소(H_2O_2)
- 과염소산($HClO_4$)
- 할로젠간화합물(IF_5, BrF_3, BrF_5)

60

다음의 분말은 모두 150마이크로미터의 체를 통과하는 것이 50중량퍼센트 이상이 된다. 이들 분말 중 위험물안전관리법령상 품명이 "금속분"으로 분류되는 것은?

① 철분
② 구리분
③ 알루미늄분
④ 니켈분

금속분의 종류
알루미늄분(Al), 아연분(Zn), 안티몬분(Sb), 크로뮴분(Cr), 몰리브덴(Mo), 텅스텐(W) 등

01 빈출

자연발화의 방지법이 아닌 것은?

① 습도를 높게 유지할 것
② 저장실의 온도를 낮출 것
③ 퇴적 및 수납 시 열 축적이 없을 것
④ 통풍을 잘 시킬 것

습도가 높으면 미생물로 인한 자연발화의 위험성이 높아지기 때문에 습도를 낮게 유지해야 한다.

02

액체연료의 연소형태가 아닌 것은?

① 확산연소
② 증발연소
③ 액면연소
④ 분무연소

확산연소는 기체의 연소형태이다.

03

화학식과 Halon 번호를 옳게 연결한 것은?

① CBr_2F_2 - 1202
② $C_2Br_2F_2$ - 2422
③ $CBrClF_2$ - 1102
④ $C_2Br_2F_4$ - 1242

할론넘버는 C, F, Cl, Br 순으로 원소개수를 나열한다.
• $C_2Br_2F_2$ - 2202
• $CBrClF_2$ - 1211
• $C_2Br_2F_4$ - 2402

04 빈출

소화설비의 설치기준에서 유기과산화물 1,000kg은 몇 소요단위에 해당하는가?

① 10
② 20
③ 30
④ 40

• 유기과산화물(제5류)의 지정수량 : 10kg
• 1소요단위 = 지정수량 × 10 = 10 × 10 = 100
• 소요단위 = $\frac{1,000}{100}$ = 10

05

다음 중 분진폭발의 원인물질로 작용할 위험성이 가장 낮은 것은?

① 마그네슘 분말
② 밀가루
③ 담배 분말
④ 시멘트 분말

분진폭발의 원인물질로 작용할 위험성이 가장 낮은 물질은 시멘트, 모래, 석회 분말 등이다.

06

위험물안전관리법령상 옥내소화전설비의 비상전원은 몇 분 이상 작동할 수 있어야 하는가?

① 45분
② 30분
③ 20분
④ 10분

옥내소화전설비의 비상전원은 45분 이상 작동할 수 있어야 한다.

정답 01 ① 02 ① 03 ① 04 ① 05 ④ 06 ①

07

열의 이동원리 중 복사에 관한 예로 적당하지 않은 것은?

① 그늘이 시원한 이유
② 더러운 눈이 빨리 녹는 현상
③ 보온병 내부를 거울벽으로 만드는 것
④ 해풍과 육풍이 일어나는 원리

> 해풍과 육풍은 대류에 의한 이동원리이다.
> • 해풍 : 낮에는 육지가 바다보다 더 많이 가열되므로 육지가 바다보다 상대적으로 기압이 낮아져 바다에서 육지 쪽으로 해풍이 분다.
> • 육풍 : 밤에는 육지가 바다보다 더 많이 냉각되므로 육지가 바다보다 상대적으로 기압이 높아져 육지에서 바다 쪽으로 육풍이 분다.

08

위험물안전관리법령상의 규제에 관한 설명 중 틀린 것은?

① 지정수량 이상인 위험물의 저장·취급 및 운반은 시·도 조례에 의하여 규제한다.
② 항공기에 의한 위험물의 저장·취급 및 운반은 위험물안전관리법의 규제대상이 아니다.
③ 궤도에 의한 위험물의 저장·취급 및 운반은 위험물안전관리법의 규제대상이 아니다.
④ 선박법의 규정에 따른 선박에 의한 위험물의 저장·취급 및 운반은 위험물안전관리법의 규제대상이 아니다.

> • 위험물안전관리법 제4조(지정수량 미만의 위험물의 저장·취급) 지정수량 미만인 위험물의 저장 또는 취급에 관한 기술상의 기준은 특별시·광역시·특별자치시·도 및 특별자치도(이하 "시·도")의 조례로 정한다.
> • 위험물안전관리법 제3조(적용제외)
> 이 법은 항공기·선박(선박법의 규정에 따른 선박을 말한다)·철도 및 궤도에 의한 위험물의 저장·취급 및 운반에 있어서는 이를 적용하지 아니한다.

09 빈출

그림과 같이 횡으로 설치한 원통형 위험물탱크에 대하여 탱크의 용량을 구하면 약 몇 m³인가? (단, 공간용적은 탱크 내용적의 100분의 5로 한다.)

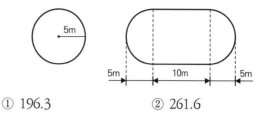

① 196.3   ② 261.6
③ 785.0   ④ 994.8

> 위험물저장탱크의 내용적
>
> $$V = \pi r^2 \times (l + \frac{l_1 + l_2}{3})(1 - 공간용적)$$
>
> $$= 원의 면적 \times (가운데 체적길이 + \frac{양끝 체적길이의 합}{3})$$
> $$(1 - 공간용적)$$
>
> $$= 3.14 \times 5^2 \times (10 + \frac{10}{3})(1 - 0.05) = 994.8 m^3$$

10

제4류 위험물로만 나열된 것은?

① 특수인화물, 황산, 질산
② 알코올류, 황린, 나이트로화합물
③ 동식물유류, 질산, 무기과산화물
④ 제1석유류, 알코올류, 특수인화물

> 제4류 위험물의 종류
> • 특수인화물
> • 제1석유류
> • 알코올류
> • 제2석유류
> • 제3석유류
> • 제4석유류
> • 동식물유류

11

산화프로필렌에 대한 설명 중 틀린 것은?

① 연소범위는 가솔린보다 넓다.
② 물에는 잘 녹지만 알코올, 벤젠에는 녹지 않는다.
③ 비중은 1보다 작고, 증기비중은 1보다 크다.
④ 증기압이 높으므로 상온에서 위험한 농도까지 도달할
수 있다.

산화프로필렌은 제4류 위험물로 물, 알코올, 에터에 잘 녹는다.

12 빈출

어떤 소화기에 "ABC"라고 표시되어 있다. 다음 중 사용할
수 없는 화재는?

① 금속화재   ② 유류화재
③ 전기화재   ④ 일반화재

화재의 종류

급수	화재	색상
A	일반	백색
B	유류	황색
C	전기	청색
D	금속	무색

13

전기설비에 적응성이 없는 소화설비는?

① 이산화탄소 소화설비
② 물분무 소화설비
③ 포 소화설비
④ 할로젠화합물 소화설비

포 소화설비는 전도성이 크므로 전기설비에 적응성이 없다.

14

1몰의 이황화탄소와 고온의 물이 반응하여 생성되는 유독
한 기체물질의 부피는 표준상태에서 얼마인가?

① 22.4L   ② 44.8L
③ 67.2L   ④ 134.4L

- 화학반응식 : $CS_2 + 2H_2O \rightarrow CO_2 + 2H_2S$
- 이황화탄소는 물과 반응하여 1mol의 이산화탄소와 유독한 기체
인 2mol의 황화수소 발생
- 표준상태에서 기체는 1mol당 22.4L
∴ 반응 시 생성물 = 2mol × 22.4L = 44.8L

15

연소 위험성이 큰 휘발유 등은 배관을 통하여 이송할 경우
안전을 위하여 유속을 느리게 해주는 것이 바람직하다. 이
는 배관 내에서 발생할 수 있는 어떤 에너지를 억제하기
위함인가?

① 유도에너지
② 분해에너지
③ 정전기에너지
④ 아크에너지

유속을 느리게 하면 마찰력이 낮아져서 정전기에너지를 억제한다.

16

강화액 소화기에 대한 설명이 아닌 것은?

① 알칼리 금속염류가 포함된 고농도의 수용액이다.
② A급 화재에 적응성이 있다.
③ 어는점이 낮아서 동절기에서 사용이 가능하다.
④ 물의 표면장력을 강화시킨 것으로 심부화재에 효과적
이다.

이산화탄소 소화기는 낮은 표면장력으로 심부화재에 빠르게 침투
해 화재를 소화한다.

정답   11 ②   12 ①   13 ③   14 ②   15 ③   16 ④

17

인화점이 200℃ 미만인 위험물을 저장하기 위하여 높이가 15m이고 지름이 18m인 옥외저장탱크를 설치하는 경우 옥외저장탱크와 방유제와의 사이에 유지하여야 하는 거리는?

① 5.0m 이상
② 6.0m 이상
③ 7.5m 이상
④ 9.0m 이상

방유제는 옥외저장탱크의 지름에 따라 그 탱크의 옆판으로부터 다음에 정하는 거리를 유지할 것(다만, 인화점이 200℃ 이상인 위험물을 저장 또는 취급하는 것에 있어서는 그러하지 아니하다)

• 지름이 15m 미만인 경우에는 탱크 높이의 3분의 1 이상
• 지름이 15m 이상인 경우에는 탱크 높이의 2분의 1 이상

$$\therefore \ 15 \times \frac{1}{2} = 7.5m \ \text{이상}$$

18 빈출

위험물을 취급함에 있어서 정전기를 유효하게 제거하기 위한 설비를 설치하고자 한다. 위험물안전관리법령상 공기 중의 상대습도를 몇 % 이상 되게 하여야 하는가?

① 50
② 60
③ 70
④ 80

정전기를 유효하게 제거하기 위해서는 상대습도를 70% 이상 되게 하여야 한다.

19

위험물안전관리법령에 따른 자동화재탐지설비의 설치기준에서 하나의 경계구역의 면적은 얼마 이하로 하여야 하는가? (단, 해당 건축물 그 밖의 공작물의 주요한 출입구에서 그 내부의 전체를 볼 수 없는 경우이다.)

① 500m²
② 600m²
③ 800m²
④ 1,000m²

하나의 경계구역의 면적은 600m² 이하로 하고 그 한 변의 길이는 50m(광전식분리형 감지기를 설치할 경우에는 100m) 이하로 해야 한다. 다만, 당해 건축물 그 밖의 공작물의 주요한 출입구에서 그 내부의 전체를 볼 수 있는 경우에 있어서는 그 면적을 1,000m² 이하로 할 수 있다.

20

금속칼륨에 대한 초기의 소화약제로서 적합한 것은?

① 물
② 마른모래
③ CCl₄
④ CO₂

금속칼륨은 알칼리금속으로서 반응성이 매우 강하며, 특히 물이나 습기와 접촉했을 때 격렬한 화학반응을 일으키며 폭발적인 반응으로 화재를 일으킬 수 있으므로, 마른모래 등을 이용해 질식소화를 해야 한다.

21

과산화마그네슘에 대한 설명으로 옳은 것은?

① 산화제, 표백제, 살균제 등으로 사용된다.
② 물에 녹지 않기 때문에 습기와 접촉해도 무방하다.
③ 물과 반응하여 금속 마그네슘을 생성한다.
④ 염산과 반응하면 산소와 수소를 발생한다.

• 과산화마그네슘은 산화성 고체이다.
• 산화는 상대물질로부터 전자를 빼앗아 산화시키고 자신은 환원하는 성질로, 이러한 성질로 인해 살균, 표백 효과가 뛰어나다.
• $2MgO_2 + 2H_2O \rightarrow 2Mg(OH)_2 + O_2$
• 과산화마그네슘은 물과 반응하여 수산화마그네슘과 산소를 발생한다.
• $MgO_2 + 2HCl \rightarrow MgCl_2 + H_2O_2$
• 과산화마그네슘은 염산과 반응하여 염화마그네슘과 과산화수소를 발생한다.

정답   17 ③ 18 ③ 19 ② 20 ② 21 ①

22

위험물안전관리법령에 따라 제조소등의 관계인이 예방규정을 정하여야 하는 제조소등에 해당하지 않는 것은?

① 지정수량의 200배 이상의 위험물을 저장하는 옥외탱크저장소
② 지정수량의 10배 이상의 위험물을 취급하는 제조소
③ 암반탱크저장소
④ 지하탱크저장소

예방규정을 정해야 하는 제조소등
• 지정수량 10배 이상의 위험물을 취급하는 제조소
• 지정수량 10배 이상의 위험물을 취급하는 일반취급소
• 지정수량 100배 이상의 위험물을 저장하는 옥외저장소
• 지정수량 150배 이상의 위험물을 저장하는 옥내저장소
• 지정수량 200배 이상의 위험물을 저장하는 옥외탱크저장소
• 암반탱크저장소
• 이송취급소

23

다음 위험물 중 지정수량이 가장 큰 것은?

① 질산에틸
② 과산화수소
③ 트라이나이트로톨루엔
④ 피크린산

각 위험물의 지정수량
• 질산에틸(제5류) : 10kg
• 과산화수소(제6류) : 300kg
• 트라이나이트로톨루엔(제5류) : 100kg
• 피크린산(제5류) : 100kg

24 ⭐빈출

지정수량 10배의 위험물을 운반할 때 혼재가 가능한 것은?

① 제1류 위험물과 제2류 위험물
② 제1류 위험물과 제4류 위험물
③ 제4류 위험물과 제5류 위험물
④ 제5류 위험물과 제3류 위험물

유별을 달리하는 혼재기준

1	6		혼재 가능
2	5	4	혼재 가능
3	4		혼재 가능

25

같은 위험등급의 위험물로만 이루어지지 않은 것은?

① Fe, Sb, Mg
② Zn, Al, S
③ 황화인, 적린, 칼슘
④ 메탄올, 에탄올, 벤젠

• Zn(아연), Al(알루미늄) : 3등급
• S(황) : 2등급

26

위험물에 대한 설명으로 옳은 것은?

① 적린은 암적색의 분말로서 조해성이 있는 자연발화성 물질이다.
② 황화인은 황색의 액체이며 상온에서 자연분해하여 이산화황과 오산화인을 발생한다.
③ 황은 미황색의 고체 또는 분말이며 많은 이성질체를 갖고 있는 전기도체이다.
④ 황린은 가연성 물질이며 마늘 냄새가 나는 맹독성 물질이다.

황린(P_4)은 백색 또는 담황색의 자연발화성 고체이다. 벤젠, 알코올에는 일부 용해하고, 이황화탄소(CS_2), 삼염화인, 염화황에는 잘 녹는다. 증기는 공기보다 무겁고 자극적이며 맹독성인 물질이다.

정답   22 ④   23 ②   24 ③   25 ②   26 ④

27

지정수량이 100kg인 물질은?

① 질산 　　　　　 ② 피크린산
③ 질산메틸 　　　 ④ 과산화벤조일

각 위험물의 지정수량
- 질산(제6류) : 300kg
- 피크린산(제5류) : 100kg
- 질산메틸(제5류) : 10kg
- 과산화벤조일(제5류) : 10kg

28

수소화나트륨의 소화약제로 적당하지 않은 것은?

① 물 　　　　　　 ② 건조사
③ 팽창질석 　　　 ④ 팽창진주암

- $NaH + H_2O \rightarrow NaOH + H_2$
- 수소화나트륨은 물과 반응 시 수소가 발생되며 폭발의 위험이 있기 때문에 주로 질식소화한다.

29

위험물안전관리법령상 제6류 위험물이 아닌 것은?

① H_3PO_4 　　　 ② IF_5
③ BrF_5 　　　　 ④ BrF_3

- 인산(H_3PO_4)은 제6류 위험물이 아니다.
- IF_5, BrF_5, BrF_3은 제6류 위험물 중 할로젠간화합물에 해당한다.

30

다음 중 화재 시 내알코올포 소화약제를 사용하는 것이 가장 적합한 위험물은?

① 아세톤 　　　　 ② 휘발유
③ 경유 　　　　　 ④ 등유

소포성 있는 위험물화재(알코올화재 등)에서는 내알코올포를 사용해야 한다.

31

제4류 위험물의 공통적인 성질이 아닌 것은?

① 대부분 물보다 가볍고 물에 녹기 어렵다.
② 공기와 혼합된 증기는 연소의 우려가 있다.
③ 인화되기 쉽다.
④ 증기는 공기보다 가볍다.

제4류 위험물의 증기는 공기보다 무겁다.

32 ⭐비출

위험물을 유별로 정리하여 상호 1m 이상의 간격을 유지하는 경우에도 동일한 옥내저장소에 저장할 수 없는 것은?

① 제1류 위험물(알칼리금속의 과산화물 또는 이를 함유한 것을 제외한다)과 제5류 위험물
② 제1류 위험물과 제6류 위험물
③ 제1류 위험물과 제3류 위험물 중 황린
④ 인화성 고체를 제외한 제2류 위험물과 제4류 위험물

유별을 달리하더라도 1m 이상 간격을 둘 때 저장 가능한 경우
- 제1류 위험물(알칼리금속의 과산화물 또는 이를 함유한 것을 제외한다)과 제5류 위험물을 저장하는 경우
- 제1류 위험물과 제6류 위험물을 저장하는 경우
- 제1류 위험물과 제3류 위험물 중 자연발화성 물질(황린 또는 이를 함유한 것에 한한다)을 저장하는 경우
- 제2류 위험물 중 인화성 고체와 제4류 위험물을 저장하는 경우
- 제3류 위험물 중 알킬알루미늄등과 제4류 위험물(알킬알루미늄 또는 알킬리튬을 함유한 것에 한한다)을 저장하는 경우
- 제4류 위험물 중 유기과산화물 또는 이를 함유하는 것과 제5류 위험물 중 유기과산화물 또는 이를 함유한 것을 저장하는 경우

정답　　　27 ②　28 ①　29 ①　30 ①　31 ④　32 ④

33 빈출

질산의 비중이 1.5일 때, 1소요단위는 몇 L인가?

① 150
② 200
③ 1,500
④ 2,000

- 질산의 지정수량 : 300kg
- 1소요단위 = 지정수량 × 10 = 300 × 10 = 3,000kg
- 질산의 밀도 : 1.5kg/L
- 부피 $= \dfrac{질량}{밀도} = \dfrac{3,000}{1.5} = 2,000L$

34

무색 또는 옅은 청색의 액체로 농도가 36wt% 이상인 것을 위험물로 간주하는 것은?

① 과산화수소
② 과염소산
③ 질산
④ 초산

과산화수소(제6류, H_2O_2)는 무색 또는 옅은 청색의 액체로 농도가 36wt% 이상인 것을 위험물로 간주한다.

35

위험물안전관리법령의 규정에 따라 다음과 같이 예방조치를 하여야 하는 위험물은?

- 운반용기의 외부에 '화기엄금' 및 '충격주의'를 표시한다.
- 적재하는 경우 차광성 있는 피복으로 가린다.
- 55℃ 이하에서 분해될 우려가 있는 경우 보냉 컨테이너에 수납하여 적정한 온도관리를 한다.

① 제1류
② 제2류
③ 제3류
④ 제5류

- 제5류 위험물의 운반용기 외부에 '화기엄금' 및 '충격주의'를 표시하고, 적재하는 경우 차광성 있는 피복으로 가린다.
- 제5류 위험물 중 55℃ 이하의 온도에서 분해될 우려가 있는 것은 보냉 컨테이너에 수납하는 등 적정한 온도관리를 하여야 한다.

36 빈출

위험물안전관리법령상 운송책임자의 감독·지원을 받아 운송하여야 하는 위험물은?

① 특수인화물
② 알킬리튬
③ 질산구아니딘
④ 하이드라진유도체

운송하는 위험물이 알킬알루미늄, 알킬리튬이거나 이 둘을 함유하는 위험물일 때에는 운송책임자의 감독 또는 지원을 받아 이를 운송하여야 한다.

37

위험물안전관리법령상 위험등급이 나머지 셋과 다른 하나는?

① 알코올류
② 제2석유류
③ 제3석유류
④ 동식물유류

- 알코올류의 위험등급 : II등급
- 제2석유류, 제3석유류, 동식물유류의 위험등급 : III등급

38

제6류 위험물에 대한 설명으로 옳은 것은?

① 과염소산은 독성은 없지만 폭발의 위험이 있으므로 밀폐하여 보관한다.
② 과산화수소는 농도가 3% 이상일 때 단독으로 폭발하므로 취급에 주의한다.
③ 질산은 자연발화의 위험이 높으므로 저온보관한다.
④ 할로젠간화합물의 지정수량은 300kg이다.

- 과염소산은 직사광선을 피하고 통풍이 잘 되는 냉암소에 저장한다.
- 과산화수소는 농도가 60wt% 이상일 때 단독으로 분해폭발이 일어난다.
- 질산은 햇빛에 의해 분해되므로 갈색병에 보관한다.

정답　　33 ④　34 ①　35 ④　36 ②　37 ①　38 ④

39 ⭐빈출

다음 위험물 중 상온에서 액체인 것은?

① 질산에틸
② 트라이나이트로톨루엔
③ 셀룰로이드
④ 피크린산

품명	위험물	상태
질산에스터류	질산메틸 질산에틸 나이트로글리콜 나이트로글리세린	액체
	나이트로셀룰로오스 셀룰로이드	고체
나이트로화합물	트라이나이트로톨루엔 트라이나이트로페놀 다이나이트로벤젠 테트릴	고체

40 ⭐빈출

위험물제조소의 게시판에 '화기주의'라고 쓰여 있다. 제 몇 류 위험물제조소인가?

① 제1류   ② 제2류
③ 제3류   ④ 제4류

• 제2류 위험물(인화성 고체 제외) : 화기주의
• 제2류 위험물 중 인화성 고체 : 화기엄금

41

착화점이 232℃에 가장 가까운 위험물은?

① 삼황화인   ② 오황화인
③ 적린   ④ 황

각 위험물의 착화점
• 삼황화인 : 100℃
• 오황화인 : 100 ~ 120℃
• 적린 : 260℃
• 황 : 232.2℃

42

$NaClO_3$에 대한 설명으로 옳은 것은?

① 물, 알코올에 녹지 않는다.
② 가연성 물질로 무색, 무취의 결정이다.
③ 유리를 부식시키므로 철제용기에 저장한다.
④ 산과 반응하여 유독성의 ClO_2를 발생한다.

• $2NaClO_3 + 2HCl \rightarrow 2ClO_2 + 2NaCl + H_2O_2$
• 염소산나트륨은 염산과 반응하여 이산화염소, 염화나트륨, 과산화수소를 발생한다.

43

메탄올과 에탄올의 공통점에 대한 설명으로 틀린 것은?

① 증기비중이 같다.
② 무색투명한 액체이다.
③ 비중이 1보다 작다.
④ 물에 잘 녹는다.

• 메탄올의 증기비중 : 1.1
• 에탄올의 증기비중 : 1.59

44 ⭐빈출

금속나트륨에 관한 설명으로 옳은 것은?

① 물보다 무겁다.
② 융점이 100℃보다 높다.
③ 물과 격렬히 반응하여 산소를 발생하고 발열한다.
④ 등유는 반응이 일어나지 않아 저장액으로 이용된다.

칼륨, 나트륨 및 알칼리금속은 등유, 경유 등의 산소가 함유되지 않은 보호액(석유류) 속에 저장한다.

정답   39 ①   40 ②   41 ④   42 ④   43 ①   44 ④

PART **02** 03

45

물과 접촉하면 위험성이 증가하므로 주수소화를 할 수 없는 물질은?

① $KClO_3$
② $NaNO_3$
③ Na_2O_2
④ $(C_6H_5CO)_2O_2$

과산화나트륨(제1류, Na_2O_2)은 물과 접촉하면 격렬한 반응을 일으켜 열과 산소를 발생하므로 주수소화가 금지된다.

46

다이에틸에터의 보관·취급에 관한 설명으로 틀린 것은?

① 용기는 밀봉하여 보관한다.
② 환기가 잘 되는 곳에 보관한다.
③ 정전기가 발생하지 않도록 취급한다.
④ 저장용기에 빈 공간이 없게 가득 채워 보관한다.

위험물 간 마찰로 인한 폭발을 막기 위해 공간용적을 2% 정도 둔다.

47

아닐린에 대한 설명으로 옳은 것은?

① 특유의 냄새를 가진 기름상 액체이다.
② 인화점이 0℃ 이하이어서 상온에서 인화의 위험이 높다.
③ 황산과 같은 강산화제와 접촉하면 중화되어 안정하게 된다.
④ 증기는 공기와 혼합하여 인화, 폭발의 위험이 없는 안정한 상태가 된다.

아닐린은 벤젠의 수소 하나가 아민기로 치환된 화합물로 상온에서 기름 같은 액체로 존재한다. 약간의 점성이 있는 투명한 액체이며, 공기 중에 노출되면 갈색으로 변색되기도 한다. 또한, 특유의 자극적인 냄새를 가지고 있는데, 이 냄새는 화학적으로 매우 강렬하고 특이한 냄새로서 일반적으로 알칼리성 냄새 또는 약간의 달콤한 냄새이다.

48

위험물제조소등에 자체소방대를 두어야 할 대상의 위험물안전관리법령상 기준으로 옳은 것은? (단, 원칙적인 경우에 한한다.)

① 지정수량 3,000배 이상의 위험물을 저장하는 저장소 또는 제조소
② 지정수량 3,000배 이상의 위험물을 취급하는 제조소 또는 일반취급소
③ 지정수량 3,000배 이상의 제4류 위험물을 저장하는 저장소 또는 제조소
④ 지정수량 3,000배 이상의 제4류 위험물을 취급하는 제조소 또는 일반취급소

위험물안전관리법령상 자체소방대를 설치해야 하는 사업소
- 제조소 또는 일반취급소에서 취급하는 제4류 위험물의 최대수량의 합이 지정수량의 3천배 이상인 경우(다만, 보일러로 위험물을 소비하는 일반취급소 등 행정안전부령으로 정하는 일반취급소는 제외한다)
- 옥외탱크저장소에 저장하는 제4류 위험물의 최대수량이 지정수량의 50만배 이상인 경우

49

벤젠의 저장 및 취급 시 주의사항에 대한 설명으로 틀린 것은?

① 정전기 발생에 주의한다.
② 피부에 닿지 않도록 주의한다.
③ 증기는 공기보다 가벼워 높은 곳에 체류하므로 환기에 주의한다.
④ 통풍이 잘 되는 서늘하고 어두운 곳에 저장한다.

벤젠(C_6H_6) 증기는 공기보다 무겁다.

정답   45 ③   46 ④   47 ①   48 ④   49 ③

50

질산칼륨의 성질에 해당하는 것은?

① 무색 또는 흰색 결정이다.
② 물과 반응하면 폭발의 위험이 있다.
③ 물에 녹지 않으나 알코올에 잘 녹는다.
④ 황산, 목분과 혼합하면 흑색화약이 된다.

- 질산칼륨(제1류)은 무색 또는 흰색 결정으로, 물에는 잘 녹으나 알코올, 에터에는 녹지 않는다.
- $2KNO_3 \rightarrow 2KNO_2 + O_2$
- 질산칼륨은 가열하면 산소를 방출하며 아질산칼륨을 생성한다.

51

분말의 형태로서 150마이크로미터의 체를 통과하는 것이 50중량퍼센트 이상인 것만 위험물로 취급되는 것은?

① Fe   ② Sn
③ Ni   ④ Cu

금속분의 위험물 기준
알칼리금속·알칼리토류금속·철 및 마그네슘 외의 금속의 분말을 말하고, 구리분(Cu), 니켈분(Ni)을 제외하고 $150\mu m$의 체를 통과하는 것이 50wt% 이상이다.

52

다음에서 설명하고 있는 위험물은?

- 지정수량은 20kg이고, 백색 또는 담황색 고체이다.
- 비중은 약 1.82이고, 융점은 약 44℃이다.
- 비점은 약 280℃이고, 증기비중은 약 4.3이다.

① 적린   ② 황린
③ 황   ④ 마그네슘

황린(P_4)은 백색 또는 담황색의 자연발화성 고체로, 제3류 위험물이고, 지정수량은 20kg이다. 물과 반응하지 않으므로 물속에 저장하며 보호액이 증발되지 않도록 한다.

53

과염소산의 저장 및 취급방법으로 틀린 것은?

① 종이, 나무부스러기 등과의 접촉을 피한다.
② 직사광선을 피하고, 통풍이 잘 되는 장소에 보관한다.
③ 금속분과의 접촉을 피한다.
④ 분해방지제로 NH_3 또는 $BaCl_2$를 사용한다.

과염소산($HClO_4$)은 제6류 위험물인 산화성 액체이므로 NH_3, $BaCl_2$와 격리보관한다.

54

위험물안전관리에 관한 세부기준에서 정한 위험물의 유별에 따른 위험성 시험 방법을 옳게 연결한 것은?

① 제1류 - 가열분해성 시험
② 제2류 - 작은 불꽃 착화시험
③ 제5류 - 충격민감성 시험
④ 제6류 - 낙구타격감도 시험

- 제1류 : 산화성 시험, 충격민감성 시험
- 제5류 : 폭발성 시험, 가열분해성 시험
- 제6류 : 산화성 시험

55

다음 중 인화점이 가장 낮은 것은?

① 이소펜탄   ② 아세톤
③ 다이에틸에터   ④ 이황화탄소

각 위험물의 인화점
- 이소펜탄 : -51℃
- 아세톤 : -18℃
- 다이에틸에터 : -45℃
- 이황화탄소 : -30℃

정답   50 ① 51 ② 52 ② 53 ④ 54 ② 55 ①

56

위험물의 유별 구분이 나머지 셋과 다른 하나는?

① 나이트로글리콜
② 벤젠
③ 아조벤젠
④ 다이나이트로벤젠

- 나이트로글리콜, 아조벤젠, 다이나이트로벤젠 : 제5류 위험물
- 벤젠 : 제4류 위험물

57

제4류 위험물 중 제1석유류에 속하는 것은?

① 에틸렌글리콜
② 글리세린
③ 아세톤
④ n-부탄올

"제1석유류"라 함은 아세톤, 휘발유 그 밖에 1기압에서 인화점이 섭씨 21도 미만인 것을 말한다. 즉, 아세톤은 제1석유류(수용성)에 해당한다.

58

인화성 액체위험물을 저장 또는 취급하는 옥외탱크저장소의 방유제 내에 용량 10만L와 5만L인 옥외저장탱크 2기를 설치하는 경우에 확보하여야 하는 방유제의 용량은?

① 50,000L 이상
② 80,000L 이상
③ 110,000L 이상
④ 150,000L 이상

옥외저장탱크 설치 시 방유제 용량
최대 탱크용량 × 1.1
= 100,000L × 1.1 = 110,000L

59

횡으로 설치한 원통형 위험물 저장탱크의 내용적이 500L일 때 공간용적은 최소 몇 L이어야 하는가? (단, 원칙적인 경우에 한한다.)

① 15   ② 25
③ 35   ④ 50

위험물 저장탱크의 공간용적

공간용적 = 탱크 내용적의 $\frac{5}{100}$ 이상 $\frac{10}{100}$ 이하

$$= 500 \times \frac{5}{100} = 25L$$

60 ★빈출

탄화칼슘을 습한 공기 중에 보관하면 위험한 이유로 가장 옳은 것은?

① 아세틸렌과 공기가 혼합된 폭발성 가스가 생성될 수 있으므로
② 에틸렌과 공기 중 질소가 혼합된 폭발성 가스가 생성될 수 있으므로
③ 분진폭발의 위험성이 증가하기 때문에
④ 포스핀과 같은 독성 가스가 발생하기 때문에

탄화칼슘과 물의 반응식
- $CaC_2 + 2H_2O \rightarrow Ca(OH)_2 + C_2H_2$
- 탄화칼슘은 물과 만나 아세틸렌을 발생하므로 습한 공기 중에 보관이 불가하다.

정답   56 ② 57 ③ 58 ③ 59 ② 60 ①

Chapter 04

2019년 1회 | CBT 기출복원문제

01 ⭐빈출

유류화재의 급수와 표시색상으로 옳은 것은?

① A급, 적색
② B급, 백색
③ A급, 황색
④ B급, 황색

화재의 종류

급수	화재	색상
A	일반	백색
B	유류	황색
C	전기	청색
D	금속	무색

02

소화기의 사용방법으로 잘못된 것은?

① 적응화재에 따라 사용할 것
② 성능에 따라 방출거리 내에서 사용할 것
③ 바람을 마주보며 소화할 것
④ 양옆으로 비로 쓸 듯이 방사할 것

소화기는 바람을 등지고 사용해야 한다.

03 ⭐빈출

제1종 분말 소화약제의 적응화재 급수는?

① A급
② BC급
③ AB급
④ ABC급

분말 소화약제의 종류

약제명	주성분	적응화재	색상
제1종	탄산수소나트륨	BC	백색
제2종	탄산수소칼륨	BC	보라색
제3종	인산암모늄	ABC	담홍색
제4종	탄산수소칼륨 + 요소	BC	회색

04

제1류 위험물의 저장방법에 대한 설명으로 틀린 것은?

① 조해성 물질은 방습에 주의한다.
② 무기과산화물은 물속에 보관한다.
③ 분해를 촉진하는 물품과의 접촉을 피하여 저장한다.
④ 복사열이 없고 환기가 잘 되는 서늘한 곳에 저장한다.

제1류 위험물인 무기과산화물은 물과 반응하면 산소를 발생하며 발열하므로 환기가 잘 되는 찬 곳에 저장한다.

05

다음 물질 중 분진폭발의 위험성이 가장 낮은 것은?

① 밀가루
② 알루미늄분말
③ 모래
④ 석탄

분진폭발의 원인물질로 작용할 위험성이 가장 낮은 물질은 시멘트, 모래, 석회분말 등이다.

06

소화작용에 대한 설명 중 옳지 않은 것은?

① 가연물의 온도를 낮추는 소화는 냉각작용이다.
② 물의 주된 소화작용 중 하나는 냉각작용이다.
③ 연소에 필요한 산소의 공급원을 차단하는 소화는 제거작용이다.
④ 가스화재 시 밸브를 차단하는 것은 제거작용이다.

연소에 필요한 산소의 공급원을 차단하는 소화는 질식작용이다.

정답

01 ④ 02 ③ 03 ② 04 ② 05 ③ 06 ③

07

소화설비의 기준에서 이산화탄소 소화설비가 적응성이 있는 대상물은?

① 알칼리금속과산화물
② 철분
③ 인화성 고체
④ 제3류 위험물의 금수성 물질

이산화탄소 소화기는 제2류 위험물 중 철분에는 적응성이 없고 인화성 고체에는 적응성이 있다.

08

위험물안전관리법령상 소화설비에 해당하지 않는 것은?

① 옥외소화전설비
② 스프링클러설비
③ 할로젠화합물 소화설비
④ 연결살수설비

위험물안전관리법령상 소화설비 종류
• 옥내소화전 또는 옥외소화전설비
• 스프링클러설비
• 물분무등소화설비(물분무 소화설비, 포 소화설비, 불활성 가스 소화설비, 할로젠화합물 소화설비, 분말 소화설비)
• 대형 · 소형수동식소화기
• 기타(물통 또는 수조, 건조사, 팽창질석 또는 팽창진주암)

09

유기과산화물의 화재예방상 주의사항으로 틀린 것은?

① 열원으로부터 멀리한다.
② 직사광선을 피해야 한다.
③ 용기의 파손에 의해서 누출되면 위험하므로 정기적으로 점검하여야 한다.
④ 산화제와 격리하고 환원제와 접촉시켜야 한다.

유기과산화물은 산화제 또는 환원제와 접촉하여 발화하므로 접촉을 피해야 한다.

10

분자 내의 나이트로기와 같이 쉽게 산소를 유리할 수 있는 기를 가지고 있는 화합물의 연소형태는?

① 표면연소
② 분해연소
③ 증발연소
④ 자기연소

자기연소는 제5류 위험물 중 나이트로기와 같은 고체에서 일어나는 연소반응이다.

11

국소방출방식의 이산화탄소 소화설비의 분사헤드에서 방출되는 소화약제의 방사 기준은?

① 10초 이내에 균일하게 방사할 수 있을 것
② 15초 이내에 균일하게 방사할 수 있을 것
③ 30초 이내에 균일하게 방사할 수 있을 것
④ 60초 이내에 균일하게 방사할 수 있을 것

국소방출방식의 이산화탄소 소화설비의 분사헤드에서 방출되는 소화약제 방사 기준은 30초 이내에 균일하게 방사할 수 있어야 한다.

12

제1류 위험물인 과산화나트륨의 보관용기에 화재가 발생하였다. 소화약제로 가장 적당한 것은?

① 포 소화약제
② 물
③ 마른모래
④ 이산화탄소

과산화나트륨(제1류, Na_2O_2)은 물과 반응하면 산소를 발생하며 발열하므로 주수소화를 금지하고, 마른모래나 팽창질석, 팽창진주암 등으로 질식소화하는 것이 적합하다.

정답   07 ③   08 ④   09 ④   10 ④   11 ③   12 ③

13

위험물의 화재별 소화방법으로 옳지 않은 것은?

① 황린 – 분무주수에 의한 냉각소화
② 인화칼슘 – 분무주수에 의한 냉각소화
③ 톨루엔 – 포에 의한 질식소화
④ 질산메틸 – 주수에 의한 냉각소화

- $Ca_3P_2 + 6H_2O \rightarrow 3Ca(OH)_2 + 2PH_3$
- 인화칼슘은 물과 반응하면 수산화칼슘과 포스핀가스가 발생하므로 주수금지이다.

14

옥내에서 지정수량 100배 이상을 취급하는 일반취급소에 설치하여야 하는 경보설비는? (단, 고인화점 위험물만을 취급하는 경우는 제외한다.)

① 비상경보설비
② 자동화재탐지설비
③ 비상방송설비
④ 비상벨설비 및 확성장치

제조소 및 일반취급소에서 연면적이 500제곱미터 이상이거나 옥내에서 지정수량의 100배 이상을 취급할 때는 자동화재탐지설비를 설치하여야 한다.

15

위험물안전관리법령에 따라 옥내소화전설비를 설치할 때 배관의 설치기준에 대한 설명으로 옳지 않은 것은?

① 배관 내 사용압력이 1.2MPa 미만일 경우에는 배관용 탄소 강관(KS D 3507)을 사용해야 한다.
② 옥내소화전설비의 배관을 연결송수관설비와 겸용하는 경우 주배관은 구경 66mm 이상으로 해야 한다.
③ 펌프를 이용한 가압송수장치의 흡수관은 펌프마다 전용으로 설치한다.
④ 원칙적으로 급수배관은 생활용수배관과 같이 사용할 수 없으며 전용배관으로만 사용한다.

옥내소화전설비의 배관을 연결송수관설비와 겸용하는 경우 주배관은 구경 100mm 이상, 방수구로 연결되는 배관의 구경은 65mm 이상의 것으로 해야 한다.

16 ⭐빈출

제3종 분말 소화약제의 주요 성분에 해당하는 것은?

① 인산암모늄
② 탄산수소나트륨
③ 탄산수소칼륨
④ 요소

분말 소화약제의 종류

약제명	주성분	분해식
제1종	탄산수소나트륨	$2NaHCO_3 \rightarrow Na_2CO_3 + CO_2 + H_2O$
제2종	탄산수소칼륨	$2KHCO_3 \rightarrow K_2CO_3 + CO_2 + H_2O$
제3종	인산암모늄	$NH_4H_2PO_4 \rightarrow NH_3 + HPO_3 + H_2O$
제4종	탄산수소칼륨 + 요소	–

17

휘발유의 소화방법으로 옳지 않은 것은?

① 분말 소화약제를 사용한다.
② 포 소화약제를 사용한다.
③ 물통 또는 수조로 주수소화한다.
④ 이산화탄소에 의한 질식소화를 한다.

휘발유는 제4류 위험물로, 제4류 위험물은 주수소화하면 연소면이 확대되므로 주로 질식소화한다.

정답   13 ②   14 ②   15 ②   16 ①   17 ③

18

플래시오버(Flash Over)에 관한 설명이 아닌 것은?

① 실내화재에서 발생하는 현상
② 순발적인 연소확대 현상
③ 발생시점은 초기에서 성장기로 넘어가는 분기점
④ 화재로 인하여 온도가 급격히 상승하여 화재가 순간적으로 실내 전체에 확산되어 연소되는 현상

플래시오버의 발생시점은 성장기에서 최성기로 넘어가는 분기점이다.

19 ⭐빈출

화재 시 이산화탄소를 방출하여 산소의 농도를 13vol%로 낮추어 소화를 하려면 공기 중의 이산화탄소는 몇 vol%가 되어야 하는가?

① 28.1
② 38.1
③ 42.86
④ 48.36

이산화탄소 소화농도

$$\frac{21 - O_2}{21} \times 100 = \frac{21 - 13}{21} \times 100 = 38.1 vol\%$$

20 ⭐빈출

팽창질석(삽 1개 포함) 160리터의 소화 능력단위는?

① 0.5
② 1.0
③ 1.5
④ 2.0

소화설비의 능력단위

소화설비	용량(L)	능력단위
소화전용물통	8	0.3
수조(물통 3개 포함)	80	1.5
수조(물통 6개 포함)	190	2.5
마른모래(삽 1개 포함)	50	0.5
팽창질석 · 팽창진주암(삽 1개 포함)	160	1.0

21

위험물안전관리법령상 위험물에 해당하는 것은?

① 황산
② 비중이 1.41인 질산
③ 53마이크로미터의 표준체를 통과하는 것이 50중량퍼센트 미만인 철의 분말
④ 농도가 40중량퍼센트인 과산화수소

과산화수소(H_2O_2)는 그 농도가 36중량퍼센트 이상인 것에 한한다.

22

위험물안전관리법령상 위험물 운송에 관한 규정으로 틀린 것은?

① 이동탱크저장소에 의하여 위험물을 운송하는 자는 당해 위험물을 취급할 수 있는 국가기술자격자 또는 안전교육을 받은 자이어야 한다.
② 안전관리자 · 탱크시험자 · 위험물운반자 · 위험물운송자 등 위험물의 안전관리와 관련된 업무를 수행하는 자는 시 · 도지사가 실시하는 안전교육을 받아야 한다.
③ 운송책임자의 범위, 감독 또는 지원의 방법 등에 관한 구체적인 기준은 행정안전부령으로 정한다.
④ 위험물운송자는 이동탱크저장소에 의하여 위험물을 운송하는 때에는 행정안전부령으로 정하는 기준을 준수하는 등 당해 위험물의 안전 확보를 위해 세심한 주의를 기울여야 한다.

안전관리자 · 탱크시험자 · 위험물운반자 · 위험물운송자 등 위험물의 안전관리와 관련된 업무를 수행하는 자로서 대통령령이 정하는 자는 해당 업무에 관한 능력의 습득 또는 향상을 위하여 소방청장이 실시하는 교육을 받아야 한다.

정답   18 ③   19 ②   20 ②   21 ④   22 ②

23

물과 접촉하면 위험성이 증가하므로 주수소화를 할 수 없는 물질은?

① $C_6H_2CH_3(NO_2)_3$
② $NaNO_3$
③ $(C_2H_5)_3Al$
④ $(C_6H_5CO)_2O_2$

트라이에틸알루미늄(제3류)과 물의 반응식
• $(C_2H_5)_3Al + 3H_2O \rightarrow Al(OH)_3 + 3C_2H_6$
• 트라이에틸알루미늄이 물과 반응하면 수산화알루미늄과 에탄이 발생한다.

24

과산화바륨의 성질에 대한 설명 중 틀린 것은?

① 고온에서 열분해하여 산소를 발생한다.
② 황산과 반응하여 과산화수소를 만든다.
③ 비중은 약 4.96이다.
④ 온수와 접촉하면 수소가스를 발생한다.

과산화바륨(제1류)과 물의 반응식
• $2BaO_2 + 2H_2O \rightarrow 2Ba(OH)_2 + O_2$
• 과산화바륨은 물과 반응하여 수산화바륨과 산소를 발생한다.

25

과염소산칼륨의 일반적인 성질에 대한 설명 중 틀린 것은?

① 강한 산화제이다.
② 불연성 물질이다.
③ 과일향이 나는 보라색 결정이다.
④ 가열하여 완전 분해시키면 산소를 발생한다.

과염소산칼륨(제1류, $KClO_4$)은 백색 결정이다.

26

제4류 위험물 중 특수인화물로만 나열된 것은?

① 아세트알데하이드, 산화프로필렌, 염화아세틸
② 산화프로필렌, 염화아세틸, 부틸알데하이드
③ 부틸알데하이드, 이소프로필아민, 다이에틸에터
④ 이황화탄소, 황화다이메틸, 이소프로필아민

특수인화물의 종류
산화프로필렌, 다이에틸에터, 아세트알데하이드, 이황화탄소, 이소프로필아민, 황화다이메틸

27

건축물 외벽이 내화구조이며 연면적 300m²인 위험물 옥내저장소의 건축물에 대하여 소화설비의 소요단위는 최소한 몇 단위 이상이 되어야 하는가?

① 1단위   ② 2단위
③ 3단위   ④ 4단위

위험물의 소요단위(연면적)

구분	외벽 내화구조	외벽 비내화구조
제조소 취급소	100m²	50m²
저장소	150m²	75m²

• 외벽이 내화구조인 저장소의 1소요단위 : 150m²
• $\dfrac{300}{150} = 2$
• 소요단위는 2단위 이상이 되어야 한다.

28

위험성 예방을 위해 물속에 저장하는 것은?

① 칠황화인   ② 이황화탄소
③ 오황화인   ④ 톨루엔

이황화탄소(CS_2)는 물보다 무겁고 물에 녹기 어려워 물속에 저장한다.

정답   23 ③ 24 ④ 25 ③ 26 ④ 27 ② 28 ②

29

수소화칼슘이 물과 반응하였을 때의 생성물은?

① 칼슘과 수소
② 수산화칼슘과 수소
③ 칼슘과 산소
④ 수산화칼륨과 산소

수소화칼슘과 물의 반응식
- $CaH_2 + 2H_2O \rightarrow Ca(OH)_2 + 2H_2$
- 수소화칼슘은 물과 반응하여 수산화칼슘과 수소를 발생한다.

30

과염소산칼륨과 아염소산나트륨의 공통성질이 아닌 것은?

① 지정수량이 50kg이다.
② 열분해 시 산소를 방출한다.
③ 강산화성 물질이며 가연성이다.
④ 상온에서 고체의 형태이다.

과염소산칼륨($KClO_4$)과 아염소산나트륨($NaClO_2$)은 제1류 위험물(산화성 고체)로 강산화성이며 불연성 물질이다.

31

과염소산나트륨의 성질이 아닌 것은?

① 수용성이다.
② 조해성이 있다.
③ 분해온도는 약 400℃이다.
④ 물보다 가볍다.

과염소산나트륨(제1류, $NaClO_4$)의 비중은 2.5로 물보다 무겁다.

32

위험물제조소의 위치·구조 및 설비의 기준에 대한 설명 중 틀린 것은?

① 벽·기둥·바닥·보·서까래는 내화재료로 하여야 한다.
② 제조소의 표지판은 한 변이 30cm, 다른 한 변이 60cm 이상의 크기로 한다.
③ '화기엄금'을 표시하는 게시판은 적색바탕에 백색문자로 한다.
④ 지정수량 10배를 초과한 위험물을 취급하는 제조소는 보유공지의 너비가 5m 이상이어야 한다.

벽, 기둥, 바닥, 보, 서까래 및 계단은 불연재료로 한다.

33

트라이나이트로톨루엔의 작용기에 해당하는 것은?

① -NO
② -NO$_2$
③ -NO$_3$
④ -NO$_4$

주어진 구조를 보면, 톨루엔($C_6H_5CH_3$) 고리 위에 세 개의 나이트로기($-NO_2$)가 붙어 있는 것을 확인할 수 있다. 이 구조는 트라이나이트로톨루엔(TNT)으로, 여기서 작용기는 나이트로기($-NO_2$)이다.

34

경유에 대한 설명으로 틀린 것은?

① 품명은 제3석유류이다.
② 디젤기관의 연료로 사용할 수 있다.
③ 원유의 증류 시 등유와 중유 사이에서 유출된다.
④ K, Na의 보호액으로 사용할 수 있다.

경유의 품명은 제2석유류이다.

35

연면적이 1,000제곱미터이고 지정수량의 80배의 위험물을 취급하며 지반면으로부터 5미터 높이에 위험물 취급설비가 있는 제조소의 소화난이도등급은?

① 소화난이도등급 I
② 소화난이도등급 II
③ 소화난이도등급 III
④ 제시된 조건으로 판단할 수 없음

소화난이도등급 I에 해당하는 제조소, 일반취급소
• 연면적이 1,000m² 이상인 것
• 지정수량의 100배 이상인 것
• 지반면으로부터 6m 이상의 높이에 위험물 취급설비가 있는 것
• 일반취급소로 사용되는 부분 외의 부분을 갖는 건축물에 설치된 것

36

물과 작용하여 메탄과 수소를 발생시키는 것은?

① Al_4C_3 ② Mn_3C
③ Na_2C_2 ④ MgC_2

• $Mn_3C + 6H_2O \rightarrow 3Mn(OH)_2 + CH_4 + H_2$
• 탄화망가니즈는 물과 반응하여 수산화망가니즈, 메탄, 수소를 발생한다.

37

위험물제조소등에 경보설비를 설치해야 하는 경우가 아닌 것은? (단, 지정수량의 10배 이상을 저장 또는 취급하는 경우이다.)

① 이동탱크저장소
② 단층건물로 처마높이가 6m인 옥내저장소
③ 단층건물 외의 건축물에 설치된 옥내탱크저장소로서 소화난이도등급 I에 해당하는 것
④ 옥내주유취급소

경보설비의 설치기준
지정수량의 10배 이상의 위험물을 저장 또는 취급하는 제조소등(이동탱크저장소를 제외한다)에는 화재발생 시 이를 알릴 수 있는 경보설비를 설치하여야 한다.

38

제4류 위험물에 속하지 않는 것은?

① 아세톤
② 실린더유
③ 과산화벤조일
④ 나이트로벤젠

과산화벤조일$[(C_6H_5CO)_2O_2]$은 제5류 위험물이다.

39

나이트로셀룰로오스에 대한 설명으로 틀린 것은?

① 다이너마이트의 원료로 사용된다.
② 물과 혼합하면 위험성이 감소된다.
③ 셀룰로오스에 진한 질산과 진한 황산을 작용시켜 만든다.
④ 품명이 나이트로화합물이다.

나이트로셀룰로오스(제5류)의 품명은 질산에스터류이다.

40

다음은 위험물탱크의 공간용적에 관한 내용이다. ( ) 안에 숫자를 차례대로 올바르게 나열한 것은? (단, 소화설비를 설치하는 경우와 암반탱크는 제외한다.)

> 탱크의 공간용적은 탱크 내용적의 100분의 ( ) 이상 100분의 ( ) 이하의 용적으로 한다.

① 5, 10   ② 5, 15
③ 10, 15   ④ 10, 20

탱크의 공간용적은 탱크 내용적의 100분의 5 이상 100분의 10 이하의 용적으로 한다. 다만, 소화설비를 설치하는 탱크의 공간용적은 당해 소화설비의 소화약제 방출구 아래의 0.3m 이상 1m 미만 사이의 면으로부터 윗부분의 용적으로 한다.

정답   35 ① 36 ② 37 ① 38 ③ 39 ④ 40 ①

41

적린의 성질에 대한 설명 중 틀린 것은?

① 물이나 이황화탄소에 녹지 않는다.
② 발화온도는 약 260℃ 정도이다.
③ 연소할 때 인화수소 가스가 발생한다.
④ 산화제가 섞여 있으면 마찰에 의해 착화하기 쉽다.

적린의 연소반응식
• $4P + 5O_2 \rightarrow 2P_2O_5$
• 적린은 연소 시 오산화인을 발생한다.

42

트라이나이트로페놀의 성상에 대한 설명 중 틀린 것은?

① 융점은 약 61℃이고 비점은 약 120℃이다.
② 쓴맛이 있으며 독성이 있다.
③ 단독으로는 마찰, 충격에 비교적 안정하다.
④ 알코올, 에터, 벤젠에 녹는다.

• 트라이나이트로페놀의 융점 : 122.5℃
• 트라이나이트로페놀의 비점 : 약 255℃

43 ⭐빈출

Ca_3P_2 600kg을 저장하려 한다. 지정수량의 배수는 얼마인가?

① 2배   ② 3배
③ 4배   ④ 5배

• 인화칼슘(Ca_3P_2)의 지정수량 : 300kg
• 지정수량의 배수 = $\dfrac{600}{300}$ = 2배

44

위험물안전관리법령에서 제3류 위험물에 해당하지 않는 것은?

① 알칼리금속   ② 칼륨
③ 황화인   ④ 황린

황화인은 제2류 위험물이다.

45

위험물안전관리법령상 정기점검대상 제조소등의 조건이 아닌 것은?

① 예방규정 작성 대상인 제조소등
② 지하탱크저장소
③ 이동탱크저장소
④ 지정수량 5배의 위험물을 취급하는 옥외탱크를 둔 제조소

정기점검대상 제조소등
• 지정수량 10배 이상의 위험물을 취급하는 제조소
• 지정수량 10배 이상의 위험물을 취급하는 일반취급소
• 지정수량 100배 이상의 위험물을 저장하는 옥외저장소
• 지정수량 150배 이상의 위험물을 저장하는 옥내저장소
• 지정수량 200배 이상의 위험물을 저장하는 옥외탱크저장소
• 암반탱크저장소
• 이송취급소
• 지하탱크저장소
• 이동탱크저장소
• 위험물을 취급하는 탱크로서 지하에 매설된 탱크가 있는 제조소
  • 주유취급소 또는 일반취급소

정답   41 ③   42 ①   43 ①   44 ③   45 ④

46

동식물유류에 대한 설명으로 틀린 것은?

① 아마인유는 건성유이다.
② 불포화결합이 적을수록 자연발화의 위험이 커진다.
③ 아이오딘값이 100 이하인 것을 불건성유라 한다.
④ 건성유는 공기 중 산화중합으로 생긴 고체가 도막을 형성할 수 있다.

불포화결합이 많을수록 공기 중 산소와 결합하기 쉬우므로 자연발화의 위험성이 커진다.

47 ⭐빈출

물과 반응하여 아세틸렌을 발생하는 것은?

① NaH
② Al_4C_3
③ CaC_2
④ $(C_2H_5)_3Al$

탄화칼슘과 물의 반응식
• $CaC_2 + 2H_2O \rightarrow Ca(OH)_2 + C_2H_2$
• 탄화칼슘은 물과 반응하여 수산화칼슘과 아세틸렌을 발생한다.

48

제6류 위험물에 대한 설명으로 틀린 것은?

① 위험등급 I에 속한다.
② 자신이 산화되는 산화성 물질이다.
③ 지정수량이 300kg이다.
④ 오플루오린화브로민은 제6류 위험물이다.

산화성 물질은 자신이 환원되고 남을 산화시키는 물질이다.

49

지정수량이 나머지 셋과 다른 하나는?

① 칼슘
② 나트륨아미드
③ 인화아연
④ 바륨

• 칼슘의 지정수량 : 50kg
• 나트륨아미드의 지정수량 : 50kg
• 인화아연의 지정수량 : 300kg
• 바륨의 지정수량 : 50kg

50

위험물제조소에 설치하는 안전장치 중 위험물의 성질에 따라 안전밸브의 작동이 곤란한 가압설비에 한하여 설치하는 것은?

① 파괴판
② 안전밸브를 겸용하는 경보장치
③ 감압 측에 안전밸브를 부착한 감압밸브
④ 연성계

파괴판은 위험물의 성질에 따라 안전밸브의 작동이 곤란한 가압설비에 한하여 설치하여야 한다.

51

[보기]의 위험물을 위험등급 I, 위험등급 II, 위험등급 III의 순서로 옳게 나열한 것은?

┌─────[보기]─────┐
│ 황린, 인화칼슘, 리튬 │
└──────────────┘

① 황린, 인화칼슘, 리튬
② 황린, 리튬, 인화칼슘
③ 인화칼슘, 황린, 리튬
④ 인화칼슘, 리튬, 황린

• 황린(제3류)의 위험등급 : I 등급
• 리튬(제3류)의 위험등급 : II 등급
• 인화칼슘(제3류)의 위험등급 : III 등급

정답 46 ② 47 ③ 48 ② 49 ③ 50 ① 51 ②

52

휘발유에 대한 설명으로 옳지 않은 것은?

① 지정수량은 200리터이다.
② 전기의 불량도체로서 정전기 축적이 용이하다.
③ 원유의 성질·상태·처리방법에 따라 탄화수소의 혼합비율이 다르다.
④ 발화점은 -43 ~ -20℃ 정도이다.

> 휘발유의 발화점은 280 ~ 456℃이다.

53

위험물안전관리법상 제조소등의 허가 취소 또는 사용정지의 사유에 해당하지 않는 것은?

① 안전교육 대상자가 교육을 받지 아니한 때
② 완공검사를 받지 않고 제조소등을 사용한 때
③ 위험물안전관리자를 선임하지 아니한 때
④ 제조소등의 정기검사를 받지 아니한 때

> 위험물안전관리법 제12조(제조소등 설치허가의 취소와 사용정지 등)
> 시·도지사는 제조소등의 관계인이 다음의 어느 하나에 해당하는 때에는 행정안전부령이 정하는 바에 따라 허가를 취소하거나 6월 이내의 기간을 정하여 제조소등의 전부 또는 일부의 사용정지를 명할 수 있다.
> • 변경허가를 받지 아니하고 제조소등의 위치, 구조 또는 설비를 변경한 때
> • 완공검사를 받지 아니하고 제조소등을 사용한 때
> • 안전조치 이행명령을 따르지 아니한 때
> • 수리, 개조 또는 이전의 명령을 위반한 때
> • 위험물안전관리자를 선임하지 아니한 때
> • 대리자를 지정하지 아니한 때
> • 정기점검을 하지 아니한 때
> • 정기검사를 받지 아니한 때
> • 저장, 취급기준 준수명령을 위반한 때

54 ⭐빈출

위험물 운반 시 동일한 트럭에 제1류 위험물과 함께 적재할 수 있는 유별은? (단, 지정수량의 5배 이상인 경우이다.)

① 제3류   ② 제4류
③ 제6류   ④ 없음

유별을 달리하는 혼재기준

1	6		혼재 가능
2	5	4	혼재 가능
3	4		혼재 가능

55

CaC₂의 저장장소로서 적합한 곳은?

① 가스가 발생하므로 밀전을 하지 않고 공기 중에 보관한다.
② HCl 수용액 속에 저장한다.
③ CCl₄ 분위기의 수분이 많은 장소에 보관한다.
④ 건조하고 환기가 잘 되는 장소에 보관한다.

> 탄화칼슘(CaC_2)은 통풍이 잘 되고 건조한 냉암소에 보관한다.

56

위험물에 대한 유별 구분이 잘못된 것은?

① 브로민산염류 - 제1류 위험물
② 황 - 제2류 위험물
③ 금속의 인화물 - 제3류 위험물
④ 무기과산화물 - 제5류 위험물

> 무기과산화물은 제1류 위험물이다.

57 ⭐빈출

상온에서 액체인 물질로만 조합된 것은?

① 질산에틸, 나이트로글리세린
② 피크린산, 질산메틸
③ 트라이나이트로톨루엔, 다이나이트로벤젠
④ 나이트로글리콜, 테트릴

품명	위험물	상태
질산에스터류	질산메틸 질산에틸 나이트로글리콜 나이트로글리세린	액체
	나이트로셀룰로오스 셀룰로이드	고체
나이트로화합물	트라이나이트로톨루엔 트라이나이트로페놀 다이나이트로벤젠 테트릴	고체

58

위험물탱크성능시험자가 갖추어야 할 등록기준에 해당되지 않는 것은?

① 기술능력   ② 시설
③ 장비   ④ 경력

탱크시험자가 되고자 하는 자는 기술능력, 시설 및 장비를 갖추어 시·도지사에게 등록하여야 한다.

59

과산화벤조일과 과염소산의 지정수량의 합은 몇 kg인가?

① 310   ② 350
③ 400   ④ 500

• 과산화벤조일(제5류)의 지정수량 : 10kg
• 과염소산(제6류)의 지정수량 : 300kg
∴ 지정수량의 합 = 10 + 300 = 310kg

60

1몰의 에틸알코올이 완전연소하였을 때 생성되는 이산화탄소는 몇 몰인가?

① 1몰   ② 2몰
③ 3몰   ④ 4몰

에틸알코올의 연소반응식
• $C_2H_5OH + 3O_2 \rightarrow 2CO_2 + 3H_2O$
• 에틸알코올은 연소 시 2몰의 이산화탄소와 물을 생성한다.

01

위험물안전관리법령상 전기설비에 적응성이 없는 소화설비는?

① 포 소화설비
② 이산화탄소 소화설비
③ 할로젠화합물 소화설비
④ 물분무 소화설비

포 소화설비는 전기설비에 스며들어 누전이 발생되므로 적응성이 없다.

02

나이트로셀룰로오스의 저장·취급방법으로 틀린 것은?

① 직사광선을 피해 저장한다.
② 되도록 장기간 보관하여 안정화된 후에 사용한다.
③ 유기과산화물류, 강산화제와의 접촉을 피한다.
④ 건조 상태에 이르면 위험하므로 습한 상태를 유지한다.

나이트로셀룰로오스는 시간이 지나면서 불안정해질 수 있으며, 장기간 보관 시 분해나 자발적인 발화 위험이 커질 수 있다. 따라서 저장 시 열원, 충격, 마찰 등을 피하고 냉암소에 저장하여야 한다.

03

위험물안전관리법령상 제3류 위험물의 금수성 물질 화재 시 적응성이 있는 소화약제는?

① 탄산수소염류 분말   ② 물
③ 이산화탄소   ④ 할로젠화합물

금수성 물질의 소화에는 탄산수소염류 등을 이용한 분말 소화약제 등 금수성 위험물에 적응성이 있는 분말 소화약제를 이용한다.

04 ★빈출

위험물안전관리법령에 따라 다음 ( ) 안에 알맞은 용어는?

주유취급소 중 건축물의 2층 이상의 부분을 점포, 휴게음식점 또는 전시장의 용도로 사용하는 것에 있어서는 당해 건축물의 2층 이상으로부터 주유취급소의 부지 밖으로 통하는 출입구와 당해 출입구로 통하는 통로·계단 및 출입구에 ( )을(를) 설치하여야 한다.

① 피난사다리   ② 경보기
③ 유도등   ④ CCTV

주유취급소 중 건축물의 2층 이상의 부분을 점포, 휴게음식점 또는 전시장의 용도로 사용하는 것에 있어 해당 건축물의 2층 이상으로부터 직접 주유취급소의 부지 밖으로 통하는 출입구와 해당 출입구로 통하는 통로·계단에 설치하여야 하는 것은 유도등이다.

05

다음 중 물이 소화약제로 쓰이는 이유로 가장 거리가 먼 것은?

① 쉽게 구할 수 있다.
② 제거소화가 잘 된다.
③ 취급이 간편하다.
④ 기화잠열이 크다.

물이 소화약제로 사용되는 이유는 가격이 싸고, 쉽게 구할 수 있으며, 열 흡수가 매우 크고 사용방법이 비교적 간단하기 때문이다. 물은 제거소화가 아닌 냉각소화가 잘 된다.

정답   01 ① 02 ② 03 ① 04 ③ 05 ②

06

Halon 1301 소화약제에 대한 설명으로 틀린 것은?

① 저장 용기에 액체상으로 충전한다.
② 화학식은 CF_3Br이다.
③ 비점이 낮아서 기화가 용이하다.
④ 공기보다 가볍다.

Halon 1301의 증기비중은 5.13으로 공기보다 무겁다.

07

스프링클러설비의 장점이 아닌 것은?

① 화재의 초기 진압에 효율적이다.
② 사용 약제를 쉽게 구할 수 있다.
③ 자동으로 화재를 감지하고 소화할 수 있다.
④ 다른 소화설비보다 구조가 간단하고 시설비가 적다.

스프링클러설비는 초기시설비용이 많이 든다.

08

제5류 위험물의 화재 시 소화방법에 대한 설명으로 옳은 것은?

① 가연성 물질로서 연소속도가 빠르므로 질식소화가 효과적이다.
② 할로젠화합물 소화기가 적응성이 있다.
③ CO_2 및 분말 소화기가 적응성이 있다.
④ 다량의 주수에 의한 냉각소화가 효과적이다.

제5류 위험물은 물에 잘 녹으므로 주수소화한다.

09

다음 중 산화성 물질이 아닌 것은?

① 무기과산화물
② 과염소산염류
③ 질산염류
④ 마그네슘

마그네슘(Mg)은 제2류 위험물로 가연성 물질이다.

10

다음 고온체의 색깔을 낮은 온도부터 옳게 나열한 것은?

① 암적색 < 황적색 < 백적색 < 휘적색
② 휘적색 < 백적색 < 황적색 < 암적색
③ 휘적색 < 암적색 < 황적색 < 백적색
④ 암적색 < 휘적색 < 황적색 < 백적색

고온체 색깔의 온도순 나열
담암적색 < 암적색 < 적색 < 황색 < 휘적색 < 황적색 < 백적색 < 휘백색

11

위험물제조소의 안전거리 기준으로 틀린 것은?

① 「초ㆍ중등교육법」 및 「고등교육법」에 의한 학교 – 20m 이상
② 「의료법」에 의한 병원급 의료기관 – 30m 이상
③ 「문화유산의 보존 및 활용에 관한 법률」에 따른 지정 문화유산 – 50m 이상
④ 사용전압이 35,000V를 초과하는 특고압가공전선 – 5m 이상

학교, 병원, 수용인원 300명 이상 영화상영관 및 이와 유사한 시설과 수용인원 20명 이상 복지시설, 어린이집은 안전거리 30m 이상이다.

12

위험물제조소에서 국소방식의 배출설비 배출능력은 1시간당 배출장소 용적의 몇 배 이상인 것으로 하여야 하는가?

① 5
② 10
③ 15
④ 20

국소방식의 배출설비 배출능력은 1시간당 배출장소 용적의 20배 이상인 것으로 하여야 한다.

정답   06 ④ 07 ④ 08 ④ 09 ④ 10 ④ 11 ① 12 ④

13

위험물안전관리법령에서 정한 자동화재탐지설비에 대한 기준으로 틀린 것은? (단, 원칙적인 경우에 한한다.)

① 경계구역은 건축물 그 밖의 공작물의 2 이상의 층에 걸치지 아니하도록 할 것
② 하나의 경계구역의 면적은 600m² 이하로 할 것
③ 하나의 경계구역의 한 변 길이는 30m 이하로 할 것
④ 자동화재탐지설비에는 비상전원을 설치할 것

하나의 경계구역의 면적은 600m² 이하로 하고 그 한 변의 길이는 50m 이하로 한다.

14

20℃의 물 100kg이 100℃ 수증기로 증발하면 몇 kcal의 열량을 흡수할 수 있는가? (단, 물의 증발잠열은 540kcal이다.)

① 540
② 7,800
③ 62,000
④ 108,000

열량계산
• Q = 현열 + 잠열
• 열량 = $1(kcal/kg \cdot ℃) \times 100kg \times (100 - 20)℃ +$
$540(kcal/kg) \times 100kg$
$= 62,000kcal$

15

유류화재 시 발생하는 이상현상인 보일오버(Boil over)의 방지대책으로 가장 거리가 먼 것은?

① 탱크 하부에 배수관을 설치하여 탱크 저면의 수층을 방지한다.
② 적당한 시기에 모래나 팽창질석, 비등석을 넣어 불의 과열을 방지한다.
③ 냉각수를 대량 첨가하여 유류와 물의 과열을 방지한다.
④ 탱크 내용물의 기계적 교반을 통하여 에멀젼 상태로 하여 수층 형성을 방지한다.

보일오버(Boil over)의 방지대책
• 유류탱크의 저면에 수분의 층을 만들지 않거나 과열되지 않도록 한다.
• 탱크 저면이나 측면 하단에 배수관을 설치하여 수분을 배출한다.
• 기계적 교반을 실시하여 수분을 유류와 에멀젼 상태로 머무르게 한다.

16

알킬리튬에 대한 설명으로 틀린 것은?

① 제3류 위험물이고 지정수량은 10kg이다.
② 은백색의 연한 금속이다.
③ 이산화탄소와는 격렬하게 반응한다.
④ 소화방법으로는 물로 주수는 불가하며 할로젠화합물 소화약제를 사용하여야 한다.

소화방법으로 물로 주수는 불가하며 탄산수소염류 분말 소화약제, 마른모래, 팽창질석, 팽창진주암 등을 사용한다.

17

나이트로화합물과 같은 가연성 물질이 자체 내에 산소를 함유하고 있어 공기 중의 산소를 필요로 하지 않고 자체의 산소에 의해서 연소되는 현상은?

① 자기연소
② 등심연소
③ 훈소연소
④ 분해연소

자기연소는 연소 시에 외부의 산소가 필요 없이 분자 내 구성성분인 결합산소에 의해서 연소하는 것을 말한다.

정답
13 ③ 14 ③ 15 ③ 16 ④ 17 ①

18

1몰의 이황화탄소와 고온의 물이 반응하여 생성되는 독성 기체물질의 부피는 표준상태에서 얼마인가?

① 22.4L ② 44.8L
③ 67.2L ④ 134.4L

- 화학반응식 : $CS_2 + 2H_2O \rightarrow CO_2 + 2H_2S$
- 이황화탄소는 물과 반응하여 1mol의 이산화탄소와 유독한 기체인 2mol의 황화수소 발생
- 표준상태에서 기체는 1mol당 22.4L
∴ 반응 시 생성물 = 2mol × 22.4L = 44.8L

19

위험물안전관리법령의 소화설비 설치기준에 의하면 옥외소화전설비의 수원의 수량은 옥외소화전 설치개수(설치개수가 4 이상인 경우에는 4)에 몇 m³을 곱한 양 이상이 되도록 하여야 하는가?

① 7.5m³ ② 13.5m³
③ 20.5m³ ④ 25.5m³

소화설비 설치기준에 따른 수원의 수량
- 옥내소화전 = 설치개수(최대 5개) × 7.8m³
- 옥외소화전 = 설치개수(최대 4개) × 13.5m³

20

다음 위험물의 화재 시 주수소화가 가능한 것은?

① 철분 ② 마그네슘
③ 나트륨 ④ 황

금속분, 철분, 마그네슘을 제외한 제2류 위험물과 황은 주수소화가 가능하다.

21

위험물안전관리법령상 옥내저장탱크와 탱크전용실의 벽과의 사이 및 옥내저장탱크의 상호 간에는 몇 m 이상의 간격을 유지하여야 하는가?

① 0.5 ② 1
③ 1.5 ④ 2

옥내저장탱크와 탱크전용실의 벽과의 사이 및 옥내저장탱크의 상호 간에는 0.5m 이상의 간격을 유지할 것. 다만, 탱크의 점검 및 보수에 지장이 없는 경우에는 그러하지 아니하다.

22

벤조일퍼옥사이드에 대한 설명으로 틀린 것은?

① 무색, 무취의 투명한 액체이다.
② 가급적 소분하여 저장한다.
③ 제5류 위험물에 해당한다.
④ 품명은 유기과산화물이다.

벤조일퍼옥사이드는 제5류 위험물로 무색, 무취의 고체이며, 품명은 유기과산화물이다.

23 ⭐

다음 위험물의 지정수량 배수의 총합은 얼마인가?

질산 150kg, 과산화수소 420kg, 과염소산 300kg

① 2.5 ② 2.9
③ 3.4 ④ 3.9

- 질산(제6류)의 지정수량 : 300kg
- 과산화수소(제6류)의 지정수량 : 300kg
- 과염소산(제6류)의 지정수량 : 300kg
∴ 지정수량 배수의 총합 = $\frac{150}{300} + \frac{420}{300} + \frac{300}{300}$ = 2.9배

정답 18② 19② 20④ 21① 22① 23②

24

위험물에 대한 설명으로 틀린 것은?

① 적린은 연소하면 유독성 물질이 발생한다.
② 마그네슘은 연소하면 가연성 수소가스가 발생한다.
③ 황은 분진폭발의 위험이 있다.
④ 황화인에는 P_4S_3, P_2S_5, P_4S_7 등이 있다.

- $2Mg + O_2 \rightarrow 2MgO$
- 마그네슘은 연소하면 산화마그네슘이 발생한다.
- $Mg + 2H_2O \rightarrow Mg(OH)_2 + H_2$
- 마그네슘은 물과 반응하면 수산화마그네슘과 수소기체를 발생한다.

25

2가지 물질을 섞었을 때 수소가 발생하는 것은?

① 칼륨과 에탄올
② 과산화마그네슘과 염화수소
③ 과산화칼륨과 탄산가스
④ 오황화인과 물

- $2K + 2C_2H_5OH \rightarrow 2C_2H_5OK + H_2$
- 칼륨은 에탄올과 반응하여 칼륨에틸레이트와 수소를 발생한다.

26

벤젠 1몰을 충분한 산소가 공급되는 표준상태에서 완전연소시켰을 때 발생하는 이산화탄소의 양은 몇 L인가?

① 22.4
② 134.4
③ 168.8
④ 224.0

- $2C_6H_6 + 15O_2 \rightarrow 12CO_2 + 6H_2O$
- 벤젠은 연소 시 이산화탄소와 물을 발생한다.
- ∴ 이산화탄소의 양 = 6 × 22.4L = 134.4L

27

지정과산화물을 저장 또는 취급하는 위험물 옥내저장소의 저장창고 기준에 대한 설명으로 틀린 것은?

① 서까래의 간격은 30cm 이하로 할 것
② 저장창고의 출입구에는 60분 + 방화문, 60분방화문을 설치할 것
③ 저장창고의 외벽을 철근콘크리트조로 할 경우 두께를 10cm 이상으로 할 것
④ 저장창고의 창은 바닥면으로부터 2m 이상의 높이에 둘 것

지정과산화물을 저장 또는 취급하는 옥내저장소에 대해 저장창고의 외벽은 두께 20cm 이상의 철근콘크리트조나 철골철근콘크리트조 또는 두께 30cm 이상의 보강콘크리트블록조로 해야 한다.

28

위험물저장소에 해당하지 않는 것은?

① 옥외저장소
② 지하탱크저장소
③ 이동탱크저장소
④ 판매저장소

위험물제조소등의 분류

위험물제조소등		
제조소	저장소	취급소
_	옥외 · 내저장소 옥외 · 내탱크저장소 이동탱크저장소 간이탱크저장소 지하탱크저장소 암반탱크저장소	일반취급소 주유취급소 판매취급소 이송취급소

정답   24 ② 25 ① 26 ② 27 ③ 28 ④

29

다음 중 벤젠 증기의 비중에 가장 가까운 값은?

① 0.7　　　　　　② 0.9

③ 2.7　　　　　　④ 3.9

• 증기비중 = $\dfrac{\text{분자량}}{29(\text{공기의 평균 분자량})}$

• 벤젠(C_6H_6) 증기의 비중 = $\dfrac{C_6H_6\text{의 분자량}}{29}$

$$= \dfrac{(12 \times 6) + (1 \times 6)}{29} = \dfrac{78}{29} = 2.68$$

30

물과 접촉 시 발열하면서 폭발 위험성이 증가하는 것은?

① 과산화칼륨

② 과망가니즈산나트륨

③ 아이오딘산칼륨

④ 과염소산칼륨

과산화칼륨(제1류, K_2O_2)은 물과 반응하면 산소를 발생하며 폭발의 위험이 있기 때문에 마른모래, 팽창질석 등을 이용하여 질식소화한다.

31

[보기]에서 나열한 위험물의 공통성질을 옳게 설명한 것은?

┌─────────[보기]─────────┐
│　나트륨, 황린, 트라이에틸알루미늄　│
└──────────────────────┘

① 상온, 상압에서 고체의 형태를 나타낸다.

② 상온, 상압에서 액체의 형태를 나타낸다.

③ 금수성 물질이다.

④ 자연발화의 위험이 있다.

[보기]의 위험물은 제3류 위험물이므로 자연발화의 위험이 있다.

32

위험물안전관리법령상 위험등급 Ⅰ의 위험물에 해당하는 것은?

① 무기과산화물　　　② 황화인, 적린, 황

③ 제1석유류　　　　④ 알코올류

• 무기과산화물은 위험등급 Ⅰ이다.

• 황화인, 적린, 황, 제1석유류, 알코올류는 위험등급 Ⅱ이다.

33

페놀을 황산과 질산의 혼산으로 나이트로화하여 제조하는 제5류 위험물은?

① 아세트산　　　　　② 피크린산

③ 나이트로글리콜　　④ 질산에틸

피크린산[트라이나이트로페놀, $C_6H_2(NO_2)_3OH$]은 페놀에 황산을 작용시켜 다시 진한 질산으로 나이트로화하여 만드는 노란색 결정이다.

34

위험물안전관리법령에서 정한 메틸알코올의 지정수량을 kg 단위로 환산하면 얼마인가? (단, 메틸알코올의 비중은 0.8 이다.)

① 200　　　　　　② 320

③ 400　　　　　　④ 450

• 메틸알코올의 지정수량 : 400L

• 밀도 = $\dfrac{\text{질량}}{\text{부피}}$

• 질량 = 부피 × 밀도
　　　= 0.8(kg/L) × 400L = 320kg

35

금속염이 불꽃반응 실험을 한 결과 노란색의 불꽃이 나타났다. 이 금속염에 포함된 금속은 무엇인가?

① Cu
② K
③ Na
④ Li

불꽃반응 실험 결과 노란색 불꽃이 나타나는 것은 나트륨(Na)이다.

36

과염소산칼륨과 아염소산나트륨의 공통성질이 아닌 것은?

① 지정수량이 50kg이다.
② 열분해 시 산소를 방출한다.
③ 강산화성 물질이며 가연성이다.
④ 상온에서 고체의 형태이다.

과염소산칼륨($KClO_4$)과 아염소산나트륨($NaClO_2$)은 제1류 위험물(산화성 고체)로 강산화성이며 불연성 물질이다.

37

제5류 위험물의 일반적 성질에 관한 설명으로 옳지 않은 것은?

① 화재발생 시 소화가 곤란하므로 적은 양으로 나누어 저장한다.
② 운반용기 외부에 충격주의, 화기엄금의 주의사항을 표시한다.
③ 자기연소를 일으키며 연소속도가 대단히 빠르다.
④ 가연성 물질이므로 질식소화하는 것이 가장 좋다.

제5류 위험물은 물에 의한 냉각소화가 가장 효과적이다.

38

다음 중 자연발화의 위험성이 가장 큰 물질은?

① 아마인유
② 야자유
③ 올리브유
④ 피마자유

• 건성유인 아마인유는 자연발화의 위험이 크다.
• 야자유, 올리브유, 피마자유는 불건성유이다.

39

위험물안전관리법령상 동식물유류의 경우 1기압에서 인화점은 섭씨 몇 도 미만으로 규정하고 있는가?

① 150
② 250
③ 450
④ 600

동식물유류의 경우 1기압에서 인화점은 섭씨 250도 미만으로 정의한다.

40

운반을 위하여 위험물을 적재하는 경우에 차광성이 있는 피복으로 가려주어야 하는 것은?

① 특수인화물
② 제1석유류
③ 알코올류
④ 동식물유류

차광성 있는 피복으로 가려야 하는 위험물
• 제1류 위험물
• 제3류 위험물 중 자연발화성 물질
• 제4류 위험물 중 특수인화물
• 제5류 위험물
• 제6류 위험물

정답 35 ③ 36 ③ 37 ④ 38 ① 39 ② 40 ①

41

위험물안전관리법령에 의한 위험물에 속하지 않는 것은?

① CaC_2 ② S
③ P_2O_5 ④ K

- $P_4S_3 + 8O_2 \rightarrow 2P_2O_5 + 3SO_2$
- 삼황화인(P_4S_3)은 연소 시 오산화인(P_2O_5)과 이산화황(SO_2)을 생성한다. 오산화인은 반응 후 생성물로 위험물에 속하지 않는다.

42

위험물안전관리법령에서 정한 아세트알데하이드등을 취급하는 제조소의 특례에 관한 내용이다. ( ) 안에 해당하는 물질이 아닌 것은?

아세트알데하이드등을 취급하는 설비는 ( ), ( ), ( ), ( ) 또는 이들을 성분으로 하는 합금으로 만들지 아니할 것

① 동   ② 은
③ 금   ④ 마그네슘

아세트알데하이드등을 취급하는 설비는 동, 마그네슘, 은, 수은 또는 이들을 성분으로 하는 합금을 사용하면 당해 위험물이 이러한 금속 등과 반응해서 폭발성 화합물을 만들 우려가 있기 때문에 제한한다.

43

등유에 관한 설명으로 틀린 것은?

① 물보다 가볍다.
② 응고점은 상온보다 높다.
③ 발화점은 상온보다 높다.
④ 증기는 공기보다 무겁다.

등유의 응고점은 -40 ~ -50℃이므로 상온보다 낮다.

44 ⭐빈출

다음 반응식과 같이 벤젠 1kg이 연소할 때 발생되는 CO_2의 양은 약 몇 m^3인가? (단, 27℃, 750mmHg 기준이다.)

$$2C_6H_6 + 15O_2 \rightarrow 12CO_2 + 6H_2O$$

① 0.72   ② 1.22
③ 1.92   ④ 2.42

- $PV = \dfrac{wRT}{M}$

- $V = \dfrac{wRT}{PM}$

$$= \frac{1 \times 0.082 \times 300}{0.9868 \times 78} \times \frac{12}{2} = 1.917 m^3$$

- P = 압력[$0.9868 = \dfrac{750mmHg}{760mmHg}$ (1기압은 760mmHg이다)]
- V = 부피
- w = 질량(1kg)
- M = 분자량(벤젠의 분자량 = 78g/mol)
- R = 기체상수(0.082를 곱한다)
- T = 절대온도(℃를 환산하기 위해 273을 더한다)
    → 273 + 27 = 300K)

45

벤젠(C_6H_6)의 일반적 성질로서 틀린 것은?

① 휘발성이 강한 액체이다.
② 인화점은 가솔린보다 낮다.
③ 물에 녹지 않는다.
④ 화학적으로 공명구조를 이루고 있다.

- 벤젠의 인화점 : -11℃
- 가솔린의 인화점 : -43 ~ -20℃

46

다음에서 설명하는 위험물에 해당하는 것은?

> • 지정수량은 300kg이다.
> • 산화성 액체위험물이다.
> • 가열하면 분해하여 유독성 가스를 발생한다.
> • 증기비중은 약 3.5이다.

① 브로민산칼륨 ② 클로로벤젠
③ 질산 ④ 과염소산

47

금속나트륨에 대한 설명으로 옳지 않은 것은?

① 물과 격렬히 반응하여 발열하고 수소가스를 발생한다.
② 에틸알코올과 반응하여 나트륨에틸레이트와 수소가스를 발생한다.
③ 할로젠화합물 소화약제는 사용할 수 없다.
④ 은백색의 광택이 있는 중금속이다.

48

염소산나트륨의 저장 및 취급 방법으로 옳지 않은 것은?

① 철제용기에 저장한다.
② 습기가 없는 찬 장소에 보관한다.
③ 조해성이 크므로 용기는 밀전한다.
④ 가열, 충격, 마찰을 피하고 점화원의 접근을 금한다.

49

옥내저장소의 저장창고에 150m² 이내마다 일정 규격의 격벽을 설치하여 저장하여야 하는 위험물은?

① 제5류 위험물 중 지정과산화물
② 알킬알루미늄등
③ 아세트알데하이드등
④ 하이드록실아민등

50

옥외탱크저장소의 소화설비를 검토 및 적용할 때에 소화난이도등급 Ⅰ에 해당되는지를 검토하는 탱크 높이의 측정 기준으로서 적합한 것은?

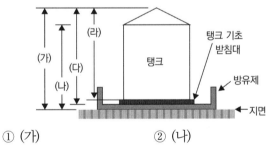

① (가) ② (나)
③ (다) ④ (라)

정답 46 ④ 47 ④ 48 ① 49 ① 50 ②

51

위험물의 품명과 지정수량이 잘못 짝지어진 것은?

① 황화인 : 50kg
② 마그네슘 : 500kg
③ 알킬알루미늄 : 10kg
④ 황린 : 20kg

황화인의 지정수량 : 100kg

52

다이에틸에터의 성질에 대한 설명으로 옳은 것은?

① 발화온도는 400℃이다.
② 증기는 공기보다 가볍고, 액상은 물보다 무겁다.
③ 알코올에 용해되지 않지만 물에 잘 녹는다.
④ 연소범위는 1.9 ~ 48% 정도이다.

다이에틸에터($C_2H_5OC_2H_5$)의 연소범위는 1.9 ~ 48% 정도이다.

53

과산화수소의 성질에 대한 설명으로 옳지 않은 것은?

① 산화성이 강한 무색투명한 액체이다.
② 위험물안전관리법령상 일정 비중 이상일 때 위험물로 취급한다.
③ 가열에 의해 분해하면 산소가 발생한다.
④ 소독약으로 사용할 수 있다.

과산화수소(H_2O_2)는 그 농도가 36중량퍼센트 이상인 것을 말한다.

54

다음 물질 중 인화점이 가장 낮은 것은?

① CH_3COCH_3
② $C_2H_5OC_2H_5$
③ $CH_3(CH_2)_3OH$
④ CH_3OH

각 위험물의 인화점
• CH_3COCH_3(아세톤) : -18℃
• $C_2H_5OC_2H_5$(다이에틸에터) : -45℃
• $CH_3(CH_2)_3OH$(1 - 부탄올) : 35℃
• CH_3OH(메탄올) : 약 11℃

55

질산과 과염소산의 공통성질에 해당하지 않는 것은?

① 산소 함유
② 불연성 물질
③ 강산성
④ 상온보다 낮은 수용액의 비점

• 질산의 비점 : 122℃
• 과염소산의 비점 : 39℃

56

위험물안전관리법에서 규정하고 있는 사항으로 옳지 않은 것은?

① 위험물저장소를 경매에 의해 시설의 전부를 인수한 경우에는 30일 이내에, 저장소의 용도를 폐지한 경우에는 14일 이내에 시·도지사에게 그 사실을 신고하여야 한다.
② 제조소등의 위치·구조 및 설비기준을 위반하여 사용한 때에는 시·도지사는 허가취소, 전부 또는 일부의 사용정지를 명할 수 있다.
③ 경유 20,000L를 수산용 건조시설에 사용하는 경우에는 위험물안전관리법의 허가는 받지 아니하고 저장소를 설치할 수 있다.
④ 위치·구조 또는 설비의 변경 없이 저장소에서 저장하는 위험물 지정수량의 배수를 변경하고자 하는 경우에는 변경하고자 하는 날의 1일 전까지 시·도지사에게 신고하여야 한다.

시·도지사는 제조소등의 관계인이 다음의 내용에 해당하는 때에는 행정안전부령이 정하는 바에 따라 허가를 취소하거나 6월 이내의 기간을 정하여 제조소등의 전부 또는 일부의 사용정지를 명할 수 있다.
• 규정에 따른 변경허가를 받지 아니하고 제조소등의 위치·구조 또는 설비를 변경한 때
• 완공검사를 받지 않고 제조소등을 사용한 때

정답   51 ①   52 ④   53 ②   54 ②   55 ④   56 ②

57 ⭐빈출

제5류 위험물의 나이트로화합물에 속하지 않는 것은?

① 나이트로벤젠
② 테트릴
③ 트라이나이트로톨루엔
④ 피크린산

품명	위험물	상태
나이트로화합물	트라이나이트로톨루엔 트라이나이트로페놀 다이나이트로벤젠 테트릴	고체

• 나이트로벤젠($C_6H_5NO_2$)은 제4류 위험물에 해당한다.
• 피크린산(트라이나이트로페놀)은 제5류 위험물 중 주로 폭발성 물질로 분류된다.

58

옥내탱크저장소 중 탱크전용실을 단층건물 외의 건축물에 설치하는 경우 탱크전용실을 건축물의 1층 또는 지하층에만 설치하여야 하는 위험물이 아닌 것은?

① 제2류 위험물 중 덩어리 황
② 제3류 위험물 중 황린
③ 제4류 위험물 중 인화점이 38℃ 이상인 위험물
④ 제6류 위험물 중 질산

옥외저장탱크를 건축물의 1층 또는 지하층의 탱크전용실에 설치하여야 하는 위험물
• 제2류 위험물 중 황화인, 적린 및 덩어리 황
• 제3류 위험물 중 황린
• 제6류 위험물 중 질산

59

과산화나트륨 78g과 충분한 양의 물이 반응하여 생성되는 기체의 종류와 생성량을 옳게 나타낸 것은?

① 수소, 1g
② 산소, 16g
③ 수소, 2g
④ 산소, 32g

• $2Na_2O_2 + 2H_2O \rightarrow 4NaOH + O_2$
• 과산화나트륨은 물과 만나 수산화나트륨과 산소를 생성한다.
• 과산화나트륨(Na_2O_2) 분자량 = (23 × 2) + (16 × 2) = 78g/mol
• 과산화나트륨 78g = 1mol
• 2mol의 과산화나트륨(156g)이 반응할 때 산소(1mol, 16g)가 생성되므로 과산화나트륨 1mol당 산소는 0.5mol이 생성된다.
• 0.5mol × 32g = 16g

60

위험물제조소등에서 위험물안전관리법상 안전거리 규제 대상이 아닌 것은?

① 제6류 위험물을 취급하는 제조소를 제외한 모든 제조소
② 주유취급소
③ 옥외저장소
④ 옥외탱크저장소

안전거리 규제 대상은 제6류 위험물을 취급하는 제조소를 제외한 모든 위험물제조소이다. 이외에 일반적으로 위험성이 높은 것으로서 일반취급소, 옥내저장소, 옥외탱크저장소, 옥외저장소이다.

Chapter 06

2019년 3회 | CBT 기출복원문제

01 ⭐ 빈출

화재 시 이산화탄소를 사용하여 공기 중 산소의 농도를 21vol%에서 13vol%로 낮추려면 공기 중 이산화탄소의 농도는 약 몇 vol%가 되어야 하는가?

① 34.3
② 38.1
③ 42.5
④ 45.8

이산화탄소 소화농도

$$\frac{21 - O_2}{21} \times 100 = \frac{21 - 13}{21} \times 100 = 38.1vol\%$$

02

[보기]에서 소화기의 사용방법을 옳게 설명한 것을 모두 나열한 것은?

──────[보기]──────
ㄱ. 적응화재에만 사용할 것
ㄴ. 불과 최대한 멀리 떨어져서 사용할 것
ㄷ. 바람을 마주보고 풍하에서 풍상 방향으로 사용할 것
ㄹ. 양옆으로 비로 쓸 듯이 골고루 사용할 것
─────────────────

① ㄱ, ㄴ
② ㄱ, ㄷ
③ ㄱ, ㄹ
④ ㄱ, ㄷ, ㄹ

소화기 사용방법
• 적응화재에 따라 사용
• 성능에 따라 방출거리 내에서 사용
• 바람을 등지고 사용
• 양옆으로 비로 쓸 듯이 방사

03

폭발 시 연소파의 전파속도 범위에 가장 가까운 것은?

① 0.1 ~ 10m/s
② 100 ~ 1000m/s
③ 2,000 ~ 3,500m/s
④ 5,000 ~ 10,000m/s

폭연과 폭굉의 전파속도
• 폭연(연소파) : 0.1 ~ 10m/s
• 폭굉(폭굉파) : 1,000 ~ 3,500m/s

04

화재 원인에 대한 설명으로 틀린 것은?

① 연소대상물의 열전도율이 좋을수록 연소가 잘 된다.
② 온도가 높을수록 연소 위험이 높아진다.
③ 화학적 친화력이 클수록 연소가 잘 된다.
④ 산소와 접촉이 잘 될수록 연소가 잘 된다.

열전도율이 작은 것일수록 연소하기 쉽다.

05

위험물안전관리법령상 위험물제조소등에서 전기설비가 있는 곳에 적응성이 있는 소화설비는?

① 옥내소화전설비
② 스프링클러설비
③ 포 소화설비
④ 할로젠화합물 소화설비

전기설비 적응성이 있는 소화설비
• 이산화탄소 소화설비
• 할로젠화합물 소화설비

정답   01 ②   02 ③   03 ①   04 ①   05 ④

06 ⭐빈출

B, C급 화재뿐만 아니라 A급 화재까지도 사용이 가능한 분말 소화약제는?

① 제1종 분말 소화약제
② 제2종 분말 소화약제
③ 제3종 분말 소화약제
④ 제4종 분말 소화약제

분말 소화약제의 종류

약제명	주성분	적응화재	색상
제1종	탄산수소나트륨	BC	백색
제2종	탄산수소칼륨	BC	보라색
제3종	인산암모늄	ABC	담홍색
제4종	탄산수소칼륨 + 요소	BC	회색

07

식용유 화재 시 제1종 분말 소화약제를 이용하여 화재의 제어가 가능하다. 이때의 소화원리에 가장 가까운 것은?

① 촉매효과에 의한 질식소화
② 비누화 반응에 의한 질식소화
③ 아이오딘화에 의한 냉각소화
④ 가수분해 반응에 의한 냉각소화

탄산수소나트륨 소화약제는 염기성을 띠며 식용유와 반응하여 비누화 반응을 일으키는데 이는 질식효과가 있다.

08

가연성 물질과 주된 연소형태의 연결이 틀린 것은?

① 종이, 섬유 – 분해연소
② 셀룰로이드, TNT – 자기연소
③ 목재, 석탄 – 표면연소
④ 황, 알코올 – 증발연소

목재와 석탄은 분해연소를 한다.

09

할론 1301의 증기비중은? (단, 불소의 원자량은 19, 브로민의 원자량은 80, 염소의 원자량은 35.5이고 공기의 분자량은 29이다.)

① 2.14   ② 4.15
③ 5.14   ④ 6.15

- 할론넘버는 C, F, Cl, Br 순으로 매긴다.
- 할론 1301 = CF_3Br
- 증기비중 = $\dfrac{분자량}{29(공기의\ 평균\ 분자량)}$

  $= \dfrac{12 + (19 \times 3) + 80}{29} = 5.137$

10

위험물안전관리법령상 간이탱크저장소에 대한 설명 중 틀린 것은?

① 간이저장탱크의 용량은 600리터 이하여야 한다.
② 하나의 간이탱크저장소에 설치하는 간이저장탱크는 5개 이하여야 한다.
③ 간이저장탱크는 두께 3.2mm 이상의 강판으로 흠이 없도록 제작하여야 한다.
④ 간이저장탱크는 70kPa의 압력으로 10분간의 수압시험을 실시하여 새거나 변형되지 않아야 한다.

- 하나의 간이탱크저장소에 설치하는 간이저장탱크는 그 수를 3 이하로 하고, 동일한 품질의 위험물의 간이저장탱크를 2 이상 설치하지 아니하여야 한다.
- 간이저장탱크의 용량은 600L 이하여야 한다.
- 간이저장탱크는 두께 3.2mm 이상의 강판으로 흠이 없도록 제작하여야 하며, 70kPa의 압력으로 10분간의 수압시험을 실시하여 새거나 변형되지 아니하여야 한다.

정답   06 ③   07 ②   08 ③   09 ③   10 ②

11 빈출

다음 중 위험물안전관리법령에 따른 소화설비의 구분에서 "물분무등소화설비"에 속하지 않는 것은?

① 불활성 가스 소화설비
② 포 소화설비
③ 스프링클러설비
④ 분말 소화설비

물분무등소화설비의 종류
• 물분무 소화설비
• 포 소화설비
• 불활성 가스 소화설비
• 할로젠화합물 소화설비
• 분말 소화설비

12

산화제와 환원제를 연소의 4요소와 연관지어 연결한 것으로 옳은 것은?

① 산화제 – 산소공급원, 환원제 – 가연물
② 산화제 – 가연물, 환원제 – 산소공급원
③ 산화제 – 연쇄반응, 환원제 – 점화원
④ 산화제 – 점화원, 환원제 – 가연물

• 물질이 발화, 연소하는 데는 가연물, 산소공급원, 점화원, 연쇄반응의 4요소가 필요하다.
• 산화제는 산소공급원이고, 환원제는 가연물의 역할을 한다.

13

포 소화약제에 의한 소화방법으로 다음 중 가장 주된 소화효과는?

① 희석소화
② 질식소화
③ 제거소화
④ 자기소화

포 소화약제는 거품이 공기를 차단하는 질식소화효과와 포의 수분이 증발하면서 냉각하는 것을 이용한 냉각소화효과를 가진다.

14

위험물안전관리법령상 옥내주유취급소의 소화난이도등급은?

① Ⅰ
② Ⅱ
③ Ⅲ
④ Ⅳ

옥내주유취급소는 소화난이도등급 Ⅱ에 해당하는 제조소등이다.

15

다음 중 증발연소를 하는 물질이 아닌 것은?

① 황
② 석탄
③ 파라핀
④ 나프탈렌

고체의 연소형태
• 표면연소 : 목탄(숯), 코크스, 금속분 등
• 분해연소 : 목재, 종이, 플라스틱, 섬유, 석탄 등
• 자기연소 : 제5류 위험물 중 고체
• 증발연소 : 파라핀(양초), 황, 나프탈렌 등

16

다음 중 가연물이 고체 덩어리보다 분말 가루일 때 위험성이 큰 이유로 가장 옳은 것은?

① 공기와 접촉 면적이 크기 때문이다.
② 열전도율이 크기 때문이다.
③ 흡열반응을 하기 때문이다.
④ 활성에너지가 크기 때문이다.

가연물이 고체 덩어리보다 분말 가루일 때 위험성이 큰 이유는 공기와 접촉 면적이 크기 때문이다.

정답   11 ③   12 ①   13 ②   14 ②   15 ②   16 ①

17

소화약제로 사용할 수 없는 물질은?

① 이산화탄소
② 제1인산암모늄
③ 탄산수소나트륨
④ 브로민산암모늄

- 브로민산암모늄(NH_4BrO_3) : 산화성 물질로서 가연물과 반응하여 폭발의 위험이 있기 때문에 소화약제로 사용될 수 없다.
- 이산화탄소(CO_2) : 주로 전기화재나 액체화재에서 사용되는 소화약제이다.
- 제1인산암모늄($NH_4H_2PO_4$) : 제3종 분말 소화약제로, A, B, C급 화재에 사용할 수 있다.
- 탄산수소나트륨($NaHCO_3$) : 제1종 분말 소화약제로, B, C급 화재에 주로 사용할 수 있다.

18

제5류 위험물의 화재 시 적응성이 있는 소화설비는?

① 분말 소화설비
② 할로젠화합물 소화설비
③ 물분무 소화설비
④ 이산화탄소 소화설비

제5류 위험물은 물에 잘 녹으므로 주수소화한다.

19 ⭐빈출

위험물안전관리법에서 정한 정전기를 유효하게 제거할 수 있는 방법에 해당하지 않는 것은?

① 위험물 이송 시 배관 내 유속을 빠르게 하는 방법
② 공기를 이온화하는 방법
③ 접지에 의한 방법
④ 공기 중의 상대습도를 70% 이상으로 하는 방법

정전기 방지대책
- 접지에 의한 방법
- 공기를 이온화함
- 공기 중의 상대습도를 70% 이상으로 함
- 위험물이 느린 유속으로 흐를 때

20

다음 중 물과 접촉하면 열과 산소가 발생하는 것은?

① $NaClO_2$
② $NaClO_3$
③ $KMnO_4$
④ Na_2O_2

과산화나트륨과 물의 반응식
- $2Na_2O_2 + 2H_2O \rightarrow 4NaOH + O_2 + $ 발열
- 과산화나트륨은 물과 반응하면 수산화나트륨과 산소 및 열이 발생한다.

21

위험물안전관리법령상 제조소등의 정기점검대상에 해당하지 않는 것은?

① 지정수량 15배의 제조소
② 지정수량 40배의 옥내탱크저장소
③ 지정수량 50배의 이동탱크저장소
④ 지정수량 20배의 지하탱크저장소

정기점검대상 제조소등
- 지정수량 10배 이상의 위험물을 취급하는 제조소
- 지정수량 10배 이상의 위험물을 취급하는 일반취급소
- 지정수량 100배 이상의 위험물을 저장하는 옥외저장소
- 지정수량 150배 이상의 위험물을 저장하는 옥내저장소
- 지정수량 200배 이상의 위험물을 저장하는 옥외탱크저장소
- 암반탱크저장소
- 이송취급소
- 지하탱크저장소
- 이동탱크저장소
- 위험물을 취급하는 탱크로서 지하에 매설된 탱크가 있는 제조소·주유취급소 또는 일반취급소

정답   17 ④   18 ③   19 ①   20 ④   21 ②

22

제조소등의 소화설비 설치 시 소요단위 산정에 관한 내용으로 다음 ( ) 안에 알맞은 수치를 차례대로 나열한 것은?

> 제조소 또는 취급소의 건축물은 외벽이 내화구조인 것은 연면적 ( )m²를 1소요단위로 하며, 외벽이 내화구조가 아닌 것은 연면적 ( )m²를 1소요단위로 한다.

① 200, 100
② 150, 100
③ 150, 50
④ 100, 50

소요단위(연면적)

구분	외벽 내화구조	외벽 비내화구조
제조소 취급소	100m²	50m²
저장소	150m²	75m²

제조소 또는 취급소의 건축물은 외벽이 내화구조인 것은 100m²를 1소요단위로 하며, 외벽이 내화구조가 아닌 것은 연면적 50m²를 1소요단위로 한다.

23 ⭐ 빈출

탄화칼슘의 취급방법에 대한 설명으로 옳지 않은 것은?

① 물, 습기와의 접촉을 피한다.
② 건조한 장소에 밀봉 밀전하여 보관한다.
③ 습기와 작용하면 다량의 메탄이 발생하므로 저장 중에 메탄가스의 발생유무를 조사한다.
④ 저장용기에 질소가스 등 불활성 가스를 충전하여 저장한다.

- $CaC_2 + 2H_2O \rightarrow Ca(OH)_2 + C_2H_2$
- 탄화칼슘은 물과 반응하면 수산화칼슘과 아세틸렌을 발생하므로 물, 습기와의 접촉을 피해 건조한 장소에 밀봉·밀전하여 보관한다. 또한 장기간 저장 시에는 저장용기에 질소가스 등 불활성 가스를 충전하여 저장한다.

24

등유의 지정수량에 해당하는 것은?

① 100L
② 200L
③ 1,000L
④ 2,000L

등유(제4류)의 지정수량 : 1,000L

25

황화인에 대한 설명 중 옳지 않은 것은?

① 삼황화인은 황색 결정으로 공기 중 약 100℃에서 발화할 수 있다.
② 오황화인은 담황색 결정으로 조해성이 있다.
③ 오황화인은 물과 접촉하여 유독성 가스를 발생할 위험이 있다.
④ 삼황화인은 연소하여 황화수소가스를 발생할 위험이 있다.

- $P_4S_3 + 8O_2 \rightarrow 2P_2O_5 + 3SO_2$
- 삼황화인은 연소 시 오산화인과 이산화황을 생성한다.

26

「자동화재탐지설비 일반점검표」의 점검내용이 "변형·손상 유무, 표시의 적부, 경계구역일람도의 적부, 기능의 적부"인 점검항목은?

① 감지기
② 중계기
③ 수신기
④ 발신기

자동화재탐지설비 일반점검표 중 수신기 점검내용
- 변형·손상 유무
- 표시의 적부
- 경계구역일람도의 적부
- 기능의 적부

27

위험물안전관리법령상 지정수량 10배 이상의 위험물을 저장하는 제조소에 설치하여야 하는 경보설비의 종류가 아닌 것은?

① 자동화재탐지설비　　② 유도등
③ 휴대용확성기　　　　④ 비상방송설비

경보설비의 설치기준
지정수량 10배 이상의 위험물을 저장, 취급하는 제조소등(이동탱크저장소 제외)에는 화재발생 시 이를 알릴 수 있는 다음의 경보설비를 설치하여야 한다.
• 자동화재탐지설비
• 자동화재속보설비
• 비상경보설비(비상벨장치 또는 경종 포함)
• 확성장치(휴대용확성기 포함)
• 비상방송설비

28 ⭐빈출

위험물안전관리법령상 운송책임자의 감독·지원을 받아 운송하여야 하는 위험물은?

① 알킬리튬　　　　　　② 과산화수소
③ 가솔린　　　　　　　④ 경유

운송하는 위험물이 알킬알루미늄, 알킬리튬이거나 이 둘을 함유하는 위험물일 때에는 운송책임자의 감독 또는 지원을 받아 이를 운송하여야 한다.

29

제4류 위험물의 옥외저장탱크에 설치하는 밸브 없는 통기관은 지름이 얼마 이상인 것으로 설치해야 되는가? (단, 압력탱크는 제외한다.)

① 10mm　　　　　　　② 20mm
③ 30mm　　　　　　　④ 40mm

밸브 없는 통기관
• 지름은 30mm 이상일 것
• 끝부분은 수평면보다 45도 이상 구부려 빗물 등의 침투를 막는 구조로 할 것

30

제2류 위험물의 일반적 성질에 대한 설명으로 가장 거리가 먼 것은?

① 가연성 고체 물질이다.
② 연소 시 연소열이 크고 연소속도가 빠르다.
③ 산소를 포함하여 조연성 가스의 공급 없이 연소가 가능하다.
④ 비중이 1보다 크고 물에 녹지 않는다.

산소를 포함하여 조연성 가스의 공급 없이 연소가 가능한 위험물은 제5류 위험물이다.

31

다음 중 나이트로글리세린을 다공질의 규조토에 흡수시켜 제조한 물질은?

① 흑색화약　　　　　　② 나이트로셀룰로오스
③ 다이너마이트　　　　④ 연화약

나이트로글리세린은 다이너마이트의 원료이다.

32

아염소산염류의 운반용기 중 적응성 있는 내장용기의 종류와 최대 용적이나 중량을 옳게 나타낸 것은? (단, 외장용기의 종류는 나무상자 또는 플라스틱상자이고, 외장용기의 최대 중량은 125kg으로 한다.)

① 금속제 용기 : 20L
② 종이 포대 : 55kg
③ 플라스틱 필름 포대 : 60kg
④ 유리 용기 : 10L

외장용기의 종류가 나무상자 또는 플라스틱상자이고, 최대 중량이 125kg일 때 아염소산염류(제1류)에 적응성 있는 내장용기는 유리 용기이며 최대 용적은 10L이다.

33

위험물 분류에서 제1석유류에 대한 설명으로 옳은 것은?

① 아세톤, 휘발유 그 밖에 1기압에서 인화점이 섭씨 21
  도 미만인 것
② 등유, 경유 그 밖에 액체로서 인화점이 섭씨 21도 이
  상 70도 미만의 것
③ 중유, 도료류로서 인화점이 섭씨 70도 이상 200도
  미만의 것
④ 기계유, 실린더유 그 밖의 액체로서 인화점이 섭씨
  200도 이상 250도 미만인 것

- 제1석유류라 함은 아세톤, 휘발유 그 밖에 1기압에서 인화점이
  섭씨 21도 미만인 것을 말한다.
- 제2석유류라 함은 등유, 경유 그 밖에 1기압에서 인화점이 섭씨
  21도 이상 70도 미만인 것을 말한다.
- 제3석유류란 중유, 크레오소트유, 그 밖에 1기압에서 인화점이
  섭씨 70도 이상 섭씨 200도 미만인 것을 말한다.
- 제4석유류라 함은 기어유, 실린더유 그 밖에 1기압에서 인화점이
  섭씨 200도 이상 섭씨 250도 미만의 것을 말한다.

34

아세트알데하이드의 저장·취급 시 주의사항으로 틀린 것은?

① 강산화제와의 접촉을 피한다.
② 취급설비에는 구리합금의 사용을 피한다.
③ 수용성이기 때문에 화재 시 물로 희석소화가 가능하다.
④ 이동저장탱크에 저장 시 조연성 가스를 주입한다.

이동저장탱크에 아세트알데하이드등을 저장하는 경우 항상 불활성
의 기체를 봉입하여 둘 것

35

위험물안전관리법령상 제3류 위험물에 해당하지 않는 것은?

① 적린   ② 나트륨
③ 칼륨   ④ 황린

적린(P)은 제2류 위험물이다.

36

산화성 액체인 질산의 분자식으로 옳은 것은?

① HNO_2 ② HNO_3
③ NO_2 ④ NO_3

질산의 분자식 : HNO_3

37

위험물안전관리법령상 제4류 위험물 운반용기의 외부에
표시해야 하는 사항이 아닌 것은?

① 규정에 의한 주의사항
② 위험물의 품명 및 위험등급
③ 위험물의 관리자 및 지정수량
④ 위험물의 화학명

운반용기 외부 표시사항
- 위험물의 품명, 위험등급, 화학명 및 수용성(제4류 위험물의 수용
  성인 것에 한함)
- 위험물의 수량
- 수납하는 위험물에 따른 주의사항

38

위험물안전관리법령상 제1류 위험물의 질산염류가 아닌
것은?

① 질산은   ② 질산암모늄
③ 질산섬유소   ④ 질산나트륨

질산섬유소는 제5류 위험물이다.

39 비출

위험물안전관리법령상 그림과 같이 횡으로 설치한 원형탱크의 용량은 약 몇 m³인가? (단, 공간용적은 내용적의 10/100이다.)

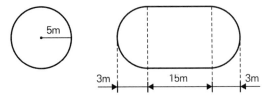

① 1,690.9
② 1,335.1
③ 1,268.4
④ 1,201.1

위험물저장탱크의 내용적

$V = πr^2 × (l + \dfrac{l_1 + l_2}{3})(1 - 공간용적)$

= 원의 면적 × (가운데 체적길이 + $\dfrac{양끝\ 체적길이의\ 합}{3}$)
  (1 - 공간용적)

= $3.14 × 5^2 × (15 + \dfrac{6}{3})(1 - 0.1) = 1,201.05m^3$

40

질산메틸의 성질에 대한 설명으로 틀린 것은?

① 비점은 약 66℃이다.
② 증기는 공기보다 가볍다.
③ 무색투명한 액체이다.
④ 자기반응성 물질이다.

질산메틸(CH_3ONO_2)은 증기비중이 2.65로 공기보다 무겁다.

41

위험물제조소등에 옥내소화전설비를 설치할 때 옥내소화전이 가장 많이 설치된 층의 소화전의 개수가 4개일 경우 확보하여야 할 수원의 수량은?

① 10.4m³
② 20.8m³
③ 31.2m³
④ 41.6m³

소화설비 설치기준에 따른 수원의 수량
• 옥내소화전 = 설치개수(최대 5개) × 7.8m³
• 옥외소화전 = 설치개수(최대 4개) × 13.5m³
∴ 옥내소화전의 수원의 수량 = 4 × 7.8 = 31.2m³

42

황린의 저장 방법으로 옳은 것은?

① 물속에 저장한다.
② 공기 중에 보관한다.
③ 벤젠 속에 저장한다.
④ 이황화탄소 속에 보관한다.

황린(제3류, P_4)은 자연발화의 위험성이 크므로 물속에 저장한다.

43

위험물안전관리법령상 지정수량이 다른 하나는?

① 인화칼슘
② 루비듐
③ 칼슘
④ 차아염소산칼륨

• 인화칼슘의 지정수량 : 300kg
• 루비듐, 칼슘, 차아염소산칼륨의 지정수량 : 50kg

44

과염소산나트륨에 대한 설명으로 옳지 않은 것은?

① 가열하면 분해하여 산소를 방출한다.
② 환원제이며 수용액은 강한 환원성이 있다.
③ 수용성이며 조해성이 있다.
④ 제1류 위험물이다.

과염소산나트륨(제1류, $NaClO_4$)은 산화제이다.

정답   39 ④   40 ②   41 ③   42 ①   43 ①   44 ②

45

과염소산암모늄에 대한 설명으로 옳은 것은?

① 물에 용해되지 않는다.
② 청녹색의 침상결정이다.
③ 130℃에서 분해하기 시작하여 CO_2 가스를 방출한다.
④ 아세톤, 알코올에 용해된다.

> 과염소산암모늄(제1류, NH_4ClO_4)은 물과 알코올에 용해성이 높은 하얀색 결정체이다.

46

휘발유의 일반적인 성질에 관한 설명으로 틀린 것은?

① 인화점이 0℃보다 낮다.
② 위험물안전관리법령상 제1석유류에 해당한다.
③ 전기에 대해 비전도성 물질이다.
④ 순수한 것은 청색이나 안전을 위해 검은색으로 착색해서 사용해야 한다.

> 휘발유의 순수한 것은 노란색이다.

47 ⭐ 빈출

위험물안전관리법령상 혼재할 수 없는 위험물은? (단, 위험물은 지정수량의 1/10을 초과하는 경우이다.)

① 적린과 황린   ② 질산염류와 질산
③ 칼륨과 특수인화물   ④ 유기과산화물과 황

유별을 달리하는 위험물 혼재기준

1	6		혼재 가능
2	5	4	혼재 가능
3	4		혼재 가능

- 적린은 제2류 위험물이고, 황린은 제3류 위험물이므로 혼재가 불가능하다.
- 질산염류는 제1류 위험물이고, 질산은 제6류 위험물이므로 혼재가 가능하다.
- 칼륨은 제3류 위험물이고, 특수인화물은 제4류 인화물이므로 혼재가 가능하다.
- 유기과산화물은 제5류 위험물이고, 황은 제2류 위험물이므로 혼재가 가능하다.

48

톨루엔에 대한 설명으로 틀린 것은?

① 휘발성이 있고 가연성 액체이다.
② 증기는 마취성이 있다.
③ 알코올, 에터, 벤젠 등과 잘 섞인다.
④ 노란색 액체로 냄새가 없다.

> 톨루엔(제4류, $C_6H_5CH_3$)은 무색투명하다.

49 ⭐ 빈출

제4류 위험물을 저장 및 취급하는 위험물제조소에 설치한 "화기엄금" 게시판의 색상으로 올바른 것은?

① 적색바탕에 흑색문자   ② 흑색바탕에 적색문자
③ 백색바탕에 적색문자   ④ 적색바탕에 백색문자

> 제4류 위험물은 화기엄금을 표시하고, 이는 적색바탕에 백색문자이다.

50 ⭐ 빈출

위험물안전관리법령상 해당하는 품명이 나머지 셋과 다른 것은?

① 트라이나이트로페놀
② 트라이나이트로톨루엔
③ 나이트로셀룰로오스
④ 테트릴

품명	위험물	상태
질산에스터류	질산메틸 질산에틸 나이트로글리콜 나이트로글리세린	액체
	나이트로셀룰로오스 셀룰로이드	고체
나이트로화합물	트라이나이트로톨루엔 트라이나이트로페놀 다이나이트로벤젠 테트릴	고체

정답   45 ④   46 ④   47 ①   48 ④   49 ④   50 ③

51

황의 성질에 대한 설명 중 틀린 것은?

① 물에 녹지 않으나 이황화탄소에 녹는다.
② 공기 중에서 연소하여 아황산가스를 발생한다.
③ 전도성 물질이므로 정전기 발생에 유의하여야 한다.
④ 분진폭발의 위험성에 주의하여야 한다.

> 황(제2류, S)은 전기부도체이므로 정전기 발생에 유의한다.

52

과산화수소의 위험성으로 옳지 않은 것은?

① 산화제로서 불연성 물질이지만 산소를 함유하고 있다.
② 이산화망가니즈 촉매하에서 분해가 촉진된다.
③ 분해를 막기 위해 하이드라진을 안정제로 사용할 수 있다.
④ 고농도의 것은 피부에 닿으면 화상의 위험이 있다.

> 하이드라진(제4류, N_2H_4)은 강력한 환원제로 과산화수소와 함께 사용하면 폭발적인 반응을 일으킨다.

53

다음 중 증기의 밀도가 가장 큰 것은?

① 다이에틸에터   ② 벤젠
③ 가솔린(옥탄 100%)   ④ 에틸알코올

> 증기밀도 = $\dfrac{\text{분자량}}{29}$
>
> • 다이에틸에터 증기밀도 = $\dfrac{74}{29}$ = 2.55
>
> • 벤젠 증기밀도 = $\dfrac{78}{29}$ = 2.69
>
> • 가솔린 증기밀도 = $\dfrac{114}{29}$ = 3.93
>
> • 에틸알코올 증기밀도 = $\dfrac{46}{29}$ = 1.59

54

위험물안전관리법령상 제조소등에 대한 긴급 사용정지명령 등을 할 수 있는 권한이 없는 자는?

① 시·도지사   ② 소방본부장
③ 소방서장   ④ 소방청장

> 위험물안전관리법 제25조(제조소등에 대한 긴급 사용정지명령 등)
> 시·도지사, 소방본부장 또는 소방서장은 공공의 안전을 유지하기나 재해의 발생을 방지하기 위하여 긴급한 필요가 있다고 인정하는 때에는 제조소등의 관계인에 대하여 당해 제조소등의 사용을 일시 정지하거나 그 사용을 제한할 것을 명할 수 있다.

55

나이트로셀룰로오스의 안전한 저장을 위해 사용하는 물질은?

① 페놀   ② 황산
③ 에탄올   ④ 아닐린

> 나이트로셀룰로오스는 저장 시 열원, 충격, 마찰 등을 피하고 냉암소에 저장하여야 하고 이때 안전한 저장을 위해 에탄올에 보관한다.

56

1분자 내에 포함된 탄소의 수가 가장 많은 것은?

① 아세톤   ② 톨루엔
③ 아세트산   ④ 이황화탄소

> 1분자 내에 포함된 탄소의 수
> • 아세톤(CH_3COCH_3) : 3개
> • 톨루엔($C_6H_5CH_3$) : 7개
> • 아세트산(CH_3COOH) : 2개
> • 이황화탄소(CS_2) : 1개

정답   51 ③   52 ③   53 ③   54 ④   55 ③   56 ②

57

위험물제조소등의 허가에 관계된 설명으로 옳은 것은?

① 제조소등의 위치·구조 또는 설비를 변경하고자 하는 경우에는 언제나 허가를 받아야 한다.
② 위험물의 품명을 변경하고자 하는 경우에는 언제나 허가를 받아야 한다.
③ 농예용으로 필요한 난방시설을 위한 지정수량 20배 이하의 저장소는 허가대상이 아니다.
④ 저장하는 위험물의 변경으로 지정수량의 배수가 달라지는 경우는 언제나 허가대상이 아니다.

위험물안전관리법 제6조 제3항(위험물시설의 설치 및 변경 등)
다음의 어느 하나에 해당하는 제조소등의 경우에는 허가를 받지 아니하고 당해 제조소등을 설치하거나 그 위치·구조 또는 설비를 변경할 수 있으며, 신고를 하지 아니하고 위험물의 품명·수량 또는 지정수량의 배수를 변경할 수 있다.
• 주택의 난방시설(공동주택의 중앙난방시설을 제외한다)을 위한 저장소 또는 취급소
• 농예용·축산용 또는 수산용으로 필요한 난방시설 또는 건조시설을 위한 지정수량 20배 이하의 저장소

58

다음 중 위험물안전관리법령에 따라 정한 지정수량이 나머지 셋과 다른 것은?

① 황화인 ② 적린
③ 황 ④ 철분

• 황화인, 적린, 황의 지정수량 : 100kg
• 철분의 지정수량 : 500kg

59 ⭐빈출

다음 물질 중 위험물 유별에 따른 구분이 나머지 셋과 다른 하나는?

① 질산은 ② 질산메틸
③ 무수크로뮴산 ④ 질산암모늄

질산메틸은 제5류 위험물에 해당하고, 질산은, 무수크로뮴산, 질산암모늄은 제1류 위험물에 해당한다.

60

위험물안전관리법령상 특수인화물의 정의에 관한 내용이다. ( )에 알맞은 수치를 차례대로 나타낸 것은?

> "특수인화물"이라 함은 이황화탄소, 다이에틸에터 그 밖에 1기압에서 발화점이 섭씨 ( )도 이하인 것 또는 인화점이 섭씨 영하 ( )도 이하이고 비점이 섭씨 40도 이하인 것을 말한다.

① 40, 20 ② 20, 40
③ 100, 20 ④ 100, 40

특수인화물이란 이황화탄소, 다이에틸에터 그 밖에 1기압에서 발화점이 섭씨 100도 이하인 것 또는 인화점이 섭씨 영하 20도 이하이고 비점이 섭씨 40도 이하인 것을 말한다.

정답 57 ③ 58 ④ 59 ② 60 ③

01 ⭐빈출

위험물을 취급함에 있어서 정전기가 발생할 우려가 있는 설비에 정전기를 유효하게 제서할 수 있는 방법에 해당하지 않는 것은?

① 위험물의 유속을 높이는 방법
② 공기를 이온화하는 방법
③ 공기 중의 상대습도를 70% 이상으로 하는 방법
④ 접지에 의한 방법

정전기 방지대책
• 접지에 의한 방법
• 공기를 이온화함
• 공기 중의 상대습도를 70% 이상으로 함
• 위험물이 느린 유속으로 흐를 때

02

이산화탄소 소화기의 특징에 대한 설명으로 틀린 것은?

① 소화약제에 의한 오손이 거의 없다.
② 약제 방출 시 소음이 없다.
③ 전기화재에 유효하다.
④ 장시간 저장해도 물성의 변화가 거의 없다.

이산화탄소 소화기는 분출압력이 높아 소음이 심하다.

03

위험물의 화재위험에 관한 제반조건을 설명한 것으로 옳은 것은?

① 인화점이 높을수록, 연소범위가 넓을수록 위험하다.
② 인화점이 낮을수록, 연소범위가 좁을수록 위험하다.
③ 인화점이 높을수록, 연소범위가 좁을수록 위험하다.
④ 인화점이 낮을수록, 연소범위가 넓을수록 위험하다.

위험물은 인화점이 낮을수록, 연소범위가 넓을수록 위험하다.

04

위험물안전관리자를 해임한 후 며칠 이내에 후임자를 선임하여야 하는가?

① 14일
② 15일
③ 20일
④ 30일

제조소등의 관계인은 그 안전관리자를 해임하거나 안전관리자가 퇴직한 때에는 해임하거나 퇴직한 날부터 30일 이내에 다시 안전관리자를 선임하여야 한다.

05

옥외저장탱크에 연소성 혼합기체의 생성에 의한 폭발을 방지하기 위하여 불활성의 기체를 봉입하는 장치를 설치하여야 하는 위험물질은?

① $CH_3COC_2H_5$
② C_5H_5N
③ CH_3CHO
④ C_6H_5Cl

아세트알데하이드(CH_3CHO)의 저장방법
• 연소되지 않는 불활성 물질을 첨가한다.
• 불활성 물질에는 질소, 아르곤, 이산화탄소 등이 있다.

정답   01 ① 02 ② 03 ④ 04 ④ 05 ③

06

다음 중 화재 시 사용하면 독성의 $COCl_2$ 가스를 발생시킬 위험이 가장 높은 소화약제는?

① 액화 이산화탄소
② 제1종 분말
③ 사염화탄소
④ 공기포

화재 시 사염화탄소를 사용하면 독성의 포스겐가스($COCl_2$)를 발생시킬 수 있다.

07

위험물안전관리법령상 탄산수소염류의 분말 소화기가 적응성을 갖는 위험물이 아닌 것은?

① 과염소산　　　　② 철분
③ 톨루엔　　　　　④ 아세톤

과염소산($HClO_4$)은 제6류 위험물이므로 다량의 물을 이용한 냉각소화를 한다.

08

지정수량 10배의 위험물을 저장 또는 취급하는 제조소에 있어서 연면적이 최소 몇 m^2이면 자동화재탐지설비를 설치해야 하는가?

① 100　　　　　　② 300
③ 500　　　　　　④ 1,000

제조소의 자동화재탐지설비 설치기준
• 연면적이 500m^2 이상인 것
• 옥내에서 지정수량의 100배 이상을 취급하는 것
• 일반취급소로 사용되는 부분 외의 부분이 있는 건축물에 설치된 일반취급소

09

황린에 대한 설명으로 옳지 않은 것은?

① 연소하면 악취가 있는 물질이 생성되고 이는 검은색 연기를 낸다.
② 공기 중에서 자연발화할 수 있다.
③ 수중에 저장하여야 한다.
④ 자체 증기도 유독하다.

• $P_4 + 5O_2 \rightarrow 2P_2O_5$
• 황린은 연소 시 오산화인의 흰 연기가 생긴다.

10

위험물의 유별에 따른 성질과 해당 품명의 예가 잘못 연결된 것은?

① 제1류 : 산화성 고체 – 무기과산화물
② 제2류 : 가연성 고체 – 금속분
③ 제3류 : 자연발화성 물질 및 금수성 물질 – 황화인
④ 제5류 : 자기반응성 물질 – 하이드록실아민염류

황화인은 제2류 위험물(가연성 고체)이다.

11

자기반응성 물질의 화재예방법으로 가장 거리가 먼 것은?

① 마찰을 피한다.
② 불꽃의 접근을 피한다.
③ 고온체로 건조시켜 보관한다.
④ 운반용기 외부에 "화기엄금" 및 "충격주의"를 표시한다.

자기반응성 물질은 제5류 위험물로 화염, 불꽃 등의 점화원의 엄금 및 가열, 충격, 타격, 마찰 등을 피하고 가급적 소분하여 저장하며 용기의 파손 및 위험물의 누출을 방지한다.

12

가연성 고체의 미세한 입자가 일정 농도 이상 공기 중에 분산되어 있을 때 점화원에 의하여 연소폭발되는 현상은?

① 분진폭발　　　　② 산화폭발
③ 분해폭발　　　　④ 중합폭발

공기 중에 퍼져 있는 분진이 점화원에 의해 폭발하는 현상을 분진폭발이라 한다.

13 ⭐빈출

액화 이산화탄소 1kg이 25℃, 2atm에서 방출되어 모두 기체가 되었다. 방출된 기체상의 이산화탄소 부피는 약 몇 L인가?

① 278　　　　② 556
③ 1,111　　　　④ 1,985

- $PV = \dfrac{wRT}{M}$

- $V = \dfrac{wRT}{PM}$

  $= \dfrac{1{,}000 \times 0.082 \times 298}{2 \times 44} = 277.681L$

  - P = 압력(2atm)
  - V = 부피
  - w = 질량(1kg = 1,000g)
  - M = 분자량(이산화탄소의 분자량 = 44g/mol)
  - R = 기체상수(0.082를 곱한다)
  - T = 절대온도(℃를 환산하기 위해 273을 더한다
     → 273 + 25 = 298K)

14 ⭐빈출

금속분의 화재 시 주수해서는 안 되는 이유로 가장 옳은 것은?

① 산소가 발생하기 때문에
② 수소가 발생하기 때문에
③ 질소가 발생하기 때문에
④ 유독가스가 발생하기 때문에

금속분이 물과 반응하면 수소가 발생하며 폭발 위험이 있으므로 주수소화를 금지한다.

15

제조소의 옥외에 모두 3기의 휘발유 취급탱크를 설치하고 그 주위에 방유제를 설치하고자 한다. 방유제 안에 설치하는 각 취급탱크의 용량이 5만L, 3만L, 2만L일 때 필요한 방유제의 용량은 몇 L 이상인가?

① 66,000　　　　② 60,000
③ 33,000　　　　④ 30,000

제조소 옥외의 위험물취급탱크의 방유제 용량
(최대 탱크용량 × 0.5) + (나머지 탱크용량 × 0.1)
= 50,000 × 0.5 + (30,000 + 20,000) × 0.1
= 30,000L

16

옥외저장소에 덩어리 상태의 황을 지반면에 설치한 경계표시의 안쪽에서 저장 또는 취급할 경우 하나의 경계표시의 내부면적은 몇 m² 이하이어야 하는가?

① 75　　　　② 100
③ 300　　　　④ 500

옥외저장소에 덩어리 상태의 황을 지반면에 설치한 경계표시의 안쪽에서 저장 또는 취급할 경우 하나의 경계표시의 내부면적은 100m² 이하이어야 한다.

정답　　　12 ① 　13 ① 　14 ② 　15 ④ 　16 ②

17

연소의 종류와 가연물을 틀리게 연결한 것은?

① 증발연소 – 가솔린, 알코올
② 표면연소 – 코크스, 목탄
③ 분해연소 – 목재, 종이
④ 자기연소 – 에터, 나프탈렌

에터, 나프탈렌은 증발연소이다.

18

다음 중 발화점이 낮아지는 경우는?

① 화학적 활성도가 낮을 때
② 발열량이 클 때
③ 산소와 친화력이 나쁠 때
④ CO_2와 친화력이 높을 때

발화점이 낮아지는 조건
• 화학적 활성도가 클수록
• 발열량이 클수록
• 산소 농도가 클수록
• 물질의 산소친화도가 높을수록
• 이산화탄소와 친화도가 낮을수록
• 열전도율이 낮을수록

19

다음 중 물과 접촉하면 열과 산소가 발생하는 것은?

① $NaClO_2$ ② $NaClO_3$
③ $KMnO_4$ ④ Na_2O_2

과산화나트륨과 물의 반응식
• $2Na_2O_2 + 2H_2O \rightarrow 4NaOH + O_2 + 발열$
• 과산화나트륨은 물과 반응하면 수산화나트륨과 산소, 열을 발생한다.

20 ⭐빈출

화재종류 중 금속화재에 해당하는 것은?

① A급   ② B급
③ C급   ④ D급

화재의 종류

급수	화재	색상
A	일반	백색
B	유류	황색
C	전기	청색
D	금속	무색

21

금속나트륨의 올바른 취급으로 가장 거리가 먼 것은?

① 보호액 속에서 노출되지 않도록 주의한다.
② 수분 또는 습기와 접촉되지 않도록 주의한다.
③ 용기에서 꺼낼 때는 손을 깨끗이 닦고 만져야 한다.
④ 다량 연소하면 소화가 어려우므로 가급적 소량으로 나누어 저장한다.

• $2Na + 2H_2O \rightarrow 2NaOH + H_2$
• 금속나트륨은 수분, 습기와 반응하여 폭발할 수 있으므로 손으로 만지지 않는다.

22

인화점이 100℃보다 낮은 물질은?

① 아닐린   ② 에틸렌글리콜
③ 글리세린   ④ 실린더유

각 위험물의 인화점
• 아닐린 : 75℃
• 에틸렌글리콜 : 111℃
• 글리세린 : 160℃
• 실린더유 : 200℃

17 ④ 18 ② 19 ④ 20 ④ 21 ③ 22 ①

23

아세톤의 성질에 관한 설명으로 옳은 것은?

① 비중은 1.02이다.
② 물에 불용이고, 에터에 잘 녹는다.
③ 증기 자체는 무해하나, 피부에 닿으면 탈지작용이 있다.
④ 인화점이 0℃보다 낮다.

아세톤(CH_3COCH_3)은 제4류 위험물 중 제1석유류(수용성)이고, 인화점은 −18℃이다.

24 ⭐빈출

그림과 같은 위험물 저장탱크의 내용적은 약 몇 m³인가?
(단, 공간용적은 내용적의 10/100이다.)

 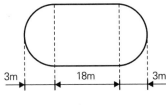

① 4,681
② 5,482
③ 5,652
④ 7,080

위험물저장탱크의 내용적

$$V = \pi r^2 \times \left(l + \frac{l_1 + l_2}{3}\right)(1 - 공간용적)$$

$= 원의\ 면적 \times (가운데\ 체적길이 + \dfrac{양끝\ 체적길이의\ 합}{3})$
$\quad (1 - 공간용적)$

$= 3.14 \times 10^2 \times (18 + \dfrac{6}{3})(1 - 0.1) = 5,652m^3$

25

제3류 위험물인 칼륨의 성질이 아닌 것은?

① 물과 반응하여 수산화물과 수소를 만든다.
② 원자가전자가 2개로 쉽게 2가의 양이온이 되어 반응한다.
③ 원자량은 약 39이다.
④ 은백색 광택을 가지는 연하고 가벼운 고체로 칼로 쉽게 잘라진다.

칼륨(K)은 제1족 원소이므로 원자가전자는 1개이다.

26

「자동화재탐지설비 일반점검표」의 점검내용이 "변형·손상 유무, 표시의 적부, 경계구역일람도의 적부, 기능의 적부"인 점검항목은?

① 감지기
② 중계기
③ 수신기
④ 발신기

자동화재탐지설비 일반점검표 중 수신기 점검내용
• 변형·손상 유무
• 표시의 적부
• 경계구역일람도의 적부
• 기능의 적부

27

제4류 위험물의 일반적 성질에 대한 설명으로 틀린 것은?

① 발생증기가 가연성이며 공기보다 무거운 물질이 많다.
② 정전기에 의하여도 인화할 수 있다.
③ 상온에서 액체이다.
④ 전기도체이다.

제4류 위험물은 전기부도체이다.

28

제5류 위험물의 일반적인 성질에 대한 설명 중 틀린 것은?

① 자기연소를 일으키며 연소속도가 빠르다.
② 무기물이므로 폭발의 위험이 있다.
③ 운반용기 외부에 "화기엄금" 및 "충격주의" 주의사항 표시를 하여야 한다.
④ 강산화제 또는 강산류와 접촉 시 위험성이 증가한다.

> 제5류 위험물은 유기화합물로 자기연소를 일으키며 연소속도가 빠르다.

29

다음 (   ) 안에 들어갈 알맞은 단어는?

> 보냉장치가 있는 이동저장탱크에 저장하는 아세트알데하이드등 또는 다이에틸에터등의 온도는 당해 위험물의 (   ) 이하로 유지하여야 한다.

① 비점
② 인화점
③ 융해점
④ 발화점

> 보냉장치가 있는 이동저장탱크에 저장하는 아세트알데하이드등 또는 다이에틸에터등의 온도는 당해 위험물의 비점 이하로 유지하여야 한다.

30

트라이나이트로톨루엔에 관한 설명으로 옳지 않은 것은?

① 일광을 쪼이면 갈색으로 변한다.
② 녹는점은 약 81℃이다.
③ 아세톤에 잘 녹는다.
④ 비중은 약 1.8인 액체이다.

> 트라이나이트로톨루엔[$C_6H_2(NO_2)_3CH_3$]의 비중은 약 1.66이다.

31

제2류 위험물 중 지정수량이 잘못 연결된 것은?

① 황 – 100kg
② 철분 – 500kg
③ 금속분 – 500kg
④ 인화성 고체 – 500kg

> 인화성 고체의 지정수량 : 1,000kg

32

위험물안전관리법령상 위험물의 운반에 관한 기준에 따르면 지정수량 얼마 이하의 위험물에 대하여는 "유별을 달리하는 위험물의 혼재기준"을 적용하지 아니하여도 되는가?

① 1/2
② 1/3
③ 1/5
④ 1/10

> 유별을 달리하는 위험물의 혼재기준은 지정수량의 1/10 이하의 위험물에 대하여는 적용하지 아니한다.

33

제2류 위험물과 산화제를 혼합하면 위험한 이유로 가장 적합한 것은?

① 제2류 위험물이 가연성 액체이기 때문에
② 제2류 위험물이 환원제로 작용하기 때문에
③ 제2류 위험물은 자연발화의 위험이 있기 때문에
④ 제2류 위험물은 물 또는 습기를 잘 머금고 있기 때문에

> 제2류 위험물은 환원성 물질이므로 산화제와 혼합 시 충격 등에 의하여 폭발할 위험이 있다.

34 ⭐ 빈출

상온에서 액상인 것으로만 나열된 것은?

① 나이트로셀룰로오스, 나이트로글리세린
② 질산에틸, 나이트로글리세린
③ 질산에틸, 피크린산
④ 나이트로셀룰로오스, 셀룰로이드

품명	위험물	상태
질산에스터류	질산메틸 질산에틸 나이트로글리콜 나이트로글리세린	액체
	나이트로셀룰로오스 셀룰로이드	고체
나이트로화합물	트라이나이트로톨루엔 트라이나이트로페놀 다이나이트로벤젠 테트릴	고체

35

위험물안전관리법상 제3석유류의 판단 기준은?

① 1기압에서 인화점이 섭씨 70도 이상 200도 미만인 것
② 1기압에서 인화점이 섭씨 21도 미만인 것
③ 1기압에서 인화점이 섭씨 200도 이상 250도 미만인 것
④ 1기압에서 발화점이 섭씨 100도 이하인 것

제3석유류의 위험물 기준
중유, 크레오소트유, 그 밖에 1기압에서 인화점이 섭씨 70도 이상 200도 미만인 것

36

적린에 관한 설명 중 틀린 것은?

① 물에 잘 녹는다.
② 화재 시 물로 냉각소화할 수 있다.
③ 황린에 비해 안정하다.
④ 황린과 동소체이다.

적린(P)은 브로민화인에 녹고 물, 이황화탄소, 에터 등에는 녹지 않는다.

37 ⭐ 빈출

탄화칼슘에 대한 설명으로 틀린 것은?

① 시판품은 흑회색이며 불규칙한 형태의 고체이다.
② 물과 작용하여 산화칼슘과 아세틸렌을 만든다.
③ 고온에서 질소와 반응하여 칼슘사이안아미드(석회질소)가 생성된다.
④ 비중은 약 2.2이다.

탄화칼슘과 물의 반응식
• $CaC_2 + 2H_2O \rightarrow Ca(OH)_2 + C_2H_2$
• 탄화칼슘은 물과 반응하여 수산화칼슘과 아세틸렌을 발생한다.

38

용량 50만L 이상의 옥외탱크저장소에 대하여 변경허가를 받고자 할 때 한국소방산업기술원으로부터 탱크의 기초 · 지반 및 탱크본체에 대한 기술검토를 받아야 한다. 다만, 소방청장이 고시하는 부분적인 사항을 변경하는 경우에는 기술검토가 면제되는데 다음 중 기술검토가 면제되는 경우가 아닌 것은?

① 노즐, 맨홀을 포함한 동일한 형태의 지붕판의 교체
② 탱크 밑판에 있어서 밑판 표면적의 50% 미만의 육성 보수공사
③ 탱크의 옆판 중 최하단 옆판에 있어서 옆판 표면적의 30% 이내의 교체
④ 옆판 중심선의 600mm 이내의 밑판에 있어서 밑판의 원주길이 10% 미만에 해당하는 밑판의 교체

최하단 옆판을 교체하는 경우 옆판 표면적의 10% 이내로 교체한다.

39

하나의 위험물저장소에 다음과 같이 2가지 위험물을 저장하고 있다. 지정수량 이상에 해당하는 것은?

① 브로민산칼륨 800kg, 염소산칼륨 400kg
② 질산 100kg, 과산화수소 150kg
③ 질산칼륨 120kg, 다이크로뮴산나트륨 500kg
④ 휘발유 20L, 윤활유 2,000L

• 브로민산칼륨의 지정수량 : 300kg
• 염소산칼륨의 지정수량 : 50kg

40

알킬알루미늄등 또는 아세트알데하이드등을 취급하는 제조소의 특례기준으로서 옳은 것은?

① 알킬알루미늄등을 취급하는 설비에는 불활성 기체 또는 수증기를 봉입하는 장치를 설치한다.
② 알킬알루미늄등을 취급하는 설비는 은·수은·동·마그네슘을 성분으로 하는 것으로 만들지 않는다.
③ 아세트알데하이드등을 취급하는 탱크에는 냉각장치 또는 보냉장치 및 불활성 기체 봉입장치를 설치한다.
④ 아세트알데하이드등을 취급하는 설비의 주위에는 누설범위를 국한하기 위한 설비와 누설되었을 때 안전한 장소에 설치된 저장실에 유입시킬 수 있는 설비를 갖춘다.

• 알킬알루미늄등을 취급하는 제조소의 특례
 – 알킬알루미늄등을 취급하는 설비의 주위에는 누설범위를 국한하기 위한 설비와 누설된 알킬알루미늄등을 안전한 장소에 설치된 저장실에 유입시킬 수 있는 설비를 갖출 것
 – 알킬알루미늄등을 취급하는 설비에는 불활성 기체를 봉입하는 장치를 갖출 것
• 아세트알데하이드등을 취급하는 제조소의 특례
 – 아세트알데하이드등을 취급하는 설비는 은, 수은, 동, 마그네슘 또는 이들을 성분으로 하는 합금으로 만들지 아니할 것
 – 아세트알데하이드등을 취급하는 설비에는 연소성 혼합기체의 생성에 의한 폭발을 방지하기 위한 불활성 기체 또는 수증기를 봉입하는 장치를 갖출 것
 – 아세트알데하이드등을 취급하는 탱크에는 냉각장치 또는 저온을 유지하기 위한 장치(보냉장치) 및 연소성 혼합기체의 생성에 의한 폭발을 방지하기 위한 불활성 기체를 봉입하는 장치를 갖출 것

41 ⭐빈출

이동탱크저장소에 의한 위험물의 운송 시 준수하여야 하는 기준에서 다음 중 어떤 위험물을 운송할 때 위험물운송자는 위험물안전카드를 휴대하여야 하는가?

① 특수인화물 및 제1석유류
② 알코올류 및 제2석유류
③ 제3석유류 및 동식물유류
④ 제4석유류

위험물(제4류 위험물에 있어서는 특수인화물 및 제1석유류만 해당) 운송자는 위험물안전카드를 휴대하여야 한다.

42

제6류 위험물의 위험성에 대한 설명으로 틀린 것은?

① 질산을 가열할 때 발생하는 적갈색 증기는 무해하지만 가연성이며 폭발성이 강하다.
② 고농도의 과산화수소는 충격, 마찰에 의해서 단독으로도 분해폭발할 수 있다.
③ 과염소산은 유기물과 접촉 시 발화 또는 폭발할 위험이 있다.
④ 과산화수소는 햇빛에 의해서 분해되며, 촉매(MnO_2) 하에서 분해가 촉진된다.

발연질산은 빛과 열의 작용으로 붉은 유해한 갈색연기를 낸다.

43

지정수량의 10배 이상의 위험물을 취급하는 제조소에는 피뢰침을 설치하여야 하지만 제 몇 류 위험물을 취급하는 경우는 이를 제외할 수 있는가?

① 제2류 위험물　　　② 제4류 위험물
③ 제5류 위험물　　　④ 제6류 위험물

피뢰침 설치 시 확인해야 할 주의점
• 지정수량의 10배 이상 취급 시 설치한다.
• 제6류 위험물을 취급하는 경우는 제외한다.

정답　　　　39 ①　40 ③　41 ①　42 ①　43 ④

44 ⭐빈출

위험물안전관리법령상 품명이 질산에스터류에 속하지 않는 것은?

① 질산에틸
② 나이트로글리세린
③ 트라이나이트로톨루엔
④ 나이트로셀룰로오스

품명	위험물	상태
질산에스터류	질산메틸 질산에틸 나이트로글리콜 나이트로글리세린	액체
	나이트로셀룰로오스 셀룰로이드	고체
나이트로화합물	트라이나이트로톨루엔 트라이나이트로페놀 다이나이트로벤젠 테트릴	고체

45

「제조소 일반점검표」에 기재되어 있는 위험물 취급설비 중 안전장치의 점검내용이 아닌 것은?

① 회전부 등의 급유상태의 적부
② 부식·손상 유무
③ 고정상황의 적부
④ 기능의 적부

제조소 일반점검표 중 안전장치 점검내용
• 부식·손상 유무
• 고정상황의 적부
• 기능의 적부

46

주유취급소에 설치하는 "주유 중 엔진정지"라는 표시를 한 게시판의 바탕과 문자의 색상을 차례대로 옳게 나타낸 것은?

① 황색, 흑색
② 흑색, 황색
③ 백색, 흑색
④ 흑색, 백색

주유취급소에 설치하는 "주유 중 엔진정지"라는 표시는 황색바탕에 흑색문자로 나타낸다.

47 ⭐빈출

고형알코올 2,000kg과 철분 1,000kg의 각각 지정수량 배수의 총합은 얼마인가?

① 3
② 4
③ 5
④ 6

• 고형알코올(제2류)의 지정수량 : 1,000kg
• 철분(제2류)의 지정수량 : 500kg
∴ 지정수량 배수의 총합 $= \dfrac{2,000}{1,000} + \dfrac{1,000}{500} = 4$배

48

제3류 위험물에 해당하는 것은?

① NaH
② Al
③ Mg
④ P_4S_3

• 수소화나트륨(NaH)은 제3류 위험물이다.
• 알루미늄(Al), 마그네슘(Mg), 삼황화인(P_4S_3)은 제2류 위험물이다.

49 ⭐빈출

금속나트륨, 금속칼륨 등을 보호액 속에 저장하는 이유를 가장 옳게 설명한 것은?

① 온도를 낮추기 위하여
② 승화하는 것을 막기 위하여
③ 공기와의 접촉을 막기 위하여
④ 운반 시 충격을 적게 하기 위하여

금속나트륨과 금속칼륨은 공기와의 접촉을 막기 위해 등유, 경유 등의 산소가 함유되지 않은 보호액(석유류)에 저장한다.

정답 44 ③ 45 ① 46 ① 47 ② 48 ① 49 ③

50

나이트로셀룰로오스의 저장·취급방법으로 옳은 것은?

① 건조한 상태로 보관하여야 한다.
② 물 또는 알코올 등을 첨가하여 습윤시켜야 한다.
③ 물기에 접촉하면 위험하므로 제습제를 첨가하여야 한다.
④ 알코올에 접촉하면 자연발화의 위험이 있으므로 주의하여야 한다.

나이트로셀룰로오스는 저장 시 열원, 충격, 마찰 등을 피하고 물 또는 알코올 등을 첨가하여 냉암소에 저장하여야 한다.

51

제조소의 건축물 구조기준 중 연소의 우려가 있는 외벽은 출입구 외의 개구부가 없는 내화구조의 벽으로 하여야 한다. 이때 연소의 우려가 있는 외벽은 제조소가 설치된 부지의 경계선에서 몇 m 이내에 있는 외벽을 말하는가? (단, 단층건물일 경우이다.)

① 3   ② 4
③ 5   ④ 6

연소의 우려가 있는 외벽은 단층건물일 경우 제조소가 설치된 부지의 경계선에서 3m 이내에 있는 외벽을 말한다.

52

위험물의 유별과 성질을 잘못 연결한 것은?

① 제2류 – 가연성 고체
② 제3류 – 자연발화성 및 금수성 물질
③ 제5류 – 자기반응성 물질
④ 제6류 – 산화성 고체

제6류 위험물은 산화성 액체이다.

53

하이드록실아민을 취급하는 제조소에 두어야 하는 최소한의 안전거리(D)를 구하는 산식으로 옳은 것은? (단, N은 당해 제조소에서 취급하는 하이드록실아민의 지정수량 배수를 나타낸다.)

① $D = 40\sqrt[3]{N}$
② $D = 51.1\sqrt[3]{N}$
③ $D = 55\sqrt[3]{N}$
④ $D = 62.1\sqrt[3]{N}$

하이드록실아민의 안전거리 계산식
$D = 51.1\sqrt[3]{N}$
• D : 거리(m)
• N : 해당 제조소에서 취급하는 하이드록실아민등의 지정수량의 배수

54

제3류 위험물 중 금수성 물질을 제외한 위험물에 적응성이 있는 소화설비가 아닌 것은?

① 분말 소화설비
② 스프링클러설비
③ 팽창질석
④ 포 소화설비

• 금수성 물질의 소화에는 탄산수소염류 등을 이용한 분말 소화약제 등 금수성 위험물에 적응성이 있는 분말 소화약제를 이용한다.
• 자연발화성만 가진 위험물의 소화에는 물 또는 강화액 포와 같은 주수소화를 사용하는 것이 가능하며, 마른모래, 팽창질석 등 질식소화는 제3류 위험물 전체의 소화에 사용가능하다.

정답   50 ② 51 ① 52 ④ 53 ② 54 ①

55

적린과 동소체 관계에 있는 위험물은?

① 오황화인 　　　② 인화알루미늄
③ 인화칼슘 　　　④ 황린

　적린(P)과 황린(P_4)은 동소체 관계이다.

56

과산화수소에 대한 설명으로 틀린 것은?

① 불연성 물질이다.
② 농도가 약 3wt%이면 단독으로 분해폭발한다.
③ 산화성 물질이다.
④ 점성이 있는 액체로 물에 용해된다.

　과산화수소(H_2O_2)란 그 농도가 36wt% 이상인 것을 말하며, 농도가 60wt%이면 단독으로 분해폭발한다.

57

제4류 위험물 중 제2석유류의 위험등급은?

① 위험등급 Ⅰ의 위험물
② 위험등급 Ⅱ의 위험물
③ 위험등급 Ⅲ의 위험물
④ 위험등급 Ⅳ의 위험물

　제4류 위험물의 위험등급
• 특수인화물 : Ⅰ등급
• 제1석유류, 알코올류 : Ⅱ등급
• 제2석유류, 제3석유류, 제4석유류, 동식물유류 : Ⅲ등급

58

적린과 황의 공통되는 일반적 성질이 아닌 것은?

① 비중이 1보다 크다.
② 연소하기 쉽다.
③ 산화되기 쉽다.
④ 물에 잘 녹는다.

　적린(P)과 황(S)은 물에 녹지 않는다.

59

셀룰로이드에 대한 설명으로 옳은 것은?

① 질소가 함유된 유기물이다.
② 질소가 함유된 무기물이다.
③ 유기의 염화물이다.
④ 무기의 염화물이다.

　셀룰로이드는 제5류 위험물로 질소가 함유된 유기물이다.

60

다음 중 무색투명한 휘발성 액체로서 물에 녹지 않고 물보다 무거워서 물속에 보관하는 위험물은?

① 경유 　　　② 황린
③ 황 　　　④ 이황화탄소

　이황화탄소(CS_2)는 무색투명한 휘발성 액체로서 가연성 증기의 발생을 억제하기 위해 물속에 저장한다.

2020년 2회 | CBT 기출복원문제

01

석유류가 연소할 때 발생하는 가스로 강한 자극적인 냄새가 나며 취급하는 장치를 부식시키는 것은?

① H_2
② CH_4
③ NH_3
④ SO_2

이산화황(SO_2)은 석유류에 포함된 황 성분이 연소할 때 발생하는 가스로, 강한 자극성 냄새를 띠며, 대기 중의 수분과 반응하여 황산(H_2SO_4)을 형성해 취급하는 장치를 부식시킬 수 있다.

02

위험물안전관리법령에 따른 건축물 그 밖의 공작물 또는 위험물의 소요단위의 계산방법의 기준으로 옳은 것은?

① 위험물은 지정수량의 100배를 1소요단위로 할 것
② 저장소의 건축물은 외벽에 내화구조인 것은 연면적 100m²를 1소요단위로 할 것
③ 저장소의 건축물은 외벽이 내화구조가 아닌 것은 연면적 50m²를 1소요단위로 할 것
④ 제조소 또는 취급소용으로서 옥외에 있는 공작물인 경우 최대수평투영면적 100m²를 1소요단위로 할 것

옥외에 위치한 제조소 또는 취급소의 경우, 최대수평투영면적 100m²를 1소요단위로 계산한다.

03

소화기에 "A-2"로 표시되어 있었다면 숫자 "2"가 의미하는 것은 무엇인가?

① 소화기의 제조번호
② 소화기의 소요단위
③ 소화기의 능력단위
④ 소화기의 사용순위

- A : 적응화재
- 2 : 능력단위

04

화재 시 물을 이용한 냉각소화를 할 경우 오히려 위험성이 증가하는 물질은?

① 질산에틸
② 마그네슘
③ 적린
④ 황

- $Mg + 2H_2O \rightarrow Mg(OH)_2 + H_2$
- 마그네슘이 물과 반응하면 수소가 발생하므로 주로 질식소화한다.

05

위험물안전관리법령상 특수인화물의 정의에 대해 다음 ( ) 안에 알맞은 수치를 차례대로 옳게 나열한 것은?

> 특수인화물이라 함은 이황화탄소, 다이에틸에터 그 밖에 1기압에서 발화점이 섭씨 ( )도 이하인 것 또는 인화점이 섭씨 영하 ( )도 이하이고 비점이 섭씨 40도 이하인 것을 말한다.

① 100, 20
② 25, 0
③ 100, 0
④ 25, 20

특수인화물이란 이황화탄소, 다이에틸에터 그 밖에 1기압에서 발화점이 섭씨 100도 이하인 것 또는 인화점이 섭씨 영하 20도 이하이고 비점이 섭씨 40도 이하인 것을 말한다.

정답 01 ④ 02 ④ 03 ③ 04 ② 05 ①

06 ⭐빈출

공장 창고에 보관되었던 톨루엔이 유출되어 미상의 점화원에 의해 착화되어 화재가 발생하였다면 이 화재의 분류로 옳은 것은?

① A급 화재　　　　② B급 화재
③ C급 화재　　　　④ D급 화재

화재의 종류

급수	화재	색상
A	일반	백색
B	유류	황색
C	전기	청색
D	금속	무색

07 ⭐빈출

A급, B급, C급 화재에 모두 적용이 가능한 소화약제는?

① 제1종 분말 소화약제
② 제2종 분말 소화약제
③ 제3종 분말 소화약제
④ 제4종 분말 소화약제

분말 소화약제의 종류

약제명	주성분	적응화재	색상
제1종	탄산수소나트륨	BC	백색
제2종	탄산수소칼륨	BC	보라색
제3종	인산암모늄	ABC	담홍색
제4종	탄산수소칼륨 + 요소	BC	회색

08

위험물안전관리법령상 자동화재탐지설비를 설치하지 않고 비상경보설비로 대신할 수 있는 것은?

① 일반취급소로서 연면적 600m²인 것
② 지정수량 20배를 저장하는 옥내저장소로서 처마높이가 8m인 단층건물
③ 단층건물 외에 건축물에 설치된 지정수량 15배의 옥내탱크저장소로서 소화난이도등급 Ⅱ에 속하는 것
④ 지정수량 20배를 저장·취급하는 옥내주유취급소

자동화재탐지설비 설치기준
• 일반취급소는 연면적이 500m² 이상이어야 한다.
• 처마높이는 6m 이상인 단층건물이어야 한다.
• 주유취급소는 옥내주유취급소이다.
• 소화난이도등급 Ⅱ는 소화난이도등급 Ⅰ보다 덜 위험하므로 비상경보설비로 대체 가능하다.

09

CH_3ONO_2의 소화방법에 대한 설명으로 옳은 것은?

① 물을 주수하여 냉각소화한다.
② 이산화탄소 소화기로 질식소화를 한다.
③ 할로젠화합물 소화기로 질식소화를 한다.
④ 건조사로 질식소화한다.

질산메틸(CH_3ONO_2)은 제5류 위험물로 물을 주수하여 냉각소화한다.

10

BCF 소화기의 약제를 화학식으로 옳게 나타낸 것은?

① CCl_4　　　　② CH_2ClBr
③ CF_3Br　　　　④ CF_2ClBr

BCF 소화약제
브로모클로로다이플루오로메탄(Bromochlorodifluoromethane)으로 화학식은 CF_2ClBr로 나타낸다.
• C : 탄소
• F_2 : 플루오린 두 개
• Cl : 염소
• Br : 브로민
이 화합물은 브로민, 염소, 그리고 두 개의 플루오린 원자를 포함하고 있으며, 할론 1211로도 알려져 있다.

11

공정 및 장치에서 분진폭발을 예방하기 위한 조치로서 가장 거리가 먼 것은?

① 플랜트는 공정별로 분류하고 폭발의 파급을 피할 수 있도록 분진취급 공정을 습식으로 한다.
② 분진이 물과 반응하는 경우는 불 대신 휘발성이 적은 유류를 사용하는 것이 좋다.
③ 배관의 연결부위나 기계가동에 의해 분진이 누출될 염려가 있는 곳은 흡인이나 밀폐를 철저히 한다.
④ 가연성 분진을 취급하는 장치류는 밀폐하지 말고 분진이 외부로 누출되도록 한다.

분진이 외부로 누출 시 분진폭발의 위험성이 커지므로 물을 뿌려 분진이 가라앉도록 해야 한다.

12

위험물안전관리법상 제조소등에 대한 긴급 사용정지명령에 관한 설명으로 옳은 것은?

① 시·도지사는 명령을 할 수 없다.
② 제조소등의 관계인뿐 아니라 해당 시설을 사용하는 자에게도 명령할 수 있다.
③ 제조소등의 관계자에게 위법사유가 없는 경우에도 명령할 수 있다.
④ 제조소등의 위험물취급설비의 중대한 결함이 발견되거나 사고우려가 인정되는 경우에만 명령할 수 있다.

시·도지사, 소방본부장 또는 소방서장은 공공의 안전을 유지하거나 재해의 발생을 방지하기 위하여 긴급한 필요가 있다고 인정하는 때에는 제조소등의 관계인에 대하여 당해 제조소등의 사용을 일시 정지하거나 그 사용을 제한할 것을 명할 수 있다.

13 ⭐빈출

금속분의 연소 시 주수소화하면 위험한 이유로 옳은 것은?

① 물에 녹아 산이 된다.
② 물과 작용하여 유독가스를 발생한다.
③ 물과 작용하여 수소가스를 발생한다.
④ 물과 작용하여 산소가스를 발생한다.

금속분 연소 시에 주수소화하면 수소를 발생하여 위험하기 때문에 마른모래에 의한 질식소화를 해야 한다.

14

트라이에틸알루미늄의 화재 시 사용할 수 있는 소화약제(설비)가 아닌 것은?

① 마른모래
② 팽창질석
③ 팽창진주암
④ 이산화탄소

트라이에틸알루미늄 화재 시 마른모래, 팽창질석, 팽창진주암 등을 이용하여 질식소화한다.

15

주유취급소에 다음과 같이 전용탱크를 설치하였다. 최대로 저장·취급할 수 있는 용량은 얼마인가? (단, 고속도로 외의 도로변에 설치하는 자동차용 주유취급소인 경우이다.)

> • 간이탱크 : 2기
> • 폐유탱크등 : 1기
> • 고정주유설비 및 급유설비 접속하는 전용탱크 : 2기

① 103,200리터
② 104,600리터
③ 123,200리터
④ 124,200리터

탱크용량 주유 취급
• 간이탱크저장소 : 600L
• 폐유탱크 : 2,000L
• 고정주유설비 : 50,000L
∴ 탱크용량 = (600 × 2) + 2,000 + (50,000 × 2)
= 103,200L

16

위험물안전관리법령에서 정한 자동화재탐지설비에 대한 기준으로 틀린 것은? (단, 원칙적인 경우에 한한다.)

① 경계구역은 건축물 그 밖의 공작물의 2 이상의 층에 걸치지 아니하도록 할 것
② 하나의 경계구역의 면적은 600m² 이하로 할 것
③ 하나의 경계구역의 한 변 길이는 30m 이하로 할 것
④ 자동화재탐지설비에는 비상전원을 설치할 것

하나의 경계구역의 면적은 600m² 이하로 하고 그 한 변의 길이는 50m 이하로 할 것

17

휘발유, 등유, 경유 등의 제4류 위험물에 화재가 발생하였을 때 소화방법으로 가장 옳은 것은?

① 포 소화설비로 질식소화시킨다.
② 다량의 물을 위험물에 직접 주수하여 소화한다.
③ 강산화성 소화제를 사용하여 중화시켜 소화한다.
④ 염소산칼륨 또는 염화나트륨이 주성분인 소화약제로 표면을 덮어 소화한다.

제4류 위험물은 가연성 증기가 발생하여 연소하는 특징이 있으므로 질식소화에 의한 소화가 효과적이다.

18

물의 소화능력을 강화시키기 위해 개발된 것으로 한랭지 또는 겨울철에도 사용할 수 있는 소화기에 해당하는 것은?

① 산·알칼리 소화기
② 강화액 소화기
③ 포 소화기
④ 할로겐화합물 소화기

강화액 소화기는 탄산염류와 같은 알칼리금속염류 등을 주성분으로 한 액체를 압축공기 또는 질소가스를 축압하여 만든 소화기로 한랭지 또는 겨울철에도 사용가능하다.

19 ⭐빈출

소화전용물통 8리터의 능력단위는 얼마인가?

① 0.1
② 0.3
③ 0.5
④ 1.0

소화설비의 능력단위

소화설비	용량(L)	능력단위
소화전용물통	8	0.3
수조(물통 3개 포함)	80	1.5
수조(물통 6개 포함)	190	2.5
마른모래(삽 1개 포함)	50	0.5
팽창질석·팽창진주암(삽 1개 포함)	160	1.0

20

소화약제에 따른 주된 소화효과로 틀린 것은?

① 수성막포 소화약제 : 질식효과
② 제2종 분말 소화약제 : 탈수탄화효과
③ 이산화탄소 소화약제 : 질식효과
④ 할로젠화합물 소화약제 : 화학억제효과

제2종 분말 소화약제는 질식효과가 있다.

21

위험물의 저장방법에 대한 설명으로 옳은 것은?

① 황화인은 알코올 또는 과산화물 속에 저장하여 보관한다.
② 마그네슘은 건조하면 분진폭발의 위험성이 있으므로 물에 습윤하여 저장한다.
③ 적린은 화재예방을 위해 할로겐원소와 혼합하여 저장한다.
④ 수소화리튬은 저장용기에 아르곤과 같은 불활성 기체를 봉입한다.

수소화리튬(제3류) 대용량 저장 시 아르곤, 질소, 이산화탄소와 같은 불활성 기체를 봉입한다.

정답   16 ③ 17 ① 18 ② 19 ② 20 ② 21 ④

22

질산에틸과 아세톤의 공통적인 성질 및 취급 방법으로 옳은 것은?

① 휘발성이 낮기 때문에 마개 없는 병에 보관하여도 무방하다.
② 점성이 커서 다른 용기에 옮길 때 가열하여 더운 상태에서 옮긴다.
③ 통풍이 잘 되는 곳에 보관하고 불꽃 등의 화기를 피하여야 한다.
④ 인화점이 높으나 증기압이 낮으므로 햇빛에 노출된 곳에 저장이 가능하다.

• 질산에틸(제5류)은 직사광선을 피하고 통풍이 잘 되는 냉암소 등에 보관한다.
• 아세톤(제4류)은 환기가 잘 되는 곳에 밀폐하여 저장한다.

23

다음 위험물 중 물에 대한 용해도가 가장 낮은 것은?

① 아크릴산   ② 아세트알데하이드
③ 벤젠   ④ 글리세린

• 아크릴산(제4류), 아세트알데하이드(제4류), 글리세린(제4류) : 수용성
• 벤젠(제4류) : 비수용성
→ 비수용성은 용해도가 낮다.

24 ⭐빈출

위험물안전관리법령에 의해 위험물을 취급함에 있어서 발생하는 정전기를 유효하게 제거하는 방법으로 옳지 않은 것은?

① 인화방지망 설치
② 접지 실시
③ 공기 이온화
④ 상대습도를 70% 이상 유지

인화방지망은 외부에서 발생한 화염의 전파를 억제하기 위해 설치하는 통기관이다.

25

제2류 위험물을 수납하는 운반용기의 외부에 표시하여야 하는 주의사항으로 옳은 것은?

① 제2류 위험물 중 철분·금속분·마그네슘 또는 이들 중 어느 하나 이상을 함유한 것에 있어서는 "화기주의" 및 "물기주의", 인화성 고체에 있어서는 "화기엄금", 그 밖의 것에 있어서는 "화기주의"
② 제2류 위험물 중 철분·금속분·마그네슘 또는 이들 중 어느 하나 이상을 함유한 것에 있어서는 "화기주의" 및 "물기엄금", 인화성 고체에 있어서는 "화기주의", 그 밖의 것에 있어서는 "화기엄금"
③ 제2류 위험물 중 철분·금속분·마그네슘 또는 이들 중 어느 하나 이상을 함유한 것에 있어서는 "화기주의" 및 "물기엄금", 인화성 고체에 있어서는 "화기엄금", 그 밖의 것에 있어서는 "화기주의"
④ 제2류 위험물 중 철분·금속분·마그네슘 또는 이들 중 어느 하나 이상을 함유한 것에 있어서는 "화기엄금" 및 "물기엄금", 인화성 고체에 있어서는 "화기엄금", 그 밖의 것에 있어서는 "화기주의"

제2류 위험물의 운반용기 외부 주의사항

구분	운반용기 외부 주의사항
철분, 금속분, 마그네슘	화기주의, 물기엄금
인화성 고체	화기엄금
그 외	화기주의

26 ⭐빈출

위험물의 운반 시 혼재가 가능한 것은? (단, 지정수량 10배의 위험물인 경우이다.)

① 제1류 위험물과 제2류 위험물
② 제2류 위험물과 제3류 위험물
③ 제4류 위험물과 제5류 위험물
④ 제5류 위험물과 제6류 위험물

유별을 달리하는 위험물 혼재기준

1	6		혼재 가능
2	5	4	혼재 가능
3	4		혼재 가능

27

과산화바륨의 취급에 대한 설명 중 틀린 것은?

① 직사광선을 피하고, 냉암소에 둔다.
② 유기물, 산 등의 접촉을 피한다.
③ 피부와 직접적인 접촉을 피한다.
④ 화재 시 주수소화가 가장 효과적이다.

- $2BaO_2 + 2H_2O \rightarrow 2Ba(OH)_2 + O_2$
- 과산화바륨은 물과 반응하여 산소가 발생하며 폭발의 위험이 있기 때문에 주수소화를 금지한다.

28

다음 위험물 중 착화온도가 가장 낮은 것은?

① 이황화탄소
② 다이에틸에터
③ 아세톤
④ 아세트알데하이드

각 위험물의 착화온도
- 이황화탄소 : 약 90℃
- 다이에틸에터 : 약 160℃
- 아세톤 : 약 465℃
- 아세트알데하이드 : 약 175℃

29

위험물을 보관하는 방법에 대한 설명 중 틀린 것은?

① 염소산나트륨 : 철제용기의 사용을 피한다.
② 산화프로필렌 : 저장 시 구리용기에 질소 등 불활성 기체를 충전한다.
③ 트라이에틸알루미늄 : 용기는 밀봉하고 질소 등 불활성 기체를 충전한다.
④ 황화인 : 냉암소에 저장한다.

산화프로필렌(CH_2CHOCH_3)은 공기와의 접촉 시 과산화물이 생성되므로 밀전, 밀봉하여 냉암소에 저장한다.

30

휘발유를 저장하던 이동저장탱크에 등유나 경유를 탱크 상부로부터 주입할 때 액표면이 일정 높이가 될 때까지 위험물의 주입관 내 유속을 몇 m/s 이하로 하여야 하는가?

① 1
② 2
③ 3
④ 5

휘발유를 저장하던 이동저장탱크에 등유나 경유를 저장할 때 이동저장탱크의 상부로부터 위험물을 주입할 때에는 위험물의 액표면이 주입관의 끝부분을 넘는 높이가 될 때까지 그 주입관 내의 유속을 초당 1m 이하로 할 것

31

제6류 위험물에 해당하지 않는 것은?

① 농도가 50wt%인 과산화수소
② 비중이 1.5인 질산
③ 과아이오딘산
④ 삼플루오린화브로민

과아이오딘산은 제1류 위험물이다.

정답   26 ③ 27 ④ 28 ① 29 ② 30 ① 31 ③

32

이황화탄소의 성질에 대한 설명 중 틀린 것은?

① 연소할 때 주로 황화수소를 발생한다.
② 증기비중은 약 2.6이다.
③ 보호액으로 물을 사용한다.
④ 인화점이 약 −30℃이다.

• 이황화탄소(제4류, CS_2)는 비중이 1.26인 인화성 액체이며, 연소 시 유독한 아황산가스(이산화황)가 발생한다.
• $CS_2 + 3O_2 \rightarrow CO_2 + 2SO_2$

33

알코올에 관한 설명으로 옳지 않은 것은?

① 1차 알코올은 OH기의 수가 1개인 알코올을 말한다.
② 2차 알코올은 1차 알코올이 산화된 것이다.
③ 2차 알코올이 수소를 잃으면 케톤이 된다.
④ 알데하이드가 환원되면 1차 알코올이 된다.

1차 알코올은 두 번 산화할 수 있는데 한 번 산화되면 알데하이드, 다시 한 번 산화되면 카복실산이 생성된다.

34

위험물제조소 및 일반취급소에 설치하는 자동화재탐지설비의 설치기준으로 틀린 것은?

① 하나의 경계구역은 600m² 이하로 하고, 한 변의 길이는 50m 이하로 한다.
② 주요한 출입구에서 내부 전체를 볼 수 있는 경우 경계 구역은 1,000m² 이하로 할 수 있다.
③ 하나의 경계구역이 300m² 이하이면 2개 층을 하나의 경계구역으로 할 수 있다.
④ 비상전원을 설치하여야 한다.

하나의 경계구역이 2개 이상의 층에 걸치지 않도록 해야 한다. 다만, 면적이 500m² 이하의 범위 안에서는 2개 층을 하나의 경계구역으로 할 수 있다.

35

나이트로셀룰로오스에 관한 설명으로 옳은 것은?

① 용제에는 전혀 녹지 않는다.
② 질화도가 클수록 위험성이 증가한다.
③ 물과 작용하여 수소를 발생한다.
④ 화재발생 시 질식소화가 가장 적합하다.

나이트로셀룰로오스(제5류)의 특징
• 물에 녹지 않고 알코올, 벤젠 등에 녹는다.
• 물과 반응하지 않는다.
• 화재발생 시 주수소화를 한다.

36

위험물의 품명과 지정수량이 잘못 짝지어진 것은?

① 황화인 − 100kg
② 마그네슘 − 500kg
③ 알킬알루미늄 − 10kg
④ 황린 − 10kg

황린(P_4)의 지정수량 : 20kg

37

$KMnO_4$의 지정수량은 몇 kg인가?

① 50   ② 100
③ 300   ④ 1,000

과망가니즈산칼륨($KMnO_4$)은 제1류 위험물로 지정수량은 1,000kg이다.

정답   32 ①   33 ②   34 ③   35 ②   36 ④   37 ④

38

위험물의 지정수량이 나머지 셋과 다른 하나는?

① $NaClO_4$　　　　② MgO_2
③ KNO_3　　　　④ NH_4ClO_3

- KNO_3(질산칼륨)의 지정수량 : 300kg
- $NaClO_4$(과염소산나트륨), MgO_2(과산화마그네슘), NH_4ClO_3(염소산암모늄)의 나머지 위험물에 대한 지정수량 : 50kg

39

트라이나이트로톨루엔에 대한 설명으로 가장 거리가 먼 것은?

① 물에 녹지 않으나 알코올에는 녹는다.
② 직사광선에 노출되면 다갈색으로 변한다.
③ 공기 중에 노출되면 쉽게 가수분해한다.
④ 이성질체가 존재한다.

공기에 노출 시 가수분해 위험이 적다.

40

위험물의 성질에 관한 설명 중 옳은 것은?

① 벤젠과 톨루엔 중 인화온도가 낮은 것은 톨루엔이다.
② 다이에틸에터는 휘발성이 높으며 마취성이 있다.
③ 에틸알코올은 물이 조금이라도 섞이면 불연성 액체가 된다.
④ 휘발유는 전기도체이다.

다이에틸에터($C_2H_5OC_2H_5$)는 무색의 유동하지 않은 액체이며 단맛과 자극적인 냄새를 가진다. 또한 휘발성이 높고 마취성이 있다.

41

다음 중 산을 가하면 이산화염소를 발생시키는 물질은?

① 아염소산나트륨
② 브로민산나트륨
③ 옥소산칼륨(아이오딘산칼륨)
④ 다이크로뮴산나트륨

- $3NaClO_2 + 2HCl \rightarrow 3NaCl + 2ClO_2 + H_2O_2$
- 아염소산나트륨이 염산과 만나면 염화나트륨, 이산화염소, 과산화수소가 발생한다.

42 빈출

그림과 같이 횡으로 설치한 원형탱크의 용량은 약 몇 m^3인가? (단, 공간용적은 내용적의 10/100이다.)

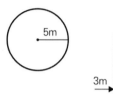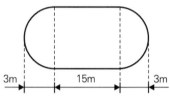

① 1,690.9　　　　② 1,335.1
③ 1,268.4　　　　④ 1,201.1

위험물저장탱크의 내용적

$$V = \pi r^2 \times (l + \frac{l_1 + l_2}{3})(1 - 공간용적)$$

$$= 원의 면적 \times (가운데 체적길이 + \frac{양끝\ 체적길이의\ 합}{3})(1 - 공간용적)$$

$$= 3.14 \times 5^2 \times (15 + \frac{6}{3})(1 - 0.1) = 1,201.05m^3$$

43

크레오소트유에 대한 설명으로 틀린 것은?

① 제3석유류에 속한다.
② 무취이고 증기는 독성이 없다.
③ 상온에서 액체이다.
④ 물보다 무겁고 물에 녹지 않는다.

크레오소트유의 증기는 독성이 있다.

정답　　38 ③　39 ③　40 ②　41 ①　42 ④　43 ②

44 ⭐빈출

이동탱크저장소의 위험물 운송에 있어서 운송책임자의 감독, 지원을 받아 운송하여야 하는 위험물은?

① 알킬알루미늄
② 금속나트륨
③ 메틸에틸케톤
④ 트라이나이트로톨루엔

운송하는 위험물이 알킬알루미늄, 알킬리튬이거나 이 둘을 함유하는 위험물일 때에는 운송책임자의 감독 또는 지원을 받아 이를 운송하여야 한다.

45

위험물안전관리법령상 할로젠화합물 소화기가 적응성이 있는 위험물은?

① 나트륨
② 질산메틸
③ 이황화탄소
④ 과산화나트륨

할로젠화합물 소화기는 특정 유형의 화재에 적응성이 있으며, 특히 제4류 위험물(예 이황화탄소)에 효과적으로 사용된다. 할로젠화합물 소화기는 소화할 때 산소를 차단하고 화재를 진압하는 동시에 물리적인 냉각작용을 한다. 주요 특징은 물과 반응하지 않고, 화학적 작용 없이 질식소화하는 방식이라는 점인데, 이러한 소화기는 전기 화재나 인화성 액체 소화에 적합하다.

46

위험물안전관리법령상 설치허가 및 완공검사절차에 관한 설명으로 틀린 것은?

① 지정수량의 1천배 이상의 위험물을 취급하는 제조소는 한국소방산업기술원으로부터 당해 제조소의 구조·설비에 관한 기술검토를 받아야 한다.
② 저장용량이 50만리터 이상인 옥외탱크저장소는 한국소방산업기술원으로부터 당해 탱크의 기초·지반, 탱크본체 및 소화설비에 관한 기술검토를 받아야 한다.
③ 지정수량의 1천배 이상의 제4류 위험물을 취급하는 일반취급소의 설치 또는 변경에 따른 완공검사는 한국소방산업기술원이 실시한다.
④ 저장용량이 50만리터 이상인 옥외탱크저장소의 완공검사는 한국소방산업기술원에 위탁한다.

위험물안전관리법 시행령 제22조(업무의 위탁)에 의해 지정수량의 1천배 이상의 위험물을 취급하는 제조소 또는 일반취급소의 설치 또는 변경에 따른 완공검사는 기술원에 위탁한다.

47

복수의 성상을 가지는 위험물에 대한 품명지정의 기준상 유별의 연결이 틀린 것은?

① 산화성 고체의 성상 및 가연성 고체의 성상을 가지는 경우 : 가연성 고체
② 산화성 고체의 성상 및 자기반응성 물질의 성상을 가지는 경우 : 자기반응성 물질
③ 가연성 고체의 성상과 자연발화성 물질의 성상 및 금수성 물질의 성상을 가지는 경우 : 자연발화성 물질 및 금수성 물질
④ 인화성 액체의 성상 및 자기반응성 물질의 성상을 가지는 경우 : 인화성 액체

복수성상의 위험물 기준
• 위험물 위험 순서 : 1 < 2 < 4 < 3 < 5 < 6
• 인화성 액체(제4류) < 자기반응성 물질(제[5류])

48

다음은 위험물안전관리법령에서 정의한 동식물유류에 관한 내용이다. ( )에 알맞은 수치는?

> 동물의 지육 등 또는 식물의 종자나 과육으로부터 추출한 것으로서 1기압에서 인화점이 섭씨 ( )도 미만인 것을 말한다.

① 21
② 200
③ 250
④ 300

동식물유류는 동물의 지육 등 또는 식물의 종자나 과육으로부터 추출한 것으로서 1기압에서 인화점이 섭씨 250도 미만인 것을 말한다.

정답   44 ①   45 ③   46 ③   47 ④   48 ③

49

지하탱크저장소 탱크전용실의 안쪽과 지하저장탱크와의 사이는 몇 m 이상의 간격을 유지하여야 하는가?

① 0.1
② 0.2
③ 0.3
④ 0.5

지하저장탱크와 탱크전용실의 안쪽과의 사이는 0.1m 이상의 간격을 유지하여야 한다.

50

이황화탄소에 대한 설명으로 틀린 것은?

① 순수한 것은 황색을 띠고 냄새가 없다.
② 증기는 유독하며 신경계통에 장애를 준다.
③ 물에 녹지 않는다.
④ 연소 시 유독성의 가스를 발생한다.

순수한 이황화탄소는 무색투명하고 냄새가 없다.

51

위험물옥외저장탱크의 통기관에 관한 사항으로 옳지 않은 것은?

① 밸브 없는 통기관의 지름은 30mm 이상으로 한다.
② 대기밸브부착 통기관은 항시 열려 있어야 한다.
③ 밸브 없는 통기관의 끝부분은 수평면보다 45도 이상 구부려 빗물 등의 침투를 막는 구조로 한다.
④ 대기밸브부착 통기관은 5kPa 이하의 압력 차이로 작동할 수 있어야 한다.

대기밸브는 탱크 내부의 압력조절을 위해 작동하는 장치로, 항시 열려 있는 것이 아니라 탱크 내외부의 압력 차가 일정 수준에 도달했을 때 자동으로 열리고 닫히는 구조를 가진다.

52

벤젠을 저장하는 옥외탱크저장소가 액표면적이 45m²인 경우 소화난이도등급은?

① 소화난이도등급 Ⅰ
② 소화난이도등급 Ⅱ
③ 소화난이도등급 Ⅲ
④ 제시된 조건으로 판단할 수 없음

옥외탱크저장소가 액표면적이 40m² 이상이면 소화난이도등급은 Ⅰ이다.

53

제3류 위험물 중 은백색 광택이 있고 노란색 불꽃을 내며 연소하며 비중이 약 0.97, 융점이 97.7℃인 물질의 지정수량은 몇 kg인가?

① 10
② 20
③ 50
④ 300

나트륨(제3류)의 지정수량 : 10kg

54

위험물에 대한 설명으로 옳은 것은?

① 이황화탄소는 연소 시 유독성 황화수소가스를 발생한다.
② 다이에틸에터는 물에 잘 녹지 않지만 유지 등을 잘 녹이는 용제이다.
③ 등유는 가솔린보다 인화점이 높으나, 인화점은 0℃ 미만이므로 인화의 위험성은 매우 높다.
④ 경유는 등유와 비슷한 성질을 가지지만 증기비중이 공기보다 가볍다는 차이점이 있다.

다이에틸에터($C_2H_5OC_2H_5$)는 인화성과 휘발성을 띠는 무색의 액체이다. 물에는 녹지 않으나 지방질을 잘 용해시킨다.

49 ① 50 ① 51 ② 52 ① 53 ① 54 ②

55

위험물안전관리법에서 사용하는 용어의 정의 중 틀린 것은?

① "지정수량"이라 함은 위험물의 종류별로 위험성을 고려하여 대통령령이 정하는 수량을 말한다.
② "제조소"라 함은 위험물을 제조할 목적으로 지정수량 이상의 위험물을 취급하기 위하여 규정에 따라 허가를 받은 장소를 말한다.
③ "저장소"라 함은 지정수량 이상의 위험물을 저장하기 위한 대통령령이 정하는 장소로서 규정에 따라 허가를 받은 장소를 말한다.
④ "제조소등"이라 함은 제조소, 저장소 및 이동탱크를 말한다.

"제조소등"이라 함은 제조소, 저장소 및 취급소를 말한다.

56

제1류 위험물에 해당하지 않는 것은?

① 납의 산화물
② 질산구아니딘
③ 퍼옥소이황산염류
④ 염소화아이소사이아누르산

질산구아니딘은 제5류 위험물이다.

57

위험물 저장탱크의 공간용적은 탱크 내용적의 얼마 이상, 얼마 이하로 하는가?

① 2/100 이상, 3/100 이하
② 2/100 이상, 5/100 이하
③ 5/100 이상, 10/100 이하
④ 10/100 이상, 20/100 이하

일반적으로 탱크의 공간용적은 탱크 내용적의 5/100 이상 10/100 이하로 한다.

58

과망가니즈산칼륨의 일반적인 성질에 관한 설명 중 틀린 것은?

① 강한 살균력과 산화력이 있다.
② 금속성 광택이 있는 무색의 결정이다.
③ 가열분해시키면 산소를 방출한다.
④ 비중은 약 2.7이다.

과망가니즈산칼륨(제1류, $KMnO_4$)은 금속성 광택이 있는 보라색 결정이다.

59 빈출

제조소의 게시판 사항 중 위험물의 종류에 따른 주의사항이 옳게 연결된 것은?

① 제2류 위험물(인화성 고체 제외) – 화기엄금
② 제3류 위험물 중 금수성 물질 – 물기엄금
③ 제4류 위험물 – 화기주의
④ 제5류 위험물 – 물기엄금

• 제3류 위험물 중 금수성 물질 : 물기엄금
• 제3류 위험물 중 자연발화성 물질 : 화기엄금
• 제2류 위험물(인화성 고체 제외) : 화기주의
• 제4류 위험물 : 화기엄금
• 제5류 위험물 : 화기엄금

60

제5류 위험물이 아닌 것은?

① 클로로벤젠
② 과산화벤조일
③ 염산하이드라진
④ 아조벤젠

클로로벤젠(C_6H_5Cl)은 제4류 위험물이다.

정답   55 ④ 56 ② 57 ③ 58 ② 59 ② 60 ①

01 ⭐ 빈출

이동탱크저장소에 의한 위험물의 운송에 있어서 운송책임자의 감독 또는 지원을 받아야 하는 위험물은?

① 금속분
② 알킬알루미늄
③ 아세트알데하이드
④ 하이드록실아민

운송하는 위험물이 알킬알루미늄, 알킬리튬이거나 이 둘을 함유하는 위험물일 때에는 운송책임자의 감독 또는 지원을 받아 이를 운송하여야 한다.

02

위험물안전관리법령에 근거하여 자체소방대에 두어야 하는 제독차의 경우 가성소다 및 규조토를 각각 몇 kg 이상 비치하여야 하는가?

① 30
② 50
③ 60
④ 100

가성소다 및 규조토를 각각 50kg 이상 비치하여야 한다.

03

이산화탄소의 특성에 대한 설명으로 옳지 않은 것은?

① 전기전도성이 우수하다.
② 냉각, 압축에 의하여 액화된다.
③ 과량 존재 시 질식할 수 있다.
④ 상온, 상압에서 무색, 무취의 불연성 기체이다.

이산화탄소는 전기부도체이다.

04

인화점이 낮은 것부터 높은 순서로 나열된 것은?

① 톨루엔 - 아세톤 - 벤젠
② 아세톤 - 톨루엔 - 벤젠
③ 톨루엔 - 벤젠 - 아세톤
④ 아세톤 - 벤젠 - 톨루엔

각 위험물의 인화점
• 아세톤 : -18℃
• 벤젠 : -11℃
• 톨루엔 : 4℃

05

지정수량의 몇 배 이상의 위험물을 취급하는 제조소에는 화재발생 시 이를 알릴 수 있는 경보설비를 설치하여야 하는가?

① 5
② 10
③ 20
④ 100

지정수량의 10배 이상의 위험물을 저장 또는 취급하는 제조소등(이동탱크저장소를 제외한다)에는 화재발생 시 이를 알릴 수 있는 경보설비를 설치하여야 한다.

정답 01 ② 02 ② 03 ① 04 ④ 05 ②

06

위험물안전관리법령상 제5류 위험물에 적응성이 있는 소화설비는?

① 포 소화설비
② 이산화탄소 소화설비
③ 할로겐화합물 소화설비
④ 탄산수소염류 분말 소화설비

제5류 위험물에 적응성이 있는 소화설비는 포 소화설비이다.

07 ⭐빈출

소화전용물통 3개를 포함한 수조 80L의 능력단위는?

① 0.3
② 0.5
③ 1.0
④ 1.5

소화설비의 능력단위

소화설비	용량(L)	능력단위
소화전용물통	8	0.3
수조(물통 3개 포함)	80	1.5
수조(물통 6개 포함)	190	2.5
마른모래(삽 1개 포함)	50	0.5
팽창질석·팽창진주암(삽 1개 포함)	160	1.0

08

위험물안전관리법령상 위험물의 품명이 다른 하나는?

① CH_3COOH
② C_6H_5Cl
③ $C_6H_5CH_3$
④ C_6H_5Br

• 아세트산(CH_3COOH) : 제2석유류
• 클로로벤젠(C_6H_5Cl) : 제2석유류
• 톨루엔($C_6H_5CH_3$) : 제1석유류
• 브로모벤젠(C_6H_5Br) : 제2석유류

09

주된 연소의 형태가 나머지 셋과 다른 하나는?

① 아연분
② 양초
③ 코크스
④ 목탄

• 양초 : 증발연소
• 아연분, 코크스, 목탄 : 표면연소

10

위험물안전관리법령에서 정한 위험물의 유별 성질을 잘못 나타낸 것은?

① 제1류 : 산화성
② 제4류 : 인화성
③ 제5류 : 자기반응성
④ 제6류 : 가연성

제6류 위험물은 산화성 액체이다.

11

소화난이도등급 Ⅰ인 옥외탱크저장소에 있어서 제4류 위험물 중 인화점이 섭씨 70도 이상인 것을 저장, 취급하는 경우 어느 소화설비를 설치해야 하는가? (단, 지중탱크 또는 해상탱크 외의 것이다.)

① 스프링클러 소화설비
② 물분무 소화설비
③ 이산화탄소 소화설비
④ 분말 소화설비

소화난이도등급 Ⅰ인 옥외탱크저장소에서 인화점이 섭씨 70도 이상의 제4류 위험물만을 저장, 취급하는 경우는 물분무 소화설비 또는 고정식 포 소화설비를 설치해야 한다.

12 ⭐

분말 소화약제의 식별 색을 옳게 나타낸 것은?

① $KHCO_3$: 백색
② $NH_4H_2PO_4$: 담홍색
③ $NaHCO_3$: 보라색
④ $KHCO_3 + (NH_2)_2CO$: 초록색

분말 소화약제의 종류

약제명	주성분	색상
제1종	탄산수소나트륨($NaHCO_3$)	백색
제2종	탄산수소칼륨($KHCO_3$)	보라색
제3종	인산암모늄($NH_4H_2PO_4$)	담홍색
제4종	탄산수소칼륨 + 요소[$KHCO_3 + (NH_2)_2CO$]	회색

13

위험물제조소등의 소화설비의 기준에 관한 설명으로 옳은 것은?

① 제조소등 중에서 소화난이도등급 Ⅰ, Ⅱ 또는 Ⅲ의 어느 것에도 해당하지 않는 것도 있다.
② 옥외탱크저장소의 소화난이도등급을 판단하는 기준 중 탱크의 높이는 기초를 제외한 탱크 측판의 높이를 말한다.
③ 제조소의 소화난이도등급을 판단하는 기준 중 면적에 관한 기준은 건축물 외에 설치된 것에 대해서는 수평투영면적을 기준으로 한다.
④ 제4류 위험물을 저장 · 취급하는 제조소등에도 스프링클러 소화설비가 적응성이 인정되는 경우가 있으며 이는 수원의 수량을 기준으로 판단한다.

• 제조소등 중에는 소화난이도등급에 따른 소화설비, 경보설비, 피난설비가 있다.
• 옥외탱크저장소의 소화난이도등급을 판단하는 기준 중 탱크의 높이는 지반면으로부터 탱크옆판의 상단까지 높이가 6m 이상인 것을 말한다.
• 제조소의 소화난이도등급을 판단하는 기준 중 면적에 관한 기준은 연면적을 기준으로 한다(최대수평투영면적을 연면적으로 간주하는 것은 소요단위를 산정할 때이다).
• 제4류 위험물을 저장 또는 취급하는 장소의 살수기준면적에 따라 스프링클러설비의 살수밀도가 인화점을 기준으로 정해진 방사밀도 이상인 경우에는 당해 스프링클러설비가 제4류 위험물에 대하여 적응성이 있다.

14

유류화재 소화 시 분말 소화약제를 사용할 경우 소화 후에 재발화 현상이 가끔씩 발생할 수 있다. 다음 중 이러한 현상을 예방하기 위하여 병용하여 사용하면 가장 효과적인 포 소화약제는?

① 단백포 소화약제
② 수성막포 소화약제
③ 알코올형포 소화약제
④ 합성계면활성제포 소화약제

수성막포 소화약제는 주로 가솔린이나 기름과 같은 가연성 액체의 화재를 진압하기 위해 사용되는 소화약제이다. 물과 함께 폴리머계 계면활성제를 사용하여 발포 성능을 가지는 액체로 구성되어 있다.

15

수소화나트륨 240g과 충분한 물이 완전 반응하였을 때 발생하는 수소의 부피는? (단, 표준상태를 가정하며 나트륨의 원자량은 230이다.)

① 22.4L
② 224L
③ 22.4m³
④ 224m³

• $NaH + H_2O \rightarrow NaOH + H_2$
• NaH의 분자량 = 23 + 1 = 24g/mol
• 24 × 10 = 240g/mol
• ∴ 수소의 부피 = 10 × 22.4L = 224L

정답   12 ② 13 ① 14 ② 15 ②

16 ⭐

탄화칼슘과 물이 반응하였을 때 발생하는 가연성 가스의 연소범위에 가장 가까운 것은?

① 2.1 ~ 9.5vol%   ② 2.5 ~ 81vol%
③ 4.1 ~ 74.2vol%   ④ 15.0 ~ 28vol%

- $CaC_2 + 2H_2O \rightarrow Ca(OH)_2 + C_2H_2$
- 탄화칼슘과 물이 반응하면 수산화칼슘과 가연성의 아세틸렌이 발생한다.
- 아세틸렌의 연소범위는 2.5 ~ 81vol%이다.

17

다음 중 기체연료가 완전 연소하기에 유리한 이유로 가장 거리가 먼 것은?

① 활성화에너지가 크다.
② 공기 중에서 확산되기 쉽다.
③ 산소를 충분히 공급받을 수 있다.
④ 분자의 운동이 활발하다.

활성화에너지가 작아야 한다.

18

위험물안전관리법령에서 정한 소화설비의 소요단위 산정방법에 대한 설명 중 옳은 것은?

① 위험물은 지정수량의 100배를 1소요단위로 함
② 저장소용 건축물로 외벽이 내화구조인 것은 연면적 100m²를 1소요단위로 함
③ 제조소용 건축물로 외벽이 내화구조가 아닌 것은 연면적 50m²를 1소요단위로 함
④ 저장소용 건축물로 외벽이 내화구조가 아닌 것은 연면적 25m²를 1소요단위로 함

소요단위(연면적)

구분	외벽 내화구조	외벽 비내화구조
제조소 및 취급소	100m²	50m²
저장소	150m²	75m²
위험물	지정수량의 10배	

19 ⭐

위험물의 소화방법으로 적합하지 않은 것은?

① 적린은 다량의 물로 소화한다.
② 황화인의 소규모 화재 시에는 모래로 질식소화한다.
③ 알루미늄분은 다량의 물로 소화한다.
④ 황의 소규모 화재 시에는 모래로 질식소화한다.

- $2Al + 6H_2O \rightarrow 2Al(OH)_3 + 3H_2$
- 알루미늄은 물과 만나 수소를 방출하며 폭발의 위험이 크기 때문에 물과 닿지 않아야 한다.

20

위험물안전관리법령상 제조소등의 관계인은 제조소등의 화재예방과 재해발생 시의 비상조치에 필요한 사항을 서면으로 작성하여 시·도지사에게 제출하여야 한다. 이는 무엇에 관한 설명인가?

① 예방규정   ② 소방계획서
③ 비상계획서   ④ 화재영향평가서

제조소등의 관계인은 해당 제조소등의 화재예방과 화재 등 재해발생 시의 비상조치를 위해 예방규정을 정하여 해당 제조소등의 사용을 시작하기 전에 시·도지사에게 제출하여야 한다.

21

다음 중 제6류 위험물로서 분자량이 약 63인 것은?

① 과염소산   ② 질산
③ 과산화수소   ④ 삼불화브로민

- 질산의 화학식 : HNO_3
- H(수소) 원자량 : 1, N(질소) 원자량 : 14, O(산소) 원자량 : 16
- ∴ 질산의 분자량 = 1 + 14 + (16 × 3) = 63g/mol

정답   16 ② 17 ① 18 ③ 19 ③ 20 ① 21 ②

22

질산의 수소원자를 알킬기로 치환한 제5류 위험물의 지정수량은?

① 10kg
② 100kg
③ 200kg
④ 300kg

질산의 수소원자를 알킬기로 치환한 것은 질산에스터류이고, 질산에스터류의 지정수량은 10kg이다.

23

다음은 위험물을 저장하는 탱크의 공간용적 산정기준이다. ( )에 알맞은 수치로 옳은 것은?

가. 위험물을 저장 또는 취급하는 탱크의 공간용적은 탱크의 내용적의 ( ) 이상 ( ) 이하의 용적으로 한다. 다만, 소화설비(소화약제 방출구를 탱크 안의 윗부분에 설치하는 것에 한한다)를 설치하는 탱크의 공간용적은 당해 소화설비의 소화약제 방출구 아래의 0.3m 이상 1m 미만 사이의 면으로부터 윗부분의 용적으로 한다.

나. 암반탱크에 있어서는 당해 탱크 내에 용출하는 ( )일간의 지하수의 양에 상당하는 용적과 당해 탱크의 내용적의 ( )의 용적 중에서 보다 큰 용적을 공간용적으로 한다.

---

① 3/100, 10/100, 10, 1/100
② 5/100, 5/100, 10, 1/100
③ 5/100, 10/100, 7, 1/100
④ 5/100, 10/100, 10, 3/100

• 일반적으로 탱크의 공간용적은 탱크의 내용적의 5/100 이상 10/100 이하로 한다.
• 암반탱크에 있어서는 당해 탱크 내에 용출하는 7일간의 지하수의 양에 상당하는 용적과 당해 탱크의 내용적의 1/100의 용적 중에서 보다 큰 용적을 공간용적으로 한다.

24

위험물제조소에 옥외소화전이 5개가 설치되어 있다. 이 경우 확보하여야 하는 수원의 법정 최소량은 몇 m³인가?

① 28
② 35
③ 54
④ 67.5

옥외소화전의 수원의 수량 = 최대 4개 × 13.5m³ = 54m³

25

위험물 이동저장탱크의 외부도장 색상으로 적합하지 않은 것은?

① 제2류 – 적색
② 제3류 – 청색
③ 제5류 – 황색
④ 제6류 – 회색

이동저장탱크의 외부도장 색상

유별	1	2	3	5	6
색상	회색	적색	청색	황색	청색

26

다음 중 제5류 위험물이 아닌 것은?

① 나이트로글리세린
② 나이트로톨루엔
③ 나이트로글리콜
④ 트라이나이트로톨루엔

나이트로톨루엔은 제4류 위험물 중 제3석유류(비수용성)이다.

27

위험물 옥외탱크저장소와 병원과는 안전거리를 얼마 이상 두어야 하는가?

① 10m
② 20m
③ 30m
④ 50m

위험물 옥외탱크저장소와 병원까지의 안전거리는 사람이 많은 곳이기에 30m 이상으로 한다.

28

벤젠에 대한 설명으로 옳은 것은?

① 휘발성이 강한 액체이다.
② 물에 매우 잘 녹는다.
③ 증기의 비중은 1.5이다.
④ 순수한 것의 융점은 30℃이다.

> 벤젠(C_6H_6)은 제4류 위험물 중 제1석유류로 휘발성이 강한 액체이다.

29

주유취급소의 고정주유설비에서 펌프기기의 주유관 끝부분에서 최대토출량으로 틀린 것은?

① 휘발유는 분당 50리터 이하
② 경유는 분당 180리터 이하
③ 등유는 분당 80리터 이하
④ 제1석유류(휘발유 제외)는 분당 100리터 이하

> 제1석유류(휘발유 제외)는 분당 50리터 이하이다.

30

공기 중에서 산소와 반응하여 과산화물을 생성하는 물질은?

① 다이에틸에터
② 이황화탄소
③ 에틸알코올
④ 과산화나트륨

> 다이에틸에터(제4류)는 공기 중 장시간 노출 시 과산화물을 생성한다.

31

다이에틸에터에 관한 설명 중 틀린 것은?

① 비전도성이므로 정전기를 발생하지 않는다.
② 무색 투명한 유동성의 액체이다.
③ 휘발성이 매우 높고, 마취성을 가진다.
④ 공기와 장시간 접촉하면 폭발성의 과산화물이 생성된다.

> 다이에틸에터(제4류, $C_2H_5OC_2H_5$)는 비전도성이므로 정전기가 발생한다.

32

위험물안전관리법령상에 따른 다음에 해당하는 동식물유류의 규제에 관한 설명으로 틀린 것은?

> 행정안전부령이 정하는 용기기준과 수납, 저장기준에 따라 수납되어 저장, 보관되고 용기의 외부에 물품의 통칭명, 수량 및 화기엄금(화기엄금과 동일한 의미를 갖는 표시를 포함한다)의 표시가 있는 경우

① 위험물에 해당하지 않는다.
② 제조소등이 아닌 장소에 지정수량 이상 저장할 수 있다.
③ 지정수량 이상을 저장하는 장소도 제조소등 설치허가를 받을 필요가 없다.
④ 화물자동차에 적재하여 운반하는 경우 위험물안전관리법상 운반기준이 적용되지 않는다.

> 화물자동차에 적재하여 운반하는 경우 위험물안전관리법상 운반기준이 적용된다.

33

에틸알코올에 관한 설명 중 옳은 것은?

① 인화점은 0℃ 이하이다.
② 밀도는 물보다 낮다.
③ 증기밀도는 메틸알코올보다 작다.
④ 수용성이므로 이산화탄소 소화기에는 효과가 없다.

- 에틸알코올(C_2H_5OH)의 밀도는 0.79이다.
- 물의 밀도는 1이다.

34

질산암모늄의 일반적인 성질에 대한 설명으로 옳은 것은?

① 조해성이 없다.
② 무색, 무취의 액체이다.
③ 물에 녹을 때에는 발열한다.
④ 급격한 가열에 의한 폭발의 위험이 있다.

- 고체를 가열하면 약 210℃에서 분해한다.
- $NH_4NO_3 \rightarrow N_2O + 2H_2O$
- 질산암모늄은 공기 중에서는 안정하나 고온 또는 밀폐용기·가연성 물질과 공존 등에 의하여 폭발하므로 주의해야 한다.

35

내용적이 20,000L인 옥내저장탱크에 대하여 저장 또는 취급의 허가를 받을 수 있는 최대용량은? (단, 원칙적인 경우에 한한다.)

① 18,000L
② 19,000L
③ 19,400L
④ 20,000L

- 일반적으로 탱크의 공간용적은 탱크 내용적의 5/100 이상 10/100 이하로 한다.
- 공간용적 = $20,000 \times \dfrac{5}{100} = 1,000L$
- 탱크용량 = 탱크의 내용적 - 공간용적
  = 20,000 - 1,000 = 19,000L

36

질산메틸에 대한 설명 중 틀린 것은?

① 액체 형태이다.
② 물보다 무겁다.
③ 알코올에 녹는다.
④ 증기는 공기보다 가볍다.

질산메틸(CH_3ONO_2)의 증기비중은 약 2.6 정도로 공기보다 무겁다.

37

다음 위험물 중 지정수량이 가장 작은 것은?

① 나이트로글리세린
② 과산화수소
③ 트라이나이트로톨루엔
④ 피크린산

- 나이트로글리세린(제5류)의 지정수량 : 10kg
- 과산화수소(제6류)의 지정수량 : 300kg
- 트라이나이트로톨루엔(제5류)의 지정수량 : 100kg
- 피크린산(제5류)의 지정수량 : 100kg

38

위험물 운반에 관한 사항 중 위험물안전관리법령에서 정한 내용과 틀린 것은?

① 운반용기에 수납하는 위험물이 다이에틸에터라면 운반용기 중 최대용적이 1L 이하라 하더라도 규정에 품명, 주의사항 등 표시사항을 부착하여야 한다.
② 운반용기에 담아 적재하는 물품이 황린이라면 파라핀, 경유 등 보호액으로 채워 밀봉한다.
③ 운반용기에 담아 적재하는 물품이 알킬알루미늄이라면 운반용기의 내용적의 90% 이하의 수납율을 유지하여야 한다.
④ 기계에 의하여 하역하는 구조로 된 경질플라스틱제 운반용기는 제조된 때로부터 5년 이내의 것이어야 한다.

황린은 pH 9인 물속에 저장한다.

정답   33 ② 34 ④ 35 ② 36 ④ 37 ① 38 ②

39

다음 물질 중에서 위험물안전관리법령상 위험물의 범위에 포함되는 것은?

① 농도가 40wt%인 과산화수소 350kg
② 비중이 1.40인 질산 350kg
③ 지름 2.5mm의 막대 모양인 마그네슘 500kg
④ 순도가 55wt%인 황 50kg

- 과산화수소(H_2O_2) : 그 농도가 36wt% 이상인 것
- 질산(HNO_3) : 비중이 1.49 이상인 것
- 마그네슘(Mg) : 지름 2mm 이상의 막대모양이거나 2mm의 체를 통과하지 않는 덩어리 상태의 것 제외
- 황(S) : 순도 60wt% 이상인 것

40

과망가니즈산칼륨의 위험성에 대한 설명 중 틀린 것은?

① 진한 황산과 접촉하면 폭발적으로 반응한다.
② 알코올, 에터, 글리세린 등 유기물과 접촉을 금한다.
③ 가열하면 약 60℃에서 분해하여 수소를 방출한다.
④ 목탄, 황과 접촉 시 충격에 의해 폭발할 위험성이 있다.

- $2KMnO_4 \rightarrow K_2MnO_4 + MnO_2 + O_2$
- 과망가니즈산칼륨은 가열하면 분해하여 산소를 발생한다.

41 ⭐빈출

제5류 위험물을 취급하는 위험물제조소에 설치하는 주의사항 게시판에서 표시하는 내용과 바탕색, 문자색으로 옳은 것은?

① 화기주의, 백색바탕에 적색문자
② 화기주의, 적색바탕에 백색문자
③ 화기엄금, 백색바탕에 적색문자
④ 화기엄금, 적색바탕에 백색문자

제5류 위험물은 화기엄금을 표시하고, 적색바탕에 백색문자로 나타낸다.

42

황의 성질로 옳은 것은?

① 전기양도체이다.
② 물에는 매우 잘 녹는다.
③ 이산화탄소와 반응한다.
④ 미분은 분진폭발의 위험성이 있다.

황(S)은 상온에서는 황색 비금속 고체이며 푸른색 불꽃을 내면서 타고, 매우 강하고 지독한 냄새가 나는 이산화황(SO_2)을 방출한다. 또한 미분은 분진폭발의 위험성이 있다.

43

위험물안전관리법령에 따라 기계에 의하여 하역하는 구조로 된 운반용기의 외부에 행하는 표시내용에 해당하지 않는 것은? (단, RTDG에서 정한 기준 또는 소방청장이 정하여 고시하는 기준에 적합한 표시를 한 경우는 제외한다.)

① 운반용기의 제조년월
② 제조자의 명칭
③ 겹쳐쌓기 시험하중
④ 용기의 유효기간

운반용기 외부 표시 내용
- 운반용기의 제조년월
- 제조자의 명칭
- 겹쳐쌓기 시험하중
- 운반용기의 종류에 따라 규정한 중량
- 규정에 의한 주의사항
- 위험물의 품명 및 위험등급
- 위험물 수량
- 위험물의 화학명 및 수용성(제4류 위험물로서 수용성인 것에 한함)

44

산화성 고체의 저장 및 취급방법으로 옳지 않은 것은?

① 가연물과 접촉 및 혼합을 피한다.
② 분해를 촉진하는 물품의 접근을 피한다.
③ 조해성 물질의 경우 물속에 보관하고, 과열·충격·마찰 등을 피하여야 한다.
④ 알칼리금속의 과산화물은 물과의 접촉을 피하여야 한다.

> 조해성 물질은 수분에 의해 스스로 녹는 성질이 있으므로 물속에 보관하지 않는다.

45

경유를 저장하는 옥외저장탱크의 반지름이 2m이고 높이가 12m일 때 탱크 옆판으로부터 방유제까지의 거리는 몇 m 이상이어야 하는가?

① 4
② 5
③ 6
④ 7

> 방유제까지의 거리를 구하는 방법
> - 지름 15m 미만일 경우 : $\dfrac{\text{탱크 높이}}{3}$
> - 지름 15m 이상일 경우 : $\dfrac{\text{탱크 높이}}{2}$
>
> $\therefore 12 \times \dfrac{1}{3} = 4\text{m 이상}$

46

적린의 일반적인 성질에 대한 설명으로 틀린 것은?

① 비금속 원소이다.
② 암적색의 분말이다.
③ 승화온도가 약 260℃이다.
④ 이황화탄소에 녹지 않는다.

> 적린(P)의 승화온도는 약 400℃이다.

47

위험물안전관리법령에서 정의하는 다음 용어는 무엇인가?

> 인화성 또는 발화성 등의 성질을 가지는 것으로서 대통령령이 정하는 물품을 말한다.

① 위험물
② 인화성 물질
③ 자연발화성 물질
④ 가연물

> 위험물이란 인화성 또는 발화성 등의 성질을 가지는 것으로서 대통령령이 정하는 물품을 말한다.

48 빈출

위험물을 유별로 정리하여 상호 1m 이상의 간격을 유지하는 경우에도 동일한 옥내저장소에 저장할 수 없는 것은?

① 제1류 위험물(알칼리금속의 과산화물 또는 이를 함유한 것을 제외한다)과 제5류 위험물
② 제1류 위험물과 제6류 위험물
③ 제1류 위험물과 제3류 위험물 중 황린
④ 인화성 고체를 제외한 제2류 위험물과 제4류 위험물

> 유별을 달리하더라도 1m 이상 간격을 둘 때 저장 가능한 경우
> - 제1류 위험물(알칼리금속의 과산화물 또는 이를 함유한 것을 제외한다)과 제5류 위험물을 저장하는 경우
> - 제1류 위험물과 제6류 위험물을 저장하는 경우
> - 제1류 위험물과 제3류 위험물 중 자연발화성 물질(황린 또는 이를 함유한 것에 한한다)을 저장하는 경우
> - 제2류 위험물 중 인화성 고체와 제4류 위험물을 저장하는 경우
> - 제3류 위험물 중 알킬알루미늄등과 제4류 위험물(알킬알루미늄 또는 알킬리튬을 함유한 것에 한한다)을 저장하는 경우
> - 제4류 위험물 중 유기과산화물 또는 이를 함유하는 것과 제5류 위험물 중 유기과산화물 또는 이를 함유한 것을 저장하는 경우

정답 44 ③ 45 ① 46 ③ 47 ① 48 ④

49

HNO₃에 대한 설명으로 틀린 것은?

① Al, Fe은 진한 질산에서 부동태를 생성해 녹지 않는다.
② 질산과 염산을 3 : 1 비율로 제조한 것을 왕수라고 한다.
③ 부식성이 강하고 흡습성이 있다.
④ 직사광선에서 분해하여 NO_2를 발생한다.

> 염산과 질산을 3 : 1 비율로 제조한 것을 왕수라고 한다.

50

위험물안전관리법령에 따라 위험물 운반을 위해 적재하는 경우 제4류 위험물과 혼재가 가능한 액화석유가스 또는 압축천연가스의 용기 내용적은 몇 L 미만인가?

① 120
② 150
③ 180
④ 200

> 위험물과 혼재가 가능한 고압가스
> • 내용적이 120L 미만의 용기에 충전한 불활성 가스
> • 내용적이 120L 미만의 용기에 충전한 액화석유가스 또는 압축천연가스(제4류 위험물과 혼재하는 경우에 한한다)

51

질산이 공기 중에서 분해되어 발생하는 유독한 갈색 증기의 분자량은?

① 16
② 40
③ 46
④ 71

> • 질산의 분해반응식 : $4HNO_3 \rightarrow 2H_2O + 4NO_2 + O_2$
> • 질산은 공기 중에서 분해되어 물, 이산화질소, 산소를 발생한다. 이때 발생하는 유독한 갈색 증기는 질소산화물 중 하나인 이산화질소(NO_2)로, 이산화질소의 분자량은 46g/mol이다.
> • 이산화질소(NO_2)의 분자량 = $14 + (16 \times 2) = 46g/mol$

52

에틸알코올의 증기비중은 약 얼마인가?

① 0.72
② 0.91
③ 1.13
④ 1.59

> • 증기비중 = $\dfrac{\text{분자량}}{29(\text{공기의 평균분자량})}$
> • 에틸알코올(C_2H_5OH) 분자량 = $(12 \times 2) + (1 \times 6) + 16$
> $= 46g/mol$
> • 에틸알코올 증기비중 = $\dfrac{\text{분자량}}{29(\text{공기의 평균분자량})} = \dfrac{46}{29} = 1.59$

53

염소산나트륨의 성상에 대한 설명으로 옳지 않은 것은?

① 자신은 불연성 물질이지만 강한 산화제이다.
② 유리를 녹이므로 철제용기에 저장한다.
③ 열분해하여 산소를 발생한다.
④ 산과 반응하면 유독성의 이산화염소를 발생한다.

> 염소산나트륨은 철제를 부식시키므로 철제용기의 사용을 피한다.

54 ★

분말 소화기의 소화약제로 사용되지 않는 것은?

① 탄산수소나트륨
② 탄산수소칼륨
③ 과산화나트륨
④ 인산암모늄

분말 소화약제의 종류

약제명	주성분	분해식
제1종	탄산수소나트륨	$2NaHCO_3 \rightarrow Na_2CO_3 + CO_2 + H_2O$
제2종	탄산수소칼륨	$2KHCO_3 \rightarrow K_2CO_3 + CO_2 + H_2O$
제3종	인산암모늄	$NH_4H_2PO_4 \rightarrow NH_3 + HPO_3 + H_2O$
제4종	탄산수소칼륨 + 요소	–

정답   49 ② 50 ① 51 ③ 52 ④ 53 ② 54 ③

55

위험물안전관리법령상 예방규정을 정하여야 하는 제조소등의 관계인은 위험물제조소등에 대하여 기술기준에 적합한지의 여부를 정기적으로 점검을 하여야 한다. 법적 최소 점검주기에 해당하는 것은? (단, 100만리터 이상의 옥외탱크저장소는 제외한다.)

① 주 1회 이상   ② 월 1회 이상
③ 6개월 1회 이상   ④ 연 1회 이상

위험물안전관리법령상 예방규정을 정하여야 하는 제조소등의 관계인은 위험물제조소등에 대하여 기술기준에 적합한지의 여부를 연 1회 이상 정기적으로 점검한다.

56 ⭐비출

위험물안전관리법령상 위험물 운송 시 제1류 위험물과 혼재 가능한 위험물은? (단, 지정수량의 10배를 초과하는 경우이다.)

① 제2류 위험물   ② 제3류 위험물
③ 제5류 위험물   ④ 제6류 위험물

유별을 달리하는 위험물 혼재기준

1	6		혼재 가능
2	5	4	혼재 가능
3	4		혼재 가능

57

에틸렌글리콜의 성질로 옳지 않은 것은?

① 갈색의 액체로 방향성이 있고, 쓴맛이 난다.
② 물, 알코올 등에 잘 녹는다.
③ 분자량은 약 62이고, 비중은 약 1.1이다.
④ 부동액의 원료로 사용된다.

에틸렌글리콜[$(C_2H_4(OH)_2)$]은 단맛이 나는 무색의 액체이다.

58

다음 중 "인화점 50℃"의 의미를 가장 옳게 설명한 것은?

① 주변의 온도가 50℃ 이상이 되면 자발적으로 점화원 없이 발화한다.
② 액체의 온도가 50℃ 이상이 되면 가연성 증기를 발생하여 점화원에 의해 인화한다.
③ 액체를 50℃ 이상으로 가열하면 발화한다.
④ 주변의 온도가 50℃일 경우 액체가 발화한다.

인화점 50℃란 액체의 온도가 50℃ 이상이 되면 가연성 증기를 발생하여 점화원에 의해 인화한다는 의미이다.

59

위험물 옥외저장탱크 중 압력탱크에 저장하는 다이에틸에터등의 저장온도는 몇 ℃ 이하이어야 하는가?

① 60   ② 40
③ 30   ④ 15

옥외저장탱크·옥내저장탱크 또는 지하저장탱크 중 압력탱크에 저장하는 아세트알데하이드등 또는 다이에틸에터등의 온도는 40℃ 이하로 유지하여야 한다.

60

위험물의 지정수량이 틀린 것은?

① 과산화칼륨 : 50kg
② 질산나트륨 : 50kg
③ 과망가니즈산나트륨 : 1,000kg
④ 다이크로뮴산암모늄 : 1,000kg

질산나트륨(제1류, $NaNO_3$)의 지정수량은 300kg이다.

정답   55 ④   56 ④   57 ①   58 ②   59 ②   60 ②

Chapter 10

2021년 1회 | CBT 기출복원문제

01

다음 중 알칼리금속의 과산화물 저장창고에 화재가 발생하였을 때 가장 적합한 소화약제는?

① 마른모래
② 물
③ 이산화탄소
④ 할론 1211

> 알칼리금속의 과산화물은 주수소화를 금지하고 마른모래, 탄산수소염류 분말, 팽창질석, 팽창진주암 등으로 질식소화한다.

02

위험물제조소등에 옥외소화전을 6개 설치할 경우 수원의 수량은 몇 m³ 이상이어야 하는가?

① 48m³ 이상
② 54m³ 이상
③ 60m³ 이상
④ 81m³ 이상

> 소화설비 설치기준에 따른 수원의 수량
> • 옥내소화전 = 설치개수(최대 5개) × 7.8m³
> • 옥외소화전 = 설치개수(최대 4개) × 13.5m³
> ∴ 옥외소화전의 수원의 수량 = 4 × 13.5 = 54m³

03

위험물안전관리법령에 따른 대형수동식소화기의 설치기준에서 방호대상물의 각 부분으로부터 하나의 대형수동식소화기까지의 보행거리는 몇 m 이하가 되도록 설치하여야 하는가? (단, 옥내소화전설비, 옥외소화전설비, 스프링클러설비 또는 물분무등소화설비와 함께 설치하는 경우는 제외한다.)

① 10
② 15
③ 20
④ 30

> 대형수동식소화기의 설치기준에서 방호대상물의 각 부분으로부터 하나의 대형수동식소화기까지의 보행거리는 30m 이하가 되도록 설치하여야 한다. 단, 옥내소화전설비, 옥외소화전설비, 스프링클러설비 또는 물분무등소화설비와 함께 설치하는 경우는 그러하지 아니하다.

04 ⭐빈출

어떤 소화기에 "ABC"라고 표시되어 있다. 다음 중 사용할 수 없는 화재는?

① 금속화재
② 유류화재
③ 전기화재
④ 일반화재

> 화재의 종류
>
> | 급수 | 화재 | 색상 |
> | --- | --- | --- |
> | A | 일반 | 백색 |
> | B | 유류 | 황색 |
> | C | 전기 | 청색 |
> | D | 금속 | 무색 |

05 ⭐빈출

화재 시 이산화탄소를 방출하여 산소의 농도를 13vol%로 낮추어 소화를 하려면 공기 중의 이산화탄소는 몇 vol%가 되어야 하는가?

① 28.1
② 38.1
③ 42.86
④ 48.36

> 이산화탄소 소화농도
> $$\frac{21 - O_2}{21} \times 100 = \frac{21 - 13}{21} \times 100 = 38.1\text{vol}\%$$

정답

01 ① 02 ② 03 ④ 04 ① 05 ②

06

소화설비의 주된 소화효과를 옳게 설명한 것은?

① 옥내·옥외소화전설비 : 질식소화
② 스프링클러설비, 물분무 소화설비 : 억제소화
③ 포, 분말 소화설비 : 억제소화
④ 할로젠화합물 소화설비 : 억제소화

할로젠화합물 소화설비는 억제소화의 효과를 가진다.

07 ⭐빈출

다음 위험물의 화재 시 물에 의한 소화방법이 가장 부적합한 것은?

① 황린   ② 적린
③ 마그네슘분   ④ 황분

• $Mg + 2H_2O \rightarrow Mg(OH)_2 + H_2$
• 마그네슘은 물과 반응하면 수산화마그네슘과 수소기체를 생성하므로 물에 의한 소화가 금지된다.

08

충격이나 마찰에 민감하고 가수분해 반응을 일으키는 단점을 가지고 있어 이를 개선하여 다이너마이트를 발명하는 데 주 원료로 사용한 위험물은?

① 셀룰로이드
② 나이트로글리세린
③ 트라이나이트로톨루엔
④ 트라이나이트로페놀

나이트로글리세린[$C_3H_5(ONO_2)_3$]은 다이너마이트의 원료이다.

09

위험물안전관리법령상 고정주유설비는 주유설비의 중심선을 기점으로 하여 도로경계선까지 몇 m 이상의 거리를 유지해야 하는가?

① 1   ② 3
③ 4   ④ 6

4m 이상의 거리를 유지해야 한다.

10

위험물 옥외탱크저장소에서 지정수량 3,000배 초과의 위험물을 저장할 경우 보유공지의 너비는 몇 m 이상으로 하여야 하는가? (단, 제4류 위험물과 제6류 위험물이 아닌 경우)

① 0.5   ② 2.5
③ 10   ④ 15

옥외탱크저장소의 보유공지

저장 또는 취급하는 위험물의 최대수량	공지의 너비
지정수량의 500배 이하	3m 이상
지정수량의 500배 초과 1,000배 이하	5m 이상
지정수량의 1,000배 초과 2,000배 이하	9m 이상
지정수량의 2,000배 초과 3,000배 이하	12m 이상
지정수량의 3,000배 초과 4,000배 이하	15m 이상

11

다음 중 화재 발생 시 물을 이용한 소화가 효과적인 물질은?

① 트라이메틸알루미늄   ② 황린
③ 나트륨   ④ 인화칼슘

황린(P_4)은 물 또는 강화액 포 소화제가 효과적이다.

정답 06 ④ 07 ③ 08 ② 09 ③ 10 ④ 11 ②

12

금속은 덩어리 상태보다 분말 상태일 때 연소위험성이 증가하기 때문에 금속분을 제2류 위험물로 분류하고 있다. 연소위험성이 증가하는 이유로 잘못된 것은?

① 비표면적이 증가하여 반응면적이 증대되기 때문에
② 비열이 증가하여 열의 축적이 용이하기 때문에
③ 복사열의 흡수율이 증가하여 열의 축적이 용이하기 때문에
④ 대전성이 증가하여 정전기가 발생되기 쉽기 때문에

열전도율이 낮아 열의 축적이 용이하기 때문이다.

13

위험물안전관리법령상 스프링클러설비가 제4류 위험물에 대하여 적응성을 갖는 경우는?

① 연기가 충만할 우려가 없는 경우
② 방사밀도(살수밀도)가 일정 수치 이상인 경우
③ 지하층의 경우
④ 수용성 위험물인 경우

스프링클러설비는 방사밀도(살수밀도)가 일정 수치 이상인 경우 제4류 위험물에 대하여 적응성을 갖는다.

14

소화효과 중 부촉매효과를 기대할 수 있는 소화약제는?

① 물 소화약제
② 포 소화약제
③ 분말 소화약제
④ 이산화탄소 소화약제

• 분말 소화약제가 화재를 소화할 수 있는 작용에는 부촉매효과에 의한 것이다.
• 부촉매소화는 가연물질의 연속적인 연쇄반응이 일어나지 않도록 하여 화재를 소화시키는 방법을 말한다.

15

위험물안전관리법령상 압력수조를 이용한 옥내소화전설비의 가압송수장치에서 압력수조의 최소압력(MPa)은? (단, 소방용 호스의 마찰손실 수두압은 3MPa, 배관의 마찰손실 수두압은 1MPa, 낙차의 환산수두압은 1.35MPa이다.)

① 5.35
② 5.70
③ 6.00
④ 6.35

가압송수장치에서 압력수조의 최소압력 구하는 방법(단위 : MPa)
최소압력 = 소방용 호스의 마찰손실 수두압 + 배관의 마찰손실 수두압 + 낙차의 환산 수두압 + 0.35
= 3 + 1 + 1.35 + 0.35 = 5.70

16

위험물제조소등의 화재예방 등 위험물안전관리에 관한 직무를 수행하는 위험물안전관리자의 선임 시기는?

① 위험물제조소등의 완공검사를 받은 후 즉시
② 위험물제조소등의 허가 신청 전
③ 위험물제조소등의 설치를 마치고 완공검사를 신청하기 전
④ 위험물제조소등에서 위험물을 저장 또는 취급하기 전

위험물제조소등의 화재예방 등 위험물안전관리에 관한 직무를 수행하는 위험물안전관리자의 선임 시기는 위험물제조소등에서 위험물을 저장 또는 취급하기 전이다.

17

영하 20℃ 이하의 겨울철이나 한랭지에서 사용하기에 적합한 소화기는?

① 분무주수 소화기
② 봉상주수 소화기
③ 물주수 소화기
④ 강화액 소화기

강화액 소화기는 물에 탄산칼륨, 방청제 및 안정제 등을 첨가하여 −20℃에서도 응고되지 않도록 하며 물의 침투능력을 배가시킨 소화약제이다.

정답   12 ② 13 ② 14 ③ 15 ② 16 ④ 17 ④

18

다음 중 연소속도와 의미가 가장 가까운 것은?

① 기화열의 발생속도
② 환원속도
③ 착화속도
④ 산화속도

연소속도는 연소 시 화염이 미연소 혼합가스에 대해 수직으로 이동하는 속도를 의미하는데 이는 산화속도와 의미가 비슷함을 알 수 있다.

19

고온체의 색깔이 휘적색일 경우의 온도는 약 몇 ℃ 정도인가?

① 500
② 950
③ 1,300
④ 1,500

고온체 색깔의 온도순 나열
• 담암적색 < 암적색 < 적색 < 황색 < 휘적색 < 황적색 < 백적색 < 휘백색
• 휘적색일 경우의 온도는 약 950℃이다.

20

위험물제조소 내의 위험물을 취급하는 배관에 대한 설명으로 옳지 않은 것은?

① 배관을 지하에 매설하는 경우 접합부분에는 점검구를 설치하여야 한다.
② 배관을 지하에 매설하는 경우 금속성 배관의 외면에는 부식 방지 조치를 하여야 한다.
③ 최대상용압력의 1.5배 이상의 압력으로 수압시험을 실시하여 이상이 없어야 한다.
④ 지상에 설치하는 경우에는 안전한 구조의 지지물로 지면에 밀착하여 설치하여야 한다.

지상에 설치하는 경우 안전한 구조의 지지물로 지면에 닿지 않게 설치하여야 한다.

21

다음 ( ) 안에 알맞은 수치를 차례대로 옳게 나열한 것은?

> 위험물암반탱크의 공간용적은 당해 탱크 내에 용출하는 ( )일간의 지하수 양에 상당하는 용적과 당해 탱크 내용적의 100분의 ( )의 용적 중에서 보다 큰 용적을 공간용적으로 한다.

① 1, 1
② 7, 1
③ 1, 5
④ 7, 5

위험물암반탱크의 공간용적은 당해 탱크 내에 용출하는 7일간의 지하수 양에 상당하는 용적과 당해 탱크 내용적의 100분의 1의 용적 중에서 보다 큰 용적을 공간용적으로 한다.

22

위험물안전관리법령상 다음 ( ) 안에 알맞은 수치는?

> 옥내저장소에서 위험물을 저장하는 경우 기계에 의하여 하역하는 구조로 된 용기만을 겹쳐 쌓는 경우에 있어서는 ( )m 높이를 초과하여 용기를 겹쳐 쌓지 아니하여야 한다.

① 2
② 4
③ 6
④ 8

옥내저장소에서 위험물을 저장하는 경우 기계에 의하여 하역하는 구조로 된 용기만을 겹쳐 쌓는 경우에 있어서는 6m 높이를 초과하여 용기를 겹쳐 쌓지 아니하여야 한다.

정답   18 ④   19 ②   20 ④   21 ②   22 ③

23

위험물안전관리법령상 옥내저장소 저장창고의 바닥은 물이 스며 나오거나 스며들지 아니하는 구조로 하여야 한다. 다음 중 반드시 이 구조로 하지 않아도 되는 위험물은?

① 제1류 위험물 중 알칼리금속의 과산화물
② 제4류 위험물
③ 제5류 위험물
④ 제2류 위험물 중 철분

저장창고의 바닥을 물이 스며 나오거나 스며들지 아니하는 구조로 해야 하는 위험물
• 제1류 위험물 중 알칼리금속의 과산화물 또는 이를 함유하는 것
• 제2류 위험물 중 철분·금속분·마그네슘 또는 이 중 어느 하나 이상을 함유하는 것
• 제3류 위험물 중 금수성 물질
• 제4류 위험물

24

다음 중 제1류 위험물에 속하지 않는 것은?

① 질산구아니딘
② 과아이오딘산
③ 납 또는 아이오딘의 산화물
④ 염소화아이소사이아누르산

질산구아니딘은 제5류 위험물이다.

25

지정수량 20배 이상의 제1류 위험물을 저장하는 옥내저장소에서 내화구조로 하지 않아도 되는 것은? (단, 원칙적인 경우에 한한다.)

① 바닥
② 보
③ 기둥
④ 벽

• 벽, 기둥 및 바닥 : 내화구조
• 보, 서까래 : 불연재료

26

주유취급소에서 자동차 등에 위험물을 주유할 때에 자동차 등의 원동기를 정지시켜야 하는 위험물의 인화점 기준은? (단, 연료탱크에 위험물을 주유하는 동안 방출되는 가연성 증기를 회수하는 설비가 부착되지 않은 고정주유설비에 의하여 주유하는 경우이다.)

① 20℃ 미만
② 30℃ 미만
③ 40℃ 미만
④ 50℃ 미만

주유취급소에서 자동차 등에 위험물을 주유할 때 자동차 등의 원동기를 정지시켜야 하는 위험물의 인화점 기준은 40℃ 미만이다.

27

저장하는 위험물의 최대수량이 지정수량의 15배일 경우, 건축물의 벽·기둥 및 바닥이 내화구조로 된 위험물옥내저장소의 보유공지는 몇 m 이상이어야 하는가?

① 0.5
② 1
③ 2
④ 3

옥내저장소 보유공지

위험물의 최대수량	공지의 너비	
	벽, 기둥 및 바닥 : 내화구조	그 밖의 건축물
지정수량의 5배 이하	–	0.5m 이상
지정수량의 5배 초과 10배 이하	1m 이상	1.5m 이상
지정수량의 10배 초과 20배 이하	2m 이상	3m 이상
지정수량의 20배 초과 50배 이하	3m 이상	5m 이상
지정수량의 50배 초과 200배 이하	5m 이상	10m 이상
지정수량의 200배 초과	10m 이상	15m 이상

정답   23 ③   24 ①   25 ②   26 ③   27 ③

28

위험물안전관리법령에 따른 이동저장탱크의 구조의 기준에 대한 설명으로 틀린 것은?

① 압력탱크는 최대상용압력의 1.5배의 압력으로 10분간 수압시험을 하여 새지 말 것
② 상용압력이 20kPa를 초과하는 탱크의 안전장치는 상용압력의 1.5배 이하의 압력에서 작동할 것
③ 방파판은 두께 1.6mm 이상의 강철판 또는 이와 동등 이상의 강노, 내식성 빛 내열성을 갖는 재질로 할 것
④ 탱크는 두께 3.2mm 이상의 강철판 또는 이와 동등 이상의 강도, 내식성 및 내열성을 갖는 재질로 할 것

상용압력이 20kPa를 초과하는 탱크의 안전장치는 상용압력의 1.1배 이하의 압력에서 작동해야 한다.

29 빈출

인화칼슘이 물과 반응하였을 때 발생하는 가스에 대한 설명으로 옳은 것은?

① 폭발성인 수소를 발생한다.
② 유독한 인화수소를 발생한다.
③ 조연성인 산소를 발생한다.
④ 가연성인 아세틸렌을 발생한다.

- $Ca_3P_2 + 6H_2O \rightarrow 3Ca(OH)_2 + 2PH_3$
- 인화칼슘은 물과 반응하여 수산화칼슘과 유독한 포스핀가스(인화수소)를 발생한다.

30

위험물안전관리법령에 따른 위험물의 적재 방법에 대한 설명으로 옳지 않은 것은?

① 원칙적으로는 운반용기를 밀봉하여 수납할 것
② 고체위험물은 용기 내용적의 95% 이하의 수납율로 수납할 것
③ 액체위험물은 용기 내용적의 99% 이상의 수납율로 수납할 것
④ 하나의 외장용기에는 다른 종류의 위험물을 수납하지 않을 것

액체위험물은 용기 내용적의 98% 이하의 수납율로 수납한다.

31

다음 위험물 중 발화점이 가장 낮은 것은?

① 피크린산
② 트라이나이트로톨루엔
③ 과산화벤조일
④ 나이트로셀룰로오스

각 위험물의 발화점
- 피크린산 : 약 300℃
- 트라이나이트로톨루엔 : 약 470℃
- 과산화벤조일 : 약 80℃
- 나이트로셀룰로오스 : 약 160~170℃

32

이황화탄소기체는 수소기체보다 20℃, 1기압에서 몇 배 더 무거운가?

① 11
② 22
③ 32
④ 38

- 증기비중 : 특정 기체나 증기의 밀도를 기준이 되는 공기의 밀도와 비교한 값
- 증기비중 식 = $\dfrac{분자량}{29(공기의\ 평균\ 분자량)}$
- CS_2 분자량 = 12 + (32 × 2) = 76g/mol
- CS_2 증기비중 = $\dfrac{분자량}{29(공기의\ 평균\ 분자량)} = \dfrac{76}{29}$
- H_2 분자량 = 2g/mol
- H_2 증기비중 = $\dfrac{분자량}{29(공기의\ 평균\ 분자량)} = \dfrac{2}{29}$
- $\dfrac{76}{29} \div \dfrac{2}{29} = 38$

따라서 이황화탄소기체는 수소기체보다 38배 무겁다.

정답   28 ②   29 ②   30 ③   31 ③   32 ④

33

등유의 성질에 대한 설명 중 틀린 것은?

① 증기는 공기보다 가볍다.
② 인화점이 상온보다 높다.
③ 전기에 대해 불량도체이다.
④ 물보다 가볍다.

> 등유의 증기비중은 약 4.5로 공기(공기의 증기비중은 1)보다 무겁다. 휘발성 물질에서 발생하는 증기는 가연성이며 대부분 공기보다 무거워 낮은 곳에 체류하는 특징이 있다.

34

건축물 외벽이 내화구조이며, 연면적 300m²인 위험물옥내저장소의 건축물에 대하여 소화설비의 소요단위는 최소한 몇 단위 이상이 되어야 하는가?

① 1단위   ② 2단위
③ 3단위   ④ 4단위

위험물의 소요단위(연면적)

구분	외벽 내화구조	외벽 비내화구조
제조소 취급소	100m²	50m²
저장소	150m²	75m²

• 외벽이 내화구조인 저장소의 1소요단위 : 150m²
• $\dfrac{300}{150} = 2$
• 소요단위는 2단위 이상이 되어야 한다.

35

칼륨의 화재 시 사용 가능한 소화제는?

① 물   ② 마른모래
③ 이산화탄소   ④ 사염화탄소

> 칼륨(제3류, K)의 소화방법은 마른모래, 건조된 소금, 탄산수소염류 분말에 의한 질식소화를 한다.

36

유기과산화물의 화재예방상 주의사항으로 틀린 것은?

① 직사광선을 피하고 냉암소에 저장한다.
② 불꽃, 불티 등의 화기 및 열원으로부터 멀리 한다.
③ 산화제와 접촉하지 않도록 주의한다.
④ 대형화재 시 분말 소화기를 이용한 질식소화가 유효하다.

> 유기과산화물(제5류)은 주로 주수소화한다.

37 ⭐ 빈출

종류(유별)가 다른 위험물을 동일한 옥내저장소의 동일한 실에 같이 저장하는 경우에 대한 설명으로 틀린 것은? (단, 유별로 정리하여 1m 이상의 간격을 두는 경우에 한한다.)

① 제1류 위험물과 황린은 동일한 옥내저장소에 저장할 수 있다.
② 제1류 위험물과 제6류 위험물은 동일한 옥내저장소에 저장할 수 있다.
③ 제1류 위험물 중 알칼리금속의 과산화물과 제5류 위험물은 동일한 옥내저장소에 저장할 수 있다.
④ 제2류 위험물 중 인화성 고체와 제4류 위험물은 동일한 옥내저장소에 저장할 수 있다.

> 유별을 달리하더라도 1m 이상 간격을 둘 때 저장 가능한 경우
> • 제1류 위험물(알칼리금속의 과산화물 또는 이를 함유한 것을 제외한다)과 제5류 위험물을 저장하는 경우
> • 제1류 위험물과 제6류 위험물을 저장하는 경우
> • 제1류 위험물과 제3류 위험물 중 자연발화성 물질(황린 또는 이를 함유한 것에 한한다)을 저장하는 경우
> • 제2류 위험물 중 인화성 고체와 제4류 위험물을 저장하는 경우
> • 제3류 위험물 중 알킬알루미늄등과 제4류 위험물(알킬알루미늄 또는 알킬리튬을 함유한 것에 한한다)을 저장하는 경우
> • 제4류 위험물 중 유기과산화물 또는 이를 함유하는 것과 제5류 위험물 중 유기과산화물 또는 이를 함유한 것을 저장하는 경우

정답   33 ①   34 ②   35 ②   36 ④   37 ③

38

$C_6H_2(NO_2)_3OH$과 $C_2H_5NO_3$의 공통성질에 해당하는 것은?

① 나이트로화합물이다.
② 인화성과 폭발성이 있는 액체이다.
③ 무색의 방향성 액체이다.
④ 에탄올에 녹는다.

트라이나이트로페놀[제5류, $C_6H_2(NO_2)_3OH$]과 질산에틸(제5류, $C_2H_5NO_3$)의 공통성질은 에탄올에 녹는다는 것이다.

39

위험물안전관리법령상 예방규정을 정하여야 하는 제조소등에 해당하지 않는 것은?

① 지정수량 10배 이상의 위험물을 취급하는 제조소
② 이송취급소
③ 암반탱크저장소
④ 지정수량의 200배 이상의 위험물을 저장하는 옥내탱크저장소

예방규정을 정해야 하는 제조소등
• 지정수량의 10배 이상의 위험물을 취급하는 제조소
• 지정수량의 10배 이상의 위험물을 취급하는 일반취급소
• 지정수량의 100배 이상의 위험물을 저장하는 옥외저장소
• 지정수량의 150배 이상의 위험물을 저장하는 옥내저장소
• 지정수량의 200배 이상의 위험물을 저장하는 옥외탱크저장소
• 암반탱크저장소
• 이송취급소

40

다음 위험물 품명 중 지정수량이 나머지 셋과 다른 것은?

① 염소산염류
② 질산염류
③ 무기과산화물
④ 과염소산염류

• 질산염류(제1류)의 지정수량 : 300kg
• 염소산염류(제1류), 무기과산화물(제1류), 과염소산염류(제1류)의 지정수량 : 50kg

41

위험물안전관리법령에 따른 제3류 위험물에 대한 화재예방 또는 소화의 대책으로 틀린 것은?

① 이산화탄소, 할로젠화합물, 분말 소화약제를 사용하여 소화한다.
② 칼륨은 경유, 등유 등의 보호액 속에 저장한다.
③ 알킬알루미늄은 헥산, 톨루엔 등 탄화수소용제를 희석제로 사용한다.
④ 알킬알루미늄, 알킬리튬을 저장하는 탱크에는 불활성 가스의 봉입장치를 설치한다.

• 금수성 물질의 소화에는 탄산수소염류 등을 이용한 분말 소화약제 등 금수성 위험물에 적응성이 있는 분말 소화약제를 이용한다.
• 자연발화성만 가진 위험물의 소화에는 물 또는 강화액 포와 같은 주수소화를 사용하는 것이 가능하며, 마른모래, 팽창질석 등 질식소화는 제3류 위험물 전체의 소화에 사용 가능하다.

42

삼황화인의 연소 시 발생하는 가스에 해당하는 것은?

① 이산화황
② 황화수소
③ 산소
④ 인산

• $P_4S_3 + 8O_2 \rightarrow 2P_2O_5 + 3SO_2$
• 삼황화인은 연소 시 오산화인과 이산화황을 생성한다.

43

비스코스레이온 원료로서, 비중이 약 1.26, 인화점이 약 −30℃이고, 연소 시 유독한 아황산가스를 발생시키는 위험물은?

① 황린
② 이황화탄소
③ 테레핀유
④ 장뇌유

이황화탄소는 비중이 1.26인 인화성 액체로, 비스코스레이온 제조과정에서 필수적인 화학반응을 일으키는 원료이며, 연소 시 유독한 아황산가스가 발생한다.

정답   38 ④   39 ④   40 ②   41 ①   42 ①   43 ②

44

질산의 비중이 1.5일 때, 1소요단위는 몇 L인가?

① 150   ② 200

③ 1,500   ④ 2,000

- 질산의 지정수량 : 300kg
- 1소요단위 = 지정수량 × 10 = 300 × 10 = 3,000kg
- 질산의 밀도 = 1.5kg/L
- 부피 = $\dfrac{질량}{밀도}$ = $\dfrac{3,000}{1.5}$ = 2,000L

45

위험물저장소에서 다음과 같이 제3류 위험물을 저장하고 있는 경우 지정수량의 몇 배가 보관되어 있는가?

- 칼륨 : 20kg
- 황린 : 40kg
- 칼슘의 탄화물 : 300kg

① 4   ② 5

③ 6   ④ 7

- 칼륨의 지정수량 : 10kg
- 황린의 지정수량 : 20kg
- 칼슘의 탄화물의 지정수량 : 300kg

∴ 지정수량 배수의 총합 = $\dfrac{20}{10} + \dfrac{40}{20} + \dfrac{300}{300}$ = 5배

46

제2류 위험물인 황의 대표적인 연소형태는?

① 표면연소   ② 분해연소

③ 증발연소   ④ 자기연소

황(S)은 증발연소를 한다.

47

소화난이도등급 I의 옥내탱크저장소에 설치하는 소화설비가 아닌 것은? (단, 인화점이 70℃ 이상의 제4류 위험물만을 저장, 취급하는 장소이다.)

① 물분무 소화설비, 고정식 포 소화설비

② 이동식 이외의 불활성 가스 소화설비, 고정식 포 소화설비

③ 이동식의 분말 소화설비, 스프링클러설비

④ 이동식 이외의 할로젠화합물 소화설비, 물분무 소화설비

소화난이도등급 I의 옥내탱크저장소에서 인화점 70℃ 이상의 제4류 위험물만을 저장, 취급하는 곳에 설치하는 소화설비

- 물분무 소화설비
- 고정식 포 소화설비
- 이동식 이외의 불활성 가스 소화설비
- 이동식 이외의 할로젠화합물 소화설비
- 이동식 이외의 분말 소화설비

48

위험물을 저장하는 간이탱크저장소의 구조 및 설비의 기준으로 옳은 것은?

① 탱크의 두께 2.5mm 이상, 용량 600L 이하

② 탱크의 두께 2.5mm 이상, 용량 800L 이하

③ 탱크의 두께 3.2mm 이상, 용량 600L 이하

④ 탱크의 두께 3.2mm 이상, 용량 800L 이하

- 간이저장탱크의 용량은 600L 이하이어야 한다.
- 간이저장탱크는 두께 3.2mm 이상의 강판으로 흠이 없도록 제작하여야 하며, 70kPa의 압력으로 10분간의 수압시험을 실시하여 새거나 변형되지 아니하여야 한다.

정답   44 ④   45 ②   46 ③   47 ③   48 ③

49

삼황화인과 오황화인의 공통점이 아닌 것은?

① 물과 접촉하여 인화수소가 발생한다.
② 가연성 고체이다.
③ 분자식이 P와 S로 이루어져 있다.
④ 연소 시 오산화인과 이산화황이 생성된다.

- 삼황화인(P_4S_3)은 물과 반응하지 않는다.
- $P_2S_5 + 8H_2O \rightarrow 5H_2S + 2H_3PO_4$
- 오황화인은 물과 반응하면 황화수소와 인산을 생성한다.

50

다음 위험물 중 인화점이 가장 낮은 것은?

① 아세톤
② 이황화탄소
③ 클로로벤젠
④ 다이에틸에터

각 위험물의 인화점
- 아세톤 : -18℃
- 이황화탄소 : -30℃
- 클로로벤젠 : 32℃
- 다이에틸에터 : -45℃

51

다음 중 물과 반응하여 가연성 가스를 발생하지 않는 것은?

① 리튬
② 나트륨
③ 황
④ 칼슘

황(S)은 물에 녹지 않는다.

52

제2류 위험물의 종류에 해당되지 않는 것은?

① 마그네슘
② 고형알코올
③ 칼슘
④ 안티몬분

칼슘(Ca)은 제3류 위험물이다.

53

위험물안전관리법령상 위험물의 운반에 관한 기준에 따르면 알코올류의 위험등급은 얼마인가?

① 위험등급 Ⅰ
② 위험등급 Ⅱ
③ 위험등급 Ⅲ
④ 위험등급 Ⅳ

알코올류는 위험등급 II에 해당한다.

54

제1류 위험물 중 과산화칼륨을 다음과 같이 반응시켰을 때 공통적으로 발생되는 기체는?

- 물과 반응을 시켰다.
- 가열하였다.
- 탄산가스와 반응을 시켰다.

① 수소
② 이산화탄소
③ 산소
④ 이산화황

- $2K_2O_2 + 2H_2O \rightarrow 4KOH + O_2$
- $2K_2O_2 \rightarrow 2K_2O + O_2$
- $2K_2O_2 + 2CO_2 \rightarrow 2K_2CO_3 + O_2$
- 과산화칼륨을 물 또는 탄산가스와 반응을 시키거나 가열하면 산소가 발생한다.

55

위험물을 저장할 때 필요한 보호물질을 옳게 연결한 것은?

① 황린 – 석유
② 금속칼륨 – 에탄올
③ 이황화탄소 – 물
④ 금속나트륨 – 산소

이황화탄소(CS_2)는 가연성 증기의 발생을 억제하기 위해 물속에 저장한다.

56

위험물안전관리법령에 대한 설명 중 옳지 않은 것은?

① 군부대가 지정수량 이상의 위험물을 군사목적으로 임시로 저장 또는 취급하는 경우는 제조소등이 아닌 장소에서 지정수량 이상의 위험물을 취급할 수 있다.
② 철도 및 궤도에 의한 위험물의 저장·취급 및 운반에 있어서는 위험물안전관리법령을 적용하지 아니한다.
③ 지정수량 미만인 위험물의 저장 또는 취급에 관한 기술상의 기준은 국가화재안전기준으로 정한다.
④ 업무상 과실로 제조소등에서 위험물을 유출, 방출 또는 확산시켜 사람의 생명, 신체 또는 재산에 대하여 위험을 발생시킨 자는 7년 이하의 금고 또는 7천만원 이하의 벌금에 처한다.

지정수량 미만인 위험물의 저장 또는 취급에 관한 기술상의 기준은 시·도의 조례로 정한다.

57

다음 중 위험등급 I의 위험물이 아닌 것은?

① 무기과산화물
② 적린
③ 나트륨
④ 과산화수소

적린(P)의 위험등급은 II등급이다.

58

위험물안전관리법령에 따른 제6류 위험물의 특성에 대한 설명 중 틀린 것은?

① 과염소산은 유기물과 접촉 시 발화의 위험이 있다.
② 과염소산은 불안정하며 강력한 산화성 물질이다.
③ 과산화수소는 알코올, 에터에 녹지 않는다.
④ 질산은 부식성이 강하고 햇빛에 의해 분해된다.

과산화수소(H_2O_2)는 물, 에탄올, 에터에 잘 녹는다.

59

위험물안전관리법령상 지하탱크저장소의 위치·구조 및 설비의 기준에 따라 다음 (　)에 들어갈 수치로 옳은 것은?

> 탱크전용실은 지하의 가장 가까운 벽, 피트, 가스관 등의 시설물 및 대지경계선으로부터 (　)m 이상 떨어진 곳에 설치하고, 지하저장탱크와 탱크전용실의 안쪽과의 사이는 (　)m 이상의 간격을 유지하도록 하며, 당해 탱크의 주위에 마른모래 또는 습기 등에 의하여 응고되지 아니하는 입자지름 (　)mm 이하의 마른자갈분으로 채워야 한다.

① 0.1, 0.1, 5
② 0.1, 0.3, 5
③ 0.1, 0.1, 10
④ 0.1, 0.3, 10

탱크전용실은 지하의 가장 가까운 벽, 피트, 가스관 등의 시설물 및 대지경계선으로부터 0.1m 이상 떨어진 곳에 설치하고, 지하저장탱크와 탱크전용실의 안쪽과의 사이는 0.1m 이상의 간격을 유지하도록 하며, 당해 탱크의 주위에 마른모래 또는 습기 등에 의하여 응고되지 아니하는 입자지름 5mm 이하의 마른자갈분으로 채워야 한다.

60

탄화알루미늄 1몰을 물과 반응시킬 때 발생하는 가연성 가스의 종류와 양은?

① 에탄, 4몰
② 에탄, 3몰
③ 메탄, 4몰
④ 메탄, 3몰

$$Al_4C_3 + 12H_2O \rightarrow 4Al(OH)_3 + 3CH_4$$
(탄화알루미늄)　(물)　(수산화알루미늄)　(메탄)

01

제3류 위험물 중 금수성 물질에 적응성이 있는 소화설비는?

① 할로젠화합물 소화설비
② 포 소화설비
③ 이산화탄소 소화설비
④ 탄산수소염류 등 분말 소화설비

> 금수성 물질의 소화에는 탄산수소염류 등을 이용한 분말 소화약제 등 금수성 위험물에 적응성이 있는 분말 소화약제를 이용하여 질식 소화한다.

02

과산화나트륨의 화재 시 물을 사용한 소화가 위험한 이유는?

① 수소와 열을 발생하므로
② 산소와 열을 발생하므로
③ 수소를 발생하고 이 가스가 폭발적으로 연소하므로
④ 산소를 발생하고 이 가스가 폭발적으로 연소하므로

> • $2Na_2O_2 + 2H_2O \rightarrow 4NaOH + O_2$
> • 과산화나트륨은 물과 반응하여 수산화나트륨과 산소, 열을 발생하므로 물을 사용한 소화가 위험하다.

03

위험물안전관리법령상 경보설비로 자동화재탐지설비를 설치해야 할 위험물제조소의 규모의 기준에 대한 설명으로 옳은 것은?

① 연면적 500㎡ 이상인 것
② 연면적 1,000㎡ 이상인 것
③ 연면적 1,500㎡ 이상인 것
④ 연면적 2,000㎡ 이상인 것

> 제조소 및 일반취급소의 자동화재탐지설비 설치기준
> • 연면적이 500㎡ 이상인 것
> • 옥내에서 지정수량의 100배 이상을 취급하는 것
> • 일반취급소로 사용되는 부분 외의 부분이 있는 건축물에 설치된 일반취급소

04

위험물안전관리법령에서 정한 탱크안전성능검사의 구분에 해당하지 않는 것은?

① 기초 · 지반검사
② 충수 · 수압검사
③ 용접부검사
④ 배관검사

> 탱크안전성능검사의 구분
> • 기초 · 지반검사   • 충수 · 수압검사
> • 용접부검사   • 암반탱크검사

05 ⭐ 빈출

$NH_4H_2PO_4$이 열분해하여 생성되는 물질 중 암모니아와 수증기의 부피 비율은?

① 1 : 1
② 1 : 2
③ 2 : 1
④ 3 : 2

> • $NH_4H_2PO_4 \rightarrow HPO_3 + NH_3 + H_2O$
> • 인산암모늄은 열분해하여 메타인산, 암모니아, 물을 생성한다.
> • 암모니아(NH_3)와 수증기(H_2O)의 몰수비가 1 : 1이므로, 부피 비율은 1 : 1이다.

정답   01 ④   02 ②   03 ①   04 ④   05 ①

06

위험물안전관리법령상 제4류 위험물을 지정수량의 3천배 초과 4천배 이하로 저장하는 옥외탱크저장소의 부유공지는 얼마인가?

① 6m 이상
② 9m 이상
③ 12m 이상
④ 15m 이상

옥외탱크저장소의 보유공지

저장 또는 취급하는 위험물의 최대수량	공지의 너비
지정수량의 500배 이하	3m 이상
지정수량의 500배 초과 1,000배 이하	5m 이상
지정수량의 1,000배 초과 2,000배 이하	9m 이상
지정수량의 2,000배 초과 3,000배 이하	12m 이상
지정수량의 3,000배 초과 4,000배 이하	15m 이상

07

위험물안전관리법령상 자동화재탐지설비를 설치하지 않고 비상경보설비로 대신할 수 있는 것은?

① 일반취급소로서 연면적 600m²인 것
② 지정수량 20배를 저장하는 옥내저장소로서 처마높이가 8m인 단층건물
③ 단층건물 외에 건축물에 설치된 지정수량 15배의 옥내탱크저장소로서 소화난이도등급 II에 속하는 것
④ 지정수량 20배를 저장 취급하는 옥내주유취급소

자동화재탐지설비 설치기준
• 일반취급소는 연면적이 500m² 이상이어야 한다.
• 처마높이는 6m 이상인 단층건물이어야 한다.
• 주유취급소는 옥내주유취급소이다.
• 소화난이도등급 II는 소화난이도등급 I 보다 덜 위험하므로 비상경보설비로 대체 가능하다.

08

플래시오버(Flash Over)에 대한 설명으로 옳은 것은?

① 대부분 화재 초기(발화기)에 발생한다.
② 대부분 화재 종기(쇠퇴기)에 발생한다.
③ 내장재의 종류와 개구부의 크기에 영향을 받는다.
④ 산소의 공급이 주요 요인이 되어 발생한다.

플래시오버 현상은 실내에서 어느 부분이 무염 연소 또는 연소 확대되는 과정에서 실내의 온도가 높아짐에 따라 가연성 혼합기의 인화점 또는 착화점보다 높게 되면 순간 폭발적으로 연소되며 실내의 가연물에 일시에 착화된다. 이는 성장기에서 최성기로 진행되는 사이에 발생하는 현상으로 내장재의 종류와 개구부의 크기에 영향을 받는다.

09

다음은 어떤 화합물의 구조식인가?

① 할론 1301
② 할론 1201
③ 할론 1011
④ 할론 2402

• 할론넘버는 C, F, Cl, Br 순서대로 화합물 내에 존재하는 각 원자의 개수를 표시하며, 수소(H)의 개수는 할론넘버에 포함시키지 않는다.
• 할론 1011 = CH_2ClBr
• 탄소는 네 개의 결합을 가지므로, 할론 구조식에서 탄소에 결합된 할로겐(할로젠) 원자의 개수가 부족할 경우, 나머지 결합은 수소로 채워진다. 따라서 탄소에 Cl, Br이 결합되어 남은 두 자리를 H 원자가 채워 CH_2ClBr 구조를 형성한다.

10 ⭐빈출

화재 시 이산화탄소를 배출하여 산소의 농도를 12.5%로 낮추어 소화하려면 공기 중의 이산화탄소의 농도는 약 몇 vol%로 해야 하는가?

① 30.7
② 32.8
③ 40.5
④ 68.0

이산화탄소 소화농도

$$\frac{21 - O_2}{21} \times 100 = \frac{21 - 12.5}{21} \times 100 = 40.5 \text{vol}\%$$

정답   06 ④ 07 ③ 08 ③ 09 ③ 10 ③

11 ⭐빈출

액화 이산화탄소 1kg이 25℃, 2atm에서 방출되어 모두 기체가 되었다. 방출된 기체상의 이산화탄소 부피는 약 몇 L 인가?

① 238   ② 278
③ 308   ④ 340

- $PV = \dfrac{wRT}{M}$

- $V = \dfrac{wRT}{PM}$

  $= \dfrac{1{,}000 \times 0.082 \times 298}{2 \times 44} = 277.681L$

  − P = 압력(2atm)
  − V = 부피
  − w = 질량(1kg = 1,000g)
  − M = 분자량(이산화탄소의 분자량 = 44g/mol)
  − R = 기체상수(0.082를 곱한다)
  − T = 절대온도(℃를 환산하기 위해 273을 더한다
  　　→ 273 + 25 = 298K)

12

소화약제에 따른 주된 소화효과로 틀린 것은?

① 수성막포 소화약제 : 질식효과
② 제2종 분말 소화약제 : 탈수탄화효과
③ 이산화탄소 소화약제 : 질식효과
④ 할로젠화합물 소화약제 : 화학억제효과

　제2종 분말 소화약제는 질식효과가 있다.

13

피난설비를 설치하여야 하는 위험물제조소등에 해당하는 것은?

① 건축물의 2층 부분을 자동차 정비소로 사용하는 주유취급소
② 건축물의 2층 부분을 전시장으로 사용하는 주유취급소
③ 건축물의 1층 부분을 주유사무소로 사용하는 주유취급소
④ 건축물의 1층 부분을 관계자의 주거시설로 사용하는 주유취급소

피난설비 설치기준
- 주유취급소 중 건축물의 2층 이상의 부분을 점포·휴게음식점 또는 전시장의 용도로 사용하는 것에 있어서는 당해 건축물의 2층 이상으로부터 주유취급소의 부지 밖으로 통하는 출입구와 당해 출입구로 통하는 통로·계단 및 출입구에 유도등을 설치하여야 한다.
- 옥내주유취급소에 있어서는 당해 사무소 등의 출입구 및 피난구와 당해 피난구로 통하는 통로·계단 및 출입구에 유도등을 설치하여야 한다.
- 유도등에는 비상전원을 설치하여야 한다.

14 ⭐빈출

제1종 분말 소화약제의 적응화재 종류는?

① A급   ② BC급
③ AB급   ④ ABC급

분말 소화약제의 종류

약제명	주성분	적응화재	색상
제1종	탄산수소나트륨	BC	백색
제2종	탄산수소칼륨	BC	보라색
제3종	인산암모늄	ABC	담홍색
제4종	탄산수소칼륨 + 요소	BC	회색

15

연소의 3요소를 모두 포함하는 것은?

① 과염소산, 산소, 불꽃
② 마그네슘분말, 연소열, 수소
③ 아세톤, 수소, 산소
④ 불꽃, 아세톤, 질산암모늄

- 연소의 3요소 : 가연물, 산소공급원, 점화원
- 불꽃 : 점화원, 아세톤 : 가연물, 질산암모늄 : 산소공급원

정답   11 ②   12 ②   13 ②   14 ②   15 ④

16 ⭐ 빈출

다음 위험물의 저장창고에 화재가 발생하였을 때 주수(注水)에 의한 소화가 오히려 더 위험한 것은?

① 염소산칼륨　　　② 과염소산나트륨
③ 질산암모늄　　　④ 탄화칼슘

탄화칼슘과 물의 반응식
- $CaC_2 + 2H_2O \rightarrow Ca(OH)_2 + C_2H_2$
- 탄화칼슘은 물과 반응하여 아세틸렌이 발생하므로 주수소화가 위험하다.

17

옥외저장소에 덩어리 상태의 황을 지반면에 설치한 경계표시의 안쪽에서 저장 또는 취급할 경우 하나의 경계표시의 내부면적은 몇 m² 이하이어야 하는가?

① 75　　　　　② 100
③ 150　　　　　④ 300

옥외저장소에 덩어리 상태의 황을 지반면에 설치한 경계표시의 안쪽에서 저장 또는 취급할 경우 하나의 경계표시의 내부면적은 100m² 이하이어야 한다.

18

위험물안전관리법령에서 정한 "물분무등소화설비"의 종류에 속하지 않는 것은?

① 스프링클러설비
② 포 소화설비
③ 분말 소화설비
④ 불활성 가스 소화설비

물분무등소화설비의 종류
- 물분무 소화설비
- 포 소화설비
- 불활성 가스 소화설비
- 할로젠화합물 소화설비
- 분말 소화설비

19

혼합물인 위험물이 복수의 성상을 가지는 경우에 적용하는 품명에 관한 설명으로 틀린 것은?

① 산화성 고체의 성상 및 가연성 고체의 성상을 가지는 경우 : 산화성 고체의 품명
② 산화성 고체의 성상 및 자기반응성 물질의 성상을 가지는 경우 : 자기반응성 물질의 품명
③ 가연성 고체의 성상과 자연발화성 물질의 성상 및 금수성 물질의 성상을 가지는 경우 : 자연발화성 물질 및 금수성 물질의 품명
④ 인화성 액체의 성상 및 자기반응성 물질의 성상을 가지는 경우 : 자기반응성 물질의 품명

복수성상의 위험물 기준
- 위험물 위험 순서 : 1 < 2 < 4 < 3 < 5 < 6
- 산화성 고체(제1류) < 가연성 고체(제2류) → 위험성 큰 쪽이 남음

20

위험물시설에 설비하는 자동화재탐지설비의 하나의 경계구역 면적과 그 한 변의 길이의 기준으로 옳은 것은? (단, 광전식분리형 감지기를 설치하지 않은 경우이다.)

① 300m² 이하, 50m 이하
② 300m² 이하, 100m 이하
③ 600m² 이하, 50m 이하
④ 600m² 이하, 100m 이하

하나의 경계구역의 면적은 600m² 이하로 하고 그 한 변의 길이는 50m 이하로 한다.

정답　　16 ④　17 ②　18 ①　19 ①　20 ③

21

제3류 위험물에 해당하는 것은?

① 황
② 적린
③ 황린
④ 삼황화인

황, 적린, 삼황화인은 제2류 위험물이다.

22

제5류 위험물 중 나이트로화합물의 지정수량을 옳게 나타낸 것은?

① 10kg
② 100kg
③ 150kg
④ 200kg

나이트로화합물(제5류)의 지정수량 : 100kg

23

삼황화인의 연소생성물을 옳게 나열한 것은?

① P_2O_5, SO_2
② P_2O_5, H_2S
③ H_3PO_4, SO_2
④ H_3PO_4, H_2S

• $P_4S_3 + 8O_2 \rightarrow 2P_2O_5 + 3SO_2$
• 삼황화인은 연소 시 오산화인과 이산화황을 생성한다.

24

다음 ( ) 안에 적합한 숫자를 차례대로 나열한 것은?

자연발화성 물질 중 알킬알루미늄등은 운반용기의 내용적의 ( )% 이하의 수납율로 수납하되, 50℃의 온도에서 ( )% 이상의 공간용적을 유지하도록 할 것

① 90, 5
② 90, 10
③ 95, 5
④ 95, 10

자연발화성 물질 중 알킬알루미늄등은 운반용기의 내용적의 90% 이하의 수납율로 수납하되, 50℃의 온도에서 5% 이상의 공간용적을 유지하도록 할 것

25 빈출

정전기로 인한 재해 방지대책 중 틀린 것은?

① 접지를 한다.
② 실내를 건조하게 유지한다.
③ 공기 중의 상대습도를 70% 이상으로 유지한다.
④ 공기를 이온화한다.

정전기 방지대책
• 접지에 의한 방법
• 공기를 이온화함
• 공기 중의 상대습도를 70% 이상으로 함
• 위험물이 느린 유속으로 흐를 때

26

그림의 시험장치는 제 몇 류 위험물의 위험성 판정을 위한 것인가? (단, 고체물질의 위험성 판정이다.)

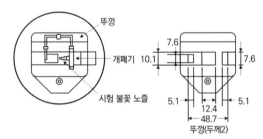

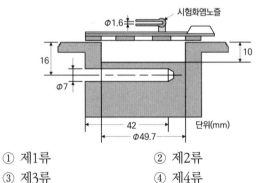

① 제1류
② 제2류
③ 제3류
④ 제4류

그림은 고체류 인화성 시험장치로, 인화성 시험장치를 이용하는 것은 제2류 위험물이다.

정답   21 ③   22 ②   23 ①   24 ①   25 ②   26 ②

27

다이에틸에터의 보관·취급에 관한 설명으로 틀린 것은?

① 용기는 밀봉하여 보관한다.
② 환기가 잘 되는 곳에 보관한다.
③ 정전기가 발생하지 않도록 취급한다.
④ 저장용기에 빈 공간이 없게 가득 채워 보관한다.

위험물 간 마찰로 인한 폭발을 막기 위해 공간용적을 2% 정도 둔다.

28

위험물안전관리법령상 품명이 "유기과산화물"인 것으로만 나열된 것은?

① 과산화벤조일, 과산화메틸에틸케톤
② 과산화벤조일, 과산화마그네슘
③ 과산화마그네슘, 과산화메틸에틸케톤
④ 과산화초산, 과산화수소

유기과산화물의 종류
과산화초산, 과산화메틸에틸케톤, 과산화벤조일 등

29

알칼알루미늄등 또는 아세트알데하이드등을 취급하는 제조소의 특례기준으로서 옳은 것은?

① 알킬알루미늄등을 취급하는 설비에는 불활성 기체 또는 수증기를 봉입하는 장치를 설치한다.
② 알킬알루미늄등을 취급하는 설비는 은·수은·동·마그네슘을 성분으로 하는 것으로 만들지 않는다.
③ 아세트알데하이드등을 취급하는 탱크에는 냉각장치 또는 보냉장치 및 불활성 기체 봉입장치를 설치한다.
④ 아세트알데하이드등을 취급하는 설비의 주위에는 누설범위를 국한하기 위한 설비와 누설되었을 때 안전한 장소에 설치된 저장실에 유입시킬 수 있는 설비를 갖춘다.

아세트알데하이드등을 취급하는 제조소의 특례
• 아세트알데하이드등을 취급하는 설비는 은, 수은, 동, 마그네슘 또는 이들을 성분으로 하는 합금으로 만들지 아니할 것
• 아세트알데하이드등을 취급하는 설비에는 연소성 혼합기체의 생성에 의한 폭발을 방지하기 위한 불활성 기체 또는 수증기를 봉입하는 장치를 갖출 것
• 아세트알데하이드등을 취급하는 탱크에는 냉각장치 또는 저온을 유지하기 위한 장치(보냉장치) 및 연소성 혼합기체의 생성에 의한 폭발을 방지하기 위한 불활성 기체를 봉입하는 장치를 갖출 것. 다만, 지하에 있는 탱크가 아세트알데하이드등의 온도를 저온으로 유지할 수 있는 구조인 경우에는 냉각장치 및 보냉장치를 갖추지 아니할 수 있다.

30

과산화나트륨에 대한 설명 중 틀린 것은?

① 순수한 것은 백색이다.
② 상온에서 물과 반응하여 수소가스를 발생한다.
③ 화재발생 시 주수소화는 위험할 수 있다.
④ CO 및 CO_2 제거제를 제조할 때 사용된다.

• $2Na_2O_2 + 2H_2O \rightarrow 4NaOH + O_2$
• 과산화나트륨은 물과 반응하여 수산화나트륨과 산소를 발생한다.

31

제4류 위험물에 속하지 않는 것은?

① 아세톤
② 실린더유
③ 트라이나이트로톨루엔
④ 나이트로벤젠

트라이나이트로톨루엔[$C_6H_2(NO_2)_3CH_3$]은 제5류 위험물이다.

정답   27 ④   28 ①   29 ③   30 ②   31 ③

32

다음 중 황 분말과 혼합했을 때 가열 또는 충격에 의해서 폭발할 위험이 가장 높은 것은?

① 질산암모늄
② 물
③ 이산화탄소
④ 마른모래

질산암모늄(제1류, NH_4NO_3)은 강력한 산화제로서, 가연성 물질과 혼합될 경우 가열 또는 충격에 의해 폭발할 위험이 매우 크다. 특히 황과 같은 물질은 질산암모늄과 반응하여 큰 폭발을 일으킬 수 있다.

33

다음은 위험물안전관리법령에서 정한 내용이다. ( ) 안에 알맞은 용어는?

> ( )라 함은 고형알코올 그 밖에 1기압에서 인화점이 섭씨 40도 미만인 고체를 의미한다.

① 가연성 고체
② 산화성 고체
③ 인화성 고체
④ 자기반응성 고체

인화성 고체라 함은 고형알코올 그 밖에 1기압에서 인화점이 섭씨 40도 미만인 고체를 말한다.

34 ⭐빈출

그림의 원통형 종으로 설치된 탱크에서 공간용적을 내용적의 10%라고 하면 탱크용량(허가용량)은 약 얼마인가?

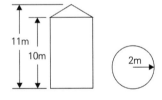

① 113.04
② 124.34
③ 129.06
④ 138.16

위험물저장탱크의 내용적
• $V = \pi r^2 l(1 - 공간용적)$
   $= 3.14 \times 2^2 \times 10 \times (1 - 0.1) = 113.04m^3$

35 ⭐빈출

유별을 달리하는 위험물을 운반할 때 혼재할 수 있는 것은? (단, 지정수량의 1/10을 넘는 양을 운반하는 경우이다.)

① 제1류와 제3류
② 제2류와 제4류
③ 제3류와 제5류
④ 제4류와 제6류

유별을 달리하는 위험물 혼재기준			
1	6		혼재 가능
2	5	4	혼재 가능
3	4		혼재 가능

36

다음 중 물과의 반응성이 가장 낮은 것은?

① 인화알루미늄
② 트라이에틸알루미늄
③ 오황화인
④ 황린

• 황린은 물과 반응성이 낮다.
• $AlP + 3H_2O \rightarrow Al(OH)_3 + PH_3$
• 인화알루미늄은 물과 반응하여 수산화알루미늄과 포스핀을 발생한다.
• $(C_2H_5)_3Al + 3H_2O \rightarrow Al(OH)_3 + 3C_2H_6$
• 트라이에틸알루미늄은 물과 반응하여 수산화알루미늄과 에탄을 발생한다.
• $P_2S_5 + 8H_2O \rightarrow 5H_2S + 2H_3PO_4$
• 오황화인은 물과 반응하여 황화수소와 인산을 발생한다.

37

다음 위험물 중 비중이 물보다 큰 것은?

① 다이에틸에터
② 아세트알데하이드
③ 산화프로필렌
④ 이황화탄소

이황화탄소(CS_2)의 비중 : 1.26

정답   32 ① 33 ③ 34 ① 35 ② 36 ④ 37 ④

38

위험물제조소 및 일반취급소에 설치하는 자동화재탐지설비의 설치기준으로 틀린 것은?

① 하나의 경계구역은 600㎡ 이하로 하고, 한 변의 길이는 50m 이하로 한다.
② 주요한 출입구에서 내부 전체를 볼 수 있는 경우 경계구역은 1,000㎡ 이하로 할 수 있다.
③ 광전식분리형 감지기를 설치한 경우에는 하나의 경계구역을 1,000㎡ 이하로 할 수 있다.
④ 비상전원을 설치하여야 한다.

하나의 경계구역의 면적은 600㎡ 이하로 하고 그 한 변의 길이는 50m(광전식분리형 감지기를 설치할 경우에는 100m) 이하로 할 것. 다만, 당해 건축물 그 밖의 공작물의 주요한 출입구에서 그 내부의 전체를 볼 수 있는 경우에 있어서는 그 면적을 1,000㎡ 이하로 할 수 있다.

39

위험물안전관리자를 해임한 때에는 해임한 날부터 며칠 이내에 위험물안전관리자를 다시 선임하여야 하는가?

① 7
② 14
③ 30
④ 60

위험물안전관리자를 해임하거나 위험물안전관리자가 퇴직한 때에는 해임하거나 퇴직한 날부터 30일 이내에 다시 위험물안전관리자를 선임하여야 한다.

40

무기과산화물의 일반적인 성질에 대한 설명으로 틀린 것은?

① 과산화수소의 수소가 금속으로 치환된 화합물이다.
② 산화력이 강해 스스로 쉽게 산화한다.
③ 가열하면 분해되어 산소를 발생한다.
④ 물과의 반응성이 크다.

무기과산화물은 산화성 고체이므로 남을 산화시키고 자신은 환원되는 성질이 있다.

41

다음은 위험물안전관리법령상 이동탱크저장소에 설치하는 게시판의 설치기준에 관한 내용이다. 다음 ( ) 안에 해당하지 않는 것은?

> 이동탱크의 뒷면 중 보기 쉬운 곳에는 해당 탱크에 저장 또는 취급하는 위험물의 ( ), ( ), ( ) 및 적재중량을 게시한 게시판을 설치하여야 한다.

① 최대수량
② 품명
③ 유별
④ 관리자명

이동탱크의 뒷면 중 보기 쉬운 곳에는 해당 탱크에 저장 또는 취급하는 위험물의 위험성을 알리는 표지(유별, 품명, 최대수량 및 적재중량)을 게시한 게시판을 설치하여야 한다.

42 ⭐빈출

금속나트륨, 금속칼륨 등을 보호액 속에 저장하는 이유를 가장 옳게 설명한 것은?

① 온도를 낮추기 위하여
② 승화하는 것을 막기 위하여
③ 공기와의 접촉을 막기 위하여
④ 운반 시 충격을 적게 하기 위하여

금속나트륨과 금속칼륨은 공기와의 접촉을 막기 위해 등유, 경유 등의 산소가 함유되지 않은 보호액(석유류)에 저장한다.

정답 38 ③ 39 ③ 40 ② 41 ④ 42 ③

43

경유에 대한 설명으로 틀린 것은?

① 물에 녹지 않는다.
② 비중은 1 이하이다.
③ 발화점이 인화점보다 높다.
④ 인화점은 상온 이하이다.

> 경유의 인화점은 50~70℃이다.

44

위험물안전관리법령상 염소화아이소사이아누르산은 제 몇 류 위험물인가?

① 제1류   ② 제2류
③ 제5류   ④ 제6류

> 염소화아이소사이아누르산은 제1류 위험물이다.

45

위험물의 지정수량이 잘못된 것은?

① $(C_2H_5)_3Al$: 10kg   ② Ca : 50kg
③ LiH : 300kg   ④ Al_4C_3 : 500kg

> 탄화알루미늄(Al_4C_3)의 지정수량 : 300kg

46 ⭐빈출

위험물안전관리법령상 에틸렌글리콜과 혼재하여 운반할 수 없는 위험물은? (단, 지정수량의 10배일 경우이다.)

① 황
② 과망가니즈산나트륨
③ 알루미늄분
④ 트라이나이트로톨루엔

유별을 달리하는 위험물 혼재기준			
1	6		혼재 가능
2	5	4	혼재 가능
3	4		혼재 가능

에틸렌글리콜(제4류)과 과망가니즈산나트륨(제1류)은 혼재 불가하다.

47

다음 아세톤의 완전연소 반응식에서 ( )에 알맞은 계수를 차례대로 옳게 나타낸 것은?

$$CH_3COCH_3 + (\ )O_2 \rightarrow (\ )CO_2 + 3H_2O$$

① 3, 4   ② 4, 3
③ 6, 3   ④ 3, 6

> 아세톤의 완전연소 반응식
> • $CH_3COCH_3 + 4O_2 \rightarrow 3CO_2 + 3H_2O$
> • 아세톤은 산소와 반응하여 이산화탄소와 물을 생성한다.

48

위험물탱크의 용량은 탱크의 내용적에서 공간용적을 뺀 용적으로 한다. 이 경우 소화약제 방출구를 탱크 안의 윗부분에 설치하는 탱크의 공간용적은 당해 소화설비의 소화약제 방출구 아래의 어느 범위의 면으로부터 윗부분의 용적으로 하는가?

① 0.1미터 이상 0.5미터 미만 사이의 면
② 0.3미터 이상 1미터 미만 사이의 면
③ 0.5미터 이상 1미터 미만 사이의 면
④ 0.5미터 이상 1.5미터 미만 사이의 면

> 소화약제 방출구를 탱크 안의 윗부분에 설치하는 탱크의 공간용적은 당해 소화설비의 소화약제 방출구 아래 0.3미터 이상 1미터 미만 사이의 면으로부터 윗부분의 용적으로 한다.

정답   43 ④   44 ①   45 ④   46 ②   47 ②   48 ②

49

다음 중 인화점이 가장 높은 것은?

① 나이드로벤젠
② 클로로벤젠
③ 톨루엔
④ 에틸벤젠

각 위험물의 인화점
- 나이트로벤젠 : 88℃
- 클로로벤젠 : 32℃
- 톨루엔 : 4℃
- 에틸벤젠 : 15℃

50

질산암모늄의 일반적 성질에 대한 설명 중 옳은 것은?

① 불안정한 물질이고 물에 녹을 때는 흡열반응을 나타낸다.
② 물에 대한 용해도 값이 매우 작아 물에 거의 불용이다.
③ 가열 시 분해하여 수소를 발생한다.
④ 과일향의 냄새가 나는 적갈색 비결정체이다.

질산암모늄(제1류, NH_4NO_3)의 특징
- 불안정한 물질이고 물에 녹을 때는 흡열반응을 나타낸다.
- 물에 잘 녹는다.
- 가열 시 분해하여 산소를 발생한다.
- 무색무취의 결정이다.

51

황린의 위험성에 대한 설명으로 틀린 것은?

① 공기 중에서 자연발화의 위험성이 있다.
② 연소 시 발생되는 증기는 유독하다.
③ 화학적 활성이 커서 CO_2, H_2O와 격렬히 반응한다.
④ 강알칼리 용액과 반응하여 독성 가스를 발생한다.

황린(제3류, P_4)은 자연발화의 위험성이 크므로 물속에 저장한다(물과 반응하지 않는다).

52

나이트로셀룰로오스 5kg과 트라이나이트로페놀을 함께 저장하려고 한다. 이때 지정수량 1배로 저장하려면 트라이나이트로페놀을 몇 kg 저장하여야 하는가?

① 5
② 10
③ 50
④ 100

- 각 위험물의 지정수량
  - 나이트로셀룰로오스(제5류) : 10kg
  - 트라이나이트로페놀(제5류) : 100kg
- 저장하는 트라이나이트로페놀의 용량 = a
- 지정수량 배수의 합 = $(\frac{5}{10}) + (\frac{a}{100}) = 1$배

∴ a = 50kg

53

다음 중 제2석유류에 해당하는 것은? (단, 1기압 상태이다.)

① 착화점이 21℃ 미만인 것
② 착화점이 30℃ 이상 50℃ 미만인 것
③ 인화점이 21℃ 이상 70℃ 미만인 것
④ 인화점이 21℃ 이상 90℃ 미만인 것

제2석유류란 등유, 경유 그 밖에 1기압에서 인화점이 섭씨 21도 이상 70도 미만인 것을 말한다.

54

제2류 위험물의 화재발생 시 소화방법 또는 주의할 점으로 적합하지 않은 것은?

① 마그네슘의 경우 이산화탄소를 이용한 질식소화는 위험하다.
② 황은 비산에 주의하여 분무주수로 냉각소화한다.
③ 적린의 경우 물을 이용한 냉각소화는 위험하다.
④ 인화성 고체는 이산화탄소로 질식소화할 수 있다.

적린(P)은 주로 주수소화한다.

49 ① 50 ① 51 ③ 52 ③ 53 ③ 54 ③

55

과염소산의 성질로 옳지 않은 것은?

① 산화성 액체이다.
② 무기화합물이며 물보다 무겁다.
③ 불연성 물질이다.
④ 증기는 공기보다 가볍다.

과염소산(제6류, $HClO_4$)의 증기비중은 3.5로 공기보다 무겁다.

56

위험물안전관리법령상 판매취급소에 관한 설명으로 옳지 않은 것은?

① 건축물의 1층에 설치하여야 한다.
② 위험물을 저장하는 탱크시설을 갖추어야 한다.
③ 건축물의 다른 부분과는 내화구조의 격벽으로 구획하여야 한다.
④ 제조소와 달리 안전거리 또는 보유공지에 관한 규제를 받지 않는다.

탱크시설은 갖추지 않아도 된다.

57

다음 중 위험물 운반용기의 외부에 "제4류"와 "위험등급 II"의 표시만 보이고 품명이 잘 보이지 않을 때 예상할 수 있는 수납 위험물의 품명은?

① 제1석유류
② 제2석유류
③ 제3석유류
④ 제4석유류

• "제1석유류"라 함은 아세톤, 휘발유 그 밖에 1기압에서 인화점이 섭씨 21도 미만인 것을 말하며, 위험등급 II등급이다.
• 제2석유류, 제3석유류, 제4석유류는 위험등급 III이다.

58

$C_6H_2CH_3(NO_2)_3$을 녹이는 용제가 아닌 것은?

① 물
② 벤젠
③ 에터
④ 아세톤

트라이나이트로톨루엔[$C_6H_2(NO_2)_3CH_3$]은 물에 녹지 않는다.

59

질산의 저장 및 취급법이 아닌 것은?

① 직사광선을 차단한다.
② 분해방지를 위해 요산, 인산 등을 가한다.
③ 유기물과 접촉을 피한다.
④ 갈색병에 넣어 보관한다.

• $4HNO_3 \rightarrow 2H_2O + 4NO_2 + O_2$
• 질산은 햇빛에 의해 분해되어 이산화질소를 발생하기 때문에 갈색병에 넣어 보관한다.

60

위험물 관련 신고 및 선임에 관한 사항으로 옳지 않은 것은?

① 제조소의 위치·구조 변경 없이 위험물의 품명 변경 시는 변경한 날로부터 7일 이내에 신고하여야 한다.
② 제조소 설치자의 지위를 승계한 자는 승계한 날로부터 30일 이내에 신고하여야 한다.
③ 위험물안전관리자를 선임한 경우에는 선임한 날부터 14일 이내에 신고하여야 한다.
④ 위험물안전관리자가 퇴직한 경우는 퇴직일부터 30일 이내에 새로운 안전관리자를 선임하여야 한다.

제조소등의 위치, 구조 또는 설비의 변경 없이 당해 제조소등에서 저장하거나 취급하는 위험물의 품명, 수량 또는 지정수량의 배수를 변경하고자 하는 자는 변경하고자 하는 날의 1일 전까지 시·도지사에게 신고하여야 한다.

정답   55 ④   56 ②   57 ①   58 ①   59 ②   60 ①

2021년 3회 | CBT 기출복원문제

01
다음 중 제4류 위험물의 화재에 적응성이 없는 소화기는?

① 포 소화기
② 봉상수 소화기
③ 인산염류 소화기
④ 이산화탄소 소화기

제4류 위험물은 가연성 증기가 발생하며 연소하는 특징이 있으므로 질식소화를 주로 한다.

02
제조소등의 소요단위 산정 시 위험물은 지정수량의 몇 배를 1소요단위로 하는가?

① 5배
② 10배
③ 20배
④ 50배

위험물은 지정수량의 10배를 1소요단위로 한다.

03
다음 중 알킬알루미늄의 소화방법으로 가장 적합한 것은?

① 팽창질석에 의한 소화
② 알코올포에 의한 소화
③ 주수에 의한 소화
④ 산·알칼리 소화약제에 의한 소화

알킬알루미늄은 마른모래, 팽창질석 등을 이용한 건조사나 탄산수소염류 분말 소화약제를 이용한다.

04
가연물이 연소할 때 공기 중의 산소농도를 떨어뜨려 연소를 중단시키는 소화방법은?

① 제거소화
② 질식소화
③ 냉각소화
④ 억제소화

공기 중의 산소농도를 한계산소량 이하로 낮추어 연소를 중지시키는 소화방법은 질식소화로, 이산화탄소 등 불활성 가스의 방출로 화재를 제어하는 것, 모래 등을 이용하여 불을 끄는 것은 질식소화의 예이다.

05
다음 물질 중 분진폭발의 위험이 가장 낮은 것은?

① 마그네슘가루
② 아연가루
③ 밀가루
④ 시멘트가루

분진폭발의 원인물질로 작용할 위험성이 가장 낮은 물질은 시멘트, 모래, 석회분말 등이다.

06
제6류 위험물을 저장하는 장소에 적응성이 있는 소화설비가 아닌 것은?

① 물분무 소화설비
② 포 소화설비
③ 이산화탄소 소화설비
④ 옥내소화전설비

• 제6류 위험물은 옥내소화전설비, 옥외소화전설비, 스프링클러설비, 물분무 소화설비, 포 소화설비에 적응성이 있으며 마른모래를 이용한 질식소화도 효과적이다.
• 이산화탄소 소화설비는 폭발 위험이 없는 경우에 한하여 설치할 수 있다.

정답 01 ② 02 ② 03 ① 04 ② 05 ④ 06 ③

07

제5류 위험물을 저장 또는 취급하는 장소에 적응성이 있는 소화설비는?

① 물분무 소화설비
② 분말 소화설비
③ 이산화탄소 소화설비
④ 할로젠화합물 소화설비

제5류 위험물은 물에 의한 냉각소화가 가장 효과적이다.

08 ⭐빈출

위험물안전관리법령상 위험물을 유별로 정리하여 저장하면서 서로 1m 이상의 간격을 두면 동일한 옥내저장소에 저장할 수 있는 경우는?

① 제1류 위험물과 제3류 위험물 중 금수성 물질을 저장하는 경우
② 제1류 위험물과 제4류 위험물을 저장하는 경우
③ 제1류 위험물과 제6류 위험물을 저장하는 경우
④ 제2류 위험물 중 금속분과 제4류 위험물 중 동식물유류를 저장하는 경우

유별을 달리하더라도 1m 이상 간격을 둘 때 저장 가능한 경우
• 제1류 위험물(알칼리금속의 과산화물 또는 이를 함유한 것을 제외한다)과 제5류 위험물을 저장하는 경우
• 제1류 위험물과 제6류 위험물을 저장하는 경우
• 제1류 위험물과 제3류 위험물 중 자연발화성 물질(황린 또는 이를 함유한 것에 한한다)을 저장하는 경우
• 제2류 위험물 중 인화성 고체와 제4류 위험물을 저장하는 경우
• 제3류 위험물 중 알킬알루미늄등과 제4류 위험물(알킬알루미늄 또는 알킬리튬을 함유한 것에 한한다)을 저장하는 경우
• 제4류 위험물 중 유기과산화물 또는 이를 함유하는 것과 제5류 위험물 중 유기과산화물 또는 이를 함유한 것을 저장하는 경우

09 ⭐빈출

화재의 종류와 가연물이 옳게 연결된 것은?

① A급 – 플라스틱
② B급 – 섬유
③ A급 – 페인트
④ B급 – 나무

화재의 종류

급수	화재	색상	물질
A	일반	백색	목재, 섬유 등
B	유류	황색	유류, 가스 등
C	전기	청색	낙뢰, 합선 등
D	금속	무색	Al, Na, K 등

10 ⭐빈출

팽창진주암(삽 1개 포함)의 능력단위 1은 용량이 몇 L인가?

① 70
② 100
③ 130
④ 160

소화설비의 능력단위

소화설비	용량(L)	능력단위
소화전용물통	8	0.3
수조(물통 3개 포함)	80	1.5
수조(물통 6개 포함)	190	2.5
마른모래(삽 1개 포함)	50	0.5
팽창질석 · 팽창진주암(삽 1개 포함)	160	1.0

11 ⭐빈출

소화기 속에 압축되어 있는 이산화탄소 1.1kg을 표준상태에서 분사하였다. 이산화탄소의 부피는 몇 m³가 되는가?

① 0.56
② 5.6
③ 11.2
④ 24.6

• $PV = \dfrac{wRT}{M}$

• $V = \dfrac{wRT}{PM}$

$\quad = \dfrac{1.1 \times 0.082 \times 273}{1 \times 44} = 0.559 m^3$

- P = 압력
- V = 부피
- w = 질량(1.1kg)
- M = 분자량(이산화탄소의 분자량 = 44g/mol)
- R = 기체상수(0.082를 곱한다)
- T = 절대온도(℃를 환산하기 위해 273을 더한다)

12

위험물안전관리법령상 자동화재탐지설비를 설치하지 않고 비상경보설비로 대신할 수 있는 것은?

① 일반취급소로서 연면적 600m²인 것
② 지정수량 20배를 저장하는 옥내저장소로서 처마높이가 8m인 단층건물
③ 단층건물 외에 건축물에 설치된 지정수량 15배의 옥내탱크저장소로서 소화난이도등급 II에 속하는 것
④ 지정수량 20배를 저장 취급하는 옥내주유취급소

소화난이도등급 II에 속하는 것은 소화난이도등급 I보다 덜 위험하므로 비상경보설비로 대체 가능하다. 참고로 소화난이도등급 I의 옥내탱크저장소에 설치하는 소화설비기준은 탱크전용실이 단층건물 외의 건축물에 있는 것으로서 인화점이 38℃ 이상 70℃ 미만의 위험물을 지정수량의 5배 이상 저장하는 것이다.

13

다음 중 분말 소화약제를 방출시키기 위해 주로 사용되는 가압용 가스는?

① 산소
② 질소
③ 헬륨
④ 아르곤

분말 소화약제를 방출시키기 위해 주로 질소가스를 이용한다.

14

연소의 연쇄반응을 차단 및 억제하여 소화하는 방법은?

① 냉각소화
② 부촉매소화
③ 질식소화
④ 제거소화

억제소화는 연소의 연쇄반응을 차단하여 억제함으로써 소화하는 방법으로 화학적 소화, 부촉매소화라고도 한다.

15

위험물안전관리법령상 위험등급 I의 위험물로 옳은 것은?

① 무기과산화물
② 황화인, 적린, 황
③ 제1석유류
④ 알코올류

• 무기과산화물 : 위험등급 I
• 황화인, 적린, 황, 제1석유류, 알코올류 : 위험등급 II

16

다음은 위험물안전관리법령에 따른 판매취급소에 대한 정의이다. ( )에 알맞은 말은?

> 판매취급소라 함은 점포에서 위험물을 용기에 담아 판매하기 위하여 지정수량의 ( )배 이하의 위험물을 ( )하는 장소이다.

① 20, 취급
② 40, 취급
③ 20, 저장
④ 40, 저장

판매취급소라 함은 점포에서 위험물을 용기에 담아 판매하기 위하여 지정수량의 40배 이하의 위험물을 취급하는 장소이다.

17

취급하는 제4류 위험물의 수량이 지정수량의 30만배인 일반취급소가 있는 사업장에 자체소방대를 설치함에 있어서 전체 화학소방차 중 포 수용액을 방사하는 화학소방자동차는 몇 대 이상 두어야 하는가?

① 필수적인 것은 아니다.
② 1
③ 2
④ 3

자체소방대에 두는 화학소방자동차 및 인원

제4류 위험물의 최대수량의 합	소방차	소방대원
지정수량의 3천배 이상 12만배 미만	1대	5인
지정수량의 12만배 이상 24만배 미만	2대	10인
지정수량의 24만배 이상 48만배 미만	3대	15인
지정수량의 48만배 이상	4대	20인

12 ③ 13 ② 14 ② 15 ① 16 ② 17 ④

18

양초, 고급알코올 등과 같은 연료의 가장 일반적인 연소형태는?

① 분무연소   ② 증발연소
③ 표면연소   ④ 분해연소

양초, 고급알코올 등은 증발연소를 한다.

19

BCF(Bromochlorodifluoromethane) 소화약제의 화학식으로 옳은 것은?

① CCl_4 ② CH_2ClBr
③ CF_3Br ④ CF_2ClBr

BCF 소화약제
브로모클로로다이플루오로메탄(Bromochlorodifluoromethane)으로 화학식은 CF_2ClBr으로 나타낸다.
• C : 탄소
• F_2 : 플루오린 두 개
• Cl : 염소
• Br : 브로민
이 화합물은 브로민, 염소, 그리고 두 개의 플루오린 원자를 포함하고 있으며, 할론 1211로도 알려져 있다.

20

제2류 위험물인 마그네슘에 대한 설명으로 옳지 않은 것은?

① 2mm의 체를 통과한 것만 위험물에 해당된다.
② 화재 시 이산화탄소 소화약제로 소화가 가능하다.
③ 가연성 고체로 산소와 반응하여 산화반응을 한다.
④ 주수소화를 하면 가연성의 수소가스가 발생한다.

• $Mg + CO_2 \rightarrow MgO + CO$
• $2Mg + CO_2 \rightarrow 2MgO + C$
• 마그네슘은 이산화탄소와 반응하여 일산화탄소 혹은 탄소를 방출하며 화재가 확대되므로 이산화탄소 소화약제로 소화가 불가능하다.

21

무색의 액체로 융점이 −112℃이고 물과 접촉하면 심하게 발열하는 제6류 위험물은?

① 과산화수소
② 과염소산
③ 질산
④ 오플루오린화아이오딘

과염소산($HClO_4$)은 물과 접촉하면 심하게 발열반응한다.

22

위험물안전관리법령에서 정한 특수인화물의 발화점 기준으로 옳은 것은?

① 1기압에서 100℃ 이하
② 0기압에서 100℃ 이하
③ 1기압에서 25℃ 이하
④ 0기압에서 25℃ 이하

특수인화물이란 이황화탄소, 다이에틸에터 그 밖에 1기압에서 발화점이 섭씨 100도 이하인 것 또는 인화점이 섭씨 영하 20도이고 비점이 섭씨 40도 이하인 것을 말한다.

23

위험물안전관리법령상 위험물의 운송에 있어서 운송책임자의 감독 또는 지원을 받아 운송하여야 하는 위험물에 속하지 않는 것은?

① $Al(CH_3)_3$ ② CH_3Li
③ $Cd(CH_3)_2$ ④ $Al(C_4H_9)_3$

운송하는 위험물이 알킬알루미늄, 알킬리튬이거나 이 둘을 함유하는 위험물일 때에는 운송책임자의 감독 또는 지원을 받아 이를 운송하여야 한다.

24

황의 성상에 관한 설명으로 틀린 것은?

① 연소할 때 발생하는 가스는 냄새를 가지고 있으나 인체에 무해하다.
② 미분이 공기 중에 떠 있을 때 분진폭발의 우려가 있다.
③ 용융된 황을 물에서 급냉하면 고무상황을 얻을 수 있다.
④ 연소할 때 아황산가스를 발생한다.

- $S + O_2 \rightarrow SO_2$
- 황은 연소할 때 아황산가스를 배출하며 이는 인체에 유해하다.

25

과산화수소의 성질에 대한 설명 중 틀린 것은?

① 알칼리성 용액에 의해 분해될 수 있다.
② 산화제로 사용할 수 있다.
③ 농도가 높을수록 안정하다.
④ 열, 햇빛에 의해 분해될 수 있다.

과산화수소(H_2O_2)는 그 농도가 36wt% 이상이면 위험물로 간주되므로 농도가 높을수록 위험하다.

26

위험물안전관리법령상 제5류 위험물의 공통된 취급 방법으로 옳지 않은 것은?

① 용기의 파손 및 균열에 주의한다.
② 저장 시 과열, 충격, 마찰을 피한다.
③ 운반용기 외부에 주의사항으로 '화기주의' 및 '물기엄금'을 표기한다.
④ 불티, 불꽃, 고온체와의 접근을 피한다.

제5류 위험물은 운반용기 외부에 주의사항으로 '화기엄금' 및 '충격주의'를 표시한다.

27

위험물안전관리법령에서 정한 제5류 위험물 이동저장탱크의 외부도장 색상은?

① 황색
② 회색
③ 적색
④ 청색

이동저장탱크의 외부도장 색상

유별	1	2	3	5	6
색상	회색	적색	청색	황색	청색

28 ⭐ 빈출

0.99atm, 55℃에서 이산화탄소의 밀도는 약 몇 g/L인가?

① 0.62
② 1.62
③ 9.65
④ 12.65

- $PV = \dfrac{wRT}{M}$

- $\dfrac{w}{V} = \dfrac{PM}{RT}$

  $= \dfrac{0.99 \times 44}{0.082 \times 328} = 1.619g/L$

  - P = 압력(0.99atm)
  - V = 부피
  - w = 질량
  - M = 분자량(이산화탄소의 분자량 = 44g/mol)
  - R = 기체상수(0.082를 곱한다)
  - T = 절대온도(℃를 환산하기 위해 273을 더한다
    → 273 + 55 = 328K)

정답　24 ①　25 ③　26 ③　27 ①　28 ②

29

제조소등의 관계인이 예방규정을 정하여야 하는 제조소등이 아닌 것은?

① 지정수량 100배의 위험물을 저장하는 옥외탱크저장소
② 지정수량 150배의 위험물을 저장하는 옥내저장소
③ 지정수량 10배의 위험물을 취급하는 제조소
④ 지정수량 5배의 위험물을 취급하는 이송취급소

예방규정을 정해야 하는 제조소등
• 지정수량의 10배 이상의 위험물을 취급하는 제조소
• 지정수량의 10배 이상의 위험물을 취급하는 일반취급소
• 지정수량의 100배 이상의 위험물을 저장하는 옥외저장소
• 지정수량의 150배 이상의 위험물을 저장하는 옥내저장소
• 지정수량의 200배 이상의 위험물을 저장하는 옥외탱크저장소
• 암반탱크저장소
• 이송취급소

30

과염소산칼륨의 성질에 대한 설명 중 틀린 것은?

① 무색, 무취의 결정으로 물에 잘 녹는다.
② 화학식은 $KClO_4$이다.
③ 에탄올, 에터에는 녹지 않는다.
④ 화약, 폭약, 섬광제 등에 쓰인다.

과염소산칼륨은 물, 에탄올, 에터에 잘 녹지 않는다.

31

시약(고체)의 명칭이 불분명한 시약병의 내용물을 확인하려고 뚜껑을 열어 시계접시에 소량을 담아놓고 공기 중에서 햇빛을 받는 곳에 방치하던 중 시계접시에서 갑자기 연소현상이 일어났다. 다음 물질 중 이 시약의 명칭으로 예상할 수 있는 것은?

① 황
② 황린
③ 적린
④ 질산암모늄

황린(제3류)은 백색 또는 담황색의 고체로, 매우 높은 자연발화성을 가지고 있다. 공기 중에서 매우 쉽게 자연발화할 수 있으며, 빛과 접촉했을 때 불이 붙을 수 있다.

32 ⭐빈출

염소산염류 250kg, 아이오딘산염류 600kg, 질산염류 900kg을 저장하고 있는 경우 지정수량의 몇 배가 보관되어 있는가?

① 5배
② 7배
③ 10배
④ 12배

• 염소산염류(제1류)의 지정수량 : 50kg
• 아이오딘산염류(제1류)의 지정수량 : 300kg
• 질산염류(제1류)의 지정수량 : 300kg

∴ 지정수량 배수의 총합 $= \dfrac{250}{50} + \dfrac{600}{300} + \dfrac{900}{300} = 10$배

33

옥외저장소에서 저장 또는 취급할 수 있는 위험물이 아닌 것은? (단, 국제해상위험물규칙에 적합한 용기에 수납된 위험물의 경우는 제외한다.)

① 제2류 위험물 중 황
② 제1류 위험물 중 과염소산염류
③ 제6류 위험물
④ 제2류 위험물 중 인화점이 10℃인 인화성 고체

옥외저장소에 저장할 수 있는 위험물 유별
• 제2류 위험물 중 황, 인화성 고체(인화점이 0도 이상인 것에 한함)
• 제4류 위험물 중 제1석유류(인화점이 0도 이상인 것에 한함), 알코올류, 제2석유류, 제3석유류, 제4석유류, 동식물유류
• 제6류 위험물

34

다음 중 제2석유류만으로 짝지어진 것은?

① 사이클로헥산 – 피리딘
② 염화아세틸 – 휘발유
③ 사이클로헥산 – 중유
④ 아크릴산 – 포름산

제2석유류란 등유, 경유 그 밖에 1기압에서 인화점이 섭씨 21도 이상 70도 미만인 것으로, 아크릴산, 포름산이 이에 해당한다.

35

하이드라진에 대한 설명으로 틀린 것은?

① 외관은 물과 같이 무색 투명하다.
② 가열하면 분해하여 가스를 발생한다.
③ 위험물안전관리법령상 제4류 위험물에 해당한다.
④ 알코올, 물 등의 비극성 용매에 잘 녹는다.

하이드라진(N_2H_4)은 알코올, 물 등의 극성 용매에 잘 녹는다.

36

제3석유류에 해당하는 물질로만 짝지어진 것은?

① 등유, 경유
② 아세트산, 하이드라진
③ 아닐린, 중유
④ 동유, 아마인유

- 제3석유류 종류에는 중유, 아닐린, 나이트로벤젠, 글리세린 등이 있다.
- 등유, 경유 : 제2석유류(비수용성)
- 아세트산, 하이드라진 : 제2석유류(수용성)
- 동유, 아마인유 : 동식물유류

37

과망가니즈산칼륨의 위험성에 대한 설명으로 틀린 것은?

① 황산과 격렬하게 반응한다.
② 유기물과 혼합 시 위험성이 증가한다.
③ 고온으로 가열하면 분해하여 산소와 수소를 방출한다.
④ 목탄, 황 등 환원성 물질과 격리하여 저장해야 한다.

- $2KMnO_4 \rightarrow K_2MnO_4 + MnO_2 + O_2$
- 과망가니즈산칼륨을 고온으로 가열하면 분해하여 산소를 방출한다.

38

자기반응성 물질인 제5류 위험물에 해당하는 것은?

① $CH_3(C_6H_4)NO_2$
② CH_3COCH_3
③ $C_6H_2(NO_2)_3OH$
④ $C_6H_5NO_2$

$C_6H_2(NO_2)_3OH$: 트라이나이트로페놀

39

다음 중 지정수량이 나머지 셋과 다른 물질은?

① 황화인
② 적린
③ 칼슘
④ 황

- 황화인, 적린, 황의 지정수량 : 100kg
- 칼슘의 지정수량 : 50kg

40 ★ 빈출

경유 2,000L, 글리세린 2,000L를 같은 장소에 저장하려 한다. 지정수량의 배수의 합은 얼마인가?

① 2.5
② 3.0
③ 3.5
④ 4.0

- 경유(제4류)의 지정수량 : 1,000L
- 글리세린(제4류)의 지정수량 : 4,000L

∴ 지정수량 배수의 합 $= \dfrac{2,000}{1,000} + \dfrac{2,000}{4,000} = 2.5$배

정답   34 ④   35 ④   36 ③   37 ③   38 ③   39 ③   40 ①

41

위험물안전관리법령에 의한 위험물 운송에 관한 규정으로 틀린 것은?

① 이동탱크저장소에 의하여 위험물을 운송하는 자는 당해 위험물을 취급할 수 있는 국가기술자격자 또는 안전교육을 받은 자여야 한다.
② 안전관리자 · 탱크시험자 · 위험물운반자 · 위험물운송자 등 위험물의 안전관리와 관련된 업무를 수행하는 자는 시 · 도지사가 실시하는 인전교육을 받아야 한다.
③ 운송책임자의 범위, 감독 또는 지원의 방법 등에 관한 구체적인 기준은 행정안전부령으로 정한다.
④ 위험물운송자는 이동탱크저장소에 의하여 위험물을 운송하는 때에는 행정안전부령으로 정하는 기준을 준수하는 등 당해 위험물의 안전 확보를 위하여 세심한 주의를 기울여야 한다.

안전관리자 · 탱크시험자 · 위험물운반자 · 위험물운송자 등 위험물의 안전관리와 관련된 업무를 수행하는 자로서 대통령이 정하는 자는 해당 업무에 관한 능력의 습득 또는 향상을 위하여 소방청장이 실시하는 교육을 받아야 한다.

42

황린에 관한 설명 중 틀린 것은?

① 물에 잘 녹는다.
② 화재 시 물로 냉각소화할 수 있다.
③ 적린에 비해 불안정하다.
④ 적린과 동소체이다.

황린(제3류, P₄)은 자연발화의 위험성이 크므로 물속에 저장한다.

43 ⭐️빈출

위험물옥내저장소에 과염소산 300kg, 과산화수소 300kg을 저장하고 있다. 저장창고에는 지정수량 몇 배의 위험물을 저장하고 있는가?

① 4
② 3
③ 2
④ 1

- 과염소산(제6류)의 지정수량 : 300kg
- 과산화수소(제6류)의 지정수량 : 300kg

$$\therefore \text{지정수량 배수의 합} = \frac{300}{300} + \frac{300}{300} = 2\text{배}$$

44

위험물안전관리법령에서 정한 품명이 서로 다른 물질을 나열한 것은?

① 이황화탄소, 다이에틸에터
② 에틸알코올, 고형알코올
③ 등유, 경유
④ 중유, 크레오소트유

- 에틸알코올 : 제4류 위험물 중 알코올류
- 고형알코올 : 제2류 위험물 중 인화성 고체
- 이황화탄소, 다이에틸에터 : 제4류 위험물 중 특수인화물
- 등유, 경유 : 제4류 위험물 중 제2석유류(비수용성)
- 중유, 크레오소트유 : 제4류 위험물 중 제3석유류(비수용성)

45 ⭐️빈출

금속나트륨, 금속칼륨 등을 보호액 속에 저장하는 이유를 가장 옳게 설명한 것은?

① 온도를 낮추기 위하여
② 승화하는 것을 막기 위하여
③ 공기와의 접촉을 막기 위하여
④ 운반 시 충격을 적게 하기 위하여

금속나트륨과 금속칼륨은 공기와의 접촉을 막기 위해 등유, 경유 등의 산소가 함유되지 않은 보호액(석유류)에 저장한다.

정답 41 ② 42 ① 43 ③ 44 ② 45 ③

46

위험물안전관리법령상 옥내소화전설비의 설치기준에서 옥내소화전은 제조소등의 건축물의 층마다 당해 층의 각 부분에서 하나의 호스접속구까지의 수평거리가 몇 m 이하가 되도록 설치하여야 하는가?

① 5
② 10
③ 15
④ 25

옥내소화전은 제조소등의 건축물의 층마다 당해 층의 각 부분에서 하나의 호스접속구까지의 수평거리가 25m 이하가 되도록 설치해야 한다.

47 ⭐빈출

유기과산화물의 저장 또는 운반 시 주의사항으로 옳은 것은?

① 일광이 드는 건조한 곳에 저장한다.
② 가능한 한 대용량으로 저장한다.
③ 알코올류 등 제4류 위험물과 혼재하여 운반할 수 있다.
④ 산화제이므로 다른 강산화제와 같이 저장해야 좋다.

유별을 달리하는 위험물 혼재기준

1	6		혼재 가능
2	5	4	혼재 가능
3	4		혼재 가능

유기과산화물은 제5류 위험물로 알코올류 등 제4류 위험물과 혼재하여 운반할 수 있다.

48

다음 중 인화점이 0℃보다 작은 것은 모두 몇 개인가?

$C_2H_5OC_2H_5$, CS_2, CH_3CHO

① 0개
② 1개
③ 2개
④ 3개

- 다이에틸에터($C_2H_5OC_2H_5$)의 인화점 : -45℃
- 이황화탄소(CS_2)의 인화점 : -30℃
- 아세트알데하이드(CH_3CHO)의 인화점 : -38℃

49

나이트로셀룰로오스의 저장방법으로 올바른 것은?

① 물이나 알코올로 습윤시킨다.
② 에탄올과 에터 혼액에 침윤시킨다.
③ 수은염을 만들어 저장한다.
④ 산에 용해시켜 저장한다.

나이트로셀룰로오스는 저장 시 열원, 충격, 마찰 등을 피하고 냉암소에 저장하여야 하며 이때 안전한 저장을 위해 물이나 알코올로 습윤한다.

50

지하탱크저장소에 대한 설명으로 옳지 않은 것은?

① 탱크전용실 벽의 두께는 0.3m 이상이어야 한다.
② 지하저장탱크의 윗부분은 지면으로부터 0.6m 이상 아래에 있어야 한다.
③ 지하저장탱크와 탱크전용실 안쪽과의 사이는 0.1m 이상의 간격을 유지하도록 한다.
④ 지하저장탱크에는 두께 0.1m 이상의 철근콘크리트조로 된 뚜껑을 설치한다.

지하탱크저장소를 그 수평투영의 세로 및 가로보다 각각 0.6m 이상 크고 두께가 0.3m 이상인 철근콘크리트조의 뚜껑으로 덮을 것

정답   46 ④ 47 ③ 48 ④ 49 ① 50 ④

51

이황화탄소를 화재예방상 물속에 저장하는 이유는?

① 불순물을 물에 용해시키기 위해
② 가연성 증기의 발생을 억제하기 위해
③ 상온에서 수소가스를 발생시키기 때문에
④ 공기와 접촉하면 즉시 폭발하기 때문에

이황화탄소(CS_2)는 가연성 증기의 발생을 억제하기 위해 물속에 저장한다.

52

사이클로헥산에 관한 설명으로 가장 거리가 먼 것은?

① 고리형 분자구조를 가진 방향족 탄화수소화합물이다.
② 화학식은 C_6H_{12}이다.
③ 비수용성 위험물이다.
④ 제4류 중 제1석유류에 속한다.

사이클로헥산(C_6H_{12})은 고리형 분자구조를 가진 지방족 탄화수소이다.

53

다음 중 아이오딘값이 가장 낮은 것은?

① 해바라기유   ② 오동유
③ 아미인유   ④ 낙화생유

구분	아이오딘 값	종류
건성유	130 이상	대구유, 정어리유, 상어유, 해바라기유, 동유, 아마인유, 들기름
반건성유	100 초과 130 미만	면실유, 청어유, 쌀겨유, 옥수수유, 채종유, 참기름, 콩기름
불건성유	100 이하	소기름, 돼지기름, 고래기름, 올리브유, 팜유, 땅콩기름, 피마자유, 야자유

54

제6류 위험물을 저장하는 옥내탱크저장소로서 단층건물에 설치된 것의 소화난이도등급은?

① Ⅰ 등급   ② Ⅱ 등급
③ Ⅲ 등급   ④ 해당 없음

제6류 위험물은 소화난이도등급에 속하지 않는다.

55

탄소 80%, 수소 14%, 황 6%인 물질 1kg이 완전연소하기 위해 필요한 이론 공기량은 약 몇 kg인가? (단, 공기 중 산소는 23wt%이다.)

① 3.31   ② 7.05
③ 11.62   ④ 14.41

이론 공기량

이론 공기량을 구하는 공식은 연료의 각 성분이 완전연소할 때 필요한 산소량을 기반으로, 이를 공기 중 산소의 비율로 나눈 값을 계산하는 과정이다.

• 이론 공기량(kg) $= \dfrac{(11.6 \times C) + (34.8 \times H_2) + (4.35 \times S)}{100}$

- 탄소(C) : 탄소 1kg을 완전연소하려면 약 11.6kg의 공기가 필요하다.
- 수소(H_2) : 수소 1kg을 완전연소하려면 약 34.8kg의 공기가 필요하다.
- 황(S) : 황 1kg은 산소 1kg과 반응하며, 약 4.35kg의 공기가 필요하다.

• 이론 공기량(kg) $= \dfrac{(11.6 \times 80) + (34.8 \times 14) + (4.35 \times 6)}{100}$

$\qquad = 14.41kg$

56

위험물안전관리법령에 따른 위험물의 운송에 관한 설명 중 틀린 것은?

① 알킬리튬과 알킬알루미늄 또는 이 중 어느 하나 이상을 함유한 것은 운송책임자의 감독·지원을 받아야 한다.
② 이동탱크저장소에 의하여 위험물을 운송할 때의 운송책임자에는 법정의 안전교육을 이수하고 관련 업무에 2년 이상 종사한 경력이 있는 자도 포함된다.
③ 서울에서 부산까지 금속의 인화물 300kg을 1명의 운전자가 휴식 없이 운송해도 규정위반이 아니다.
④ 운송책임자의 감독 또는 지원 방법에는 동승하는 방법과 별도의 사무실에서 대기하면서 규정된 사항을 이행하는 방법이 있다.

위험물운송자는 장거리(고속국도 340km 이상, 그 밖의 도로 200km 이상)의 운송을 하는 때에는 2명 이상의 운전자로 한다. 다만, 다음의 3가지 경우에는 그러하지 아니하다.
• 운전책임자의 동승 : 운송책임자가 별도의 사무실이 아닌 이동탱크저장소에 함께 동승한 경우, 이때는 운송책임자가 운전자의 역할을 하지 않는 경우이다.
• 운송위험물의 위험성이 낮은 경우 : 운송하는 위험물이 제2류 위험물, 제3류 위험물(칼슘 또는 알루미늄의 탄화물과 이것만을 함유한 것), 제4류 위험물(특수인화물 제외)인 경우
• 적당한 휴식을 취하는 경우 : 운송 도중에 2시간 이내마다 20분 이상씩 휴식하는 경우

57 ⭐빈출

아염소산염류 500kg과 질산염류 3,000kg을 함께 저장하는 경우 위험물의 소요단위는 얼마인가?

① 2
② 4
③ 6
④ 8

• 아염소산염류(제1류)의 지정수량 : 50kg
• 질산염류(제1류)의 지정수량 : 300kg
• 지정수량 배수의 합 = $(\frac{500}{50}) + (\frac{3,000}{300})$ = 20배
• 소요단위 = 2(지정수량의 10배 = 1소요단위)

58

메틸알코올의 연소범위를 더 좁게 하기 위하여 첨가하는 물질이 아닌 것은?

① 질소
② 산소
③ 이산화탄소
④ 아르곤

연소범위를 줄이는 첨가 물질
• 연소되지 않는 불연성 물질을 첨가
• 불연성 물질 : 질소, 아르곤, 이산화탄소

59

과산화벤조일(벤조일퍼옥사이드)에 대한 설명 중 틀린 것은?

① 환원성 물질과 격리하여 저장한다.
② 물에 녹지 않으나 유기용매에 녹는다.
③ 희석제로 묽은 질산을 사용한다.
④ 결정성의 분말 형태이다.

과산화벤조일은 희석제로 물, 유기용제 등을 사용한다.

60 ⭐빈출

위험물의 저장 및 취급방법에 대한 설명으로 틀린 것은?

① 적린은 화기와 멀리하고 가열, 충격이 가해지지 않도록 한다.
② 이황화탄소는 발화점이 낮으므로 물속에 저장한다.
③ 마그네슘은 산화제와 혼합되지 않도록 취급한다.
④ 알루미늄분은 분진폭발의 위험이 있으므로 분무주수하여 저장한다.

• $2Al + 6H_2O \rightarrow 2Al(OH)_3 + 3H_2$
• 알루미늄은 물과 만나면 수소를 방출하며 폭발의 위험이 크기 때문에 물과 닿지 않아야 하며 밀폐용기에 넣어 건조한 곳에 보관한다.

정답   56 ③   57 ①   58 ②   59 ③   60 ④

01

위험물안전관리법령상 제5류 위험물의 화재발생 시 적응성이 있는 소화설비는?

① 분말 소화설비
② 물분무 소화설비
③ 이산화탄소 소화설비
④ 할로젠화합물 소화설비

제5류 위험물은 물에 의한 냉각소화가 가장 효과적이다.

02

다음 중 오존층 파괴지수가 가장 큰 것은?

① Halon 104
② Halon 1211
③ Halon 1301
④ Halon 2402

- Halon 1211 : 파괴지수 3
- Halon 1301 : 파괴지수 10
- Halon 2402 : 파괴지수 6

03

주된 연소형태가 표면연소인 것을 옳게 나타낸 것은?

① 중유, 알코올
② 코크스, 숯
③ 목재, 종이
④ 석탄, 플라스틱

아연분, 코크스, 목탄, 숯의 주된 연소형태는 표면연소이다.

04

다음 중 화학적 소화에 해당하는 것은?

① 냉각소화
② 질식소화
③ 제거소화
④ 억제소화

화학적 소화에 해당하는 억제소화는 부촉매효과에 의하여 화재 시 나타나는 연쇄반응을 차단한다.

05

제3류 위험물 중 금수성 물질에 적응할 수 있는 소화설비는?

① 포 소화설비
② 이산화탄소 소화설비
③ 탄산수소염류 분말 소화설비
④ 할로젠화합물 소화설비

금수성 물질의 소화에는 탄산수소염류 등을 이용한 분말 소화약제 등 금수성 위험물에 적응성이 있는 분말 소화약제를 이용하여 질식소화한다.

06

제3류 위험물을 취급하는 제조소는 300명 이상을 수용할 수 있는 극장으로부터 몇 m 이상의 안전거리를 유지하여야 하는가?

① 5
② 10
③ 30
④ 70

사람이 많이 모이는 곳은 30m 이상이다.

정답   01 ② 02 ③ 03 ② 04 ④ 05 ③ 06 ③

07

다음 중 할로젠화합물 소화약제의 가장 주된 소화효과에 해당하는 것은?

① 제거효과
② 억제효과
③ 냉각효과
④ 질식효과

할로젠화합물 소화약제는 가연물과 산소의 화학반응을 억제하는 작용을 한다.

08

위험물안전관리법령에서 정한 경보설비가 아닌 것은?

① 자동화재탐지설비
② 비상조명설비
③ 비상경보설비
④ 비상방송설비

경보설비의 설치기준
지정수량 10배 이상의 위험물을 저장 또는 취급하는 제조소등(이동탱크저장소를 제외한다)에는 화재발생 시 이를 알릴 수 있는 다음의 경보설비를 설치하여야 한다.
• 자동화재탐지설비
• 자동화재속보설비
• 비상경보설비(비상벨장치 또는 경종 포함)
• 확성장치(휴대용확성기 포함)
• 비상방송설비

09

위험물안전관리법령상 전기설비에 대하여 적응성이 없는 소화설비는?

① 물분무 소화설비
② 이산화탄소 소화설비
③ 포 소화설비
④ 할로젠화합물 소화설비

포 소화설비는 전기설비에 스며들어 누전이 발생되므로 적응성이 없다.

10

철분·마그네슘·금속분에 적응성이 있는 소화설비는?

① 스프링클러설비
② 할로젠화합물 소화설비
③ 대형수동식 포 소화기
④ 건조사

철분·마그네슘·금속분은 주수소화 시 수소를 발생하며 폭발하기 때문에 건조사한다.

11

위험물안전관리법령상 소화난이도등급 Ⅰ에 해당하는 제조소의 연면적 기준은?

① 1,000m² 이상
② 800m² 이상
③ 700m² 이상
④ 500m² 이상

소화난이도등급 Ⅰ에 해당하는 제조소 : 연면적 1,000m² 이상

12

위험물취급소의 건축물은 외벽이 내화구조인 경우 연면적 몇 m²를 1소요단위로 하는가?

① 50
② 100
③ 150
④ 200

소요단위(연면적)

구분	외벽 내화구조	외벽 비내화구조
제조소 취급소	100m²	50m²
저장소	150m²	75m²

제조소 또는 취급소의 건축물은 외벽이 내화구조인 경우 연면적 100m²를 1소요단위로 한다.

13

나이트로셀룰로오스 화재 시 가장 적합한 소화방법은?

① 할로젠화합물 소화기를 사용한다.
② 분말 소화기를 사용한다.
③ 이산화탄소 소화기를 사용한다.
④ 다량의 물을 사용한다.

나이트로셀룰로오스(제5류)의 저장 및 소화방법
• 저장 시 열원, 충격, 마찰 등을 피하고 냉암소에 저장하여야 하며 이때 안전한 저장을 위해 에탄올에 보관한다.
• 화재 시 다량의 물을 사용한다.

14

자연발화를 방지하기 위한 방법으로 옳지 않은 것은?

① 습도를 가능한 한 높게 유지한다.
② 열 축적을 방지한다.
③ 저장실의 온도를 낮춘다.
④ 정촉매 작용을 하는 물질을 피한다.

습도가 높으면 미생물로 인한 자연발화의 위험성이 높아지기 때문에 습도를 낮게 유지해야 한다.

15

다음 중 산화성 액체위험물의 화재예방상 가장 주의해야 할 점은?

① 0℃ 이하로 냉각시킨다.
② 공기와의 접촉을 피한다.
③ 가연물과의 접촉을 피한다.
④ 금속용기에 저장한다.

산화성 액체위험물(제6류)은 가연물과 접촉 시 발화 위험이 크므로 접촉을 피한다.

16 빈출

금속화재에 대한 설명으로 틀린 것은?

① 마그네슘과 같은 가연성 금속의 화재를 말한다.
② 주수소화 시 물과 반응하여 가연성 가스를 발생하는 경우가 있다.
③ 화재 시 금속화재용 분말 소화약제를 사용할 수 있다.
④ D급 화재라고 하며 표시하는 색상은 청색이다.

화재의 종류

급수	화재	색상
A	일반	백색
B	유류	황색
C	전기	청색
D	금속	무색

17

건축물의 1층 및 2층 부분만을 방사능력범위로 하고 지하층 및 3층 이상의 층에 대하여 다른 소화설비를 설치해야 하는 소화설비는?

① 스프링클러설비
② 포 소화설비
③ 옥외소화전설비
④ 물분무 소화설비

옥외소화전설비
건축물의 1층 및 2층 부분만을 방사능력범위로 하고 건축물의 지하층 및 3층 이상의 층에 대하여 다른 소화설비를 설치할 것. 또한 옥외소화전설비를 옥외 공작물에 대한 소화설비로 하는 경우에도 유효방수거리 등을 고려한 방사능력범위에 따라 설치할 것

정답   13 ④ 14 ① 15 ③ 16 ④ 17 ③

18

다음 중 연소반응이 일어날 수 있는 가능성이 가장 큰 물질은?

① 산소와 친화력이 작고, 활성화에너지가 작은 물질
② 산소와 친화력이 크고, 활성화에너지가 큰 물질
③ 산소와 친화력이 작고, 활성화에너지가 큰 물질
④ 산소와 친화력이 크고, 활성화에너지가 작은 물질

산소와 친화력이 크고, 활성화에너지(화학반응이 일어나기 위해 필요한 최소 에너지량)가 작은 물질은 연소반응이 일어날 가능성이 크다.

19 ⭐빈출

비전도성 인화성 액체가 관이나 탱크 내에서 움직일 때 정전기가 발생하기 쉬운 조건으로 가장 거리가 먼 것은?

① 흐름의 낙차가 클 때
② 느린 유속으로 흐를 때
③ 심한 와류가 생성될 때
④ 필터를 통과할 때

유속이 빨라야 마찰이 증가해 정전기가 발생하기 쉽다.

20 ⭐빈출

가연성 고체위험물의 일반적 성질로서 틀린 것은?

① 비교적 저온에서 착화한다.
② 산화제와의 접촉·가열은 위험하다.
③ 연소속도가 빠르다.
④ 산소를 포함하고 있다.

가연성 고체위험물(제2류)은 산소를 포함하고 있지 않은 강력한 환원성 물질이다.

21

제6류 위험물의 화재예방 및 진압대책으로 적합하지 않은 것은?

① 가연물과의 접촉을 피한다.
② 과산화수소를 장기보존할 때는 유리용기를 사용하여 밀전한다.
③ 옥내소화전설비를 사용하여 소화할 수 있다.
④ 물분무 소화설비를 사용하여 소화할 수 있다.

과산화수소(H_2O_2)는 열, 햇빛에 의해 분해가 촉진되므로 뚜껑에 작은 구멍을 뚫은 갈색 병에 보관해야 한다.

22

위험물안전관리법령에 따라 다음 ( ) 안에 들어갈 알맞은 용어는?

주유취급소 중 건축물의 2층 이상의 부분을 점포, 휴게음식점 또는 전시장의 용도로 사용하는 것에 있어서는 당해 건축물의 2층 이상으로부터 직접 주유취급소의 부지 밖으로 통하는 출입구와 해당 출입구로 통하는 통로·계단 및 출입구에 ( )을(를) 설치하여야 한다.

① 피난사다리　　　　② 경보기
③ 유도등　　　　　　④ CCTV

주유취급소 중 건축물의 2층 이상의 부분을 점포, 휴게음식점 또는 전시장의 용도로 사용하는 것에 있어 해당 건축물의 2층 이상으로부터 직접 주유취급소의 부지 밖으로 통하는 출입구와 해당 출입구로 통하는 통로·계단에 설치하여야 하는 것은 유도등이다.

정답　　18④　19②　20④　21②　22③

23

벤젠에 관한 설명 중 틀린 것은?

① 인화점은 약 −11℃ 정도이다.
② 이황화탄소보다 착화온도가 높다.
③ 벤젠 증기는 마취성은 있으나 독성은 없다.
④ 취급할 때 정전기 발생을 조심해야 한다.

벤젠(C_6H_6) 증기는 마취성이 있고 독성도 있다.

24 ⭐빈출

다음 중 질산에스터류에 속하는 것은?

① 피크린산
② 나이트로벤젠
③ 나이트로글리세린
④ 트라이나이트로톨루엔

품명	위험물	상태
질산에스터류	질산메틸 질산에틸 나이트로글리콜 나이트로글리세린	액체
	나이트로셀룰로오스 셀룰로이드	고체
나이트로화합물	트라이나이트로톨루엔 트라이나이트로페놀 다이나이트로벤젠 테트릴	고체

25

1기압 20℃에서 액상이며 인화점이 200℃ 이상인 물질은?

① 벤젠
② 톨루엔
③ 글리세린
④ 실린더유

• 실린더유는 제4석유류이다.
• 제4류 위험물 중 1기압에서 인화점 200℃ 이상 250℃ 미만인 것을 제4석유류로 정의한다.

26

제2류 위험물이 아닌 것은?

① 황화인
② 적린
③ 황린
④ 철분

황린(P_4)은 제3류 위험물이다.

27

특수인화물 200L와 제4석유류 12,000L를 저장할 때 각각의 지정수량 배수의 합은 얼마인가?

① 3
② 4
③ 5
④ 6

• 특수인화물의 지정수량 : 50L
• 제4석유류의 지정수량 : 6,000L

∴ 지정수량 배수의 합 $= \dfrac{200}{50} + \dfrac{12,000}{6,000} = 6$배

28

지정과산화물을 저장 또는 취급하는 옥내저장소 저장창고의 출입구 및 창의 설치기준으로 틀린 것은?

① 창은 바닥면으로부터 2m 이상의 높이에 설치한다.
② 하나의 창의 면적을 0.4m² 이내로 한다.
③ 하나의 벽면에 두는 창의 면적의 합계를 당해 벽면의 면적의 80분의 1이 초과되도록 한다.
④ 출입구에는 60분 + 방화문, 60분방화문을 설치한다.

저장창고의 창은 바닥면으로부터 2m 이상의 높이에 두되, 하나의 벽면에 두는 창의 면적의 합계를 당해 벽면의 면적의 80분의 1 이내로 하고, 하나의 창의 면적을 0.4m² 이내로 한다.

정답   23 ③   24 ③   25 ④   26 ③   27 ④   28 ③

29

위험물안전관리법령에 따른 위험물의 운송에 관한 설명 중 틀린 것은?

① 알킬리튬과 알킬알루미늄 또는 이 중 어느 하나 이상을 함유한 것은 운송책임자의 감독·지원을 받아야 한다.
② 이동탱크저장소에 의하여 위험물을 운송할 때의 운송책임자에는 법정의 안전교육을 이수하고 관련 업무에 2년 이상 종사한 경력이 있는 자도 포함된다.
③ 서울에서 부산까지 금속의 인화물 300kg을 1명의 운전자가 휴식 없이 운송해도 규정위반이 아니다.
④ 운송책임자의 감독 또는 지원의 방법에는 동승하는 방법과 별도의 사무실에서 대기하면서 규정된 사항을 이행하는 방법이 있다.

위험물운송자는 장거리(고속국도 340km 이상, 그 밖의 도로 200km 이상)의 운송을 하는 때에는 2명 이상의 운전자로 한다. 다만, 다음의 경우에는 그러하지 아니하다.
• 운전책임자의 동승 : 운송책임자가 별도의 사무실이 아닌 이동탱크저장소에 함께 동승한 경우, 이때는 운송책임자가 운전자의 역할을 하지 않는 경우이다.
• 운송위험물의 위험성이 낮은 경우 : 운송하는 위험물이 제2류 위험물, 제3류 위험물(칼슘 또는 알루미늄의 탄화물과 이것만을 함유한 것), 제4류 위험물(특수인화물 제외)인 경우
• 적당한 휴식을 취하는 경우 : 운송 도중에 2시간 이내마다 20분 이상씩 휴식하는 경우

30

공기 중에서 갈색 연기를 내는 물질은?

① 다이크로뮴산암모늄
② 톨루엔
③ 벤젠
④ 발연질산

발연질산은 빛과 열의 작용으로 붉은 갈색 연기를 낸다.

31

셀룰로이드에 관한 설명 중 틀린 것은?

① 물에 잘 녹으며, 자연발화의 위험이 있다.
② 지정수량은 10kg이다.
③ 탄력성이 있는 고체의 형태이다.
④ 장시간 방치된 것은 햇빛, 고온 등에 의해 분해가 촉진된다.

셀룰로이드(제5류)는 물에 잘 녹지 않고 아세톤과 알코올에 녹는다.

32

위험물안전관리법령에서 정하는 위험등급 Ⅰ에 해당하지 않는 것은?

① 제3류 위험물 중 지정수량이 20kg인 위험물
② 제4류 위험물 중 특수인화물
③ 제1류 위험물 중 무기과산화물
④ 제5류 위험물 중 지정수량이 100kg인 위험물

제5류 위험물 중 지정수량이 100kg인 위험물은 위험등급 Ⅱ등급이다.

33

위험물안전관리법령에 명시된 아세트알데하이드의 옥외저장탱크에 필요한 설비가 아닌 것은?

① 보냉장치
② 냉각장치
③ 동 합금 배관
④ 불활성 기체를 봉입하는 장치

아세트알데하이드등을 저장 또는 취급하는 옥외저장탱크
• 냉각장치 또는 저온을 유지하기 위한 장치(보냉장치), 그리고 연소성 혼합기체의 생성에 의한 폭발을 방지하기 위한 불활성 기체를 봉입하는 장치를 갖출 것
• 옥외저장탱크의 설비는 동·마그네슘·은·수은 또는 이들을 성분으로 하는 합금으로 만들지 아니할 것

정답   29 ③   30 ④   31 ①   32 ④   33 ③

34 빈출

탄화칼슘에 대한 설명으로 옳은 것은?

① 분자식은 CaC이다.
② 물과의 반응 생성물에는 수산화칼슘이 포함된다.
③ 순수한 것은 흑회색의 불규칙한 덩어리이다.
④ 고온에서도 질소와는 반응하지 않는다.

탄화칼슘과 물의 반응식
• $CaC_2 + 2H_2O \rightarrow Ca(OH)_2 + C_2H_2$
• 탄화칼슘은 물과 반응하여 수산화칼슘과 아세틸렌을 발생한다.

35

정기점검대상 제조소등에 해당하지 않는 것은?

① 이동탱크저장소
② 지정수량 120배의 위험물을 저장하는 옥외저장소
③ 지정수량 120배의 위험물을 저장하는 옥내저장소
④ 이송취급소

정기점검대상 제조소등
• 지정수량 10배 이상의 위험물을 취급하는 제조소
• 지정수량 10배 이상의 위험물을 취급하는 일반취급소
• 지정수량 100배 이상의 위험물을 저장하는 옥외저장소
• 지정수량 150배 이상의 위험물을 저장하는 옥내저장소
• 지정수량 200배 이상의 위험물을 저장하는 옥외탱크저장소
• 암반탱크저장소
• 이송취급소
• 지하탱크저장소
• 이동탱크저장소
• 위험물을 취급하는 탱크로서 지하에 매설된 탱크가 있는 제조소·주유취급소 또는 일반취급소

36 빈출

위험물의 운반 및 적재 시 혼재가 불가능한 것으로 연결된 것은? (단, 지정수량의 1/5 이상이다.)

① 제1류와 제6류   ② 제4류와 제3류
③ 제2류와 제3류   ④ 제5류와 제4류

유별을 달리하는 위험물 혼재기준			
1	6		혼재 가능
2	5	4	혼재 가능
3	4		혼재 가능

37 빈출

아염소산염류 500kg과 질산염류 3,000kg을 함께 저장하는 경우 위험물의 소요단위는 얼마인가?

① 2   ② 4
③ 6   ④ 8

• 1소요단위 = 지정수량 × 10
• 아염소산염류의 소요단위 = 50kg × 10 = 500kg
• 질산염류의 소요단위 = 300kg × 10 = 3,000kg

∴ 최종 소요단위 = $\dfrac{500}{500} + \dfrac{3,000}{3,000} = 2$

38

과염소산에 대한 설명 중 틀린 것은?

① 산화제로 이용된다.
② 휘발성이 강한 가연성 물질이다.
③ 철, 아연, 구리와 격렬하게 반응한다.
④ 증기비중이 약 3.5이다.

과염소산(제6류, $HClO_4$)은 산화성 액체이다.

39

위험물안전관리법상 위험물에 해당하는 것은?

① 아황산
② 비중이 1.41인 질산
③ 53마이크로미터의 표준체를 통과하는 것이 50중량퍼센트 이상인 철의 분말
④ 농도가 15중량퍼센트인 과산화수소

'철분'이라 함은 철의 분말로서 53마이크로미터의 표준체를 통과하는 것이 50중량퍼센트 미만인 것은 제외한다.

40

상온에서 CaC_2를 장기간 보관할 때 사용하는 물질로 다음 중 가장 적합한 것은?

① 물
② 알코올수용액
③ 질소가스
④ 아세틸렌가스

탄화칼슘(CaC_2)은 질소가스와 반응성이 없어 보관할 때 질소가스를 사용한다.

41

제1류 위험물의 일반적인 성질에 해당하지 않는 것은?

① 고체 상태이다.
② 분해하여 산소를 발생한다.
③ 가연성 물질이다.
④ 산화제이다.

제1류 위험물은 산화성 고체이다.

42

위험물을 운반용기에 수납하여 적재할 때 차광성이 있는 피복으로 가려야 하는 위험물이 아닌 것은?

① 제1류 위험물
② 제2류 위험물
③ 제5류 위험물
④ 제6류 위험물

차광성 있는 피복으로 가려야 하는 위험물
• 제1류 위험물
• 제3류 위험물 중 자연발화성 물질
• 세4류 위험물 중 특수인화물
• 제5류 위험물
• 제6류 위험물

43 ⭐빈출

염소산칼륨 20킬로그램과 아염소산나트륨 10킬로그램을 과염소산과 함께 저장하는 경우 지정수량 1배로 저장하려면 과염소산은 얼마나 저장할 수 있는가?

① 20킬로그램
② 40킬로그램
③ 80킬로그램
④ 120킬로그램

• 각 위험물의 지정수량
  – 염소산칼륨(제1류) : 50kg
  – 아염소산나트륨(제1류) : 50kg
  – 과염소산(제6류) : 300kg
• 저장하는 과염소산의 용량 = x
• 지정수량 배수의 합 = $(\frac{20}{50}) + (\frac{10}{50}) + (\frac{x}{300})$ = 1배

∴ x = 120kg

44 ⭐빈출

위험물과 그 위험물이 물과 반응하여 발생하는 가스를 잘못 연결한 것은?

① 탄화알루미늄 – 메탄
② 탄화칼슘 – 아세틸렌
③ 인화칼슘 – 에탄
④ 수소화칼슘 – 수소

인화칼슘과 물의 반응식
• $Ca_3P_2 + 6H_2O \rightarrow 3Ca(OH)_2 + 2PH_3$
• 인화칼슘은 물과 반응하여 수산화칼슘과 포스핀가스를 발생한다.

정답 39 ③ 40 ③ 41 ③ 42 ② 43 ④ 44 ③

45

위험물안전관리법상 주유취급소의 소화설비 기준과 관련한 설명 중 틀린 것은?

① 모든 주유취급소는 소화난이도등급 Ⅰ, Ⅱ, Ⅲ에 속한다.
② 소화난이도등급 Ⅱ에 해당하는 주유취급소에는 대형수동식소화기 및 소형수동식소화기 등을 설치하여야 한다.
③ 소화난이도등급 Ⅲ에 해당하는 주유취급소에는 소형수동식소화기 등을 설치하여야 하며, 위험물의 소요단위 산정은 지하탱크저장소의 기준을 준용한다.
④ 모든 주유취급소의 소화설비 설치를 위해서는 위험물의 소요단위를 산출하여야 한다.

소화난이도등급 Ⅲ에 해당하는 주유취급소에는 소형수동식소화기등을 설치하여야 하며, 능력단위의 수치가 건축물 그 밖의 공작물 및 위험물의 소요단위의 수치에 이르도록 설치해야 한다. 다만, 옥내소화전설비, 옥외소화전설비, 스프링클러설비, 물분무등소화설비 또는 대형수동식소화기를 설치한 경우에는 당해 소화설비의 방사능력범위 내의 부분에 대하여는 수동식소화기등을 그 능력단위의 수치가 당해 소요단위의 수치의 1/5 이상이 되도록 하는 것으로 족하다.

46

위험물의 운반에 관한 기준에 따르면 아세톤의 위험등급은 얼마인가?

① 위험등급 Ⅰ
② 위험등급 Ⅱ
③ 위험등급 Ⅲ
④ 위험등급 Ⅳ

아세톤(CH_3COCH_3)은 제4류 위험물 중 제1석유류(수용성)로 위험등급은 Ⅱ이다.

47

휘발유에 대한 설명으로 옳지 않은 것은?

① 전기양도체이므로 정전기 발생에 주의해야 한다.
② 빈 드럼통이라도 가연성 가스가 남아 있을 수 있으므로 취급에 주의해야 한다.
③ 취급·저장 시 환기를 잘 시켜야 한다.
④ 직사광선을 피해 통풍이 잘 되는 곳에 저장한다.

휘발유는 전기부도체이다.

48

벤조일퍼옥사이드의 위험성에 대한 설명으로 틀린 것은?

① 상온에서 분해되며 수분이 흡수되면 폭발성을 가지므로 건조된 상태로 보관·운반한다.
② 강산에 의해 분해폭발의 위험이 있다.
③ 충격, 마찰 등에 의해 분해되어 폭발할 위험이 있다.
④ 가연성 물질과 접촉하면 발화의 위험이 높다.

벤조일퍼옥사이드는 물이나 안정제에 습윤하여 보관한다.

49

위험물안전관리법령상 위험물제조소등에 자체소방대를 두어야 할 대상으로 옳은 것은?

① 지정수량 300배 이상의 제4류 위험물을 취급하는 저장소
② 지정수량 300배 이상의 제4류 위험물을 취급하는 제조소
③ 지정수량 3,000배 이상의 제4류 위험물을 취급하는 저장소
④ 지정수량 3,000배 이상의 제4류 위험물을 취급하는 제조소

위험물안전관리법령상 자체소방대를 설치해야 하는 사업소
• 제조소 또는 일반취급소에서 취급하는 제4류 위험물의 최대수량의 합이 지정수량의 3천배 이상인 경우(다만, 보일러로 위험물을 소비하는 일반취급소등 행정안전부령으로 정하는 일반취급소는 제외한다)
• 옥외탱크저장소에 저장하는 제4류 위험물의 최대수량이 지정수량의 50만배 이상인 경우

45 ③ 46 ② 47 ① 48 ① 49 ④

50

제2류 위험물에 대한 설명 중 틀린 것은?

① 황은 물에 녹지 않는다.
② 오황화인은 CS_2에 녹는다.
③ 삼황화인은 가연성 물질이다.
④ 칠황화인은 더운물에 분해되어 이산화황을 발생한다.

- $P_4S_7 + 13H_2O \rightarrow 7H_2S + H_3PO_4 + 3H_3PO_3$
- 칠황화인은 물과 반응하여 황화수소를 발생한다.

51

아세트알데하이드와 아세톤의 공통성질에 대한 설명 중 틀린 것은?

① 증기는 공기보다 무겁다.
② 무색 액체로서 위험점이 낮다.
③ 물에 잘 녹는다.
④ 특수인화물로 반응성이 크다.

아세트알데하이드는 특수인화물이고, 아세톤은 제1석유류이다.

52

다음 중 위험물안전관리법령에 따른 지정수량이 나머지 셋과 다른 하나는?

① 황린
② 칼륨
③ 나트륨
④ 알킬리튬

- 황린의 지정수량 : 20kg
- 칼륨, 나트륨, 알킬리튬의 지정수량 : 10kg

53

다음은 위험물안전관리법령에서 정한 정의이다. 무엇의 정의인가?

> 인화성 또는 발화성 등의 성질을 가지는 것으로서 대통령령이 정하는 물품을 말한다.

① 위험물
② 가연물
③ 특수인화물
④ 제4류 위험물

위험물은 인화성 또는 발화성 등의 성질을 가지는 것으로서 대통령령이 정하는 물품을 말한다.

54

황린과 적린의 성질에 대한 설명으로 가장 거리가 먼 것은?

① 황린과 적린은 이황화탄소에 녹는다.
② 황린과 적린은 물에 불용이다.
③ 적린은 황린에 비하여 화학적으로 활성이 작다.
④ 황린과 적린을 각각 연소시키면 P_2O_5을 발생한다.

- 황린은 백색 또는 담황색의 자연발화성 고체로, 벤젠, 알코올에는 일부 용해하고, 이황화탄소(CS_2), 삼염화인, 염화황에는 잘 녹는다.
- 적린은 이황화탄소, 에터, 암모니아 등에 녹지 않는다.

55

과염소산나트륨의 성질이 아닌 것은?

① 황색의 분말로 물과 반응하여 산소를 발생한다.
② 가열하면 분해되고 산소를 방출한다.
③ 융점은 약 482℃이고 물에 잘 녹는다.
④ 비중은 약 2.5로 물보다 무겁다.

과염소산나트륨($NaClO_4$)은 백색 분말이고 물과 반응하지 않는다.

정답

50 ④ 51 ④ 52 ① 53 ① 54 ① 55 ①

56

산화프로필렌의 성상에 대한 설명 중 틀린 것은?

① 청색의 휘발성이 강한 액체이다.
② 인화점이 낮은 인화성 액체이다.
③ 물에 잘 녹는다.
④ 에테르향의 냄새를 가진다.

> 산화프로필렌(CH_2CHOCH_3)은 무색의 휘발성이 강한 액체이다.

57 ⭐빈출

위험물안전관리법령상 품명이 나머지 셋과 다른 하나는?

① 트라이나이트로톨루엔
② 나이트로글리세린
③ 나이트로글리콜
④ 셀룰로이드

품명	위험물	상태
질산에스터류	질산메틸 질산에틸 나이트로글리콜 나이트로글리세린	액체
	나이트로셀룰로오스 셀룰로이드	고체
나이트로화합물	트라이나이트로톨루엔 트라이나이트로페놀 다이나이트로벤젠 테트릴	고체

58

다음 중 위험등급 II의 위험물이 아닌 것은?

① 질산칼륨　　　　② 적린
③ 나트륨　　　　　④ 황

> 나트륨(Na)의 위험등급은 I 이다.

59

황에 대한 설명으로 옳지 않은 것은?

① 연소 시 황색불꽃을 보이며 유독한 이황화탄소를 발생한다.
② 미세한 분말상태에서 부유하면 분진폭발의 위험이 있다.
③ 마찰에 의해 정전기가 발생할 우려가 있다.
④ 고온에서 용융된 황은 수소와 반응한다.

> • $2S + C \rightarrow CS_2$
> • 황은 탄소와 반응하여 이황화탄소를 발생한다.
> • $S + O_2 \rightarrow SO_2$
> • 황은 연소 시 유독한 아황산가스를 발생한다.

60 ⭐빈출

칼륨의 저장 시 사용하는 보호물질로 다음 중 가장 적합한 것은?

① 에탄올　　　　　② 사염화탄소
③ 등유　　　　　　④ 이산화탄소

> 칼륨(K)은 공기와의 접촉을 막기 위해 등유, 경유 등의 산소가 함유되지 않은 보호액(석유류)에 저장한다.

Chapter 14

2022년 2회 | CBT 기출복원문제

01

위험등급이 나머지 셋과 다른 것은?

① 알칼리토금속
② 아염소산염류
③ 질산에스터류
④ 제6류 위험물

- 알칼리토금속(제3류)의 위험등급 : Ⅱ등급
- 아염소산염류(제1류), 질산에스터류(제5류), 제6류 위험물의 위험등급 : Ⅰ등급

02 ★

점화원으로 작용할 수 있는 정전기를 방지하기 위한 예방대책이 아닌 것은?

① 정전기 발생이 우려되는 장소에 접지시설을 한다.
② 실내의 공기를 이온화하여 정전기 발생을 억제한다.
③ 정전기는 습도가 낮을 때 많이 발생하므로 상대습도를 70% 이상으로 한다.
④ 전기의 저항이 큰 물질은 대전이 용이하므로 비전도체 물질을 사용한다.

정전기 방지대책
- 접지에 의한 방법
- 공기를 이온화함
- 공기 중의 상대습도를 70% 이상으로 함
- 위험물이 느린 유속으로 흐를 때

03

지하탱크저장소에서 인접한 2개의 지하저장탱크 용량의 합계가 지정수량의 100배일 경우 탱크 상호 간의 최소거리는?

① 0.1m
② 0.3m
③ 0.5m
④ 1m

인접한 2개의 지하저장탱크 용량의 합계가 지정수량의 100배 이하인 경우 상호 간의 최소거리는 0.5m 이상이어야 한다.

04

위험물안전관리자의 책무에 해당되지 않는 것은?

① 화재 등의 재난이 발생한 경우 소방관서 등에 대한 연락업무
② 화재 등의 재난이 발생한 경우 응급조치
③ 위험물 취급에 관한 일지의 작성·기록
④ 위험물안전관리자의 선임·신고

위험물안전관리자의 책무
- 위험물의 취급작업에 참여하여 당해 작업이 저장 또는 취급에 관한 기술기준과 예방규정에 적합하도록 해당 작업자(당해 작업에 참여하는 위험물취급자격자를 포함한다)에 대하여 지시 및 감독하는 업무
- 화재 등의 재난이 발생한 경우 응급조치 및 소방관서 등에 대한 연락업무
- 위험물시설의 안전을 담당하는 자를 따로 두는 제조소등의 경우에는 그 담당자에게 다음의 규정에 의한 업무의 지시, 그 밖의 제조소등의 경우에는 다음의 규정에 의한 업무
  - 제조소등의 위치·구조 및 설비를 기술기준에 적합하도록 유지하기 위한 점검과 점검상황의 기록·보존
  - 제조소등의 구조 또는 설비의 이상을 발견한 경우 관계자에 대한 연락 및 응급조치
  - 화재가 발생하거나 화재발생의 위험성이 현저한 경우 소방관서 등에 대한 연락 및 응급조치
  - 제조소등의 계측장치·제어장치 및 안전장치 등의 적정한 유지·관리
  - 제조소등의 위치·구조 및 설비에 관한 설계도서 등의 정비·보존 및 제조소등의 구조 및 설비의 안전에 관한 사무의 관리
- 화재 등의 재해의 방지와 응급조치에 관하여 인접하는 제조소등과 그 밖의 관련되는 시설의 관계자와 협조체제의 유지
- 위험물의 취급에 관한 일지의 작성·기록
- 그 밖에 위험물을 수납한 용기를 차량에 적재하는 작업, 위험물설비를 보수하는 작업 등 위험물의 취급과 관련된 작업의 안전에 관하여 필요한 감독의 수행

정답 01 ① 02 ④ 03 ③ 04 ④

05

옥내저장소에 관한 위험물안전관리법령의 내용으로 옳지 않은 것은?

① 지정과산화물을 저장하는 옥내저장소의 경우 바닥면적 150m² 이내마다 격벽으로 구획을 하여야 한다.
② 옥내저장소에는 원칙상 안전거리를 두어야 하나, 제6류 위험물을 저장하는 경우에는 안전거리를 두지 않을 수 있다.
③ 아세톤을 처마높이 6m 미만인 단층건물에 저장하는 경우 저장창고의 바닥면적은 1,000m² 이하로 하여야 한다.
④ 복합용도의 건축물에 설치하는 옥내저장소는 해당 용도로 사용하는 부분의 바닥면적을 100m² 이하로 하여야 한다.

복합용도 건축물에 설치하는 옥내저장소의 용도에 사용되는 부분의 바닥면적은 75m² 이하로 하여야 한다.

06

다음 중 폭발범위가 가장 넓은 물질은?

① 메탄
② 톨루엔
③ 에틸알코올
④ 에틸에터

각 위험물의 폭발범위
• 메탄 : 5 ~ 15%(10)
• 톨루엔 : 1.3 ~ 6.7%(5.4)
• 에틸알코올 : 3.5 ~ 20%(16.5)
• 에틸에터 : 1.7 ~ 48%(46.3)

07

이산화탄소가 소화약제로 사용되는 이유에 대한 설명으로 가장 옳은 것은?

① 산소와 반응이 느리기 때문이다.
② 산소와 반응하지 않기 때문이다.
③ 착화되어도 곧 불이 꺼지기 때문이다.
④ 산화반응이 되어도 열 발생이 없기 때문이다.

이산화탄소는 불연성 가스이므로 산소공급원이 될 수 없고 산소와 반응하지 않는다.

08 ⭐빈출

분말 소화약제 중 제1종과 제2종 분말이 각각 열분해될 때 공통적으로 생성되는 물질은?

① N_2, CO_2
② N_2, O_2
③ H_2O, CO_2
④ H_2O, N_2

분말 소화약제의 종류

약제명	주성분	분해식
제1종	탄산수소나트륨	$2NaHCO_3 \rightarrow Na_2CO_3 + CO_2 + H_2O$
제2종	탄산수소칼륨	$2KHCO_3 \rightarrow K_2CO_3 + CO_2 + H_2O$
제3종	인산암모늄	$NH_4H_2PO_4 \rightarrow NH_3 + HPO_3 + H_2O$
제4종	탄산수소칼륨 + 요소	-

09

다음 중 발화점이 달라지는 요인으로 가장 거리가 먼 것은?

① 가연성 가스와 공기의 조성비
② 발화를 일으키는 공간의 형태와 크기
③ 가열속도와 가열시간
④ 가열도구의 내구연한

가열도구로 발화점이 달라지지 않는다.

10

이산화탄소 소화기의 장점으로 옳은 것은?

① 전기설비 화재에 유용하다.
② 마그네슘과 같은 금속분 화재 시 유용하다.
③ 자기반응성 물질의 화재 시 유용하다.
④ 알칼리금속과산화물 화재 시 유용하다.

이산화탄소 소화기는 전기전도성이 없어 전기 화재에 안전하게 사용할 수 있다.

정답   05 ④ 06 ④ 07 ② 08 ③ 09 ④ 10 ①

11 빈출

금수성 물질 저장시설에 설치하는 주의사항 게시판의 바탕 색과 문자색을 옳게 나타낸 것은?

① 적색바탕에 백색문자
② 백색바탕에 적색문자
③ 청색바탕에 백색문자
④ 백색바탕에 청색문자

제3류 위험물 중 금수성 물질 저장시설에 설치하는 게시판에 표시하는 주의사항은 물기엄금이고, 청색바탕에 백색문자로 표시한다.

12

과산화수소에 대한 설명으로 틀린 것은?

① 불연성이다.
② 물보다 무겁다.
③ 산화성 액체이다.
④ 지정수량은 300L이다.

과산화수소(H_2O_2)는 제6류 위험물(산화성 액체)로 지정수량은 300kg 이다.

13

위험물안전관리법령에 의한 안전교육에 대한 설명으로 옳은 것은?

① 제조소등의 관계인은 교육대상자에 대하여 안전교육을 받게 할 의무가 있다.
② 안전관리자, 탱크시험자의 기술인력 및 위험물운송자는 안전교육을 받을 의무가 없다.
③ 탱크시험자의 업무에 대한 강습교육을 받으면 탱크시험자의 기술인력이 될 수 있다.
④ 소방서장은 교육대상자가 교육을 받지 아니한 때에는 그 자격을 정지하거나 취소할 수 있다.

• 제조소등의 관계인은 교육대상자에 대하여 필요한 안전교육을 받게 하여야 한다.
• 안전관리자 · 탱크시험자 · 위험물운반자 · 위험물운송자 등 위험물의 안전관리와 관련된 업무를 수행하는 자로서 대통령령이 정하는 자는 해당 업무에 관한 능력의 습득 또는 향상을 위하여 소방청장이 실시하는 교육을 받아야 한다.

14

위험물안전관리법령상 제조소의 위치 · 구조 및 설비의 기준에 따르면 가연성 증기가 체류할 우려가 있는 건축물은 배출장소의 용적이 500m³일 때 시간당 배출능력(국소방식)을 얼마 이상인 것으로 하여야 하는가?

① 5,000m³
② 10,000m³
③ 20,000m³
④ 40,000m³

• 배출능력(국소방식) : 1시간당 배출장소 용적의 20배 이상
• 배출능력 = 500 × 20 = 10,000m³

15

물의 소화능력을 향상시키고 동절기 또는 한랭지에서도 사용할 수 있도록 탄산칼륨 등의 알칼리금속염을 첨가한 소화약제는?

① 강화액
② 할로젠간화합물
③ 이산화탄소
④ 포(Foam)

강화액 소화약제는 물에 탄산칼륨, 방청제 및 안정제 등을 첨가하여 −20℃에서도 응고하지 않도록 하며 물의 침투능력을 배가시킨 소화약제이다.

16

다음 중 주수소화를 하면 위험성이 증가하는 것은?

① 과산화칼륨
② 과망가니즈산칼륨
③ 과염소산칼륨
④ 브로민산칼륨

• $2K_2O_2 + 2H_2O \rightarrow 4KOH + O_2$
• 과산화칼륨은 물과 반응하여 산소를 발생하며 폭발의 위험이 있기 때문에 모래, 팽창질석 등을 이용하여 질식소화한다.

정답   11 ③   12 ④   13 ①   14 ②   15 ①   16 ①

17

메탄 1g이 완전연소하면 발생되는 이산화탄소는 몇 g인가?

① 1.25
② 2.75
③ 14
④ 44

- 메탄의 연소반응식 : $CH_4 + 2O_2 \rightarrow CO_2 + 2H_2O$
- 메탄은 완전연소하여 이산화탄소와 물을 발생한다.
- CH_4 분자량 = $12 + (1 \times 4) = 16g/mol$
- CO_2 분자량 = $12 + (16 \times 2) = 44g/mol$
- 메탄 1g 연소 시 발생하는 이산화탄소 g = x
- $16g/mol : 1g = 44g/mol : xg$
- $\therefore x = 2.75g$

18

금속칼륨의 보호액으로서 적당하지 않은 것은?

① 등유
② 유동파라핀
③ 경유
④ 에탄올

금속칼륨은 공기와의 접촉을 막기 위해 등유, 경유 등의 산소가 함유되지 않은 보호액(석유류)에 저장한다.

19

위험물제조소에서 지정수량 이상의 위험물을 취급하는 건축물(시설)에는 원칙상 최소 몇 미터 이상의 보유공지를 확보하여야 하는가? (단, 최대수량은 지정수량의 10배이다.)

① 1m 이상
② 3m 이상
③ 5m 이상
④ 7m 이상

제조소의 보유공지

취급하는 위험물의 최대수량	공지의 너비
지정수량의 10배 이하	3m 이상
지정수량의 10배 초과	5m 이상

20

이송취급소의 배관이 하천을 횡단하는 경우 하천 밑에 매설하는 배관의 외면과 계획하상(계획하상이 최심하상보다 높은 경우에는 최심하상)과의 거리는?

① 1.2m 이상
② 2.5m 이상
③ 3.0m 이상
④ 4.0m 이상

이송취급소의 배관이 하천을 횡단하는 경우 하천 밑에 매설하는 배관의 외면과 계획하상(계획하상이 최심하상보다 높은 경우에는 최심하상)과의 거리는 4m 이상이다.

21

지정수량이 300kg인 위험물에 해당하는 것은?

① $NaBrO_3$
② CaO_2
③ $KClO_4$
④ $NaClO_2$

브로민산나트륨($NaBrO_3$)은 제1류 위험물이고 지정수량은 300kg이다.

22

알칼리금속과산화물에 적응성이 있는 소화설비는?

① 할로젠화합물 소화설비
② 탄산수소염류 분말 소화설비
③ 물분무 소화설비
④ 스프링클러설비

알칼리금속과산화물은 주수소화를 금지하고, 마른모래, 탄산수소염류 분말, 팽창질석, 팽창진주암 등으로 질식소화한다.

정답   17 ② 18 ④ 19 ② 20 ④ 21 ① 22 ②

23

위험물의 저장 및 취급방법에 대한 설명으로 틀린 것은?

① 적린은 화기와 멀리하고 가열, 충격이 가해지지 않도록 한다.
② 황린은 자연발화성이 있으므로 물속에 저장한다.
③ 마그네슘은 산화제와 혼합되지 않도록 취급한다.
④ 알루미늄분은 분진폭발의 위험이 있으므로 분무주수하여 저장한다.

- $2Al + 6H_2O \rightarrow 2Al(OH)_3 + 3H_2$
- 알루미늄은 물과 만나면 수소를 방출하며 폭발의 위험이 크기 때문에 물과 닿지 않아야 한다(주수금지).

24 ⭐ 빈출

서로 반응할 때 수소가 발생하지 않는 것은?

① 리튬 + 염산
② 탄화칼슘 + 물
③ 수소화칼슘 + 물
④ 루비듐 + 물

탄화칼슘과 물의 반응식
- $CaC_2 + 2H_2O \rightarrow Ca(OH)_2 + C_2H_2$
- 탄화칼슘은 물과 반응하여 수산화칼슘과 아세틸렌을 발생한다.

25

위험물의 운반에 관한 기준에서 적재방법 기준으로 틀린 것은?

① 고체위험물은 운반용기의 내용적 95% 이하의 수납율로 수납할 것
② 액체위험물은 운반용기의 내용적 98% 이하의 수납율로 수납할 것
③ 알킬알루미늄은 운반용기의 내용적의 95% 이하의 수납율로 수납하되, 50℃의 온도에서 5% 이상의 공간용적을 유지할 것
④ 제3류 위험물 중 자연발화성 물질에 있어서는 불활성 기체를 봉입하여 밀봉하는 등 공기와 접하지 아니하도록 할 것

알킬알루미늄등은 운반용기의 내용적의 90% 이하의 수납율로 수납하되, 50℃의 온도에서 5% 이상의 공간용적을 유지하도록 할 것

26

지정수량이 50킬로그램이 아닌 위험물은?

① 염소산나트륨
② 리튬
③ 과산화나트륨
④ 나트륨

나트륨(Na)의 지정수량 : 10kg

27

과산화수소와 산화프로필렌의 공통점으로 옳은 것은?

① 특수인화물이다.
② 분해 시 질소를 발생한다.
③ 끓는점이 200℃ 이하이다.
④ 용액 상태에서도 자연발화 위험이 있다.

- 과산화수소(제6류)의 끓는점 : 150.2℃ 이하
- 산화프로필렌(제5류)의 끓는점 : 34℃

28

연료의 일반적인 연소형태에 관한 설명 중 틀린 것은?

① 목재와 같은 고체연료는 연소 초기에는 불꽃을 내면서 연소하나 후기에는 점점 불꽃이 없어져 무염(無炎) 연소 형태로 연소한다.
② 알코올과 같은 액체연료는 증발에 의해 생긴 증기가 공기 중에서 연소하는 증발연소의 형태로 연소한다.
③ 기체연료는 액체연료, 고체연료와 다르게 비정상적 연소인 폭발현상이 나타나지 않는다.
④ 석탄과 같은 고체연료는 열분해하여 발생한 가연성 기체가 공기 중에서 연소하는 분해연소 형태로 연소한다.

기체연료는 확산연소, 예혼합연소, 폭발연소를 한다.

정답   23 ④   24 ②   25 ③   26 ④   27 ③   28 ③

29

제2류 위험물인 마그네슘의 위험성에 관한 설명 중 틀린 것은?

① 더운 물과 작용시키면 산소가스를 발생한다.
② 이산화탄소 중에서도 연소한다.
③ 습기와 반응하여 열이 축적되면 자연발화의 위험이 있다.
④ 공기 중에 부유하면 분진폭발의 위험이 있다.

- $Mg + 2H_2O \rightarrow Mg(OH)_2 + H_2$
- 마그네슘은 물과 반응하여 수소가스를 발생한다.

30

과산화벤조일의 지정수량은 얼마인가?

① 10kg
② 50L
③ 100kg
④ 1,000L

과산화벤조일$[(C_6H_5CO)_2O_2]$은 제5류 위험물 중 유기과산화물로 지정수량은 10kg이다.

31

제5류 위험물 중 유기과산화물을 함유한 것으로서 위험물에서 제외되는 것의 기준이 아닌 것은?

① 과산화벤조일의 함유량이 35.5중량퍼센트 미만인 것으로서 전분가루, 황산칼슘2수화물 또는 인산수소칼슘2수화물과의 혼합물
② 비스(4-클로로벤조일)퍼옥사이드의 함유량이 30중량퍼센트 미만인 것으로서 불활성 고체와의 혼합물
③ 1·4비스(2-터셔리뷰틸퍼옥시아이소프로필)벤젠의 함유량이 40중량퍼센트 미만인 것으로서 불활성 고체와의 혼합물
④ 사이클로헥산온퍼옥사이드의 함유량이 40중량퍼센트 미만인 것으로서 불활성 고체와의 혼합물

사이클로헥산온퍼옥사이드 함유량은 30wt% 미만인 것이다.

32

메탄올과 비교한 에탄올의 성질에 대한 설명 중 틀린 것은?

① 인화점이 낮다.
② 발화점이 낮다.
③ 증기비중이 크다.
④ 비점이 높다.

- 메탄올의 인화점 : 11℃
- 에탄올의 인화점 : 13℃

33

저장 또는 취급하는 위험물의 최대수량이 지정수량의 500배 이하일 때 옥외저장탱크의 측면으로부터 몇 m 이상의 보유공지를 유지하여야 하는가? (단, 제6류 위험물은 제외한다.)

① 1
② 2
③ 3
④ 4

옥외탱크저장소의 보유공지

저장 또는 취급하는 위험물의 최대수량	공지의 너비
지정수량의 500배 이하	3m 이상
지정수량의 500배 초과 1,000배 이하	5m 이상
지정수량의 1,000배 초과 2,000배 이하	9m 이상
지정수량의 2,000배 초과 3,000배 이하	12m 이상
지정수량의 3,000배 초과 4,000배 이하	15m 이상

34

위험물안전관리법령상 제3류 위험물에 해당하지 않는 것은?

① 황화인
② 나트륨
③ 칼륨
④ 황린

황화인은 제2류 위험물이다.

정답   29 ① 　30 ① 　31 ④ 　32 ① 　33 ③ 　34 ①

35

다음 중 발화점이 가장 낮은 것은?

① 이황화탄소
② 산화프로필렌
③ 휘발유
④ 메탄올

각 위험물의 발화점
- 이황화탄소 : 90℃
- 산화프로필렌 : 449℃
- 휘발유 : 280 ~ 456℃
- 메탄올 : 약 470℃

36

아염소산나트륨의 저장 및 취급 시 주의사항으로 가장 거리가 먼 것은?

① 물속에 넣어 냉암소에 저장한다.
② 강산류와의 접촉을 피한다.
③ 취급 시 충격, 마찰을 피한다.
④ 가연성 물질과 접촉을 피한다.

아염소산나트륨(제1류, $NaClO_2$)은 물에 잘 녹으므로 물속에 보관이 불가능하다.

37

정기점검대상 제조소등에 해당하지 않는 것은?

① 이동탱크저장소
② 지정수량 100배 이상의 위험물 옥외저장소
③ 지정수량 100배 이상의 위험물 옥내저장소
④ 이송취급소

정기점검대상 제조소등
- 지정수량 10배 이상의 위험물을 취급하는 제조소
- 지정수량 10배 이상의 위험물을 취급하는 일반취급소
- 지정수량 100배 이상의 위험물을 저장하는 옥외저장소
- 지정수량 150배 이상의 위험물을 저장하는 옥내저장소
- 지정수량 200배 이상의 위험물을 저장하는 옥외탱크저장소
- 암반탱크저장소
- 이송취급소
- 지하탱크저장소
- 이동탱크저장소
- 위험물을 취급하는 탱크로서 지하에 매설된 탱크가 있는 제조소 · 주유취급소 또는 일반취급소

38

오황화인이 물과 작용했을 때 주로 발생되는 기체는?

① 포스핀
② 포스겐
③ 황산가스
④ 황화수소

- $P_2S_5 + 8H_2O \rightarrow 5H_2S + 2H_3PO_4$
- 오황화인은 물과 반응 시 황화수소와 인산을 발생한다.

39

다음 물질 중 물보다 비중이 작은 것으로만 이루어진 것은?

① 에터, 이황화탄소
② 벤젠, 글리세린
③ 가솔린, 메탄올
④ 글리세린, 아닐린

- 가솔린의 비중 : 0.65
- 메탄올의 비중 : 0.79

40

위험물안전관리법령에 따른 소화설비의 적응성에 관한 다음 내용 중 ( ) 안에 적합한 내용은?

> 제6류 위험물을 저장 또는 취급하는 장소로서 폭발의 위험이 없는 장소에 한하여 ( )는 제6류 위험물에 대하여 적응성이 있다.

① 할로젠화합물 소화기
② 분말 소화기 – 탄산수소염류 소화기
③ 분말 소화기 – 그 밖의 것
④ 이산화탄소 소화기

제6류 위험물을 저장 또는 취급하는 장소로서 폭발의 위험이 없는 장소에 한하여 이산화탄소 소화기는 제6류 위험물에 대하여 적응성이 있다.

정답   35 ①   36 ①   37 ③   38 ④   39 ③   40 ④

41

위험물판매취급소에 관한 설명 중 틀린 것은?

① 위험물을 배합하는 실의 바닥면적은 $6m^2$ 이상 $15m^2$ 이하이어야 한다.
② 제1종 판매취급소는 건축물의 1층에 설치하여야 한다.
③ 일반적으로 페인트점, 화공약품점이 이에 해당된다.
④ 취급하는 위험물의 종류에 따라 제1종과 제2종으로 구분된다.

취급하는 위험물의 수량에 따라 제1종(지정수량 20배 이하)과 제2종 (지정수량 40배 이하)으로 구분한다.

42

지하저장탱크에 경보음을 울리는 방법으로 과충전방지장치를 설치하고자 한다. 탱크용량의 최소 몇 %가 찰 때 경보음이 울리도록 하여야 하는가?

① 80   ② 85
③ 90   ④ 95

탱크용량의 90%가 찰 때 경보음이 울리도록 한다.

43

위험물의 성질에 대한 설명으로 틀린 것은?

① 인화칼슘은 물과 반응하여 유독한 가스를 발생한다.
② 금속나트륨은 물과 반응하여 산소를 발생시키고 발열한다.
③ 아세트알데하이드는 연소하여 이산화탄소와 물을 발생한다.
④ 질산에틸은 물에 녹지 않고 인화되기 쉽다.

• $2Na + 2H_2O \rightarrow 2NaOH + H_2$
• 금속나트륨은 물과 반응하여 수소를 발생시키고 발열한다.

44

물과 반응하여 가연성 가스를 발생하지 않는 것은?

① 나트륨   ② 과산화나트륨
③ 탄화알루미늄   ④ 트라이에틸알루미늄

• $2Na_2O_2 + 2H_2O \rightarrow 4NaOH + O_2$
• 과산화나트륨은 물과 반응하여 수산화나트륨과 산소를 발생하는데, 산소는 조연성 가스이다.
• $2Na + 2H_2O \rightarrow 2NaOH + H_2$
• 나트륨은 물과 반응하여 수산화나트륨과 수소를 발생한다.
• $Al_4C_3 + 12H_2O \rightarrow 4Al(OH)_3 + 3CH_4$
• 탄화알루미늄은 물과 반응하여 수산화알루미늄과 메탄을 발생한다.
• $(C_2H_5)_3Al + 3H_2O \rightarrow Al(OH)_3 + 3C_2H_6$
• 트라이에틸알루미늄은 물과 반응하여 수산화알루미늄과 에탄을 발생한다.

45

분자량이 약 169인 백색의 정방정계 분말로서 알칼리토금속의 과산화물 중 매우 안정한 물질이며 테르밋의 점화제 용도로 사용되는 제1류 위험물은?

① 과산화칼슘   ② 과산화바륨
③ 과산화마그네슘   ④ 과산화칼륨

과산화바륨(제1류, BaO_2)의 특징
• 분자량 : Ba(137.3) + O_2(16 × 2 = 32) = 169.3g/mol
• 외형 : 백색의 정방정계 분말
• 성질 : 알칼리토금속의 과산화물 중 상대적으로 안정한 물질
• 분해반응식 : $2BaO_2 \rightarrow 2BaO + O_2$(열을 받으면 산소를 방출하며 분해)
• 용도
  – 테르밋 반응(금속의 산화환원 반응)에서 점화제로 사용됨
  – 산화제로서의 강한 역할 수행

정답   41 ④   42 ③   43 ②   44 ②   45 ②

46

알킬알루미늄을 저장하는 용기에 봉입하는 가스로 다음 중 가장 적합한 것은?

① 포스겐
② 인화수소
③ 질소가스
④ 아황산가스

알킬알루미늄을 용기에 저장할 때 용기 상부는 불활성 가스(질소, 아르곤, 이산화탄소 등)로 봉입한다.

47 ⭐ 빈출

가연물에 따른 화재의 종류 및 표시색의 연결이 옳은 것은?

① 폴리에틸렌 – 유류화재 – 백색
② 석탄 – 일반화재 – 청색
③ 시너 – 유류화재 – 청색
④ 나무 – 일반화재 – 백색

화재의 종류

급수	화재	색상	물질
A	일반	백색	목재, 섬유 등
B	유류	황색	유류, 가스 등
C	전기	청색	낙뢰, 합선 등
D	금속	무색	Al, Na, K 등

48

다음은 위험물안전관리법령에서 따른 이동저장탱크의 구조에 관한 기준이다. ( ) 안에 알맞은 수치는?

> 이동저장탱크는 그 내부에 (가)L 이하마다 (나)mm 이상의 강철판 또는 이와 동등 이상의 강도, 내열성 및 내식성이 있는 금속성의 것으로 칸막이를 설치하여야 한다. 다만, 고체인 위험물을 저장하거나 고체인 위험물을 가열하여 액체 상태로 저장하는 경우에는 그러하지 아니하다.

① 가 : 2,000, 나 : 1.6
② 가 : 2,000, 나 : 3.2
③ 가 : 4,000, 나 : 1.6
④ 가 : 4,000, 나 : 3.2

이동저장탱크는 그 내부에 4,000L 이하마다 3.2mm 이상의 강철판 또는 이와 동등 이상의 강도, 내열성 및 내식성이 있는 금속성의 것으로 칸막이를 설치하여야 한다. 다만, 고체인 위험물을 저장하거나 고체인 위험물을 가열하여 액체 상태로 저장하는 경우에는 그러하지 아니하다.

49

질산나트륨의 성상으로 옳은 것은?

① 황색 결정이다.
② 물에 잘 녹는다.
③ 흑색화약의 원료이다.
④ 상온에서 자연분해한다.

질산나트륨(제1류, $NaNO_3$)은 물에 잘 녹는다.

50

위험물안전관리법령상 위험물옥외저장소에 저장할 수 있는 품명은? (단, 국제해상위험물규칙에 적합한 용기에 수납된 경우를 제외한다.)

① 특수인화물
② 무기과산화물
③ 알코올류
④ 칼륨

옥외저장소에 저장할 수 있는 위험물 유별
• 제2류 위험물 중 황, 인화성 고체(인화점이 0도 이상인 것에 한함)
• 제4류 위험물 중 제1석유류(인화점이 0도 이상인 것에 한함), 알코올류, 제2석유류, 제3석유류, 제4석유류, 동식물유류
• 제6류 위험물

51

피크린산 제조에 사용되는 물질과 가장 관계가 있는 것은?

① C_6H_6
② $C_6H_5CH_3$
③ $C_3H_5(OH)_3$
④ C_6H_5OH

피크린산[$C_6H_2(NO_2)_3OH$]은 질산에 페놀(C_6H_5OH)을 반응시켜 제조한다.

정답

46 ③ 47 ④ 48 ④ 49 ② 50 ③ 51 ④

52

위험물안전관리법에서 규정하고 있는 내용으로 틀린 것은?

① 민사집행법에 의한 경매, 「채무자 회생 및 파산에 관한 법률」에 의한 환가, 국세징수법·관세법 또는 「지방세징수법」에 따른 압류재산의 매각과 그 밖에 이에 준하는 절차에 따라 제조소등의 시설의 전부를 인수한 자는 그 설치자의 지위를 승계한다.
② 피성년후견인, 탱크시험자의 등록이 취소된 날로부터 2년이 지나지 아니한 자는 탱크시험자로 등록하거나 탱크시험자의 업무에 종사할 수 없다.
③ 농예용·축산용으로 필요한 난방시설 또는 건조시설을 위한 지정수량 20배 이하의 취급소는 신고를 하지 아니하고 위험물의 품명·수량을 변경할 수 있다.
④ 법정의 완공검사를 받지 아니하고 제조소등을 사용한 때 시·도지사는 허가를 취소하거나 6월 이내의 기간을 정하여 사용정지를 명할 수 있다.

위험물안전관리법 제6조 제3항(위험물시설의 설치 및 변경 등)
다음의 어느 하나에 해당하는 제조소등의 경우에는 허가를 받지 아니하고 당해 제조소등을 설치하거나 그 위치·구조 또는 설비를 변경할 수 있으며, 신고를 하지 아니하고 위험물의 품명·수량 또는 지정수량의 배수를 변경할 수 있다.
• 주택의 난방시설(공동주택의 중앙난방시설을 제외한다)을 위한 저장소 또는 취급소
• 농예용·축산용 또는 수산용으로 필요한 난방시설 또는 건조시설을 위한 지정수량 20배 이하의 저장소

53

위험물제조소의 기준에 있어서 위험물을 취급하는 건축물의 구조로 적당하지 않은 것은?

① 지하층이 없도록 하여야 한다.
② 연소의 우려가 있는 외벽은 내화구조의 벽으로 하여야 한다.
③ 출입구는 연소의 우려가 있는 외벽에 설치하는 경우 30분방화문을 설치하여야 한다.
④ 지붕은 폭발력이 위로 방출될 정도의 가벼운 불연재료로 덮어야 한다.

연소의 우려가 있는 외벽에 설치하는 출입구에는 수시로 열 수 있는 자동폐쇄식의 60분 + 방화문, 60분방화문을 설치하여야 한다.

54

위험물 관련 신고 및 선임에 관한 사항으로 옳지 않은 것은?

① 제조소의 위치·구조 변경 없이 위험물의 품명 변경 시는 변경하고자 하는 날의 14일 이전까지 신고하여야 한다.
② 제조소 설치자의 지위를 승계한 자는 승계한 날로부터 30일 이내에 신고하여야 한다.
③ 위험물안전관리자를 선임한 경우에는 선임한 날부터 14일 이내에 신고하여야 한다.
④ 위험물안전관리자가 퇴직한 때에는 퇴직한 날로부터 30일 이내에 다시 선임하여야 한다.

위험물안전관리법 제6조 제2항(위험물시설의 설치 및 변경 등)
제조소등의 위치·구조 또는 설비의 변경 없이 당해 제조소등에서 저장하거나 취급하는 위험물의 품명·수량 또는 지정수량의 배수를 변경하고자 하는 자는 변경하고자 하는 날의 1일 전까지 행정안전부령이 정하는 바에 따라 시·도지사에게 신고하여야 한다.

55

다음 중 지정수량이 가장 큰 것은?

① 과염소산칼륨
② 트라이나이트로톨루엔
③ 황린
④ 알킬리튬

각 위험물의 지정수량
• 과염소산칼륨(제1류) : 50kg
• 트라이나이트로톨루엔(제5류) : 100kg
• 황린(제3류) : 20kg
• 알킬리튬(제3류) : 10kg

정답   52 ③ 53 ③ 54 ① 55 ②

56

염소산염류에 대한 설명으로 옳은 것은?

① 염소산칼륨은 환원제이다.
② 염소산나트륨은 조해성이 있다.
③ 염소산암모늄은 위험물이 아니다.
④ 염소산칼륨은 냉수와 알코올에 잘 녹는다.

- $2NaClO_3 \rightarrow 2NaCl + 3O_2$
- 염소산나트륨은 열분해 시 산소를 발생하고 조해성이 있다.

57 ⭐빈출

다음 중 옥내저장소의 동일한 실에 서로 1m 이상의 간격을 두고 저장할 수 없는 것은?

① 제1류 위험물과 제3류 위험물 중 자연발화성 물질(황린 또는 이를 함유한 것에 한한다)
② 제4류 위험물과 제2류 위험물 중 인화성 고체
③ 제1류 위험물과 제4류 위험물
④ 제1류 위험물과 제6류 위험물

유별을 달리하더라도 1m 이상 간격을 둘 때 저장 가능한 경우
- 제1류 위험물(알칼리금속의 과산화물 또는 이를 함유한 것을 제외한다)과 제5류 위험물을 저장하는 경우
- 제1류 위험물과 제6류 위험물을 저장하는 경우
- 제1류 위험물과 제3류 위험물 중 자연발화성 물질(황린 또는 이를 함유한 것에 한한다)을 저장하는 경우
- 제2류 위험물 중 인화성 고체와 제4류 위험물을 저장하는 경우
- 제3류 위험물 중 알킬알루미늄등과 제4류 위험물(알킬알루미늄 또는 알킬리튬을 함유한 것에 한한다)을 저장하는 경우
- 제4류 위험물 중 유기과산화물 또는 이를 함유하는 것과 제5류 위험물 중 유기과산화물 또는 이를 함유한 것을 저장하는 경우

58

다음 위험물 중 특수인화물이 아닌 것은?

① 메틸에틸케톤
② 산화프로필렌
③ 아세트알데하이드
④ 이황화탄소

메틸에틸케톤은 제1석유류이다.

59

다음 중 분자량이 약 74, 비중이 약 0.7인 물질로서 에탄올 두 분자에서 물이 빠지면서 축합반응이 일어나 생성되는 물질은?

① $C_2H_5OC_2H_5$
② C_2H_5OH
③ C_6H_5Cl
④ CS_2

다이에틸에터($C_2H_5OC_2H_5$)는 에탄올과 진한 황산의 혼합물을 가열하여 제조할 수 있는데, 이때 에탄올 두 분자에서 물이 빠지면서 축합반응이 일어나 생성된다.

60

메탄올에 관한 설명으로 옳지 않은 것은?

① 인화점은 약 11℃이다
② 술의 원료로 사용된다.
③ 휘발성이 강하다.
④ 최종산화물은 의산(포름산)이다.

술의 원료로 사용되는 것은 에탄올(C_2H_5OH)이다.

정답   56 ② 57 ③ 58 ① 59 ① 60 ②

2022년 3회 | CBT 기출복원문제

01  빈출

다음 위험물의 화재 시 소화방법으로 물을 사용하는 것이 적합하지 않은 것은?

① $NaClO_3$ ② P_4
③ Ca_3P_2 ④ S

- $Ca_3P_2 + 6H_2O \rightarrow 3Ca(OH)_2 + 2PH_3$
- 인화칼슘은 금수성 물질로 물과 반응하여 수산화칼슘과 포스핀을 발생하므로 주수소화를 금지하고 질식소화해야 한다.

02

금속분, 나트륨, 코크스 같은 물질이 공기 중에서 점화원을 제공받아 연소할 때의 주된 연소형태는?

① 표면연소   ② 확산연소
③ 분해연소   ④ 증발연소

목탄(숯), 코크스, 금속분 등의 주된 연소형태는 표면연소이다.

03

인화성 액체위험물의 소화방법에 대한 설명으로 틀린 것은?

① 탄산수소염류 소화기는 적응성이 있다.
② 포 소화기는 적응성이 있다.
③ 이산화탄소 소화기에 의한 질식소화가 효과적이다.
④ 물통 또는 수조를 이용한 냉각소화가 효과적이다.

인화성 액체는 제4류 위험물로 질식소화와 억제소화를 한다.

04 빈출

그림과 같이 횡으로 설치한 원통형 위험물탱크에 대하여 탱크 용적을 구하면 약 몇 m³인가? (단, 공간용적은 탱크 내용적의 100분의 5로 한다.)

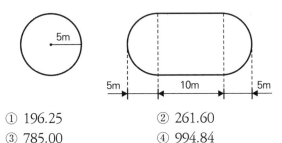

① 196.25   ② 261.60
③ 785.00   ④ 994.84

위험물저장탱크의 내용적

$$V = \pi r^2 \times (l + \frac{l_1 + l_2}{3})(1 - 공간용적)$$

$$= 원의\ 면적 \times (가운데\ 체적길이 + \frac{양끝\ 체적길이의\ 합}{3})$$
$$(1 - 공간용적)$$

$$= 3.14 \times 5^2 \times (10 + \frac{10}{3})(1 - 0.05) = 994.8 m^3$$

05

이동저장탱크에 알킬알루미늄을 저장하는 경우에 불활성 기체를 봉입하는데 이때의 압력은 몇 kPa 이하이어야 하는가?

① 10   ② 20
③ 30   ④ 40

이동저장탱크에 알킬알루미늄등을 저장할 때에는 20kPa 이하의 압력으로 불활성의 기체를 봉입한다.

정답   01 ③   02 ①   03 ④   04 ④   05 ②

06

마그네슘을 저장 및 취급하는 장소에 설치해야 할 소화기는?

① 포 소화기
② 이산화탄소 소화기
③ 할로젠화합물 소화기
④ 탄산수소염류 분말 소화기

- Mg + 2H_2O → Mg(OH)_2 + H_2
- 마그네슘은 주수소화 시 수소를 발생하며 폭발하기 때문에 탄산수소염류 분말 소화설비, 팽창질석, 팽창진주암, 건조사 등을 이용하여 질식소화한다.

07

산·알칼리 소화기에 있어서 탄산수소나트륨과 황산의 반응 시 생성되는 물질을 모두 옳게 나타낸 것은?

① 황산나트륨, 탄산가스, 질소
② 염화나트륨, 탄산가스, 질소
③ 황산나트륨, 탄산가스, 물
④ 염화나트륨, 탄산가스, 물

- 2NaHCO_3 + H_2SO_4 → Na_2SO_4 + 2H_2O + 2CO_2
- 탄산수소나트륨은 황산과 반응하여 황산나트륨, 물, 탄산가스를 발생한다.

08

CH_3ONO_2의 소화방법에 대한 설명으로 옳은 것은?

① 물을 주수하여 냉각소화한다.
② 이산화탄소 소화기로 질식소화를 한다.
③ 할로젠화합물 소화기로 질식소화를 한다.
④ 건조사로 질식소화한다.

질산메틸(CH_3ONO_2)은 제5류 위험물로 물을 주수하여 냉각소화한다.

09

착화온도가 낮아지는 경우가 아닌 것은?

① 압력이 높을 때
② 습도가 높을 때
③ 발열량이 클 때
④ 산소와 친화력이 좋을 때

착화온도가 낮아지는 원인
- 발열량이 높을 때
- 압력이 높을 때
- 습도가 낮을 때
- 산소와의 결합력이 좋을 때

10

이송취급소에 설치하는 경보설비의 기준에 따라 이송기지에 설치하여야 하는 경보설비로만 이루어진 것은?

① 확성장치, 비상벨장치
② 비상방송설비, 비상경보설비
③ 확성장치, 비상방송설비
④ 비상방송설비, 자동화재탐지설비

이송취급소 경보설비의 설치기준
- 이송기지에는 비상벨장치 및 확성장치를 설치할 것
- 가연성 증기를 발생하는 위험물을 취급하는 펌프실등에는 가연성 증기 경보설비를 설치할 것

11

포 소화약제에 의한 소화방법으로 다음 중 가장 주된 소화효과는?

① 희석소화
② 질식소화
③ 제거소화
④ 자기소화

포 소화약제는 거품이 공기를 차단하여 질식소화효과를 나타내며, 포의 수분이 증발하면서 냉각하여 냉각소화효과도 나타낸다.

12

다음 물질 중 분진폭발의 위험성이 가장 낮은 것은?

① 밀가루   ② 알루미늄분말
③ 모래   ④ 석탄

분진폭발의 원인물질로 작용할 위험성이 가장 낮은 물질은 시멘트, 모래, 석회분말 등이다.

13

위험물안전관리법령상 옥외저장소 중 덩어리 상태의 황을 지반면에 설치한 경계표시의 안쪽에서 저장 또는 취급할 때 경계표시의 높이는 몇 m 이하로 하여야 하는가?

① 1   ② 1.5
③ 2   ④ 2.5

옥외저장소 중 덩어리 상태의 황을 지반면에 설치한 경계표시의 안쪽에서 저장 또는 취급할 때 경계표시의 높이는 1.5m 이하로 한다.

14

위험물제조소등에 설치하여야 하는 자동화재탐지설비의 설치기준에 대한 설명 중 틀린 것은?

① 자동화재탐지설비의 경계구역은 건축물 그 밖의 공작물의 2 이상의 층에 걸치도록 할 것
② 하나의 경계구역에서 그 한 변의 길이는 50m(광전식 분리형 감지기를 설치할 경우에는 100m) 이하로 할 것
③ 자동화재탐지설비의 감지기는 지붕 또는 벽의 옥내에 면한 부분에 유효하게 화재의 발생을 감지할 수 있도록 설치할 것
④ 자동화재탐지설비에는 비상전원을 설치할 것

하나의 경계구역이 2개 이상의 층에 걸치지 아니하도록 할 것. 다만, 면적이 500m² 이하의 범위 안에서는 2개의 층을 하나의 경계구역으로 할 수 있다.

15

위험물안전관리자를 해임한 후 며칠 이내에 후임자를 선임하여야 하는가?

① 14일   ② 15일
③ 20일   ④ 30일

제조소등의 관계인은 그 안전관리자를 해임하거나 안전관리자가 퇴직한 때에는 해임하거나 퇴직한 날부터 30일 이내에 다시 안전관리자를 선임하여야 한다.

16

위험물안전관리법령상 피난설비에 해당하는 것은?

① 자동화재탐지설비
② 비상방송설비
③ 자동식사이렌설비
④ 유도등

위험물안전관리법령상 피난설비에 해당하는 것은 유도등이다.

17

전기불꽃에 의한 에너지식을 옳게 나타낸 것은? (단, E는 전기불꽃에너지, C는 전기용량, Q는 전기량, V는 방전전압이다.)

① $E = 1/2QV$
② $E = 1/2QV^2$
③ $E = 1/2CV$
④ $E = 1/2VQ^2$

전기불꽃에 의한 에너지식

$$E = \frac{1}{2}QV$$

12 ③   13 ②   14 ①   15 ④   16 ④   17 ①

18

인화성 액체위험물을 저장 또는 취급하는 옥외탱크저장소의 방유제 내에 용량 10만L와 5만L인 옥외저장탱크 2기를 설치하는 경우에 확보하여야 하는 방유제의 용량은?

① 50,000L 이상
② 80,000L 이상
③ 110,000L 이상
④ 150,000L 이상

옥외저장탱크 설치 시 방유제 용량
최대 탱크용량 × 1.1
= 100,000L × 1.1 = 110,000L

19

다음 중 소화약제가 아닌 것은?

① CF_3Br
② $NaHCO_3$
③ $Al_2(SO_4)_3$
④ $KClO_4$

과염소산칼륨($KClO_4$)은 제1류 위험물이다.

20

다음 중 위험물 화재 시 주수소화가 오히려 위험한 것은?

① 과염소산칼륨
② 적린
③ 황
④ 마그네슘분

• $Mg + 2H_2O \rightarrow Mg(OH)_2 + H_2$
• 마그네슘은 주수소화 시 수소를 발생하며 폭발하기 때문에 건조사한다.

21

과산화수소가 이산화망가니즈 촉매하에서 분해가 촉진될 때 발생하는 가스는?

① 수소
② 산소
③ 아세틸렌
④ 질소

• $2H_2O_2 + MnO_2 \rightarrow MnO_2 + 2H_2O + O_2$
• 과산화수소는 이산화망가니즈 촉매하에서 분해 촉진되어 산소를 발생한다.

22 ⭐빈출

다음 중 에틸렌글리콜과 혼재할 수 없는 위험물은? (단, 지정수량의 10배일 경우이다.)

① 황
② 과망가니즈산나트륨
③ 알루미늄분
④ 트라이나이트로톨루엔

유별을 달리하는 위험물 혼재기준

1	6		혼재 가능
2	5	4	혼재 가능
3	4		혼재 가능

에틸렌글리콜은 제4류 위험물로 제1류 위험물인 과망가니즈산나트륨과는 혼재 불가이다.

23 ⭐빈출

아조화합물 800kg, 하이드록실아민 300kg, 유기과산화물 40kg의 총 양은 지정수량의 몇 배에 해당하는가?

① 7배
② 9배
③ 10배
④ 15배

• 아조화합물(제5류)의 지정수량 : 100kg
• 하이드록실아민(제5류)의 지정수량 : 100kg
• 유기과산화물(제5류)의 지정수량 : 10kg

∴ 지정수량 배수의 총합 = $\frac{800}{100} + \frac{300}{100} + \frac{40}{10}$ = 15배

24

다음 중 위험물의 지정수량을 틀리게 나타낸 것은?

① S : 100kg
② Mg : 100kg
③ K : 10kg
④ Al : 500kg

마그네슘(Mg)의 지정수량 : 500kg

25

산화성 고체위험물의 화재예방과 소화방법에 대한 설명 중 틀린 것은?

① 무기과산화물의 화재 시 물에 의한 냉각소화 원리를 이용하여 소화한다.
② 통풍이 잘 되는 차가운 곳에 저장한다.
③ 분해촉매, 이물질과의 접촉을 피한다.
④ 조해성 물질은 방습하고 용기는 밀전한다.

무기과산화물(예 과산화나트륨, 과산화칼륨)은 화재 시 물과 반응하면 산소를 방출하며 폭발하기 때문에 질식소화한다.

26

과산화바륨에 대한 설명 중 틀린 것은?

① 약 840℃의 고온에서 분해하여 산소를 발생한다.
② 알칼리금속의 과산화물에 해당된다.
③ 비중은 1보다 크다.
④ 유기물과의 접촉을 피한다.

• 알칼리금속 : Li, Na, K 등
• 알칼리금속의 과산화물 : 알칼리금속에 산을 더한 물질

27

다음 중 일반적으로 알려진 황화인의 3종류에 속하지 않는 것은?

① P_4S_3
② P_2S_5
③ P_4S_7
④ P_2S_9

황화인의 종류
• 삼황화인(P_4S_3)
• 오황화인(P_2S_5)
• 칠황화인(P_4S_7)

28

알칼리금속과산화물에 관한 일반적인 설명으로 옳은 것은?

① 안정한 물질이다.
② 물을 가하면 발열한다.
③ 주로 환원제로 사용된다.
④ 더 이상 분해되지 않는다.

알칼리금속과산화물은 물과 반응 시 산소를 방출하며 발열한다.
예 $2Na_2O_2 + 2H_2O \rightarrow 4NaOH + O_2$

29

다음 중 발화점이 가장 낮은 것은?

① 이황화탄소
② 산화프로필렌
③ 휘발유
④ 메탄올

각 위험물의 발화점
• 이황화탄소 : 90℃
• 산화프로필렌 : 449℃
• 휘발유 : 280~456℃
• 메탄올 : 약 470℃

정답   24 ② 25 ① 26 ② 27 ④ 28 ② 29 ①

30

나이트로셀룰로오스에 관한 설명으로 옳은 것은?

① 용제에는 전혀 녹지 않는다.
② 질화도가 클수록 위험성이 증가한다.
③ 물과 작용하여 수소를 발생한다.
④ 화재발생 시 질식소화가 가장 적합하다.

나이트로셀룰로오스의 특징
• 물에 녹지 않고 알코올, 벤젠 등에 녹는다.
• 질화도가 클수록 위험성이 증가한다.
• 물과 반응하지 않는다.
• 화재발생 시 주수소화를 한다.

31

과산화나트륨의 저장 및 취급 시의 주의사항에 관한 설명 중 틀린 것은?

① 가열·충격을 피한다.
② 유기물질의 혼입을 막는다.
③ 가연물과의 접촉을 피한다.
④ 화재예방을 위해 물분무 소화설비 또는 스프링클러설비가 설치된 곳에 보관한다.

• $2Na_2O_2 + 2H_2O \rightarrow 4NaOH + O_2$
• 과산화나트륨은 물과 반응하여 수산화나트륨과 산소를 발생하기 때문에 습기 차단을 위해 건조하고 서늘한 곳에 보관해야 한다.

32

다음 물질이 혼합되어 있을 때 위험성이 가장 낮은 것은?

① 삼산화크로뮴 - 아닐린
② 염소산칼륨 - 목탄분
③ 나이트로셀룰로오스 - 물
④ 과망가니즈산칼륨 - 글리세린

나이트로셀룰로오스는 건조 상태에 이르면 위험하므로 습한 상태를 유지한다.

33

질산이 분해하여 발생하는 갈색의 유독한 기체는?

① N_2O ② NO
③ NO_2 ④ N_2O_3

• $4HNO_3 \rightarrow 2H_2O + 4NO_2 + O_2$
• 질산은 햇빛에 의해 분해되어 유독성의 이산화질소를 발생하기 때문에 갈색병에 넣어 보관한다.

34 ⭐

제5류 위험물의 운반용기의 외부에 표시하여야 하는 주의사항은?

① 물기주의 및 화기주의
② 물기엄금 및 화기엄금
③ 화기주의 및 충격엄금
④ 화기엄금 및 충격주의

유별	종류	운반용기 외부 주의사항
제1류	알칼리금속의 과산화물	가연물접촉주의, 화기·충격주의, 물기엄금
	그 외	가연물접촉주의, 화기·충격주의
제2류	철분, 금속분, 마그네슘	화기주의, 물기엄금
	인화성 고체	화기엄금
	그 외	화기주의
제3류	자연발화성 물질	화기엄금, 공기접촉엄금
	금수성 물질	물기엄금
제4류		화기엄금
제5류	–	화기엄금, 충격주의
제6류		가연물접촉주의

35

과산화칼륨의 위험성에 대한 설명 중 틀린 것은?

① 가연물과 혼합 시 충격이 가해지면 발화할 위험이 있다.
② 접촉 시 피부를 부식시킬 위험이 있다.
③ 물과 반응하여 산소를 방출한다.
④ 가연성 물질이므로 화기접촉에 주의하여야 한다.

과산화칼륨(K_2O_2)은 제1류 위험물로 산화성 고체이다.

36

다음 물질 중 과염소산칼륨과 혼합했을 때 발화폭발의 위험이 가장 높은 것은?

① 석면   ② 금
③ 유리   ④ 목탄

과염소산칼륨(산화성 고체)과 목탄(가연물)은 혼합했을 때 가열, 충격, 마찰, 타격 등에 의해서 급속히 연소하며 경우에 따라서는 폭발을 일으킨다.

37

벤젠의 성질에 대한 설명 중 틀린 것은?

① 무색의 액체로서 휘발성이 있다.
② 불을 붙이면 그을음을 내며 탄다.
③ 증기는 공기보다 무겁다.
④ 물에 잘 녹는다.

벤젠은 물에 녹지 않고 알코올, 에터, 아세톤에 녹는다.

38

염소산칼륨과 염소산나트륨의 공통성질에 대한 설명으로 적합한 것은?

① 물과 작용하여 발열 또는 발화한다.
② 가연물과 혼합 시 가열, 충격에 의해 연소위험이 있다.
③ 독성이 없으나 연소생성물은 유독하다.
④ 상온에서 발화하기 쉽다.

가열, 충격, 마찰을 피하고 점화원의 접근을 금한다.

39

트라이에틸알루미늄이 물과 반응하였을 때 발생하는 가스는?

① 메탄   ② 에탄
③ 프로판   ④ 부탄

- $(C_2H_5)_3Al + 3H_2O \rightarrow Al(OH)_3 + 3C_2H_6$
- 트라이에틸알루미늄이 물과 반응하면 수산화알루미늄과 에탄을 발생한다.

40

위험물시설에 설치하는 소화설비와 관련한 소요단위의 산출방법에 관한 설명 중 옳은 것은?

① 제조소등의 옥외에 설치된 공작물은 외벽이 내화구조인 것으로 간주한다.
② 위험물은 지정수량의 20배를 1소요단위로 한다.
③ 취급소의 건축물은 외벽이 내화구조인 것은 연면적 75m²를 1소요단위로 한다.
④ 제조소의 건축물은 외벽이 내화구조인 것은 연면적 150m²를 1소요단위로 한다.

- 위험물은 지정수량의 10배를 1소요단위로 한다.
- 취급소의 건축물은 외벽이 내화구조인 것은 연면적 100m²을 1소요단위로 한다.
- 제조소의 건축물은 외벽이 내화구조인 것은 연면적 100m²을 1소요단위로 한다.

41

다음 중 제2류 위험물이 아닌 것은?

① 황화인   ② 황
③ 마그네슘   ④ 칼륨

칼륨(K)은 제3류 위험물이다.

정답   35 ④   36 ④   37 ④   38 ②   39 ②   40 ①   41 ④

42

제6류 위험물의 화재예방 및 진압대책으로 적합하지 않은 것은?

① 가연물과의 접촉을 피한다.
② 과산화수소를 장기보존할 때는 유리용기를 사용하여 밀전한다.
③ 옥내소화전설비를 사용하여 소화할 수 있다.
④ 물분무 소화설비를 사용하여 소화할 수 있다.

> 과산화수소는 햇빛에 의해 분해되므로 뚜껑에 작은 구멍을 뚫은 갈색용기에 보관한다.

43

다음 중 화재 시 내알코올포 소화약제를 사용하는 것이 가장 적합한 위험물은?

① 아세톤
② 휘발유
③ 경유
④ 등유

> 소포성 있는 위험물 화재(알코올 화재 등)에서는 내알코올포를 사용해야 한다.

44 ⭐빈출

상온에서 액상인 것으로만 나열된 것은?

① 나이트로셀룰로오스, 나이트로글리세린
② 질산에틸, 나이트로글리세린
③ 질산에틸, 피크린산
④ 나이트로셀룰로오스, 셀룰로이드

품명	위험물	상태
질산에스터류	질산메틸 질산에틸 나이트로글리콜 나이트로글리세린	액체
	나이트로셀룰로오스 셀룰로이드	고체
나이트로화합물	트라이나이트로톨루엔 트라이나이트로페놀 다이나이트로벤젠 테트릴	고체

45 ⭐빈출

염소산염류 250kg, 아이오딘산염류 600kg, 질산염류 900kg을 저장하고 있는 경우 지정수량의 몇 배가 보관되어 있는가?

① 5배
② 7배
③ 10배
④ 12배

> • 염소산염류(제1류)의 지정수량 : 50kg
> • 아이오딘산염류(제1류)의 지정수량 : 300kg
> • 질산염류(제1류)의 지정수량 : 300kg
> ∴ 지정수량 배수의 총합 = $\frac{250}{50} + \frac{600}{300} + \frac{900}{300} = 10$배

46

등유에 대한 설명으로 틀린 것은?

① 휘발유보다 착화온도가 높다.
② 증기는 공기보다 무겁다.
③ 인화점은 상온(25℃)보다 높다.
④ 물보다 가볍고 비수용성이다.

> • 등유의 착화온도 : 220℃
> • 휘발유의 착화온도 : 300℃

47

다이너마이트의 원료로 사용되며 건조한 상태에서는 타격, 마찰에 의하여 폭발의 위험이 있으므로 운반 시 물 또는 알코올을 첨가하여 습윤시키는 위험물은?

① 벤조일퍼옥사이드
② 트라이나이트로톨루엔
③ 나이트로셀룰로오스
④ 다이나이트로나프탈렌

> 나이트로셀룰로오스는 제5류 위험물로 다이너마이트의 원료로 사용되며 건조한 상태에서는 타격, 마찰에 의하여 폭발의 위험이 있으므로 운반 시 물 또는 알코올을 첨가하여 습윤시킨다.

정답   42 ② 43 ① 44 ② 45 ③ 46 ① 47 ③

48

황의 성상에 관한 설명으로 틀린 것은?

① 연소할 때 발생하는 가스는 냄새를 갖고 있으나 인체에 무해하다.
② 미분이 공기 중에 떠 있을 때 분진폭발의 우려가 있다.
③ 용융된 황을 물에서 급냉하면 고무상황을 얻을 수 있다.
④ 연소할 때 아황산가스를 발생한다.

• $S + O_2 \rightarrow SO_2$
• 황은 연소할 때 아황산가스를 배출하며 이는 인체에 해롭다.

49

황린의 취급에 관한 설명으로 옳은 것은?

① 보호액의 pH를 측정한다.
② 1기압, 25℃의 공기 중에 보관한다.
③ 주수에 의한 소화는 절대 금한다.
④ 취급 시 보호구는 착용하지 않는다.

황린(P_4)은 pH 9인 물속에 저장한다.

50

다음 물질 중 인화점이 가장 낮은 것은?

① CH_3COCH_3
② $C_2H_5OC_2H_5$
③ $CH_3(CH_2)_3OH$
④ CH_3OH

각 위험물의 인화점
• CH_3COCH_3 : $-18℃$
• $C_2H_5OC_2H_5$: $-45℃$
• $CH_3(CH_2)_3OH$: $35℃$
• CH_3OH : 약 $11℃$

51 ⭐빈출

이동탱크저장소에 의한 위험물의 운송 시 준수하여야 하는 기준에서 다음 중 어떤 위험물을 운송할 때 위험물운송자는 위험물안전카드를 휴대하여야 하는가?

① 특수인화물 및 제1석유류
② 알코올류 및 제2석유류
③ 제3석유류 및 동식물유류
④ 제4석유류

위험물(제4류 위험물에 있어서는 특수인화물 및 제1석유류만 해당) 운송자는 위험물안전카드를 휴대하여야 한다.

52

제조소등 또는 허가를 받지 않고 지정수량 이상의 위험물을 저장 또는 취급하는 장소에서 위험물을 유출시켜 사람의 신체 또는 재산에 대하여 위험을 발생시킨 자에 대한 벌칙기준으로 옳은 것은?

① 1년 이상 3년 이하의 징역
② 1년 이상 5년 이하의 징역
③ 1년 이상 7년 이하의 징역
④ 1년 이상 10년 이하의 징역

제조소등 또는 허가를 받지 않고 지정수량 이상의 위험물을 저장 또는 취급하는 장소에서 위험물을 유출·방출 또는 확산시켜 사람의 생명·신체 또는 재산에 대하여 위험을 발생시킨 자는 1년 이상 10년 이하의 징역에 처한다.

53

다음 위험물 중 지정수량이 나머지 셋과 다른 하나는?

① 마그네슘
② 금속분
③ 철분
④ 황

• 마그네슘, 금속분, 철분의 지정수량 : 500kg
• 황의 지정수량 : 100kg

54

위험물안전관리법에서 사용하는 용어의 정의 중 틀린 것은?

① "지정수량"이라 함은 위험물의 종류별로 위험성을 고려하여 대통령령이 정하는 수량을 말한다.
② "제조소"라 함은 위험물을 제조할 목적으로 지정수량 이상의 위험물을 취급하기 위하여 규정에 따라 허가를 받은 장소를 말한다.
③ "저장소"라 함은 지정수량 이상의 위험물을 저장하기 위한 대통령령이 정하는 장소로서 규정에 따라 허가를 받은 장소를 말한다.
④ "제조소등"이라 함은 제조소, 저장소 및 이동탱크를 말한다.

"제조소등"이라 함은 제조소, 저장소 및 취급소를 말한다.

55

위험물저장탱크의 공간용적은 탱크 내용적의 얼마 이상, 얼마 이하로 하는가?

① 2/100 이상, 3/100 이하
② 2/100 이상, 5/100 이하
③ 5/100 이상, 10/100 이하
④ 10/100 이상, 20/100 이하

일반적으로 탱크의 공간용적은 탱크 내용적의 5/100 이상 10/100 이하로 한다.

56

다음 중 물과 반응하여 산소를 발생하는 것은?

① $KClO_3$
② $NaNO_3$
③ Na_2O_2
④ $KMnO_4$

• $2Na_2O_2 + 2H_2O \rightarrow 4NaOH + O_2$
• 과산화나트륨은 물과 반응하여 수산화나트륨과 산소를 발생한다.

57

위험물안전관리법령상의 위험물운반에 관한 기준에서 액체위험물은 운반용기 내용적의 몇 % 이하의 수납율로 수납하여야 하는가?

① 80
② 85
③ 90
④ 98

액체위험물은 용기 내용적의 98% 이하의 수납율로 수납해야 한다.

58 ⭐빈출

인화칼슘이 물과 반응하였을 때 발생하는 가스는?

① PH_3
② H_2
③ CO_2
④ N_2

• $Ca_3P_2 + 6H_2O \rightarrow 3Ca(OH)_2 + 2PH_3$
• 인화칼슘은 물과 반응하여 수산화칼슘과 포스핀가스를 발생한다.

59

다음 중 분자량이 약 74, 비중이 약 0.71인 물질로서 과산화물 생성 방지를 위해 갈색병에 보관해야 하는 물질은?

① $C_2H_5OC_2H_5$
② C_2H_5OH
③ C_6H_5Cl
④ CS_2

다이에틸에터($C_2H_5OC_2H_5$)는 공기와 장시간 접촉 시 폭발성의 과산화물을 생성하므로 과산화물 생성 방지를 위해 갈색병에 보관해야 한다.

60

다음 중 제5류 위험물이 아닌 것은?

① 나이트로글리세린
② 나이트로톨루엔
③ 나이트로글리콜
④ 트라이나이트로톨루엔

나이트로톨루엔은 제4류 위험물 중 제3석유류이다.

정답 54 ④ 55 ③ 56 ③ 57 ④ 58 ① 59 ① 60 ②

01

제5류 위험물의 화재예방상 주의사항으로 가장 거리가 먼 것은?

① 점화원의 접근을 피한다.
② 통풍이 양호한 찬 곳에 저장한다.
③ 소화설비는 질식효과가 있는 것을 위주로 준비한다.
④ 가급적 소분하여 저장한다.

제5류 위험물은 물에 의한 냉각소화가 가장 효과적이다.

02

공정 및 장치에서 분진폭발을 예방하기 위한 조치로서 가장 거리가 먼 것은?

① 플랜트는 공정별로 분류하고 폭발의 파급을 피할 수 있도록 분진취급 공정을 습식으로 한다.
② 분진이 물과 반응하는 경우는 물 대신 휘발성이 적은 유류를 사용하는 것이 좋다.
③ 배관의 연결부위나 기계가동에 의해 분진이 누출될 염려가 있는 곳은 흡인이나 밀폐를 철저히 한다.
④ 가연성 분진을 취급하는 장치류는 밀폐하지 말고 분진이 외부로 누출되도록 한다.

분진이 외부로 누출 시 분진폭발의 위험성이 커지므로 물을 뿌려 분진이 가라앉도록 해야 한다.

03

위험물제조소에서 국소방식의 배출설비 배출능력은 1시간당 배출장소 용적의 몇 배 이상인 것으로 하여야 하는가?

① 5
② 10
③ 15
④ 20

국소방식의 배출설비 배출능력은 1시간당 배출장소 용적의 20배 이상인 것으로 해야 한다.

04 ⭐빈출

액화 이산화탄소 1kg이 25℃, 2atm의 공기 중으로 방출되었을 때 방출된 기체상의 이산화탄소의 부피는 약 몇 L가 되는가?

① 278
② 556
③ 1,111
④ 1,985

- $PV = \dfrac{wRT}{M}$

- $V = \dfrac{wRT}{PM}$

$$= \dfrac{1,000 \times 0.082 \times 298}{2 \times 44} = 277.681L$$

- P = 압력(2atm)
- V = 부피
- w = 질량(1kg = 1,000g)
- M = 분자량(이산화탄소의 분자량 = 44g/mol)
- R = 기체상수(0.082를 곱한다)
- T = 절대온도(℃를 환산하기 위해 273을 더한다
    → 273 + 25 = 298K)

정답   01 ③   02 ④   03 ④   04 ①

05

이산화탄소 소화약제의 주된 소화효과 2가지에 가장 가까운 것은?

① 부촉매효과, 제거효과
② 질식효과, 냉각효과
③ 억제효과, 부촉매효과
④ 제거효과, 억제효과

이산화탄소 소화약제의 가장 큰 소화효과는 질식효과이고 약간의 냉각효과도 있다.

06 ★빈출

주유취급소 중 건축물의 2층에 휴게음식점의 용도로 사용하는 것에 있어 해당 건축물의 2층으로부터 직접 주유취급소의 부지 밖으로 통하는 출입구와 해당 출입구로 통하는 통로·계단에 설치하여야 하는 것은?

① 비상경보설비   ② 유도등
③ 비상조명등   ④ 확성장치

주유취급소 중 건축물의 2층에 휴게음식점의 용도로 사용하는 것에 있어 해당 건축물의 2층으로부터 직접 주유취급소의 부지 밖으로 통하는 출입구와 해당 출입구로 통하는 통로·계단에 설치하여야 하는 것은 유도등이다.

07

다음 중 위험물안전관리법령에 따른 소화설비의 구분에서 "물분무등소화설비"에 속하지 않는 것은?

① 불활성 가스 소화설비
② 포 소화설비
③ 스프링클러설비
④ 분말 소화설비

물분무등소화설비 종류
• 물분무 소화설비
• 포 소화설비
• 불활성 가스 소화설비
• 할로젠화합물 소화설비
• 분말 소화설비

08

다음은 위험물안전관리법령에 따른 판매취급소에 대한 정의이다. ( )에 알맞은 말은?

> 판매취급소라 함은 점포에서 위험물을 용기에 담아 판매하기 위하여 지정수량의 (가)배 이하의 위험물을 (나)하는 장소이다.

① 가 : 20, 나 : 취급
② 가 : 40, 나 : 취급
③ 가 : 20, 나 : 저장
④ 가 : 40, 나 : 저장

판매취급소라 함은 점포에서 위험물을 용기에 담아 판매하기 위하여 지정수량의 40배 이하의 위험물을 취급하는 장소이다.

09

다음과 같은 반응식에서 5m³의 탄산가스를 만들기 위해 필요한 탄산수소나트륨의 양은 약 몇 kg인가? (단, 표준상태이고 나트륨의 원자량은 23이다.)

$$2NaHCO_3 \rightarrow Na_2CO_3 + CO_2 + H_2O$$

① 18.75   ② 37.5
③ 56.25   ④ 75

• 5m³의 탄산가스를 만들어야 하는데 이를 L로 환산하면 5,000L 이다.
• 탄산가스 1mol은 22.4L이므로 5,000L는 $\frac{5,000}{22.4} = 223mol$이 된다.
• 반응식에서 탄산수소나트륨 2mol이 탄산가스 1mol을 만들므로, 탄산가스 223mol을 만들기 위해서는 탄산수소나트륨 446mol이 필요하다.
• 탄산수소나트륨($NaHCO_3$)의 분자량은 84g/mol이므로 446mol 의 질량은 446 × 84 = 37,464g = 37.5kg이다.

정답

05 ②   06 ②   07 ③   08 ②   09 ②

10

다음 중 연소에 필요한 산소의 공급원을 단절하는 것은?

① 제거작용   ② 질식작용
③ 희석작용   ④ 억제작용

질식소화는 산소의 공급을 차단하여 공기 중의 산소 농도를 한계산
소지수 이하로 유지시키는 소화방법이다.

11

위험물제조소를 설치하고자 하는 경우 제조소와 초등학교
사이에는 몇 미터 이상의 안전거리를 두어야 하는가?

① 50   ② 40
③ 30   ④ 20

제조소와 초등학교까지의 안전거리는 사람이 많은 곳이기에 30m
이상으로 한다.

12

소화작용에 대한 설명으로 옳지 않은 것은?

① 냉각소화 : 물을 뿌려서 온도를 저하시키는 방법
② 질식소화 : 불연성 포말로 연소물을 덮어씌우는 방법
③ 제거소화 : 가연물을 제거하여 소화시키는 방법
④ 희석소화 : 산·알칼리를 중화시켜 연쇄반응을 억제
   시키는 방법

연쇄반응을 억제시키는 소화는 억제소화이다.

13

다음 중 주된 연소형태가 표면연소인 것은?

① 숯   ② 목재
③ 플라스틱   ④ 나프탈렌

아연분, 코크스, 목탄(숯) 등의 주된 연소형태는 표면연소이다.

14 ⭐빈출

위험물을 취급함에 있어서 정전기를 유효하게 제거하기 위
한 설비를 설치하고자 한다. 공기 중의 상대습도를 몇 %
이상 되게 하여야 하는가?

① 50   ② 60
③ 70   ④ 80

정전기 방지대책
• 접지에 의한 방법
• 공기를 이온화함
• 공기 중의 상대습도를 70% 이상으로 함
• 위험물이 느린 유속으로 흐를 때

15

위험물안전관리법령상 압력수조를 이용한 옥내소화전설비
의 가압송수장치에서 압력수조의 최소압력(MPa)은? (단,
소방용 호스의 마찰손실 수두압은 3MPa, 배관의 마찰손실
수두압은 1MPa, 낙차의 환산수두압은 1.35MPa이다.)

① 5.35   ② 5.70
③ 6.00   ④ 6.35

가압송수장치에서 압력수조의 최소압력 구하는 방법(단위 : MPa)
최소압력 = 소방용 호스의 마찰손실 수두압 + 배관의 마찰손실 수두
압 + 낙차의 환산 수두압 + 0.35
= 3 + 1 + 1.35 + 0.35 = 5.70

16

다음 중 물과 반응하여 조연성 가스를 발생하는 것은?

① 과염소산나트륨   ② 질산나트륨
③ 다이크로뮴산나트륨   ④ 과산화나트륨

과산화나트륨과 물의 반응식
• $2Na_2O_2 + 2H_2O \rightarrow 4NaOH + O_2$
• 과산화나트륨은 물과 반응하여 수산화나트륨과 산소를 발생한다.

정답   10② 11③ 12④ 13① 14③ 15② 16④

17

위험물안전관리법령상 제4류 위험물에 적응성이 없는 소화설비는?

① 옥내소화전설비
② 포 소화설비
③ 불활성 가스 소화설비
④ 할로젠화합물 소화설비

제4류 위험물은 포 소화설비, 불활성 가스 소화설비, 할로젠화합물 소화설비 등에 적응성이 있다.

18

위험물별로 설치하는 소화설비 중 적응성이 없는 것과 연결된 것은?

① 제3류 위험물 중 금수성 물질 이외의 것 – 할로젠화합물 소화설비, 이산화탄소 소화설비
② 제4류 위험물 – 물분무 소화설비, 이산화탄소 소화설비
③ 제5류 위험물 – 포 소화설비, 스프링클러설비
④ 제6류 위험물 – 옥내소화전설비, 물분무 소화설비

제3류 위험물 중 금수성 물질 이외의 것은 주수소화한다.

19 ★

다음 중 B급 화재에 해당하는 것은?

① 유류화재
② 목재화재
③ 금속분화재
④ 전기화재

화재의 종류

급수	화재	색상
A	일반	백색
B	유류	황색
C	전기	청색
D	금속	무색

20

옥외탱크저장소의 제4류 위험물의 저장탱크에 설치하는 통기관에 관한 설명으로 틀린 것은?

① 제4류 위험물을 저장하는 압력탱크 외의 탱크에는 밸브 없는 통기관 또는 대기밸브부착 통기관을 설치하여야 한다.
② 밸브 없는 통기관은 지름을 30mm 미만으로 하고, 끝부분은 수평면보다 45도 이상 구부려 빗물 등의 침투를 막는 구조로 한다.
③ 인화점 70℃ 이상의 위험물만을 해당 위험물의 인화점 미만의 온도로 저장 또는 취급하는 탱크에 설치하는 통기관에는 인화방지장치를 설치하지 않아도 된다.
④ 옥외저장탱크 중 압력탱크란 탱크의 최대상용압력이 부압 또는 정압 5kPa을 초과하는 탱크를 말한다.

옥외저장탱크 중 압력탱크(최대상용압력이 부압 또는 정압 5kPa을 초과하는 탱크를 말한다) 외의 탱크(제4류 위험물의 옥외저장탱크에 한한다)에 있어서는 밸브 없는 통기관 또는 대기밸브부착 통기관을 설치하여야 한다.

• 밸브 없는 통기관
  ① 지름은 30mm 이상일 것
  ② 끝부분은 수평면보다 45도 이상 구부려 빗물 등의 침투를 막는 구조로 할 것
  ③ 인화점이 38℃ 미만인 위험물만을 저장 또는 취급하는 탱크에 설치하는 통기관에는 화염방지장치를 설치하고, 그 외의 탱크에 설치하는 통기관에는 40메쉬 이상의 구리망 또는 동등 이상의 성능을 가진 인화방지장치를 설치할 것. 다만, 인화점이 70℃ 이상인 위험물만을 해당 위험물의 인화점 미만의 온도로 저장 또는 취급하는 탱크에 설치하는 통기관에는 인화방지장치를 설치하지 않을 수 있다.
  ④ 가연성의 증기를 회수하기 위한 밸브를 통기관에 설치하는 경우에 있어서는 당해 통기관의 밸브는 저장탱크에 위험물을 주입하는 경우를 제외하고는 항상 개방되어 있는 구조로 하는 한편, 폐쇄하였을 경우에 있어서는 10kPa 이하의 압력에서 개방되는 구조로 할 것

• 대기밸브부착 통기관
  ① 5kPa 이하의 압력 차이로 작동할 수 있을 것
  ② 위의 ③의 기준에 적합할 것

21

염소산칼륨의 성질에 대한 설명으로 옳은 것은?

① 가연성 액체이다.
② 강력한 산화제이다.
③ 물보다 가볍다.
④ 열분해하면 수소를 발생한다.

염소산칼륨(제1류, $KClO_3$)의 성질
- 강력한 산화제이다.
- 온수, 글리세린에 잘 녹으나 냉수, 알코올에 잘 녹지 않는다.
- 환기가 잘 되는 냉암소에 저장해야 한다.

22

다음 위험물 중 물에 대한 용해도가 가장 낮은 것은?

① 아크릴산
② 아세트알데하이드
③ 벤젠
④ 글리세린

- 아크릴산(제4류), 아세트알데하이드(제4류), 글리세린(제4류) : 수용성
- 벤젠(제4류) : 비수용성
- → 비수용성은 용해도가 낮다.

23 ⭐빈출

과산화수소의 운반용기 외부에 표시하여야 하는 주의사항은?

① 화기주의
② 충격주의
③ 물기엄금
④ 가연물접촉주의

유별	종류	운반용기 외부 주의사항
제1류	알칼리금속의 과산화물	가연물접촉주의, 화기 · 충격주의, 물기엄금
	그 외	가연물접촉주의, 화기 · 충격주의
제2류	철분, 금속분, 마그네슘	화기주의, 물기엄금
	인화성 고체	화기엄금
	그 외	화기주의
제3류	자연발화성 물질	화기엄금, 공기접촉엄금
	금수성 물질	물기엄금
제4류	–	화기엄금
제5류		화기엄금, 충격주의
제6류		가연물접촉주의

과산화수소는 제6류 위험물로 운반용기 외부에 가연물접촉주의를 표시한다.

24 ⭐빈출

탄화칼슘 취급 시 주의해야 할 사항으로 옳은 것은?

① 산화성 물질과 혼합하여 저장할 것
② 물과의 접촉을 피할 것
③ 은, 구리 등의 금속용기에 저장할 것
④ 화재발생 시 이산화탄소 소화약제를 사용할 것

탄화칼슘과 물의 반응식
- $CaC_2 + 2H_2O \rightarrow Ca(OH)_2 + C_2H_2$
- 탄화칼슘과 물이 반응하면 아세틸렌이 발생하므로 물과의 접촉은 피해야 한다.

25

다음 중 위험물의 분류가 옳은 것은?

① 유기과산화물 – 제1류 위험물
② 황화인 – 제2류 위험물
③ 금속분 – 제3류 위험물
④ 무기과산화물 – 제5류 위험물

- 유기과산화물 : 제5류 위험물
- 금속분 : 제2류 위험물
- 무기과산화물 : 제1류 위험물

26

다음 중 수소화나트륨의 소화약제로 적당하지 않은 것은?

① 물
② 건조사
③ 팽창질석
④ 탄산수소염류

- $NaH + H_2O \rightarrow NaOH + H_2$
- 수소화나트륨과 물이 반응하면 수산화나트륨과 수소가 발생하므로 주수소화를 금지하고 질식소화한다.

정답
21 ② 22 ③ 23 ④ 24 ② 25 ② 26 ①

27

알루미늄분의 위험성에 대한 설명 중 틀린 것은?

① 산화제와 혼합 시 가열, 충격, 마찰에 의하여 발화할 수 있다.
② 할로겐원소와 접촉하면 발화하는 경우도 있다.
③ 분진폭발의 위험성이 있으므로 분진에 기름을 묻혀 보관한다.
④ 습기를 흡수하여 자연발화의 위험이 있다.

알루미늄분은 물과 닿지 않게 건조한 냉소에 보관한다.

28

위험물안전관리법령상 설치허가 및 완공검사절차에 관한 설명으로 틀린 것은?

① 지정수량의 1천배 이상의 위험물을 취급하는 제조소는 한국소방산업기술원으로부터 당해 제조소의 구조·설비에 관한 기술검토를 받아야 한다.
② 저장용량이 50만리터 이상인 옥외탱크저장소는 한국소방산업기술원으로부터 당해 탱크의 기초·지반, 탱크본체 및 소화설비에 관한 기술검토를 받아야 한다.
③ 지정수량의 1천배 이상의 제4류 위험물을 취급하는 일반취급소의 설치 또는 변경에 따른 완공검사는 한국소방산업기술원이 실시한다.
④ 저장용량이 50만리터 이상인 옥외탱크저장소의 완공검사는 한국소방산업기술원에 위탁한다.

위험물안전관리법 시행령 제22조(업무의 위탁)에 의해 지정수량의 1천배 이상의 위험물을 취급하는 제조소 또는 일반취급소의 설치 또는 변경에 따른 완공검사는 기술원에 위탁한다.

29

공기 중에서 산소와 반응하여 과산화물을 생성하는 물질은?

① 다이에틸에터
② 이황화탄소
③ 에틸알코올
④ 과산화나트륨

다이에틸에터(제4류)는 공기 중 장시간 노출 시 산소와 반응하여 과산화물을 생성한다.

30 빈출

제조소의 게시판 사항 중 위험물의 종류에 따른 주의사항이 옳게 연결된 것은?

① 제2류 위험물(인화성 고체 제외) – 화기엄금
② 제3류 위험물 중 금수성 물질 – 물기엄금
③ 제4류 위험물 – 화기주의
④ 제5류 위험물 – 물기엄금

- 제3류 위험물 중 금수성 물질은 물기엄금이고 청색바탕에 백색문자로 표시한다.
- 제2류 위험물(인화성 고체 제외) : 화기주의
- 제4류 위험물 : 화기엄금
- 제5류 위험물 : 화기엄금

31

다음 중 제6류 위험물에 해당하는 것은?

① 과산화수소
② 과산화나트륨
③ 과산화칼륨
④ 과산화벤조일

- 과산화수소 : 제6류 위험물
- 과산화나트륨, 과산화칼륨 : 제1류 위험물
- 과산화벤조일 : 제5류 위험물

32

과산화수소에 대한 설명으로 옳은 것은?

① 강산화제이지만 환원제로도 사용한다.
② 알코올, 에터에는 용해되지 않는다.
③ 20 ~ 30% 용액을 옥시돌(oxydol)이라고도 한다.
④ 알칼리성 용액에서는 분해가 안 된다.

과산화수소(제6류, H_2O_2)의 특징
- 강산화제이지만 환원제로도 사용한다.
- 표백제 또는 살균제로 이용한다.
- 60wt% 이상에서 단독으로 분해폭발한다.
- 뚜껑에 작은 구멍을 뚫은 갈색 용기에 보관한다.

정답   27 ③   28 ③   29 ①   30 ②   31 ①   32 ①

33

질산에 대한 설명 중 틀린 것은?

① 환원성 물질과 혼합하면 발화할 수 있다.
② 분자량은 약 63이다.
③ 위험물안전관리법령상 비중이 1.82 이상이 되어야 위험물로 취급된다.
④ 분해하면 인체에 해로운 가스가 발생한다.

질산은 비중이 1.49 이상이 되어야 위험물로 취급한다.

34

트라이메틸알루미늄이 물과 반응 시 생성되는 물질은?

① 산화알루미늄   ② 메탄
③ 메틸알코올   ④ 에탄

트라이메틸알루미늄과 물의 반응식
• $(CH_3)_3Al + 3H_2O \rightarrow Al(OH)_3 + 3CH_4$
• 트라이메틸알루미늄과 물이 반응하면 수산화알루미늄과 메탄이 발생한다.

35

금속나트륨의 저장방법으로 옳은 것은?

① 에탄올 속에 넣어 저장한다.
② 물속에 넣어 저장한다.
③ 젖은 모래 속에 넣어 저장한다.
④ 경유 속에 넣어 저장한다.

금속나트륨과 금속칼륨은 공기와의 접촉을 막기 위해 등유, 경유 등의 산소가 함유되지 않은 보호액(석유류)에 저장한다.

36

위험물제조소의 연면적이 몇 m² 이상이 되면 경보설비 중 자동화재탐지설비를 설치하여야 하는가?

① 400   ② 500
③ 600   ④ 800

제조소의 자동화재탐지설비 설치기준
• 연면적이 500m² 이상인 것
• 옥내에서 지정수량의 100배 이상을 취급하는 것
• 일반취급소로 사용되는 부분 외의 부분이 있는 건축물에 설치된 일반취급소

37

다음 중 6류 위험물인 과염소산의 분자식은?

① $HClO_4$ ② $KClO_4$
③ $KClO_3$ ④ $HClO_2$

• 과염소산 : $HClO_4$
• 과염소산칼륨 : $KClO_4$
• 염소산칼륨 : $KClO_3$
• 아염소산 : $HClO_2$

38

트라이나이트로페놀의 성상에 대한 설명 중 틀린 것은?

① 융점은 약 61℃이고 비점은 약 120℃이다.
② 쓴맛이 있으며 독성이 있다.
③ 단독으로는 마찰, 충격에 비교적 안정하다.
④ 알코올, 에터, 벤젠에 녹는다.

• 트라이나이트로페놀의 융점 : 122.5℃
• 트라이나이트로페놀의 비점 : 약 255℃

39

같은 위험등급의 위험물로만 이루어지지 않은 것은?

① Fe, Sb, Mg
② Zn, Al, S
③ 황화인, 적린, 칼슘
④ 메탄올, 에탄올, 벤젠

• Zn(아연), Al(알루미늄) : 3등급
• S(황) : 2등급

33 ③   34 ②   35 ④   36 ②   37 ①   38 ①   39 ②

40

에틸알코올의 증기비중은 약 얼마인가?

① 0.72
② 0.91
③ 1.13
④ 1.59

- 증기비중 = $\dfrac{분자량}{29(공기의\ 평균\ 분자량)}$
- 에틸알코올(C_2H_5OH) 분자량 = $(12 \times 2) + (1 \times 6) + 16$
  $= 46g/mol$
- 에틸알코올 증기비중 = $\dfrac{분자량}{29(공기의\ 평균\ 분자량)}$ = $\dfrac{46}{29}$ = 1.59

41

아세톤에 관한 설명 중 틀린 것은?

① 무색의 휘발성이 강한 액체이다.
② 조해성이 있으며 물과 반응 시 발열한다.
③ 겨울철에도 인화의 위험성이 있다.
④ 증기는 공기보다 무거우며 액체는 물보다 가볍다.

아세톤은 제4류 위험물로 물, 알코올, 에터에 녹는다.

42

탄화알루미늄이 물과 반응하여 생기는 현상이 아닌 것은?

① 산소가 발생한다.
② 수산화알루미늄이 생성된다.
③ 열이 발생한다.
④ 메탄가스가 발생한다.

탄화알루미늄과 물의 반응식
- $Al_4C_3 + 12H_2O \rightarrow 4Al(OH)_3 + 3CH_4$
- 탄화알루미늄이 물과 반응하면 수산화알루미늄과 메탄이 발생한다.

43

무색의 액체로 융점이 −112℃이고 물과 접촉하면 심하게 발열하는 제6류 위험물은?

① 과산화수소
② 과염소산
③ 질산
④ 오플루오린화아이오딘

과염소산(제6류, $HClO_4$)의 특징
- 산화성 액체이다.
- 무기화합물이며 물보다 무겁다.
- 물과 접촉하면 심하게 발열한다.
- 융점 : −112℃, 비중 : 1.76, 비점 : 39℃이다.

44

염소산나트륨을 가열하여 분해시킬 때 발생하는 기체는?

① 산소
② 질소
③ 나트륨
④ 수소

- $2NaClO_3 \rightarrow 2NaCl + 3O_2$
- 염소산나트륨은 제1류 위험물로 가열하면 분해되어 염화나트륨과 산소가 발생한다.

45

과산화칼륨에 대한 설명 중 틀린 것은?

① 융점은 약 490℃이다.
② 무색 또는 오렌지색의 분말이다.
③ 물과 반응하여 주로 수소를 발생한다.
④ 물보다 무겁다.

- $2K_2O_2 + 2H_2O \rightarrow 4KOH + O_2$
- 과산화칼륨은 물과 반응하여 수산화칼륨과 산소가 발생하며 발열하므로 주수소화 금지이다.

정답   40 ④ 41 ② 42 ① 43 ② 44 ① 45 ③

46

과산화나트륨 78g과 충분한 양의 물이 반응하여 생성되는 기체의 종류와 생성량을 옳게 나타낸 것은?

① 수소, 1g
② 산소, 16g
③ 수소, 2g
④ 산소, 32g

- $2Na_2O_2 + 2H_2O \rightarrow 4NaOH + O_2$
- 과산화나트륨은 물과 만나 수산화나트륨과 산소를 생성한다.
- 과산화나트륨(Na_2O_2) 분자량 = $(23 \times 2) + (16 \times 2) = 78g/mol$
- 과산화나트륨 78g = 1mol
- 2mol의 과산화나트륨(156g)이 반응할 때 산소(1mol, 16g)가 생성되므로 과산화나트륨 1mol당 산소는 0.5mol이 생성된다.
- $0.5mol \times 32g = 16g$

47

인화점이 100℃보다 낮은 물질은?

① 아닐린
② 에틸렌글리콜
③ 글리세린
④ 실린더유

각 위험물의 인화점
- 아닐린 : 75℃
- 에틸렌글리콜 : 111℃
- 글리세린 : 160℃
- 실린더유 : 200℃

48

다음 중 제6류 위험물이 아닌 것은?

① 할로젠간화합물
② 과염소산
③ 아염소산염류
④ 과산화수소

아염소산염류는 제1류 위험물이다.

49

벤젠에 관한 설명 중 틀린 것은?

① 인화점은 약 −11℃ 정도이다.
② 이황화탄소보다 착화온도가 높다.
③ 벤젠 증기는 마취성은 있으나 독성은 없다.
④ 취급할 때 정전기 발생을 조심해야 한다.

벤젠(C_6H_6) 증기는 마취성이 있고 독성도 있다.

50 ⭐빈출

각각 지정수량의 10배인 위험물을 운반할 경우 제5류 위험물과 혼재 가능한 위험물에 해당하는 것은?

① 제1류 위험물
② 제2류 위험물
③ 제3류 위험물
④ 제6류 위험물

유별을 달리하는 위험물 혼재기준

1	6		혼재 가능
2	5	4	혼재 가능
3	4		혼재 가능

51

다음 위험물에 대한 설명 중 옳은 것은?

① 벤조일퍼옥사이드는 건조할수록 안전도가 높다.
② 테트릴은 충격과 마찰에 민감하다.
③ 트라이나이트로페놀은 공기 중 분해하므로 장기간 저장이 불가능하다.
④ 트라이나이트로톨루엔은 액체상의 물질이다.

테트릴은 제5류 위험물 중 나이트로화합물로 충격과 마찰에 민감하다.

52

질신암모늄에 대한 설명으로 틀린 것은?

① 열분해하여 일산화이질소가 발생한다.
② 폭약 제조 시 산소공급제로 사용된다.
③ 물에 녹을 때 많은 열을 발생한다.
④ 무취의 결정이다.

질산암모늄(제1류, NH_4NO_3)은 물에 용해 시 열을 흡수하는 흡열반응을 한다.

53 ⭐빈출

위험물안전관리법령상 운송책임자의 감독·지원을 받아 운송하여야 하는 위험물은?

① 알킬리튬   ② 과산화수소
③ 가솔린   ④ 경유

운송하는 위험물이 알킬알루미늄, 알킬리튬이거나 이 둘을 함유하는 위험물일 때에는 운송책임자의 감독 또는 지원을 받아 이를 운송하여야 한다.

54

질산칼륨에 대한 설명으로 옳은 것은?

① 조해성과 흡습성이 강하다.
② 칠레초석이라고도 한다.
③ 물에 녹지 않는다.
④ 흑색화약의 원료이다.

흑색화약의 원료 : 질산칼륨, 숯, 황

55

과산화나트륨에 의해 화재가 발생하였다. 진화 작업 과정이 잘못된 것은?

① 공기호흡기를 착용한다.
② 가능한 한 주수소화를 한다.
③ 건조사나 암분으로 피복소화한다.
④ 가능한 한 과산화나트륨과의 접촉을 피한다.

- $2Na_2O_2 + 2H_2O \rightarrow 4NaOH + O_2$
- 과산화나트륨이 물과 반응하면 수산화나트륨과 산소가 발생하기 때문에 주수소화를 금지하고 주로 건조사한다.

56

위험물안전관리법령에 따른 위험물의 적재방법에 대한 설명으로 옳지 않은 것은?

① 원칙적으로는 운반용기를 밀봉하여 수납할 것
② 고체위험물은 용기 내용적의 95% 이하의 수납율로 수납할 것
③ 액체위험물은 용기 내용적의 99% 이상의 수납율로 수납할 것
④ 하나의 외장용기에는 다른 종류의 위험물을 수납하지 아니할 것

액체위험물은 용기 내용적의 98% 이하의 수납율로 수납한다.

57 ⭐빈출

인화칼슘이 물과 반응할 경우에 대한 설명 중 틀린 것은?

① PH_3가 발생한다.
② 발생 가스는 불연성이다.
③ $Ca(OH)_2$가 생성된다.
④ 발생 가스는 독성이 강하다.

- $Ca_3P_2 + 6H_2O \rightarrow 3Ca(OH)_2 + 2PH_3$
- 인화칼슘은 물과 반응하여 수산화칼슘과 포스핀가스를 발생한다.
- 포스핀가스는 가연성이며 독성이 강하다.

58

위험물안전관리법령상 옥내소화전설비의 설치기준에서 옥내소화전은 제조소등의 건축물의 층마다 당해 층의 각 부분에서 하나의 호스접속구까지의 수평거리가 몇 m 이하가 되도록 설치하여야 하는가?

① 5   ② 10
③ 15   ④ 25

옥내소화전은 제조소등의 건축물의 층마다 당해 층의 각 부분에서 하나의 호스접속구까지의 수평거리가 25m 이하가 되도록 설치할 것

59

위험물의 운반에 관한 기준에서 다음 ( ) 안에 알맞은 온도는 몇 ℃인가?

> 적재하는 제5류 위험물 중 ( )℃ 이하의 온도에서 분해될 우려가 있는 것은 보냉 컨테이너에 수납하는 등 적당한 온도관리를 하여야 한다.

① 40   ② 50
③ 55   ④ 60

제5류 위험물 중 55℃ 이하의 온도에서 분해될 우려가 있는 것은 보냉 컨테이너에 수납하는 등 적정한 온도관리를 하여야 한다.

60 ⭐빈출

위험물을 유별로 정리하여 서로 1m 이상의 간격을 유지하는 경우에도 동일한 옥내저장소에 저장할 수 없는 것은?

① 제1류 위험물(알칼리금속의 과산화물 또는 이를 함유한 것을 제외한다)과 제5류 위험물
② 제1류 위험물과 제6류 위험물
③ 제1류 위험물과 제3류 위험물 중 황린
④ 인화성 고체를 제외한 제2류 위험물과 제4류 위험물

유별을 달리하더라도 1m 이상 간격을 둘 때 저장 가능한 경우
- 제1류 위험물(알칼리금속의 과산화물 또는 이를 함유한 것을 제외한다)과 제5류 위험물을 저장하는 경우
- 제1류 위험물과 제6류 위험물을 저장하는 경우
- 제1류 위험물과 제3류 위험물 중 자연발화성 물질(황린 또는 이를 함유한 것에 한한다)을 저장하는 경우
- 제2류 위험물 중 인화성 고체와 제4류 위험물을 저장하는 경우
- 제3류 위험물 중 알킬알루미늄등과 제4류 위험물(알킬알루미늄 또는 알킬리튬을 함유한 것에 한한다)을 저장하는 경우
- 제4류 위험물 중 유기과산화물 또는 이를 함유하는 것과 제5류 위험물 중 유기과산화물 또는 이를 함유한 것을 저장하는 경우

정답   57 ② 58 ④ 59 ③ 60 ④

2023년 1회 | CBT 기출복원문제

01 ★빈출

다음 중 정전기 방지대책으로 가장 거리가 먼 것은?

① 접지를 한다.
② 공기를 이온화한다.
③ 21% 이상의 산소농도를 유지하도록 한다.
④ 공기 중의 상대습도를 70% 이상으로 한다.

정전기 방지대책
• 접지에 의한 방법
• 공기를 이온화함
• 공기 중의 상대습도를 70% 이상으로 함
• 위험물이 느린 유속으로 흐를 때

02

다음 중 제4류 위험물의 화재 시 물을 이용한 소화를 시도하기 전에 고려해야 하는 위험물의 성질로 가장 옳은 것은?

① 수용성, 비중
② 증기비중, 끓는점
③ 색상, 발화점
④ 분해온도, 녹는점

• 수용성, 비수용성(물에 녹음, 안 녹음)
• 비중(물보다 비중이 작으면 화재면이 확대)

03

다음 점화에너지 중 물리적 변화에서 얻어지는 것은?

① 압축열
② 산화열
③ 중합열
④ 분해열

공기를 압축하면 분자가 더 빠르게 움직여서 온도가 증가하는데 이는 물리적 변화에서 얻어지는 것이다.

04

다음 중 유류저장 탱크화재에서 일어나는 현상으로 거리가 먼 것은?

① 보일오버
② 플래시오버
③ 슬롭오버
④ bleve

플래시오버 현상은 실내에서 어느 부분이 무염 연소 또는 연소 확대되는 과정에서 실내의 온도가 높아짐에 따라 가연성 혼합기의 인화점 또는 착화점보다 높게 되면 순간 폭발적으로 연소되며 실내의 가연물에 일시에 착화된다. 이는 성장기에서 최성기로 진행되는 사이에 발생하는 현상으로 내장재의 종류와 개구부의 크기에 영향을 받는다.

05 ★빈출

금속분의 연소 시 주수소화하면 위험한 원인으로 옳은 것은?

① 물에 녹아 산이 된다.
② 물과 작용하여 유독가스를 발생한다.
③ 물과 작용하여 수소가스를 발생한다.
④ 물과 작용하여 산소가스를 발생한다.

금속분 연소 시에 주수소화하면 수소가스를 발생하여 위험하기 때문에 마른모래 등에 의한 질식소화를 해야 한다.

정답 01 ③ 02 ① 03 ① 04 ② 05 ③

06

연소의 3요소인 산소의 공급원이 될 수 없는 것은?

① H_2O_2
② KNO_3
③ HNO_3
④ CO_2

- 연소의 3요소 : 가연물, 산소공급원, 점화원
- 이산화탄소(CO_2)는 불연성 가스이므로 산소공급원이 될 수 없다.

07 ⭐빈출

인화칼슘이 물과 반응하였을 때 발생하는 가스는?

① 수소
② 포스겐
③ 포스핀
④ 아세틸렌

- $Ca_3P_2 + 6H_2O \rightarrow 3Ca(OH)_2 + 2PH_3$
- 인화칼슘은 물과 반응하여 수산화칼슘과 포스핀가스가 발생하므로 주수금지해야 한다.

08

폭굉유도거리(DID)가 짧아지는 경우는?

① 정상 연소속도가 작은 혼합가스일수록 짧아진다.
② 압력이 높을수록 짧아진다.
③ 관 지름이 넓을수록 짧아진다.
④ 점화원 에너지가 약할수록 짧아진다.

폭굉유도거리가 짧아지는 조건
- 연소속도가 큰 혼합가스일수록
- 압력이 높을수록
- 관 지름이 작을수록
- 점화원 에너지가 클수록
- 관 속에 이물질이 있을 경우

09

다음 중 제5류 위험물의 화재 시에 가장 적당한 소화방법은?

① 물에 의한 냉각소화
② 질소에 의한 질식소화
③ 사염화탄소에 의한 부촉매소화
④ 이산화탄소에 의한 질식소화

제5류 위험물은 물에 의한 냉각소화가 가장 효과적이다.

10

공기 중의 산소농도를 한계산소량 이하로 낮추어 연소를 중지시키는 소화방법은?

① 냉각소화
② 제거소화
③ 억제소화
④ 질식소화

공기 중의 산소농도를 한계산소량 이하로 낮추어 연소를 중지시키는 소화방법은 질식소화로, 이산화탄소 등 불활성 가스의 방출로 화재를 제어하거나 모래 등을 이용하여 불을 끄는 것은 질식소화의 예이다.

11 ⭐빈출

다음 중 D급 화재에 해당하는 것은?

① 플라스틱 화재
② 휘발유 화재
③ 나트륨 화재
④ 전기 화재

화재의 종류

급수	화재	색상	물질
A	일반	백색	목재, 섬유 등
B	유류	황색	유류, 가스 등
C	전기	청색	낙뢰, 합선 등
D	금속	무색	Al, Na, K 등

12

위험물안전관리법령상 제4류 위험물에 적응성이 없는 소화설비는?

① 옥내소화전설비
② 포 소화설비
③ 불활성 가스 소화설비
④ 할로젠화합물 소화설비

소량의 화재에는 물을 제외한 이산화탄소, 할로젠화합물, 분말 소화약제로 질식소화하며, 대량의 화재에는 포 소화약제에 의한 질식소화가 효과적이다.

13

위험물안전관리법령상 철분, 금속분, 마그네슘에 적응성이 있는 소화설비는?

① 불활성 가스 소화설비
② 할로젠화합물 소화설비
③ 포 소화설비
④ 탄산수소염류 분말 소화설비

철분, 금속분, 마그네슘 등의 금수성 물질은 화재 시 물을 사용하면 화재를 더욱 확대시킬 수 있기 때문에 물 대신 마른모래, 탄산수소염류 분말 소화약제 등을 이용한 질식소화 방법을 주로 사용한다.

14

질소와 아르곤과 이산화탄소의 용량비가 52대 40대 8인 혼합물 소화약제에 해당하는 것은?

① IG – 541
② HCFC BLEND A
③ HFC – 125
④ HFC – 23

IG – 541 혼합물 종류
N_2 : Ar : CO_2 = 52 : 40 : 8로 혼합

15

소화약제로서 물의 단점인 동결현상을 방지하기 위하여 주로 사용되는 물질은?

① 에틸알코올
② 글리세린
③ 에틸렌글리콜
④ 탄산칼슘

부동제 종류
에틸렌글리콜, 프로필렌글리콜, 다이에틸렌글리콜, 글리세린, 염화나트륨 등이 사용되며, 동결방지를 위하여는 주로 에틸렌글리콜이 사용된다.

16

불활성 기체 소화약제의 기본성분이 아닌 것은?

① 헬륨
② 질소
③ 불소
④ 아르곤

"불활성 기체 소화약제"라 함은 헬륨, 네온, 아르곤 또는 질소가스 중 하나 이상의 원소를 기본성분으로 하는 소화약제를 말한다.

17

위험물안전관리법령상 제4류 위험물에 적응성이 있는 소화가 아닌 것은?

① 이산화탄소 소화기
② 봉상강화액 소화기
③ 포 소화기
④ 인산염류 분말 소화기

제4류 위험물의 소화
• 질식소화(포 소화, 인산염류 분말 소화, 이산화탄소 소화)
• 억제소화

정답   12 ① 13 ④ 14 ① 15 ③ 16 ③ 17 ②

18

다음 중 강화액 소화약제의 주된 소화원리에 해당하는 것은?

① 냉각소화
② 절연소화
③ 제거소화
④ 발포소화

강화액 소화약제는 물에 탄산칼륨, 방청제 및 안정제 등을 첨가하여 -20℃에서도 응고하지 않도록 하며 물의 침투능력을 배가시킨 소화약제이다.

19

물과 친화력이 있는 수용성 용매의 화재에 보통의 포 소화약제를 사용하면 포가 파괴되기 때문에 소화효과를 잃게 된다. 이와 같은 단점을 보완한 소화약제로 가연성인 수용성 용매의 화재에 유효한 효과를 가지고 있는 것은?

① 알코올형포 소화약제
② 단백포 소화약제
③ 합성계면활성제포 소화약제
④ 수성막포 소화약제

수용성 액체 화재에 일반 포 약제를 적용하면 거품이 순식간에 파괴되는 소포성 때문에 소화효과가 없다. 이러한 소포현상이 발생되지 않도록 특별히 제조된 것이 알코올형포 소화약제이다.

20

다음 중 탄산칼륨을 물에 용해시킨 강화액 소화약제의 pH에 가장 가까운 것은?

① 1
② 4
③ 7
④ 12

강화액 소화약제의 pH는 12에 가깝다.

21

지방족 탄화수소가 아닌 것은?

① 톨루엔
② 아세트알데하이드
③ 아세톤
④ 다이에틸에터

톨루엔은 방향족 탄화수소이다.

22

위험물안전관리법령상 위험물의 지정수량으로 옳지 않은 것은?

① 나이트로셀룰로오스 : 10kg
② 하이드록실아민 : 100kg
③ 아조벤젠 : 50kg
④ 트라이나이트로페놀 : 100kg

아조벤젠(제5류)의 지정수량은 100kg이다.

23

포름산에 대한 설명으로 옳지 않은 것은?

① 물, 알코올, 에터에 잘 녹는다.
② 개미산이라고도 한다.
③ 강한 산화제이다.
④ 녹는점이 상온보다 낮다.

포름산(HCOOH)은 제2석유류로 인화성 물질이다.

24

제3류 위험물에 해당하는 것은?

① NaH
② Al
③ Mg
④ P_4S_3

- Al(알루미늄), Mg(마그네슘), P_4S_3(삼황화인) : 제2류 위험물
- NaH(수소화나트륨) : 제3류 위험물

정답 18 ① 19 ① 20 ④ 21 ① 22 ③ 23 ③ 24 ①

25

셀룰로이드에 대한 설명으로 옳은 것은?

① 질소가 함유된 무기물이다
② 질소가 함유된 유기물이다.
③ 유기의 염화물이다.
④ 무기의 염화물이다.

셀룰로이드는 제5류 위험물로 질소가 함유된 유기물이다.

26

다음 물질 중 과염소산칼륨과 혼합하였을 때 발화폭발의 위험이 가장 높은 것은?

① 석면   ② 금
③ 유리   ④ 목탄

과염소산칼륨(제1류)은 산화성 고체로 혼합 시 폭발 물질 가연물(목탄)을 혼합하면 발화폭발의 위험성이 높다.

27

메틸리튬과 물의 반응 생성물로 옳은 것은?

① 메탄, 수소화리튬
② 메탄, 수산화리튬
③ 에탄, 수소화리튬
④ 에탄, 수산화리튬

• $CH_3Li + H_2O \rightarrow LiOH + CH_4$
• 메틸리튬은 물과 반응하여 수산화리튬과 메탄을 발생한다.

28

제4류 위험물의 일반적인 성질에 대한 설명 중 틀린 것은?

① 대부분 유기화합물이다.
② 액체 상태이다.
③ 대부분 물보다 가볍다.
④ 대부분 물에 녹기 쉽다.

제4류 위험물은 인화성 액체로 대부분 물에 잘 녹지 않는다.

29

나이트로글리세린에 대한 설명으로 옳은 것은?

① 물에 매우 잘 녹는다.
② 공기 중에서 점화하면 연소하나 폭발의 위험은 없다.
③ 충격에 대하여 민감하여 폭발을 일으키기 쉽다.
④ 제5류 위험물의 나이트로화합물에 속한다.

나이트로글리세린[제5류, $C_3H_5(ONO_2)_3$]은 제5류 위험물의 질산에스터류에 속하며, 충격이나 발화, 정전기 등에 매우 민감하다.

30

다음 위험물 중 물보다 가벼운 것은?

① 메틸에틸케톤   ② 나이트로벤젠
③ 에틸렌글리콜   ④ 글리세린

메틸에틸케톤의 비중은 0.8로 물보다 가볍다.

31

다음 중 제4류 위험물에 해당하는 것은?

① $Pb(N_3)_2$ ② CH_3ONO_2
③ N_2H_4 ④ NH_2OH

하이드라진(N_2H_4)은 제4류 위험물 중 제2석유류이다.

32

다음의 분말은 모두 150마이크로미터의 체를 통과하는 것이 50중량퍼센트 이상이 된다. 이들 분말 중 위험물안전관리법령상 품명이 "금속분"으로 분류되는 것은?

① 철분   ② 구리분
③ 알루미늄분   ④ 니켈분

금속분
알루미늄분(Al), 아연분(Zn), 안티몬분(Sb), 크로뮴분(Cr), 몰리브덴(Mo), 텅스텐(W) 등

정답 25 ② 26 ④ 27 ② 28 ④ 29 ③ 30 ① 31 ③ 32 ③

33

다음 중 제6류 위험물에 해당하는 것은?

① IF_5 ② $HClO_3$
③ NO_3 ④ H_2O

IF_5는 제6류 위험물 종류 중 할로젠간화합물에 해당한다.

34 ⭐빈출

주수소화를 할 수 없는 위험물은?

① 금속분 ② 적린
③ 황 ④ 과망가니즈산칼륨

금속분은 연소 시 주수소화하면 수소를 발생시켜 위험하기 때문에 마른모래에 의한 질식소화를 해야 한다.

35

제1류 위험물 중 흑색화약의 원료로 사용되는 것은?

① KNO_3 ② $NaNO_3$
③ BaO_2 ④ NH_4NO_3

흑색화약의 원료 : 질산칼륨(KNO_3), 숯, 황(S)

36

다음 위험물 중 지정수량이 나머지 셋과 다른 하나는?

① 마그네슘 ② 금속분
③ 철분 ④ 황

• 황의 지정수량 : 100kg
• 마그네슘, 금속분, 철분의 지정수량 : 500kg

37

다음 중 인화점이 가장 높은 것은?

① 등유 ② 벤젠
③ 아세톤 ④ 아세트알데하이드

각 위험물의 인화점
• 등유 : 30 ~ 60℃
• 벤젠 : −11℃
• 아세톤 : −18℃
• 아세트알데하이드 : −38℃

38

다음 물질 중 과산화나트륨과 혼합되었을 때 수산화나트륨과 산소를 발생하는 것은?

① 온수 ② 일산화탄소
③ 이산화탄소 ④ 초산

• $2Na_2O_2 + 2H_2O \rightarrow 4NaOH + O_2$
• 과산화나트륨은 물과 반응하여 수산화나트륨과 산소를 발생한다.

39

다음 중 제1류 위험물에 해당되지 않는 것은?

① 염소산칼륨 ② 과염소산암모늄
③ 과산화바륨 ④ 질산구아니딘

질산구아니딘은 제5류 위험물이다.

40

제4류 위험물인 클로로벤젠의 지정수량으로 옳은 것은?

① 200L ② 400L
③ 1,000L ④ 2,000L

클로로벤젠(C_6H_5Cl)의 지정수량 : 1,000L

정답 33 ① 34 ① 35 ① 36 ④ 37 ① 38 ① 39 ④ 40 ③

41 ⭐빈출

나이트로화합물, 나이트로소화합물, 질산에스터류, 하이드록실아민을 각각 50킬로그램씩 저장하고 있을 때 지정수량의 배수가 가장 큰 것은?

① 나이트로화합물
② 나이트로소화합물
③ 질산에스터류
④ 하이드록실아민

- 나이트로화합물의 지정수량의 배수 = $\frac{50}{100}$ = 0.5

- 나이트로소화합물의 지정수량의 배수 = $\frac{50}{100}$ = 0.5

- 질산에스터류의 지정수량의 배수 = $\frac{50}{10}$ = 5

- 하이드록실아민의 지정수량의 배수 = $\frac{50}{100}$ = 0.5

42

위험물안전관리법령상 이동탱크저장소에 의한 위험물운송 시 위험물운송자는 장거리에 걸치는 운송을 하는 때에는 2명 이상의 운전자로 하여야 한다. 다음 중 그러하지 않아도 되는 경우가 아닌 것은?

① 적린을 운송하는 경우
② 알루미늄의 탄화물을 운송하는 경우
③ 이황화탄소를 운송하는 경우
④ 운송 도중에 2시간 이내마다 20분 이상씩 휴식하는 경우

위험물운송자는 장거리(고속국도 340km 이상, 그 밖의 도로 200km 이상)의 운송을 하는 때에는 2명 이상의 운전자로 한다. 다만, 다음의 3가지 경우에는 그러하지 아니하다.
- 운전책임자의 동승 : 운송책임자가 별도의 사무실이 아닌 이동탱크저장소에 함께 동승한 경우, 이때는 운송책임자가 운전자의 역할을 하지 않는 경우이다.
- 운송위험물의 위험성이 낮은 경우 : 운송하는 위험물이 제2류 위험물, 제3류 위험물(칼슘 또는 알루미늄의 탄화물과 이것만을 함유한 것), 제4류 위험물(특수인화물 제외)인 경우
- 적당한 휴식을 취하는 경우 : 운송 도중에 2시간 이내마다 20분 이상씩 휴식하는 경우

43

위험물안전관리법령상 옥외탱크저장소의 기준에 따라 다음의 인화성 액체위험물을 저장하는 옥외저장탱크 1 ~ 4호를 동일의 방유제 내에 설치하는 경우 방유제에 필요한 최소 용량으로서 옳은 것은? (단, 암반탱크 또는 특수액체위험물 탱크의 경우는 제외한다.)

- 1호 탱크 : 등유 1,500KL
- 2호 탱크 : 가솔린 1,000KL
- 3호 탱크 : 경유 500KL
- 4호 탱크 : 중유 250KL

① 1,650KL
② 1,500KL
③ 500KL
④ 250KL

옥외저장탱크 설치 시 방유제 용량
최대 탱크용량 × 1.1
= 1,500 × 1.1 = 1,650KL

44 ⭐빈출

각각 지정수량의 10배인 위험물을 운반할 경우 제5류 위험물과 혼재 가능한 위험물에 해당하는 것은?

① 제1류 위험물
② 제2류 위험물
③ 제3류 위험물
④ 제6류 위험물

유별을 달리하는 위험물 혼재기준

1	6		혼재 가능
2	5	4	혼재 가능
3	4		혼재 가능

45 ⭐빈출

다음은 위험물안전관리법령에서 정한 피난설비에 관한 내용이다. ( )에 들어갈 용어로 알맞은 것은?

> 주유취급소 중 건축물의 2층 이상의 부분을 점포, 휴게음식점 또는 전시장의 용도로 사용하는 것에 있어서는 해당 건축물의 2층 이상으로부터 주유취급소의 부지 밖으로 통하는 출입구와 해당 출입구로 통하는 통로·계단 및 출입구에 ( )을(를) 설치하여야 한다.

① 피난사다리   ② 유도등
③ 공기호흡기   ④ 시각경보기

주유취급소 중 건축물의 2층 이상의 부분을 점포, 휴게음식점 또는 전시장의 용도로 사용하는 것에 있어 해당 건축물의 2층 이상으로부터 직접 주유취급소의 부지 밖으로 통하는 출입구와 해당 출입구로 통하는 통로·계단에 설치하여야 하는 것은 유도등이다.

46

과산화수소에 대한 설명으로 틀린 것은?

① 불연성 물질이다.
② 농도가 약 3wt%이면 단독으로 분해폭발한다.
③ 산화성 물질이다.
④ 점성이 있는 액체로 물에 용해된다.

과산화수소(H_2O_2)는 그 농도가 36wt% 이상인 것을 말하며, 농도가 60wt%이면 단독으로 분해폭발한다.

47

산화프로필렌에 대한 설명 중 틀린 것은?

① 연소범위는 가솔린보다 넓다.
② 물에는 잘 녹지만 알코올, 벤젠에는 녹지 않는다.
③ 비중은 1보다 작고, 증기비중은 1보다 크다.
④ 증기압이 높으므로 상온에서 위험한 농도까지 도달할 수 있다.

산화프로필렌(CH_2CHOCH_3)은 제4류 위험물로 물, 알코올, 에터에 잘 녹는다.

48 ⭐빈출

위험물안전관리법령상 소화전용물통 8L의 능력단위는?

① 0.3   ② 0.5
③ 1.0   ④ 1.5

소화설비의 능력단위

소화설비	용량(L)	능력단위
소화전용물통	8	0.3
수조(물통 3개 포함)	80	1.5
수조(물통 6개 포함)	190	2.5
마른모래(삽 1개 포함)	50	0.5
팽창질석·팽창진주암(삽 1개 포함)	160	1.0

49

위험물안전관리법령상 옥내소화전설비의 기준에 따르면 펌프를 이용한 가압송수장치에서 펌프의 토출량은 옥내소화전의 설치개수가 가장 많은 층에 대해 해당 설치개수(2개 이상인 경우에는 2개)에 얼마를 곱한 양 이상이 되도록 하여야 하는가?

① 130L/min   ② 360L/min
③ 460L/min   ④ 560L/min

가압송수장치에서 펌프의 토출량은 옥내소화전이 가장 많이 설치된 층의 설치개수(옥내소화전이 2개 이상 설치된 경우에는 2개)에 130L/min을 곱한 양 이상이 되도록 하여야 한다.

50

위험물안전관리법령상 위험물제조소에 설치하는 배출설비에 대한 내용으로 틀린 것은?

① 배출설비는 예외적인 경우를 제외하고는 국소방식으로 하여야 한다.
② 배출설비는 강제배출 방식으로 한다.
③ 급기구는 낮은 장소에 설치하고 인화방지망을 설치한다.
④ 배출구는 지상 2m 이상 높이에 연소의 우려가 없는 곳에 설치한다.

배출설비의 급기구는 높은 곳에 설치하고, 가는 눈의 구리망 등으로 인화방지망을 설치한다.

45 ②   46 ②   47 ②   48 ①   49 ①   50 ③

51

위험물안전관리법령상 제조소등의 위치·구조 또는 설비 가운데 행정안전부령이 정하는 사항을 변경허가를 받지 아니하고 제조소등의 위치·구조 또는 설비를 변경한 때 행정처분기준으로 옳은 것은?

① 사용정지 15일
② 허가취소하거나 6개월간 사용정지
③ 사용정지 30일
④ 허가취소하거나 3개월간 사용정지

위험물안전관리법령상 제조소등의 위치·구조 또는 설비 가운데 행정안전부령이 정하는 사항을 변경허가를 받지 아니하고 제조소등의 위치·구조 또는 설비를 변경한 때에는 허가를 취소하거나 6월 이내의 기간을 정하여 제조소등의 전부 또는 일부의 사용정지를 명할 수 있다.

52

다음 위험물 중에서 옥외저장소에서 저장할 수 없는 것은? (단, 특별시·광역시·특별자치시·도 또는 특별자치도의 조례에서 정하는 위험물과 IMDG Code에 적합한 용기에 수납된 위험물의 경우는 제외한다.)

① 아세트산
② 에틸렌글리콜
③ 크레오소트유
④ 아세톤

- 옥외저장소에 저장할 수 있는 위험물 유별
  - 제2류 위험물 중 황, 인화성 고체(인화점이 0도 이상인 것에 한함)
  - 제4류 위험물 중 제1석유류(인화점이 0도 이상인 것에 한함), 알코올류, 제2석유류, 제3석유류, 제4석유류, 동식물유류
  - 제6류 위험물
- 제4류 위험물 중 제1석유류인 아세톤은 인화점이 0도 이하인 −18℃이므로 옥외저장소에 저장할 수 없다.

53

다이에틸에터에 대한 설명으로 틀린 것은?

① 일반식은 'R−CO−R'이다.
② 연소범위는 약 1.9 ~ 48%이다.
③ 증기비중 값이 비중 값보다 크다.
④ 휘발성이 높고 마취성을 가진다.

다이에틸에터의 일반식 : 'R−O−R'

54

위험물안전관리법령상 지하탱크저장소 탱크전용실의 안쪽과 지하저장탱크와의 사이는 몇 m 이상의 간격을 유지하여야 하는가?

① 0.1
② 0.2
③ 0.3
④ 0.5

지하저장탱크와 탱크전용실의 안쪽과의 사이는 0.1m 이상의 간격을 유지하여야 한다.

55

다음 ( ) 안에 들어갈 수치를 순서대로 바르게 나열한 것은? (단, 제4류 위험물에 적응성을 갖기 위한 살수밀도기준을 적용하는 경우를 제외한다.)

> 위험물제조소등에 설치하는 폐쇄형헤드의 스프링클러설비는 30개의 헤드를 동시에 사용할 경우 각 끝부분의 방사압력이 ( )kPa 이상이고, 방수량이 1분당 ( )L 이상이어야 한다.

① 100, 80
② 120, 80
③ 100, 100
④ 120, 100

위험물제조소등에 설치하는 폐쇄형헤드의 스프링클러설비는 30개의 헤드를 동시에 사용할 경우 각 끝부분의 방사압력이 100kPa 이상이고, 방수량이 1분당 80L 이상이어야 한다.

51 ② 52 ④ 53 ① 54 ① 55 ①

56

위험물옥외저장소에서 지정수량 200배 초과의 위험물을 저장할 경우 경계표시 주위의 보유공지 너비는 몇 m 이상으로 하여야 하는가? (단, 제4류 위험물과 제6류 위험물이 아닌 경우이다.)

① 0.5   ② 2.5
③ 10   ④ 15

옥외저장소의 보유공지

저장 또는 취급하는 위험물의 최대수량	공지의 너비
지정수량의 10배 이하	3m 이상
지정수량의 10배 초과 20배 이하	5m 이상
지정수량의 20배 초과 50배 이하	9m 이상
지정수량의 50배 초과 200배 이하	12m 이상
지정수량의 200배 초과	15m 이상

57

위험물안전관리법령상 배출설비를 설치하여야 하는 옥내저장소의 기준에 해당하는 것은?

① 가연성 증기가 액화할 우려가 있는 장소
② 모든 장소의 옥내저장소
③ 가연성 미분이 체류할 우려가 있는 장소
④ 인화점이 70℃ 미만인 위험물의 옥내저장소

- 옥내저장소에서 인화점이 70℃ 미만인 위험물을 저장하는 경우 배출설비가 필요하다.
- 배출설비는 국소방식으로 설치하여야 한다.

58

이동저장탱크에 알킬알루미늄을 저장하는 경우에 불활성 기체를 봉입하는데 이때의 압력은 몇 kPa 이하이어야 하는가?

① 10   ② 20
③ 30   ④ 40

이동저장탱크에 알킬알루미늄을 저장하는 경우에 불활성 기체를 봉입하는데 이때의 압력은 20kPa 이하이어야 한다.

59 빈출

그림과 같은 위험물저장탱크의 내용적은 약 몇 m³인가? (단, 공간용적은 내용적의 10/100이다.)

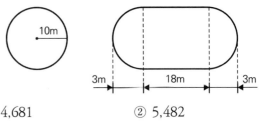

① 4,681   ② 5,482
③ 5,652   ④ 7,080

위험물저장탱크의 내용적

$$V = \pi r^2 \times (l + \frac{l_1 + l_2}{3})(1 - 공간용적)$$

$$= 원의\ 면적 \times (가운데\ 체적길이 + \frac{양끝\ 체적길이의\ 합}{3})$$
$$(1 - 공간용적)$$

$$= 3.14 \times 10^2 \times (18 + 2)(1 - 0.1) = 5,652m^3$$

60 빈출

제2류 위험물 중 인화성 고체의 제조소에 설치하는 주의사항 게시판에 표시할 내용을 옳게 나타낸 것은?

① 적색바탕에 백색문자로 "화기엄금" 표시
② 적색바탕에 백색문자로 "화기주의" 표시
③ 백색바탕에 적색문자로 "화기엄금" 표시
④ 백색바탕에 적색문자로 "화기주의" 표시

- 제2류 위험물(인화성 고체 제외) : 화기주의
- 제2류 위험물 중 인화성 고체 : 화기엄금
- 화기엄금은 적색바탕에 백색문자로 표시한다.

정답   56 ④   57 ④   58 ②   59 ③   60 ①

2023년 2회 | CBT 기출복원문제

01 ⭐

위험물안전관리법령상 제3류 위험물 중 금수성 물질의 제조소에 설치하는 주의사항 게시판의 바탕색과 문자색을 옳게 나타낸 것은?

① 청색바탕에 황색문자
② 황색바탕에 청색문자
③ 청색바탕에 백색문자
④ 백색바탕에 청색문자

> 제3류 위험물 중 금수성 물질의 제조소에 설치해야 하는 게시판의 주의사항은 물기엄금이고, 청색바탕에 백색문자로 표시한다.

02

다음과 같은 반응식에서 5m³의 탄산가스를 만들기 위해 필요한 탄산수소나트륨의 양은 약 몇 kg인가? (단, 표준상태이고 나트륨의 원자량은 23이다.)

$$2NaHCO_3 \rightarrow Na_2CO_3 + CO_2 + H_2O$$

① 18.75
② 37.5
③ 56.25
④ 75

> • 5m³의 탄산가스를 만들어야 하는데 이를 L로 환산하면 5,000L이다.
> • 탄산가스 1mol은 22.4L이므로 5,000L는 $\frac{5,000}{22.4} ≒ 223$mol이 된다.
> • 반응식에서 탄산수소나트륨 2mol이 탄산가스 1mol을 만들므로, 탄산가스 223mol을 만들기 위해서는 탄산수소나트륨 446mol이 필요하다.
> • 탄산수소나트륨($NaHCO_3$)의 분자량은 84g/mol이므로 446mol의 질량은 446 × 84 = 37,464g = 37.5kg이다.

03

연소에 대한 설명으로 옳지 않은 것은?

① 산화되기 쉬운 것일수록 타기 쉽다.
② 산소와의 접촉면적이 큰 것일수록 타기 쉽다.
③ 충분한 산소가 있어야 타기 쉽다.
④ 열전도율이 큰 것일수록 타기 쉽다.

> 열전도율이 작은 것일수록 타기 쉽다.

04 ⭐

탄화칼슘은 물과 반응 시 위험성이 증가하는 물질이다. 주수소화 시 물과 반응하면 어떤 가스가 발생하는가?

① 수소
② 메탄
③ 에탄
④ 아세틸렌

> 탄화칼슘과 물의 반응식
> • $CaC_2 + 2H_2O \rightarrow Ca(OH)_2 + C_2H_2$
> • 탄화칼슘과 물이 반응하면 수산화칼슘과 아세틸렌이 발생한다.

05

위험물의 자연발화를 방지하는 방법으로 가장 거리가 먼 것은?

① 통풍을 잘 시킬 것
② 저장실의 온도를 낮출 것
③ 습도가 높은 곳에서 저장할 것
④ 정촉매 작용을 하는 물질과의 접촉을 피할 것

> 습도가 높으면 미생물로 인한 자연발화의 위험성이 높아지기 때문에 습도를 낮게 유지해야 한다.

정답

01 ③ 02 ② 03 ④ 04 ④ 05 ③

06

과염소산의 화재예방에 요구되는 주의사항에 대한 설명으로 옳은 것은?

① 유기물과 접촉 시 발화의 위험이 있기 때문에 가연물과 접촉시키지 않는다.
② 자연발화의 위험이 높으므로 냉각시켜 보관한다.
③ 공기 중 발화하므로 공기와의 접촉을 피해야 한다.
④ 액체 상태는 위험하므로 고체 상태로 보관한다.

과염소산(제6류, $HClO_4$)은 산화성 액체로 유기물과 접촉 시 발화의 위험이 있기 때문에 가연물과 접촉시키지 않는다.

07

15℃의 기름 100g에 8,000J의 열량을 주면 기름의 온도는 몇 ℃가 되겠는가? (단, 기름의 비열은 2J/g · ℃이다.)

① 25 ② 45
③ 50 ④ 55

기름의 온도계산

• 온도차 = $\dfrac{열량}{비열 \times 질량}$

  $= \dfrac{8,000}{2 \times 100} = 40℃$

• 기름의 온도 − 15 = 40℃

∴ 기름의 온도 = 40 + 15 = 55℃

08

제5류 위험물의 화재예방상 유의사항 및 화재 시 소화방법에 관한 설명으로 옳지 않은 것은?

① 대량의 주수에 의한 소화가 좋다.
② 화재 초기에는 질식소화가 효과적이다.
③ 일부 물질의 경우 운반 또는 저장 시 안정제를 사용해야 한다.
④ 가연물과 산소공급원이 같이 있는 상태이므로 점화원의 방지에 유의하여야 한다.

제5류 위험물의 화재 초기에는 주수소화가 효과적이다.

09

폭발의 종류에 따른 물질이 잘못 짝지어진 것은?

① 분해폭발 – 아세틸렌, 산화에틸렌
② 분진폭발 – 금속분, 밀가루
③ 중합폭발 – 사이안화수소, 염화비닐
④ 산화폭발 – 하이드라진, 과산화수소

• 중합폭발은 화합물이 스스로 중합반응을 일으켜 급격히 부피가 팽창하면서 폭발하는 현상이다.
• 사이안화수소는 산화폭발의 위험성을 가지기 때문에 중합폭발과 관련이 없다.

10

착화온도가 낮아지는 원인과 가장 관계가 있는 것은?

① 발열량이 적을 때
② 압력이 높을 때
③ 습도가 높을 때
④ 산소와의 결합력이 나쁠 때

착화온도가 낮아지는 원인
• 발열량이 높을 때
• 압력이 높을 때
• 습도가 낮을 때
• 산소와의 결합력이 좋을 때

11

위험물안전관리법령상 알칼리금속과산화물에 적응성이 있는 소화설비는?

① 할로젠화합물 소화설비
② 탄산수소염류 분말 소화설비
③ 물분무 소화설비
④ 스프링클러설비

알칼리금속과산화물은 주수소화를 금지하고 마른모래, 탄산수소염류 분말, 팽창질석, 팽창진주암 등으로 질식소화한다.

정답 06 ① 07 ④ 08 ② 09 ③ 10 ② 11 ②

12

Halon 1001의 화학식에서 수소원자의 수는?

① 0   ② 1
③ 2   ④ 3

할론넘버는 C, F, Cl, Br 순으로 매긴다.
- 할론 1001 = CH_3Br
- 수소원자는 3개이다.

13

이산화탄소 소화약제에 관한 설명 중 틀린 것은?

① 소화약제에 의한 오손이 없다.
② 소화약제 중 증발잠열이 가장 크다.
③ 전기 절연성이 있다.
④ 장기간 저장이 가능하다.

증발잠열이 가장 큰 것은 물 소화약제이다.

14

수성막포 소화약제에 사용되는 계면활성제는?

① 염화단백포 계면활성제
② 산소계 계면활성제
③ 황산계 계면활성제
④ 불소계 계면활성제

수성막포 소화약제는 불소계 계면활성제를 바탕으로 한 기포성 수성 소화약제이다.

15

제6류 위험물의 화재에 적응성이 없는 소화설비는?

① 옥내소화전설비
② 스프링클러설비
③ 포 소화설비
④ 불활성 가스 소화설비

- 제6류 위험물은 주로 대량의 물에 의한 주수소화가 가능하다.
- 옥내소화전설비, 옥외소화전설비, 스프링클러설비, 물분무 소화설비, 포 소화설비, 인산염류 분말 소화설비 등은 제6류 위험물에 적응성이 있다.
- 이산화탄소 소화기는 폭발이 없을 경우에 한하여 설치할 수 있다.

16

위험물안전관리법령상 소화설비의 적응성에 관한 내용이다. 옳은 것은?

① 마른모래는 대상물 중 제1류 ~ 제6류 위험물에 적응성이 있다.
② 팽창질석은 전기설비를 포함한 모든 대상물에 적응성이 있다.
③ 분말 소화약제는 셀룰로이드류의 화재에 가장 적당하다.
④ 물분무 소화설비는 전기설비에 사용할 수 없다.

마른모래는 화재 표면에 뿌려 질식소화하며 제1류부터 제6류까지 위험물 소화에 사용된다.

17

다음 중 공기포 소화약제가 아닌 것은?

① 단백포 소화약제
② 합성계면활성제포 소화약제
③ 화학포 소화약제
④ 수성막포 소화약제

- 포 소화약제는 크게 공기포(기계포) 소화약제와 화학포 소화약제로 분류된다.
- 공기포는 포 소화약제와 물을 기계적으로 교반시키면서 공기를 흡입하여(공기를 핵으로 하여) 발생시킨 포로 일명 기계포라고도 한다. 단백포 소화약제, 불화단백포 소화약제, 합성계면활성제포 소화약제, 수성막포 소화약제, 내알코올포(수용성액체용포) 소화약제가 있다.

정답   12 ④   13 ②   14 ④   15 ④   16 ①   17 ③

18

물은 냉각소화가 주된 대표적인 소화약제이다. 물의 소화 효과를 높이기 위하여 무상주수를 함으로써 부가적으로 작용하는 소화효과로 이루어진 것은?

① 질식소화작용, 제거소화작용
② 질식소화작용, 유화소화작용
③ 타격소화작용, 유화소화작용
④ 타격소화작용, 피복소화작용

무상주수 소화효과
• 질식소화
• 유화소화

19 빈출

분말 소화약제 중 제1종과 제2종 분말이 각각 열분해될 때 공통적으로 생성되는 물질은?

① N_2, CO_2
② N_2, O_2
③ H_2O, CO_2
④ H_2O, N_2

분말 소화약제의 종류

약제명	주성분	분해식
제1종	탄산수소나트륨	$2NaHCO_3 \rightarrow Na_2CO_3 + CO_2 + H_2O$
제2종	탄산수소칼륨	$2KHCO_3 \rightarrow K_2CO_3 + CO_2 + H_2O$
제3종	인산암모늄	$NH_4H_2PO_4 \rightarrow NH_3 + HPO_3 + H_2O$
제4종	탄산수소칼륨 + 요소	–

20

다음 중 강화액 소화약제의 주성분에 해당하는 것은?

① K_2CO_3
② K_2O_2
③ CaO_2
④ $KBrO_3$

강화액 소화약제는 물에 탄산칼륨(K_2CO_3), 방청제 및 안정제 등을 첨가하여 −20℃에서도 응고하지 않도록 하며 물의 침투능력을 배가시킨 소화약제이다.

21

트라이나이트로톨루엔의 작용기에 해당하는 것은?

① −NO
② −NO₂
③ −NO₃
④ −NO₄

주어진 구조를 보면, 톨루엔($C_6H_5CH_3$) 고리 위에 세 개의 나이트로기(−NO₂)가 붙어 있는 것을 확인할 수 있다. 이 구조는 트라이나이트로톨루엔(TNT)으로, 여기서 작용기는 나이트로기(−NO₂)이다.

22

위험물의 성질에 대한 설명 중 틀린 것은?

① 황린은 공기 중에서 산화할 수 있다.
② 적린은 $KClO_3$와 혼합하면 위험하다.
③ 황린은 물에 매우 잘 녹는다.
④ 황화인은 가연성 고체이다.

황린(P_4)은 백색 또는 담황색의 자연발화성 고체이다. 벤젠, 알코올에는 일부 용해하고, 이황화탄소(CS_2), 삼염화인, 염화황에는 잘 녹는다. 증기는 공기보다 무겁고 자극적이며 맹독성인 물질이며 자연발화의 위험성이 크므로 물속에 저장한다.

23 빈출

알루미늄분의 성질에 대한 설명으로 옳은 것은?

① 금속 중에서 연소열량이 가장 작다.
② 끓는 물과 반응해서 수소를 발생한다.
③ 산화나트륨 수용액과 반응해서 산소를 발생한다.
④ 안전한 저장을 위해 할로겐 원소와 혼합한다.

• $2Al + 6H_2O \rightarrow 2Al(OH)_3 + 3H_2$
• 알루미늄분은 물과 반응하여 수소를 발생하며 폭발한다.

24

피리딘의 일반적인 성질에 대한 설명 중 틀린 것은?

① 순수한 것은 무색 액체이다.
② 약알칼리성을 나타낸다.
③ 물보다 가볍고, 증기는 공기보다 무겁다.
④ 흡습성이 없고, 비수용성이다.

> 피리딘(C_6H_5N)은 제4류 위험물 중 제1석유류로 수용성이다.

25

위험물안전관리법령에서는 특수인화물을 1기압에서 발화점이 100℃ 이하인 것 또는 인화점이 얼마 이하이고 비점이 40℃ 이하인 것으로 정의하는가?

① −10℃
② −20℃
③ −30℃
④ −40℃

> 특수인화물이란 1기압에서 발화점이 100℃ 이하, 인화점이 영하 20℃ 이하이고 비점은 40℃ 이하이다.

26

과염소산나트륨의 성질이 아닌 것은?

① 물과 급격히 반응하여 산소를 발생한다.
② 가열하면 분해되어 조연성 가스를 방출한다.
③ 융점은 400℃보다 높다.
④ 비중은 물보다 무겁다.

> 과염소산나트륨(제1류, $NaClO_4$)은 물에 잘 녹고 반응하지 않는다.

27 ⭐비출

인화칼슘이 물과 반응할 경우에 대한 설명 중 틀린 것은?

① 발생 가스는 가연성이다.
② 포스겐가스가 발생한다.
③ 발생 가스는 독성이 강하다.
④ $Ca(OH)_2$가 생성된다.

> 인화칼슘과 물의 반응식
> • $Ca_3P_2 + 6H_2O \rightarrow 3Ca(OH)_2 + 2PH_3$
> • 인화칼슘이 물과 반응하면 수산화칼슘과 포스핀가스가 발생하는데, 이때 발생하는 포스핀가스는 가연성이며 독성이 강하다.

28 ⭐비출

위험물안전관리법령상 품명이 다른 하나는?

① 나이트로글리콜
② 나이트로글리세린
③ 셀룰로이드
④ 테트릴

품명	위험물	상태
질산에스터류	질산메틸 질산에틸 나이트로글리콜 나이트로글리세린	액체
	나이트로셀룰로오스 셀룰로이드	고체
나이트로화합물	트라이나이트로톨루엔 트라이나이트로페놀 다이나이트로벤젠 테트릴	고체

29

에틸알코올의 증기비중은 약 얼마인가?

① 0.72
② 0.91
③ 1.13
④ 1.59

> • 증기비중 = $\dfrac{분자량}{29(공기의 평균 분자량)}$
> • 에틸알코올(C_2H_5OH) 분자량 = $(12 \times 2) + (1 \times 6) + 16$
> $= 46g/mol$
> • 에틸알코올 증기비중 = $\dfrac{분자량}{29(공기의 평균 분자량)} = \dfrac{46}{29} = 1.59$

정답   24 ④ 25 ② 26 ① 27 ② 28 ④ 29 ④

30 ★빈출

과산화칼륨이 물 또는 이산화탄소와 반응할 경우 공통적으로 발생하는 물질은?

① 산소
② 과산화수소
③ 수산화칼륨
④ 수소

- $2K_2O_2 + 2H_2O \rightarrow 4KOH + O_2$
- 과산화칼륨은 물과 반응하여 수산화칼륨과 산소를 발생한다.
- $2K_2O_2 + 2CO_2 \rightarrow 2K_2CO_3 + O_2$
- 과산화칼륨은 이산화탄소와 반응하여 탄산칼륨과 산소를 발생한다.
- → 과산화칼륨이 물 또는 이산화탄소와 반응하면 공통적으로 산소를 발생한다.

31 ★빈출

아조화합물 800kg, 하이드록실아민 300kg, 유기과산화물 40kg의 총 양은 지정수량의 몇 배에 해당하는가?

① 7배
② 9배
③ 10배
④ 15배

- 아조화합물(제5류)의 지정수량 : 100kg
- 하이드록실아민(제5류)의 지정수량 : 100kg
- 유기과산화물(제5류)의 지정수량 : 10kg
- ∴ 지정수량 배수의 총합 $= \dfrac{800}{100} + \dfrac{300}{100} + \dfrac{40}{10} = 15$배

32

물과 반응하여 가연성 가스를 발생하지 않는 것은?

① 칼륨
② 과산화칼륨
③ 탄화알루미늄
④ 트라이에틸알루미늄

- $2K_2O_2 + 2H_2O \rightarrow 4KOH + O_2$
- 과산화칼륨이 물과 만나면 수산화칼륨과 산소, 열이 발생하는데, 산소는 조연성 가스이다.

33

다음 중 제5류 위험물로만 나열되지 않은 것은?

① 과산화벤조일, 질산메틸
② 과산화초산, 다이나이트로벤젠
③ 과산화요소, 나이트로글리콜
④ 아세토나이트릴, 트라이나이트로톨루엔

아세토나이트릴은 제4류 위험물이다.

34

질산과 과염소산의 공통성질이 아닌 것은?

① 가연성이며 강산화제이다.
② 비중이 1보다 크다.
③ 가연물과 혼합으로 발화의 위험이 있다.
④ 물과 접촉하면 발열한다.

불연성, 조연성, 강산화제이다.

35

과산화나트륨에 대한 설명으로 틀린 것은?

① 알코올에 잘 녹아서 산소와 수소를 발생시킨다.
② 상온에서 물과 격렬하게 반응한다.
③ 비중이 약 2.8이다.
④ 조해성 물질이다.

- $Na_2O_2 + 2C_2H_5OH \rightarrow 2C_2H_5ONa + H_2O_2$
- 과산화나트륨은 알코올과 반응하여 과산화수소를 발생시킨다.

36

질산칼륨을 약 400℃에서 가열하여 열분해시킬 때 주로 생성되는 물질은?

① 질산과 산소
② 질산과 칼륨
③ 아질산칼륨과 산소
④ 아질산칼륨과 질소

질산칼륨의 분해반응식
• $2KNO_3 \rightarrow 2KNO_2 + O_2$
• 질산칼륨을 가열하면 분해하여 아질산칼륨과 산소를 방출한다.

37

다음 중 분자량이 가장 큰 위험물은?

① 과염소산
② 과산화수소
③ 질산
④ 하이드라진

각 위험물의 분자량
• 과염소산(제6류, $HClO_4$) : 104.5g/mol
• 과산화수소(제6류, H_2O_2) : 34g/mol
• 질산(제6류, HNO_3) : 63g/mol
• 하이드라진(제4류, N_2H_4) : 32g/mol

38

인화칼슘, 탄화알루미늄, 나트륨이 물과 반응하였을 때 발생하는 가스에 해당하지 않는 것은?

① 포스핀가스
② 수소
③ 이황화탄소
④ 메탄

• $Ca_3P_2 + 6H_2O \rightarrow 3Ca(OH)_2 + 2PH_3$
• 인화칼슘은 물과 반응하여 수산화칼슘과 포스핀가스를 발생한다.
• $Al_4C_3 + 12H_2O \rightarrow 4Al(OH)_3 + 3CH_4$
• 탄화알루미늄은 물과 반응하여 수산화알루미늄과 메탄을 발생한다.
• $2Na + 2H_2O \rightarrow 2NaOH + H_2$
• 나트륨은 물과 반응하여 수산화나트륨과 수소를 발생한다.

39

염소산나트륨에 대한 설명으로 틀린 것은?

① 조해성이 크므로 보관용기는 밀봉하는 것이 좋다.
② 무색, 무취의 고체이다.
③ 산과 반응하여 유독성의 이산화나트륨 가스가 발생한다.
④ 물, 알코올, 글리세린에 녹는다.

• $2NaClO_3 + 2HCl \rightarrow 2NaCl + 2ClO_2 + H_2O_2$
• 염소산나트륨은 산과 반응하여 염화나트륨, 이산화염소, 과산화수소를 발생한다.

40

연소 시 발생하는 가스를 옳게 나타낸 것은?

① 황린 – 황산가스
② 황 – 무수인산가스
③ 적린 – 아황산가스
④ 삼황화사인(삼황화인) – 아황산가스

• $P_4S_3 + 8O_2 \rightarrow 2P_2O_5 + 3SO_2$
• 삼황화인은 연소 시 오산화인과 아황산가스(이산화황)를 발생한다.

정답　　　36 ③　37 ①　38 ③　39 ③　40 ④

41

위험물안전관리법령상 연면적이 450m²인 저장소의 건축물 외벽이 내화구조가 아닌 경우 이 저장소의 소화기 소요단위는?

① 3
② 4.5
③ 6
④ 9

위험물의 소요단위(연면적)

구분	외벽 내화구조	외벽 비내화구조
제조소 취급소	100m²	50m²
저장소	150m²	75m²

• 외벽이 내화구조가 아닌 저장소의 1소요단위 : 75m²
• $\frac{450}{75} = 6$
• 소요단위는 6단위 이상이 되어야 한다.

42

위험물안전관리법령상 주유취급소에 설치 · 운영할 수 없는 건축물 또는 시설은?

① 주유취급소를 출입하는 사람을 대상으로 하는 그림 전시장
② 주유취급소를 출입하는 사람을 대상으로 하는 일반 음식점
③ 주유원 주거시설
④ 주유취급소를 출입하는 사람을 대상으로 하는 휴게음식점

주유취급소에는 주유 또는 그에 부대하는 업무를 위하여 사용되는 다음의 건축물 또는 시설 외에는 다른 건축물 그 밖의 공작물을 설치할 수 없다.
• 주유 또는 등유 · 경유를 채우기 위한 작업장
• 주유취급소의 업무를 행하기 위한 사무소
• 자동차 등의 점검 및 간이정비를 위한 작업장
• 자동차 등의 세정을 위한 작업장
• 주유취급소에 출입하는 사람을 대상으로 한 점포 · 휴게음식점 또는 전시장
• 주유취급소의 관계자가 거주하는 주거시설
• 전기자동차용 충전설비(전기를 동력원으로 하는 자동차에 직접 전기를 공급하는 설비를 말한다. 이하 같다)
• 그 밖의 소방청장이 정하여 고시하는 건축물 또는 시설

43

위험물옥외저장탱크의 통기관에 관한 사항으로 옳지 않은 것은?

① 밸브 없는 통기관의 지름은 30mm 이상으로 한다.
② 대기밸브부착 통기관은 항시 열려 있어야 한다.
③ 밸브 없는 통기관의 끝부분은 수평면보다 45도 이상 구부려 빗물 등의 침투를 막는 구조로 한다.
④ 대기밸브부착 통기관은 5kPa 이하의 압력 차이로 작동할 수 있어야 한다.

대기밸브는 탱크 내부의 압력조절을 위해 작동하는 장치로, 항시 열려 있는 것이 아니라 탱크 내외부의 압력 차가 일정 수준에 도달했을 때 자동으로 열리고 닫히는 구조를 가진다.

44

위험물안전관리법령상 옥외저장소 중 덩어리 상태의 황을 지반면에 설치한 경계표시의 안쪽에서 저장 또는 취급할 때 경계표시의 높이는 몇 m 이하로 하여야 하는가?

① 1
② 1.5
③ 2
④ 2.5

옥외저장소 중 덩어리 상태의 황을 지반면에 설치한 경계표시의 안쪽에서 저장 또는 취급할 때 경계표시의 높이는 1.5m 이하로 한다.

45

아염소산나트륨의 저장 및 취급 시 주의사항으로 가장 거리가 먼 것은?

① 물속에 넣어 냉암소에 저장한다.
② 강산류와의 접촉을 피한다.
③ 취급 시 충격, 마찰을 피한다.
④ 가연성 물질과 접촉을 피한다.

아염소산나트륨(제1류, $NaClO_2$)은 물에 잘 녹으므로 물속에 보관이 불가능하다.

정답 41 ③ 42 ② 43 ② 44 ② 45 ①

46

위험물안전관리법령상 위험물을 운반하기 위해 적재할 때 예를 들어 제6류 위험물은 1가지 유별(제1류 위험물)하고만 혼재할 수 있다. 다음 중 가장 많은 유별과 혼재가 가능한 것은? (단, 지정수량의 1/10을 초과하는 위험물이다.)

① 제1류 ② 제2류
③ 제3류 ④ 제4류

유별을 달리하는 위험물 혼재기준

1	6		혼재 가능
2	5	4	혼재 가능
3	4		혼재 가능

47

위험물안전관리법령상 사업소의 관계인이 자체소방대를 설치하여야 할 제조소등의 기준으로 옳은 것은?

① 제4류 위험물을 지정수량의 3천배 이상 취급하는 제조소 또는 일반취급소
② 제4류 위험물을 지정수량의 5천배 이상 취급하는 제조소 또는 일반취급소
③ 제4류 위험물 중 특수인화물을 지정수량의 3천배 이상 취급하는 제조소 또는 일반취급소
④ 제4류 위험물 중 특수인화물을 지정수량의 5천배 이상 취급하는 제조소 또는 일반취급소

위험물안전관리법령상 자체소방대를 설치해야 하는 사업소
• 제조소 또는 일반취급소에서 취급하는 제4류 위험물의 최대수량의 합이 지정수량의 3천배 이상인 경우(다만, 보일러로 위험물을 소비하는 일반취급소등 행정안전부령으로 정하는 일반취급소는 제외한다)
• 옥외탱크저장소에 저장하는 제4류 위험물의 최대수량이 지정수량의 50만배 이상인 경우

48

소화난이도등급 II의 제조소에 소화설비를 설치할 때 대형수동식소화기와 함께 설치하여야 하는 소형수동식소화기 등의 능력단위에 관한 설명으로 옳은 것은?

① 위험물의 소요단위에 해당하는 능력단위의 소형수동식소화기 등을 설치할 것
② 위험물의 소요단위의 1/2 이상에 해당하는 능력단위의 소형수동식소화기 등을 설치할 것
③ 위험물의 소요단위의 1/5 이상에 해당하는 능력단위의 소형수동식소화기 등을 설치할 것
④ 위험물의 소요단위의 10배 이상에 해당하는 능력단위의 소형수동식소화기 등을 설치할 것

소화난이도등급 II의 제조소에 소화설비를 설치할 때 대형수동식소화기와 함께 설치하여야 하는 소형수동식소화기 등의 능력단위는 위험물의 소요단위의 1/5 이상에 해당하는 능력단위의 소형수동식소화기 등을 설치해야 한다.

49

위험물안전관리법령상 위험물의 운반 시 운반용기는 다음의 기준에 따라 수납 적재하여야 한다. 다음 중 틀린 것은?

① 수납하는 위험물과 위험한 반응을 일으키지 않아야 한다.
② 고체위험물은 운반용기 내용적의 95% 이하의 수납율로 수납하여야 한다.
③ 액체위험물은 운반용기 내용적의 95% 이하의 수납율로 수납하여야 한다.
④ 하나의 외장용기에는 다른 종류의 위험물을 수납하지 않는다.

액체위험물은 운반용기 내용적의 98% 이하의 수납율로 수납하여야 한다.

50

다음 중 위험물안전관리법이 적용되는 영역은?

① 항공기에 의한 대한민국 영공에서의 위험물의 저장, 취급 및 운반
② 궤도에 의한 위험물의 저장, 취급 및 운반
③ 철도에 의한 위험물의 저장, 취급 및 운반
④ 자가용 승용차에 의한 지정수량 이하의 위험물의 저장, 취급 및 운반

위험물안전관리법이 적용되는 영역
• 자가용 승용차에 의한 지정수량 이하의 위험물의 저장·취급 및 운반
• 항공기·선박(선박법에 따른 선박)·철도 및 궤도에 의한 위험물의 저장·취급 및 운반에 있어서는 위험물안전관리법을 적용하지 아니함

51 빈출

제2류 위험물 중 인화성 고체의 제조소에 설치하는 주의사항 게시판에 표시할 내용을 옳게 나타낸 것은?

① 적색바탕에 백색문자로 "화기엄금" 표시
② 적색바탕에 백색문자로 "화기주의" 표시
③ 백색바탕에 적색문자로 "화기엄금" 표시
④ 백색바탕에 적색문자로 "화기주의" 표시

• 제2류 위험물(인화성 고체 제외) : 화기주의
• 제2류 위험물 중 인화성 고체 : 화기엄금
• 화기엄금은 적색바탕에 백색문자로 표시한다.

52

위험물안전관리법령상 제4류 위험물의 품명에 따른 위험등급과 옥내저장소 하나의 저장창고 바닥면적 기준을 옳게 나열한 것은? (단, 전용의 독립된 단층건물에 설치하며, 구획된 실이 없는 하나의 저장창고인 경우에 한한다.)

① 제1석유류 : 위험등급 I, 최대 바닥면적 1,000m²
② 제2석유류 : 위험등급 I, 최대 바닥면적 2,000m²
③ 제3석유류 : 위험등급 II, 최대 바닥면적 1,000m²
④ 알코올류 : 위험등급 II, 최대 바닥면적 1,000m²

옥내저장소 저장창고의 바닥면적 기준
• 다음의 위험물을 저장하는 창고 : 1,000m²
  - 제1류 위험물 중 아염소산염류, 염소산염류, 과염소산염류, 무기과산화물 그 밖에 지정수량이 50kg인 위험물
  - 제3류 위험물 중 칼륨, 나트륨, 알킬알루미늄, 알킬리튬 그 밖에 지정수량이 10kg인 위험물 및 황린
  - 제4류 위험물 중 특수인화물, 제1석유류 및 알코올류
  - 제5류 위험물 중 유기과산화물, 질산에스터류 그 밖에 지정수량이 10kg인 위험물
  - 제6류 위험물
• 위의 위험물 외의 위험물을 저장하는 창고 : 2,000m²
→ 제4류 위험물 중 특수인화물의 위험등급은 I, 제1석유류 및 알코올류의 위험등급은 II, 제2석유류·제3석유류·제4석유류·동식물유류의 위험등급은 III이다.

53

인화점이 21℃ 미만인 액체위험물의 옥외저장탱크 주입구에 설치하는 "옥외저장탱크 주입구"라고 표시한 게시판의 바탕 및 문자색을 옳게 나타낸 것은?

① 백색바탕 - 적색문자
② 적색바탕 - 백색문자
③ 백색바탕 - 흑색문자
④ 흑색바탕 - 백색문자

인화점이 21℃ 미만인 액체위험물은 제1석유류이며 옥외저장탱크 주입구에 설치하는 게시판의 표시 색상은 백색바탕에 흑색문자이다.

54

위험물안전관리법령상 옥내탱크저장소의 기준에서 옥내저장탱크 상호 간에는 몇 m 이상의 간격을 유지하여야 하는가?

① 0.3
② 0.5
③ 0.7
④ 1.0

옥내저장탱크와 탱크전용실의 벽과의 사이 및 옥내저장탱크의 상호 간에는 0.5m 이상의 간격을 유지할 것. 다만, 탱크의 점검 및 보수에 지장이 없는 경우에는 그러하지 아니하다.

55

위험물안전관리법령상 위험물안전관리자의 책무에 해당하지 않는 것은?

① 화재 등의 재난이 발생할 경우 소방관서 등에 대한 연락 업무
② 화재 등의 재난이 발생할 경우 응급조치
③ 위험물 취급에 관한 일지의 작성·기록
④ 위험물안전관리자의 선임·신고

위험물안전관리자의 책무
- 위험물의 취급작업에 참여하여 당해 작업이 저장 또는 취급에 관한 기술기준과 예방규정에 적합하도록 해당 작업자(당해 작업에 참여하는 위험물취급자격자를 포함한다)에 대하여 지시 및 감독하는 업무
- 화재 등의 재난이 발생한 경우 응급조치 및 소방관서 등에 대한 연락업무
- 위험물시설의 안전을 담당하는 자를 따로 두는 제조소등의 경우에는 그 담당자에게 다음의 규정에 의한 업무의 지시, 그 밖의 제조소등의 경우에는 다음의 규정에 의한 업무
  - 제조소등의 위치·구조 및 설비를 기술기준에 적합하도록 유지하기 위한 점검과 점검상황의 기록·보존
  - 제조소등의 구조 또는 설비의 이상을 발견한 경우 관계자에 대한 연락 및 응급조치
  - 화재가 발생하거나 화재발생의 위험성이 현저한 경우 소방관서 등에 대한 연락 및 응급조치
  - 제조소등의 계측장치·제어장치 및 안전장치 등의 적정한 유지·관리
  - 제조소등의 위치·구조 및 설비에 관한 설계도서 등의 정비·보존 및 제조소등의 구조 및 설비의 안전에 관한 사무의 관리
- 화재 등의 재해의 방지와 응급조치에 관하여 인접하는 제조소등과 그 밖의 관련되는 시설의 관계자와 협조체제의 유지
- 위험물의 취급에 관한 일지의 작성·기록
- 그 밖에 위험물을 수납한 용기를 차량에 적재하는 작업, 위험물설비를 보수하는 작업 등 위험물의 취급과 관련된 작업의 안전에 관하여 필요한 감독의 수행

56

나트륨 화재 시 사용 가능한 소화약제는?

① 물
② 마른모래
③ 이산화탄소
④ 사염화탄소

나트륨은 수분과 접촉을 차단하여 공기의 산화를 방지하기 위해 보호액 속에 저장하며, 소화방법은 마른모래, 건조사, 탄산수소염류 분말에 의한 질식소화를 한다.

57

위험물안전관리법령상 위험등급의 종류가 나머지 셋과 다른 하나는?

① 제1류 위험물 중 다이크로뮴산염류
② 제2류 위험물 중 인화성 고체
③ 제3류 위험물 중 금속의 인화물
④ 제4류 위험물 중 알코올류

- 알코올류의 위험등급은 II등급이다.
- 다이크로뮴산염류, 인화성 고체, 금속의 인화물의 위험등급은 III등급이다.

58

위험물안전관리법령상 위험물제조소의 옥외에 있는 하나의 액체위험물 취급탱크 주위에 설치하는 방유제의 용량은 해당 탱크용량의 몇 % 이상으로 하여야 하는가?

① 50%
② 60%
③ 100%
④ 110%

제조소의 옥외에 있는 액체위험물 취급탱크의 방유제 용량
하나의 취급탱크 주위에 설치하는 방유제의 용량은 당해 탱크용량의 50% 이상으로 하고, 2 이상의 취급탱크 주위에 하나의 방유제를 설치하는 경우 그 방유제의 용량은 당해 탱크 중 용량이 최대인 것의 50%에 나머지 탱크용량 합계의 10%를 가산한 양 이상이 되게 하여야 한다.

55 ④ 56 ② 57 ④ 58 ①

59

위험물안전관리법령상 제조소등의 관계인이 정기적으로 점검하여야 할 대상이 아닌 것은?

① 지정수량의 10배 이상의 위험물을 취급하는 제조소
② 지하탱크저장소
③ 이동탱크저장소
④ 지정수량의 100배 이상의 위험물을 저장하는 옥외탱크저장소

정기점검대상 제조소등
- 지정수량 10배 이상의 위험물을 취급하는 제조소
- 지정수량 10배 이상의 위험물을 취급하는 일반취급소
- 지정수량 100배 이상의 위험물을 저장하는 옥외저장소
- 지정수량 150배 이상의 위험물을 저장하는 옥내저장소
- 지정수량 200배 이상의 위험물을 저장하는 옥외탱크저장소
- 암반탱크저장소
- 이송취급소
- 지하탱크저장소
- 이동탱크저장소
- 위험물을 취급하는 탱크로서 지하에 매설된 탱크가 있는 제조소·주유취급소 또는 일반취급소

60

위험물안전관리법령상 위험물의 탱크 내용적 및 공간용적에 관한 기준으로 틀린 것은?

① 위험물을 저장 또는 취급하는 탱크의 용량은 해당 탱크의 내용적에서 공간용적을 뺀 용적으로 한다.
② 탱크의 공간용적은 탱크의 내용적의 100분의 5 이상 100분의 10 이하의 용적으로 한다.
③ 소화설비(소화약제 방출구를 탱크 안의 윗부분에 설치하는 것에 한한다)를 설치하는 탱크의 공간용적은 해당 소화설비의 소화약제 방출구 아래의 0.3m 이상 1m 미만 사이의 면으로부터 윗부분의 용적으로 한다.
④ 암반탱크에 있어서는 해당 탱크 내에 용출하는 30일간의 지하수의 양에 상당하는 용적과 해당 탱크의 내용적의 100분의 1의 용적 중에서 보다 큰 용적을 공간용적으로 한다.

암반탱크에 있어서는 해당 탱크 내에 용출하는 7일간의 지하수의 양에 상당하는 용적과 해당 탱크의 내용적의 100분의 1의 용적 중에서 보다 큰 용적을 공간용적으로 한다.

01

위험물제조소등에 자동화재탐지설비를 설치하는 경우, 당해 건축물 그 밖의 공작물의 주요한 출입구에서 그 내부의 전체를 볼 수 있는 경우에 하나의 경계구역의 면적은 최대 몇 m²까지 할 수 있는가?

① 300
② 600
③ 1,000
④ 1,200

자동화재탐지설비 설치 시 하나의 경계구역의 면적은 600m² 이하로 하고 그 한 변의 길이는 50m(광전식분리형 감지기를 설치할 경우에는 100m) 이하로 할 것. 다만, 당해 건축물 그 밖의 공작물의 주요한 출입구에서 그 내부의 전체를 볼 수 있는 경우에 있어서는 그 면적을 1,000m² 이하로 할 수 있다.

02

소화기의 사용방법을 옳게 설명한 것을 모두 나열한 것은?

> ㄱ. 적응화재에만 사용할 것
> ㄴ. 불과 최대한 멀리 떨어져서 사용할 것
> ㄷ. 바람을 마주보고 풍하에서 풍상 방향으로 사용할 것
> ㄹ. 양옆으로 비를 쓸 듯이 골고루 사용할 것

① ㄱ, ㄴ
② ㄱ, ㄷ
③ ㄱ, ㄹ
④ ㄱ, ㄷ, ㄹ

소화기 사용방법
• 적응화재에 따라 사용
• 성능에 따라 방출거리 내에서 사용
• 바람을 등지고 사용
• 양옆으로 비로 쓸 듯이 방사

03

위험물제조소등에 설치해야 하는 각 소화설비의 설치기준에 있어서 각 노즐 또는 헤드 끝부분의 방사압력 기준이 나머지 셋과 다른 설비는?

① 옥내소화전설비
② 옥외소화전설비
③ 스프링클러설비
④ 물분무 소화설비

방사압력 기준
• 스프링클러설비 : 100kPa
• 옥내소화전설비, 옥외소화전설비, 물분무 소화설비 : 350kPa

04 ⭐

자연발화가 잘 일어나는 경우와 가장 거리가 먼 것은?

① 주변의 온도가 높을 것
② 습도가 높을 것
③ 표면적이 넓을 것
④ 열전도율이 클 것

자연발화 조건
• 주위의 온도가 높을 것
• 열전도율이 적을 것
• 발열량이 클 것
• 습도가 높을 것
• 표면적이 넓을 것

 정답
01 ③ 02 ③ 03 ③ 04 ④

05

위험물안전관리법령상 위험물제조소등에서 전기설비가 있는 곳에 적응성이 있는 소화설비는?

① 옥내소화전설비
② 스프링클러설비
③ 포 소화설비
④ 할로젠화합물 소화설비

전기설비에 적응성이 있는 소화설비
• 이산화탄소 소화설비
• 할로젠화합물 소화설비

06 ⭐빈출

화재별 급수에 따른 화재의 종류 및 표시색상을 모두 옳게 나타낸 것은?

① A급 : 유류화재 – 황색
② B급 : 유류화재 – 황색
③ A급 : 유류화재 – 백색
④ B급 : 유류화재 – 백색

화재의 종류

급수	화재	색상
A	일반	백색
B	유류	황색
C	전기	청색
D	금속	무색

07

이산화탄소 소화설비의 소화약제 저장용기 설치장소로 적합하지 않은 곳은?

① 방호구역 외의 장소
② 온도가 40℃ 이하이고 온도변화가 작은 장소
③ 빗물이 침투할 우려가 없는 장소
④ 직사일광이 잘 들어오는 장소

위험물제조소등에 설치하는 이산화탄소 소화설비의 소화약제 저장용기는 직사광선 및 빗물이 침투할 우려가 없는 곳에 설치해야 한다.

08 ⭐빈출

위험물안전관리법에서 정한 정전기를 유효하게 제거할 수 있는 방법에 해당하지 않는 것은?

① 위험물 이송 시 배관 내 유속을 빠르게 하는 방법
② 공기를 이온화하는 방법
③ 접지에 의한 방법
④ 공기 중의 상대습도를 70% 이상으로 하는 방법

정전기 방지대책
• 접지에 의한 방법
• 공기를 이온화함
• 공기 중의 상대습도를 70% 이상으로 함
• 위험물의 유속이 느릴 때

09

위험물안전관리법상 특수인화물의 정의에 대해 다음 (   ) 안에 알맞은 수치를 차례대로 옳게 나열한 것은?

> 특수인화물이라 함은 이황화탄소, 다이에틸에터 그 밖에 1기압에서 발화점이 섭씨 (   )도 이하인 것 또는 인화점이 섭씨 영하 (   )도 이하이고 비점이 섭씨 40도 이하인 것을 말한다.

① 100, 20
② 25, 0
③ 100, 0
④ 25, 20

특수인화물이란 이황화탄소, 다이에틸에터 그 밖에 1기압에서 발화점이 섭씨 100도 이하인 것 또는 인화점이 섭씨 영하 20도 이하이고 비점이 섭씨 40도 이하인 것을 말한다.

10 ⭐빈출

화재 시 이산화탄소를 방출하여 산소의 농도를 13vol%로 낮추어 소화를 하려면 공기 중의 이산화탄소는 몇 vol%가 되어야 하는가?

① 28.1
② 38.1
③ 42.86
④ 48.36

이산화탄소 소화농도
$$\frac{21 - O_2}{21} \times 100 = \frac{21 - 13}{21} \times 100 = 38.1 vol\%$$

11 ⭐빈출

분말 소화약제 중 제1종과 제2종 분말이 각각 열분해될 때 공통적으로 생성되는 물질은?

① N_2, CO_2
② N_2, O_2
③ H_2O, CO_2
④ H_2O, N_2

분말 소화약제의 종류

약제명	주성분	분해식
제1종	탄산수소나트륨	$2NaHCO_3 \rightarrow Na_2CO_3 + CO_2 + H_2O$
제2종	탄산수소칼륨	$2KHCO_3 \rightarrow K_2CO_3 + CO_2 + H_2O$
제3종	인산암모늄	$NH_4H_2PO_4 \rightarrow NH_3 + HPO_3 + H_2O$
제4종	탄산수소칼륨 + 요소	-

12

요리용 기름의 화재 시 비누화 반응을 일으켜 질식효과와 재발화 방지 효과를 나타내는 소화약제는?

① $NaHCO_3$
② $KHCO_3$
③ $BaCl_2$
④ $NH_4H_2PO_4$

탄산수소나트륨 소화약제는 염기성을 띠며 식용유와 반응하여 비누화 반응을 일으키는데 이는 질식효과가 있다.

13 ⭐빈출

제1종 분말 소화약제의 화학식과 색상이 옳게 연결된 것은?

① $NaHCO_3$ – 백색
② $KHCO_3$ – 백색
③ $NaHCO_3$ – 담홍색
④ $KHCO_3$ – 담홍색

분말 소화약제의 종류

약제명	주성분	적응화재	색상
제1종	탄산수소나트륨	BC	백색
제2종	탄산수소칼륨	BC	보라색
제3종	인산암모늄	ABC	담홍색
제4종	탄산수소칼륨 + 요소	BC	회색

14

위험물안전관리법령에서 정한 위험물의 유별 성질을 잘못 나타낸 것은?

① 제1류 : 산화성
② 제4류 : 인화성
③ 제5류 : 자기반응성
④ 제6류 : 가연성

제6류 위험물은 산화성 액체이다.

15

알칼리금속과산화물의 화재 시 소화약제로 가장 적합한 것은?

① 물
② 마른모래
③ 이산화탄소
④ 할로젠화합물

알칼리금속과산화물은 주수소화를 금지하고 마른모래, 탄산수소염류 분말, 팽창질석, 팽창진주암 등으로 질식소화한다.

정답   10② 11③ 12① 13① 14④ 15②

16

위험물안전관리법령에 따른 스프링클러헤드의 설치방법에 대한 설명으로 옳지 않은 것은?

① 개방형헤드는 반사판으로부터 하방으로 0.45m, 수평 방향으로 0.3m 공간을 보유할 것
② 폐쇄형헤드는 가연성 물질 수납 부분에 설치 시 반사 판으로부터 하방으로 0.9m, 수평방향으로 0.4m 공 간을 보유할 것
③ 폐쇄형헤드 중 개구부에 설치하는 것은 당해 개구부의 상단으로부터 높이 0.15m 이내의 벽면에 설치할 것
④ 폐쇄형헤드 설치 시 급배기용 덕트의 긴 변의 길이가 1.2m를 초과하는 것이 있는 경우에는 당해 덕트의 윗면에도 헤드를 설치할 것

폐쇄형헤드 설치 시 급배기용 덕트의 긴 변의 길이가 1.2m를 초과 하는 것이 있는 경우에는 당해 덕트의 아래면에도 헤드를 설치해야 한다.

17 ⭐빈출

팽창질석(삽 1개 포함) 160리터의 소화 능력단위는?

① 0.5 ② 1.0
③ 1.5 ④ 2.0

소화설비의 능력단위

소화설비	용량(L)	능력단위
소화전용물통	8	0.3
수조(물통 3개 포함)	80	1.5
수조(물통 6개 포함)	190	2.5
마른모래(삽 1개 포함)	50	0.5
팽창질석 · 팽창진주암(삽 1개 포함)	160	1.0

18 ⭐빈출

탄화칼슘 저장소에 수분이 침투하여 반응하였을 때 발생하 는 가연성 가스는?

① 메탄 ② 아세틸렌
③ 에탄 ④ 프로판

탄화칼슘과 물의 반응식
• $CaC_2 + 2H_2O \rightarrow Ca(OH)_2 + C_2H_2$
• 탄화칼슘은 물과 반응하여 가연성의 아세틸렌이 발생하므로 주수 소화가 위험하다.

19

제6류 위험물의 화재에 적응성이 없는 소화설비는?

① 옥내소화전설비
② 스프링클러설비
③ 포 소화설비
④ 불활성 가스 소화설비

• 제6류 위험물은 주로 대량의 물에 의한 주수소화가 가능하다.
• 옥내소화전설비, 옥외소화전설비, 스프링클러설비, 물분무 소화설 비, 포 소화설비, 인산염류 분말 소화설비 등은 제6류 위험물에 적응성이 있다.
• 이산화탄소 소화기는 폭발이 없을 경우에 한하여 설치할 수 있다.

20

다음 중 가연물이 연소할 때 공기 중의 산소농도를 떨어뜨 려 연소를 중단시키는 소화방법은?

① 제거소화 ② 질식소화
③ 냉각소화 ④ 억제소화

공기 중의 산소농도를 한계산소량 이하로 낮추어 연소를 중지시키 는 소화방법은 질식소화로, 이산화탄소 등 불활성 가스의 방출로 화재를 제어하거나 모래 등을 이용하여 불을 끄는 것은 질식소화의 예이다.

정답 16 ④ 17 ② 18 ② 19 ④ 20 ②

21

질산암모늄에 대한 설명으로 옳은 것은?

① 물에 녹을 때 발열반응을 한다.
② 가열하면 폭발적으로 분해하여 산소와 암모니아를 생성한다.
③ 소화방법으로 질식소화가 좋다.
④ 단독으로도 급격한 가열, 충격으로 분해·폭발할 수 있다.

질산암모늄(제1류, NH_4NO_3)은 공기 중에서는 안정하지만, 고온 또는 밀폐용기에 있거나 가연성 물질과 공존 또는 단독으로 급격한 가열, 충격으로 분해·폭발할 수 있다.

22

인화칼슘, 탄화알루미늄, 나트륨이 물과 반응하였을 때 발생하는 가스에 해당하지 않는 것은?

① 포스핀가스　　　　② 수소
③ 이황화탄소　　　　④ 메탄

- $Ca_3P_2 + 6H_2O \rightarrow 3Ca(OH)_2 + 2PH_3$
- 인화칼슘은 물과 반응하여 수산화칼슘과 포스핀가스를 발생한다.
- $Al_4C_3 + 12H_2O \rightarrow 4Al(OH)_3 + 3CH_4$
- 탄화알루미늄은 물과 반응하여 수산화알루미늄과 메탄을 발생한다.
- $2Na + 2H_2O \rightarrow 2NaOH + H_2$
- 나트륨은 물과 반응하여 수산화나트륨과 수소를 발생한다.

23

$C_6H_5CH_3$의 일반적 성질이 아닌 것은?

① 벤젠보다 독성이 매우 강하다.
② 진한 질산과 진한 황산으로 나이트로화하면 TNT가 된다.
③ 비중은 약 0.86이다.
④ 물에 녹지 않는다.

톨루엔($C_6H_5CH_3$)에 노출될 경우 눈이 떨리거나 운동 능력에 문제가 생길 수 있고 두통, 어지럼증, 기억력 장애 또는 환각증세 등 신경계에 유해한 영향을 주지만 벤젠보다 독성이 강하지는 않다.

24

삼황화인의 연소 시 발생하는 가스에 해당하는 것은?

① 이산화황　　　　② 황화수소
③ 산소　　　　　　④ 인산

- $P_4S_3 + 8O_2 \rightarrow 2P_2O_5 + 2SO_2$
- 삼황화인은 연소 시 오산화인과 이산화황을 발생한다.

25

제4류 위험물의 일반적인 성질에 대한 설명 중 틀린 것은?

① 대부분 유기화합물이다.
② 액체 상태이다.
③ 대부분 물보다 가볍다.
④ 대부분 물에 녹기 쉽다.

제4류 위험물은 인화성 액체로 대부분 물에 잘 녹지 않는다.

26

다음 ( ) 안에 적합한 숫자를 차례대로 나열한 것은?

자연발화성 물질 중 알킬알루미늄등은 운반용기의 내용적의 ( )% 이하의 수납율로 수납하되, 50℃의 온도에서 ( )% 이상의 공간용적을 유지하도록 할 것

① 90, 5　　　　　② 90, 10
③ 95, 5　　　　　④ 95, 10

자연발화성 물질 중 알킬알루미늄등은 운반용기의 내용적의 90% 이하의 수납율로 수납하되, 50℃의 온도에서 5% 이상의 공간용적을 유지하도록 할 것

정답　　　21 ④　22 ③　23 ①　24 ①　25 ④　26 ①

27

휘발유에 대한 설명으로 옳지 않은 것은?

① 지정수량은 200리터이다.
② 전기의 불량도체로서 정전기 축적이 용이하다.
③ 원유의 성질·상태·처리방법에 따라 탄화수소의 혼합
   비율이 다르다.
④ 발화점은 −43 ~ −20℃ 정도이다.

> 휘발유의 발화점은 약 280 ~ 456℃이다.

28

과산화칼륨과 과산화마그네슘이 염산과 각각 반응했을 때
공통으로 나오는 물질의 지정수량은?

① 50L
② 100kg
③ 300kg
④ 1,000L

> • $K_2O_2 + 2HCl \rightarrow 2KCl + H_2O_2$
> • 과산화칼륨은 염산과 반응하여 염화칼륨과 과산화수소를 발생한다.
> • $MgO_2 + 2HCl \rightarrow MgCl_2 + H_2O_2$
> • 과산화마그네슘은 염산과 반응하여 염화마그네슘과 과산화수소를
>   발생한다.
> • 과산화수소(H_2O_2)는 제6류 위험물로, 지정수량은 300kg이다.

29

에틸알코올의 증기비중은 약 얼마인가?

① 0.72
② 0.91
③ 1.13
④ 1.59

> • 증기비중 = $\dfrac{분자량}{29(공기의\ 평균분자량)}$
> • 에틸알코올(C_2H_5OH) 분자량 = $(12 \times 2) + (1 \times 6) + 16$
>   = 46g/mol
> • 에틸알코올 증기비중 = $\dfrac{분자량}{29(공기의\ 평균분자량)} = \dfrac{46}{29} = 1.59$

30

질산의 성상에 대한 설명으로 옳은 것은?

① 흡습성이 강하고 부식성이 있는 무색의 액체이다.
② 햇빛에 의해 분해하여 암모니아가 생성되는 흰색을 띤다.
③ Au, Pt와 잘 반응하여 질산염과 질소가 생성된다.
④ 비휘발성이고 정전기에 의한 발화에 주의해야 한다.

> 질산(제6류, HNO_3)의 특징
> • 흡습성이 강하고 부식성이 있는 무색의 액체이다.
> • 단백질과 크산토프로테인 반응을 일으켜 노란색으로 변한다.
> • 빛에 의해 분해되므로 갈색병에 보관한다.

31

과산화수소의 저장 및 취급 방법으로 옳지 않은 것은?

① 갈색 용기를 사용한다.
② 직사광선을 피하고 냉암소에 보관한다.
③ 농도가 클수록 위험성이 높아지므로 분해방지 안정제
   를 넣어 분해를 억제시킨다.
④ 장시간 보관 시 철분을 넣어 유리용기에 보관한다.

> 과산화수소는 열, 햇빛에 의해 분해가 촉진되므로 뚜껑에 작은 구
> 멍을 뚫은 갈색병에 보관해야 한다.

32

과염소산에 대한 설명으로 틀린 것은?

① 가열하면 쉽게 발화한다.
② 강한 산화력을 갖고 있다.
③ 무색의 액체이다.
④ 물과 접촉하면 발열한다.

> 과염소산은 가열하면 유독성의 염화수소가 발생되며 분해한다.

33 ⭐빈출

$NH_4H_2PO_4$이 열분해하여 생성되는 물질 중 암모니아와 수증기의 부피 비율은?

① 1 : 1　　　　　　② 1 : 2
③ 2 : 1　　　　　　④ 3 : 2

- $NH_4H_2PO_4$ → HPO_3 + NH_3 + H_2O
- 인산암모늄은 열분해하여 메타인산, 암모니아, 물을 생성한다.
- 암모니아(NH_3)와 수증기(H_2O)의 몰수비가 1 : 1이므로, 부피 비율은 1 : 1이다.

34

자기반응성 물질에 해당하는 물질은?

① 과산화칼륨
② 벤조일퍼옥사이드
③ 트라이에틸알루미늄
④ 메틸에틸케톤

벤조일퍼옥사이드의 특징
- 제5류 위험물인 자기반응성 물질이다.
- 품명은 유기과산화물이다.
- 무색, 무취의 고체이다.
- 가급적 소분하여 저장한다.

35 ⭐빈출

다음 위험물의 지정수량 배수의 총합은 얼마인가?

> 질산 150kg, 과산화수소수 420kg, 과염소산 300kg

① 2.5　　　　　　② 2.9
③ 3.4　　　　　　④ 3.9

- 질산(제6류), 과산화수소(제6류), 과염소산(제6류)의 지정수량 : 300kg
- 지정수량 배수의 총합 = $\frac{150}{300} + \frac{420}{300} + \frac{300}{300}$ = 2.9배

36

제4류 위험물 운반용기의 외부에 표시해야 하는 사항이 아닌 것은?

① 규정에 의한 주의사항
② 위험물의 품명 및 위험등급
③ 위험물의 관리자 및 지정수량
④ 위험물의 화학명

운반용기 외부 표시사항
- 위험물의 품명, 위험등급, 화학명 및 수용성(제4류 위험물의 수용성인 것에 한함)
- 위험물의 수량
- 수납하는 위험물에 따른 주의사항

37

제조소의 옥외에 모두 3기의 휘발유 취급탱크를 설치하고 그 주위에 방유제를 설치하고자 한다. 방유제 안에 설치하는 각 취급탱크의 용량이 5만L, 3만L, 2만L일 때 필요한 방유제의 용량은 몇 L 이상인가?

① 66,000　　　　　　② 60,000
③ 33,000　　　　　　④ 30,000

제조소 옥외의 위험물취급탱크의 방유제 용량
(최대 탱크용량 × 0.5) + (나머지 탱크용량 × 0.1)
= 50,000 × 0.5 + (30,000 + 20,000) × 0.1
= 30,000L

정답　　　33 ①　34 ②　35 ②　36 ③　37 ④

38

위험물탱크의 용량은 탱크의 내용적에서 공간용적을 뺀 용적으로 한다. 이 경우 소화약제 방출구를 탱크 안의 윗부분에 설치하는 탱크의 공간용적은 당해 소화설비의 소화약제 방출구 아래의 어느 범위의 면으로부터 윗부분의 용적으로 하는가?

① 0.1미터 이상 0.5미터 미만 사이의 면
② 0.3미터 이상 1미터 미만 사이의 면
③ 0.5미터 이상 1미터 미만 사이의 면
④ 0.5미터 이상 1.5미터 미만 사이의 면

소화설비(소화약제 방출구를 탱크 안의 윗부분에 설치하는 것에 한한다)를 설치하는 탱크의 공간용적은 해당 소화설비의 소화약제 방출구 아래의 0.3m 이상 1m 미만 사이의 면으로부터 윗부분의 용적으로 한다.

39

위험물안전관리법령상 위험물의 운반에 관한 기준에 따르면 알코올류의 위험등급은 얼마인가?

① 위험등급 Ⅰ   ② 위험등급 Ⅱ
③ 위험등급 Ⅲ   ④ 위험등급 Ⅳ

알코올류(제4류)의 위험등급은 Ⅱ이다.

40

금속리튬이 물과 반응하였을 때 생성되는 물질은?

① 수산화리튬과 수소
② 수산화리튬과 산소
③ 수소화리튬과 물
④ 산화리튬과 물

• $2Li + 2H_2O \rightarrow 2LiOH + H_2$
• 금속리튬이 물과 반응하면 수산화리튬과 수소가 발생한다.

41

이황화탄소를 화재예방상 물속에 저장하는 이유는?

① 불순물을 물에 용해시키기 위해서
② 가연성 증기 발생을 억제하기 위해서
③ 상온에서 수소가스를 발생시키기 때문에
④ 공기와 접촉하면 즉시 폭발하기 때문에

이황화탄소(CS_2)는 가연성 증기의 발생을 억제하기 위해 물속에 저장한다.

42

지하저장탱크에 경보음을 울리는 방법으로 과충전방지장치를 설치하고자 한다. 탱크용량의 최소 몇 %가 찰 때 경보음이 울리도록 하여야 하는가?

① 80   ② 85
③ 90   ④ 95

탱크용량의 90%가 찰 때 경보음이 울리도록 한다.

43 빈출

인화칼슘이 물과 반응하였을 때 발생하는 가스에 대한 설명으로 옳은 것은?

① 폭발성인 수소를 발생한다.
② 유독한 인화수소를 발생한다.
③ 조연성인 산소를 발생한다.
④ 가연성인 아세틸렌을 발생한다.

인화칼슘과 물의 반응식
• $Ca_3P_2 + 6H_2O \rightarrow 3Ca(OH)_2 + 2PH_3$
• 인화칼슘은 물과 반응하여 수산화칼슘과 포스핀가스(인화수소)를 발생하는데, 이때 발생하는 포스핀가스는 가연성이며 유독하다.

정답   38 ② 39 ② 40 ① 41 ② 42 ③ 43 ②

44

다음에서 설명하는 위험물에 해당하는 것은?

- 지정수량은 300kg이다.
- 산화성 액체위험물이다.
- 가열하면 분해하여 유독성 가스를 발생한다.
- 증기비중은 약 3.5이다.

① 브로민산칼륨 　　② 클로로벤젠
③ 질산 　　　　　　④ 과염소산

과염소산($HClO_4$)의 특징
- 과염소산은 산화성 액체로 지정수량 300kg인 제6류 위험물이다.
- $HClO_4 \rightarrow HCl + 2O_2$
  과염소산은 가열분해하여 염산과 산소를 방출한다.
- 과염소산의 증기비중 $= \dfrac{HClO_4 \text{ 분자량}}{29(\text{공기의 평균 분자량})}$

  $= \dfrac{100.5}{29} \fallingdotseq 3.47$

45 ⭐빈출

다음 물질 중 위험물 품명에 따른 구분이 나머지 셋과 다른 하나는?

① 트라이나이트로톨루엔
② 질산메틸
③ 다이나이트로벤젠
④ 테트릴

품명	위험물	상태
질산에스터류	질산메틸 질산에틸 나이트로글리콜 나이트로글리세린	액체
	나이트로셀룰로오스 셀룰로이드	고체
나이트로화합물	트라이나이트로톨루엔 트라이나이트로페놀 다이나이트로벤젠 테트릴	고체

46

위험물안전관리법령에서 규정하고 있는 사항으로 틀린 것은?

① 법정의 안전교육을 받아야 하는 사람은 안전관리자로 선임된 자, 탱크시험자의 기술인력으로 종사하는 자, 위험물운반자로 종사하는 자, 위험물운송자로 종사하는 자이다.
② 지정수량의 150배 이상의 위험물을 저장하는 옥내저장소는 관계인이 예방규정을 정하여야 하는 제조소등에 해당한다.
③ 정기검사의 대상이 되는 것은 액체위험물을 저장 또는 취급하는 10만리터 이상의 옥외탱크저장소, 암반탱크저장소, 이송취급소이다.
④ 법정의 안전관리자교육이수자와 소방공무원으로 근무한 경력이 3년 이상인 자는 제4류 위험물에 대한 위험물취급자격자가 될 수 있다.

정기검사의 대상이 되는 것은 액체위험물을 저장 또는 취급하는 50만L 이상의 옥외탱크저장소이다.

47

위험물의 화재 시 소화방법에 대한 다음 설명 중 옳은 것은?

① 아연분은 주수소화가 적당하다.
② 마그네슘은 봉상주수소화가 적당하다.
③ 알루미늄은 건조사로 피복하여 소화하는 것이 좋다.
④ 황화인은 산화제로 피복하여 소화하는 것이 좋다.

- $2Al + 6H_2O \rightarrow 2Al(OH)_3 + 3H_2$
- 알루미늄은 물과 반응 시 수소를 발생하며 폭발하기 때문에 건조사로 피복하여 소화한다.

48 ★빈출

그림과 같이 횡으로 설치한 원형탱크의 용량은 약 몇 m³인가? (단, 공간용적은 내용적의 10/100이다.)

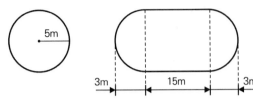

① 1,690.9
② 1,335.1
③ 1,268.4
④ 1,201.1

위험물저장탱크의 내용적

$$V = \pi r^2 \times (l + \frac{l_1 + l_2}{3})(1 - 공간용적)$$

$$= 원의 면적 \times (가운데 체적길이 + \frac{양끝 체적길이의 합}{3})$$
$$(1 - 공간용적)$$

$$= 3.14 \times 5^2 \times (15 + \frac{6}{3})(1 - 0.1) = 1,201.05 m^3$$

49

위험물제조소의 기준에 있어서 위험물을 취급하는 건축물의 구조로 적당하지 않은 것은?

① 지하층이 없도록 하여야 한다.
② 연소의 우려가 있는 외벽은 내화구조의 벽으로 하여야 한다.
③ 출입구는 연소의 우려가 있는 외벽에 설치하는 경우 30분방화문을 설치하여야 한다.
④ 지붕은 폭발력이 위로 방출될 정도의 가벼운 불연재료로 덮어야 한다.

연소의 우려가 있는 외벽에 설치하는 출입구에는 수시로 열 수 있는 자동폐쇄식의 60분 + 방화문, 60분방화문을 설치하여야 한다.

50 ★빈출

다음 2가지 물질이 반응하였을 때 포스핀을 발생시키는 것은?

① 사염화탄소 + 물
② 황산 + 물
③ 오황화인 + 물
④ 인화칼슘 + 물

- $Ca_3P_2 + 6H_2O \rightarrow 3Ca(OH)_2 + 2PH_3$
- 인화칼슘은 물과 반응하여 수산화칼슘과 포스핀가스가 발생하므로 주수금지이다.

51

위험물안전관리법령상 주유취급소의 소화설비 기준과 관련한 설명 중 틀린 것은?

① 모든 주유취급소는 소화난이도등급 Ⅰ, Ⅱ, Ⅲ에 속한다.
② 소화난이도등급 Ⅱ에 해당하는 주유취급소에는 대형수동식소화기 및 소형수동식소화기 등을 설치하여야 한다.
③ 소화난이도등급 Ⅲ에 해당하는 주유취급소에는 소형수동식소화기 등을 설치하여야 하며, 위험물의 소요단위 산정은 지하탱크저장소의 기준을 준용한다.
④ 모든 주유취급소의 소화설비 설치를 위해서는 위험물의 소요단위를 산출하여야 한다.

소화난이도등급 Ⅲ에 해당하는 주유취급소에는 소형수동식소화기 등을 설치하여야 하며, 능력단위의 수치가 건축물 그 밖의 공작물 및 위험물의 소요단위의 수치에 이르도록 설치해야 한다. 다만, 옥내소화전설비, 옥외소화전설비, 스프링클러설비, 물분무등소화설비 또는 대형수동식소화기를 설치한 경우에는 당해 소화설비의 방사능력범위 내의 부분에 대하여는 수동식소화기등을 그 능력단위의 수치가 당해 소요단위의 수치의 1/5 이상이 되도록 하는 것으로 족하다.

정답   48 ④   49 ③   50 ④   51 ③

52

위험물안전관리법령상 위험물제조소등에 자체소방대를 두어야 할 대상으로 옳은 것은?

① 지정수량 300배 이상의 제4류 위험물을 취급하는 저장소
② 지정수량 300배 이상의 제4류 위험물을 취급하는 제조소
③ 지정수량 3,000배 이상의 제4류 위험물을 취급하는 저장소
④ 지정수량 3,000배 이상의 제4류 위험물을 취급하는 제조소

위험물안전관리법령상 자체소방대를 설치해야 하는 사업소
• 제조소 또는 일반취급소에서 취급하는 제4류 위험물의 최대수량의 합이 지정수량의 3천배 이상인 경우(다만, 보일러로 위험물을 소비하는 일반취급소 등 행정안전부령으로 정하는 일반취급소는 제외한다)
• 옥외탱크저장소에 저장하는 제4류 위험물의 최대수량이 지정수량의 50만배 이상인 경우

53

위험물안전관리법령상 다음 ( ) 안에 알맞은 수치는?

> 옥내저장소에서 위험물을 저장하는 경우 기계에 의하여 하역하는 구조로 된 용기만을 겹쳐 쌓는 경우에 있어서는 ( )m 높이를 초과하여 용기를 겹쳐 쌓지 아니하여야 한다.

① 2
② 4
③ 6
④ 8

옥내저장소에서 위험물을 저장하는 경우 기계에 의하여 하역하는 구조로 된 용기만을 겹쳐 쌓는 경우에 있어서는 6m 높이를 초과하여 용기를 겹쳐 쌓지 아니하여야 한다.

54

과산화나트륨 78g과 충분한 양의 물이 반응하여 생성되는 기체의 종류와 생성량을 옳게 나타낸 것은?

① 수소, 1g
② 산소, 16g
③ 수소, 2g
④ 산소, 32g

• $2Na_2O_2 + 2H_2O \rightarrow 4NaOH + O_2$
• 과산화나트륨은 물과 만나 수산화나트륨과 산소를 생성한다.
• 과산화나트륨(Na_2O_2) 분자량 = $(23 \times 2) + (16 \times 2)$ = 78g/mol
• 과산화나트륨 78g = 1mol
• 2mol의 과산화나트륨(156g)이 반응할 때 산소(1mol, 16g)가 생성되므로 과산화나트륨 1mol당 산소는 0.5mol이 생성된다.
• 0.5mol × 32g = 16g

55

순수한 것은 무색, 투명한 기름상의 액체이고 공업용은 담황색인 위험물로 충격, 마찰에는 매우 예민하고 겨울철에는 동결할 우려가 있는 것은?

① 펜트리트
② 트라이나이트로벤젠
③ 나이트로글리세린
④ 질산메틸

나이트로글리세린[제5류, $C_3H_5(ONO_2)_3$]은 무색, 투명한 기름상의 액체로 물에 잘 녹지 않으며 충격, 마찰에는 매우 예민하고 겨울철에는 동결할 우려가 있다.

정답   52 ④ 53 ③ 54 ② 55 ③

56

다음 황린의 성질에 대한 설명으로 옳은 것은?

① 분자량은 약 108이다.
② 융점은 약 120℃이다.
③ 비점은 약 120℃이다.
④ 비중은 약 1.8이다.

황린(P_4)의 비중은 1.82이다.

57

다음 중 산을 가하면 이산화염소를 발생시키는 물질은?

① 아염소산나트륨
② 브로민산나트륨
③ 옥소산칼륨
④ 다이크로뮴산나트륨

- $3NaClO_2 + 2HCl \rightarrow 3NaCl + 2ClO_2 + H_2O_2$
- 아염소산나트륨은 염산과 만나면 염화나트륨, 이산화염소, 과산화수소가 발생한다.

58

옥외저장탱크 중 압력탱크 외의 탱크에 통기관을 설치하여야 할 때 밸브 없는 통기관인 경우 통기관의 지름은 몇 mm 이상으로 하여야 하는가?

① 10   ② 15
③ 20   ④ 30

밸브 없는 통기관의 지름은 30mm 이상으로 한다.

59 비출

다음 중 위험물안전관리법령상 지정수량의 1/10을 초과하는 위험물을 운반할 때 혼재할 수 없는 경우는?

① 제1류 위험물과 제6류 위험물
② 제2류 위험물과 제4류 위험물
③ 제4류 위험물과 제5류 위험물
④ 제5류 위험물과 제3류 위험물

유별을 달리하는 위험물 혼재기준

1	6		혼재 가능
2	5	4	혼재 가능
3	4		혼재 가능

60

다음 품명에 따른 지정수량이 틀린 것은?

① 알킬리튬 : 10kg
② 황린 : 50kg
③ 알칼리금속 : 50kg
④ 유기과산화물 : 10kg

황린(P_4)의 지정수량 : 20kg

Chapter 20

2023년 4회 | CBT 기출복원문제

01

다음 중 휘발유에 화재가 발생하였을 경우 소화방법으로 가장 적합한 것은?

① 물을 이용하여 제거소화한다.
② 이산화탄소를 이용하여 질식소화한다.
③ 강산화제를 이용하여 촉매소화한다.
④ 산소를 이용하여 희석소화한다.

휘발유는 제4류 위험물로, 제4류 위험물은 가연성 증기가 발생하며 연소하는 특징이 있으므로 질식소화에 의한 소화가 효과적이다.

02

물의 소화능력을 강화시키기 위해 개발된 것으로 한랭지 또는 겨울철에도 사용할 수 있는 소화기에 해당하는 것은?

① 산·알칼리 소화기
② 강화액 소화기
③ 포 소화기
④ 할로젠화합물 소화기

강화액 소화기는 탄산염류와 같은 알칼리금속염류 등을 주성분으로 한 액체를 압축공기 또는 질소가스를 축압하여 만든 소화기로 한랭지 또는 겨울철에도 사용가능하다.

03 ⭐빈출

제3종 분말 소화약제의 열분해 반응식을 옳게 나타낸 것은?

① $NH_4H_2PO_4 \rightarrow HPO_3 + NH_3 + H_2O$
② $2KNO_3 \rightarrow 2KNO_2 + O_2$
③ $KClO_4 \rightarrow KCl + 2O_2$
④ $2CaHCO_3 \rightarrow 2CaO + H_2CO_3$

분말 소화약제의 종류

약제명	주성분	분해식
제1종	탄산수소나트륨	$2NaHCO_3 \rightarrow Na_2CO_3 + CO_2 + H_2O$
제2종	탄산수소칼륨	$2KHCO_3 \rightarrow K_2CO_3 + CO_2 + H_2O$
제3종	인산암모늄	$NH_4H_2PO_4 \rightarrow NH_3 + HPO_3 + H_2O$
제4종	탄산수소칼륨 + 요소	-

04

폭굉유도거리(DID)가 짧아지는 경우는?

① 정상 연소속도가 작은 혼합가스일수록 짧아진다.
② 압력이 높을수록 짧아진다.
③ 관 속에 방해물이 있거나 관 지름이 넓을수록 짧아진다.
④ 점화원 에너지가 약할수록 짧아진다.

폭굉유도거리가 짧아지는 조건
• 연소속도가 큰 혼합가스일수록
• 압력이 높을수록
• 관 지름이 작을수록
• 점화원 에너지가 클수록
• 관 속에 이물질이 있을 경우

정답   01 ② 02 ② 03 ① 04 ②

05

1몰의 이황화탄소와 고온의 물이 반응하여 생성되는 유독한 기체물질의 부피는 표준상태에서 얼마인가?

① 22.4L
② 44.8L
③ 67.2L
④ 134.4L

- 화학반응식 : $CS_2 + 2H_2O \rightarrow CO_2 + 2H_2S$
- 이황화탄소는 물과 반응하여 1mol의 이산화탄소와 유독한 기체인 2mol의 황화수소 발생
- 표준상태에서 기체는 1mol당 22.4L
- ∴ 반응 시 생성물 = 2mol × 22.4L = 44.8L

06

위험물안전관리에 관한 세부기준에 따르면 이산화탄소 소화설비 저장용기는 온도가 몇 ℃ 이하인 장소에 설치하여야 하는가?

① 35
② 40
③ 45
④ 50

이산화탄소 소화설비 저장용기는 온도가 40℃ 이하이고 온도변화가 작은 장소에 설치한다.

07

위험물안전관리법령상 제4류 위험물을 지정수량의 3천배 초과 4천배 이하로 저장하는 옥외탱크저장소의 보유공지는 얼마인가?

① 6m 이상
② 9m 이상
③ 12m 이상
④ 15m 이상

옥외탱크저장소의 보유공지

저장 또는 취급하는 위험물의 최대수량	공지의 너비
지정수량의 500배 이하	3m 이상
지정수량의 500배 초과 1,000배 이하	5m 이상
지정수량의 1,000배 초과 2,000배 이하	9m 이상
지정수량의 2,000배 초과 3,000배 이하	12m 이상
지정수량의 3,000배 초과 4,000배 이하	15m 이상

08

플래시오버(Flash Over)에 대한 설명으로 옳은 것은?

① 대부분 화재 초기(발화기)에 발생한다.
② 대부분 화재 종기(쇠퇴기)에 발생한다.
③ 내장재의 종류와 개구부의 크기에 영향을 받는다.
④ 산소의 공급이 주요 요인이 되어 발생한다.

플래시오버 현상은 실내에서 어느 부분이 무염 연소 또는 연소 확대되는 과정에서 실내의 온도가 높아짐에 따라 가연성 혼합기의 인화점 또는 착화점보다 높게 되면 순간 폭발적으로 연소되며 실내의 가연물에 일시에 착화된다. 이는 성장기에서 최성기로 진행되는 사이에 발생하는 현상으로 내장재의 종류와 개구부의 크기에 영향을 받는다.

09

물과 친화력이 있는 수용성 용매의 화재에 보통의 포 소화약제를 사용하면 포가 파괴되기 때문에 소화효과를 잃게 된다. 이와 같은 단점을 보완한 소화약제로 가연성인 수용성 용매의 화재에 유효한 효과를 가지고 있는 것은?

① 알코올형포 소화약제
② 단백포 소화약제
③ 합성계면활성제포 소화약제
④ 수성막포 소화약제

수용성 액체 화재에 일반 포 약제를 적용하면 거품이 순식간에 파괴되는 소포성 때문에 소화효과가 없다. 이러한 소포현상이 발생되지 않도록 특별히 제조된 것이 알코올형포 소화약제이다.

10

제5류 위험물에 대한 설명 중 틀린 것은?

① 대부분 물질 자체에 산소를 함유하고 있다.
② 대표적 성질이 자기반응성 물질이다.
③ 가열, 충격, 마찰로 위험성이 증가하므로 주의한다.
④ 불연성이지만 가연물과 혼합은 위험하므로 주의한다.

제5류 위험물은 유기화합물이며 가연성 물질이기 때문에 가연물과 혼합 시 위험하지 않다.

11

과산화벤조일(Benzoyl Peroxide)에 대한 설명 중 옳지 않은 것은?

① 지정수량은 10kg이다.
② 저장 시 희석제로 폭발의 위험성을 낮출 수 있다.
③ 상온에서 불안정하다.
④ 건조 상태에서는 마찰·충격으로 폭발의 위험이 있다.

과산화벤조일의 특징
• 제5류 위험물 중 유기과산화물로 지정수량은 10kg이다.
• 상온에서 안정하다.
• 유기물, 환원성과의 접촉을 피하고 마찰, 충격을 피한다.
• 건조 방지를 위해 희석제를 사용한다.

12

다음 중 화재 시 내알코올포 소화약제를 사용하는 것이 가장 적합한 위험물은?

① 아세톤   ② 휘발유
③ 경유   ④ 등유

소포성 있는 위험물화재(알코올화재 등)에서는 내알코올포를 사용해야 한다.

13

다음 중 소화기의 사용방법으로 잘못된 것은?

① 적응화재에 따라 사용할 것
② 성능에 따라 방출거리 내에서 사용할 것
③ 바람을 마주보며 소화할 것
④ 양옆으로 비로 쓸 듯이 방사할 것

소화기는 바람을 등지고 사용해야 한다.

14

촛불의 화염을 입김으로 불어 끄는 소화방법은?

① 냉각소화   ② 촉매소화
③ 제거소화   ④ 억제소화

화재가 발생했을 때 연소물이나 화원을 제거하여 소화하는 방법을 제거소화라 한다.

15

위험물시설에 설치하는 자동화재탐지설비의 하나의 경계구역 면적과 그 한 변의 길이의 기준으로 옳은 것은? (단, 광전식분리형 감지기를 설치하지 않은 경우이다.)

① 300m² 이하, 50m 이하
② 300m² 이하, 100m 이하
③ 600m² 이하, 50m 이하
④ 600m² 이하, 100m 이하

하나의 경계구역의 면적은 600m² 이하로 하고 그 한 변의 길이는 50m 이하로 할 것

16 ★빈출

비전도성 인화성 액체가 관이나 탱크 내에서 움직일 때 정전기가 발생하기 쉬운 조건으로 가장 거리가 먼 것은?

① 흐름의 낙차가 클 때
② 느린 유속으로 흐를 때
③ 심한 와류가 생성될 때
④ 필터를 통과할 때

> 유속이 빨라야 마찰이 증가해 정전기가 발생하기 쉽다.

17

인화점이 21℃ 미만인 액체위험물의 옥외저장탱크 주입구에 설치하는 "옥외저장탱크 주입구"라고 표시한 게시판의 바탕 및 문자색을 옳게 나타낸 것은?

① 백색바탕 – 적색문자
② 적색바탕 – 백색문자
③ 백색바탕 – 흑색문자
④ 흑색바탕 – 백색문자

> 인화점이 21℃ 미만인 액체위험물은 제1석유류이며 옥외저장탱크 주입구에 설치하는 게시판의 표시 색상은 백색바탕에 흑색문자이다.

18

옥내에서 지정수량 100배 이상을 취급하는 일반취급소에 설치하여야 하는 경보설비는? (단, 고인화점 위험물만을 취급하는 경우는 제외한다.)

① 비상경보설비
② 자동화재탐지설비
③ 비상방송설비
④ 비상벨설비 및 확성장치

> 제조소 및 일반취급소에서 연면적이 500제곱미터 이상이거나 옥내에서 지정수량의 100배 이상을 취급할 때는 자동화재탐지설비를 설치하여야 한다.

19 ★빈출

B급 화재의 표시 색상은?

① 백색
② 황색
③ 청색
④ 초록

화재의 종류

급수	화재	색상
A	일반	백색
B	유류	황색
C	전기	청색
D	금속	무색

20

폭발의 종류에 따른 물질이 잘못 짝지어진 것은?

① 분해폭발 – 아세틸렌, 산화에틸렌
② 분진폭발 – 금속분, 밀가루
③ 중합폭발 – 사이안화수소, 염화비닐
④ 산화폭발 – 하이드라진, 과산화수소

> • 중합폭발은 화합물이 스스로 중합반응을 일으켜 급격히 부피가 팽창하면서 폭발하는 현상이다.
> • 사이안화수소는 산화폭발의 위험성을 가지기 때문에 중합폭발과 관련이 없다.

21

과산화수소와 산화프로필렌의 공통점으로 옳은 것은?

① 특수인화물이다.
② 분해 시 질소를 발생한다.
③ 끓는점이 200℃ 이하이다.
④ 용액 상태에서도 자연발화 위험이 있다.

> • 과산화수소(제6류)의 끓는점 : 약 150.2℃
> • 산화프로필렌(제5류)의 끓는점 : 34℃

정답   16 ②   17 ③   18 ②   19 ②   20 ③   21 ③

22

트라이나이트로톨루엔의 성질에 대한 설명 중 옳지 않은 것은?

① 담황색의 결정이다.
② 폭약으로 사용된다.
③ 자연분해의 위험성이 적어 장기간 저장이 가능하다.
④ 조해성과 흡습성이 매우 크다.

트라이나이트로톨루엔[$C_6H_2(NO_2)_3CH_3$]은 물에 녹지 않는다.

23

제2류 위험물의 화재발생 시 소화방법 또는 주의할 점으로 적합하지 않은 것은?

① 마그네슘의 경우 이산화탄소를 이용한 질식소화는 위험하다.
② 황은 비산에 주의하여 분무주수로 냉각소화한다.
③ 적린의 경우 물을 이용한 냉각소화는 위험하다.
④ 인화성 고체는 이산화탄소로 질식소화할 수 있다.

적린은 주로 주수소화한다.

24

다음 제4류 위험물 중 품명이 나머지 셋과 다른 하나는?

① 아세트알데하이드
② 다이에틸에터
③ 나이트로벤젠
④ 이황화탄소

• 아세트알데하이드, 다이에틸에터, 이황화탄소 : 특수인화물
• 나이트로벤젠 : 제3석유류

25 빈출

다음 중 함께 운반차량에 적재할 수 있는 유별을 옳게 연결한 것은? (단, 지정수량 이상을 적재한 경우이다.)

① 제1류 – 제2류   ② 제1류 – 제3류
③ 제1류 – 제4류   ④ 제1류 – 제6류

유별을 달리하는 위험물 혼재기준

1	6		혼재 가능
2	5	4	혼재 가능
3	4		혼재 가능

26

정기점검대상에 해당하지 않는 것은?

① 지정수량 15배의 제조소
② 지정수량 40배의 옥내탱크저장소
③ 지정수량 50배의 이동탱크저장소
④ 지정수량 20배의 지하탱크저장소

정기점검대상 제조소등
• 지정수량 10배 이상의 위험물을 취급하는 제조소
• 지정수량 10배 이상의 위험물을 취급하는 일반취급소
• 지정수량 100배 이상의 위험물을 저장하는 옥외저장소
• 지정수량 150배 이상의 위험물을 저장하는 옥내저장소
• 지정수량 200배 이상의 위험물을 저장하는 옥외탱크저장소
• 암반탱크저장소
• 이송취급소
• 지하탱크저장소
• 이동탱크저장소
• 위험물을 취급하는 탱크로서 지하에 매설된 탱크가 있는 제조소 · 주유취급소 또는 일반취급소

정답   22 ④   23 ③   24 ③   25 ④   26 ②

27

다음은 P_2S_5와 물의 화학반응이다. ( )에 알맞은 숫자를 차례대로 나열한 것은?

$$P_2S_5 + (\;)H_2O \rightarrow (\;)H_2S + (\;)H_3PO_4$$

① 2, 8, 5   ② 2, 5, 8
③ 8, 5, 2   ④ 8, 2, 5

오황화인과 물의 반응식
$P_2S_5 + 8H_2O \rightarrow 5H_2S + 2H_3PO_4$

28

염소산칼륨에 대한 설명으로 옳은 것은?

① 흑색분말이다.
② 비중이 4.32이다.
③ 글리세린과 에터에 잘 녹는다.
④ 가열에 의해 분해하여 산소를 방출한다.

염소산칼륨($KClO_3$)은 제1류 위험물로 가열하면 분해하여 산소를 방출한다.

29

염소산나트륨의 저장 및 취급 시 주의사항으로 틀린 것은?

① 철제용기에 저장할 수 없다.
② 분해방지를 위해 암모니아를 넣어 저장한다.
③ 조해성이 있으므로 방습에 유의한다.
④ 용기에 밀전(密栓)하여 보관한다.

염소산나트륨(제1류, $NaClO_3$)의 저장 및 취급 시 주의사항
• 염소산나트륨은 환기가 잘 되는 냉암소에 저장하고 가열, 충격, 마찰을 피하며 점화원의 접근을 금지한다.
• 염소산나트륨의 분해를 방지하기 위해 이산화망가니즈를 분해방지제로 사용한다.

30

금속염을 불꽃반응 실험을 한 결과 보라색의 불꽃이 나타났다. 이 금속염에 포함된 금속은 무엇인가?

① Cu   ② K
③ Na   ④ Li

칼륨(제3류, K)의 특징
• 비중은 0.86이다.
• 은백색의 무른 경금속이다.
• 보라색 불꽃을 내면서 연소한다.

31

위험물안전관리법령상 위험물제조소에 설치하는 배출설비에 대한 내용으로 틀린 것은?

① 배출설비는 예외적인 경우를 제외하고는 국소방식으로 하여야 한다.
② 배출설비는 강제배출 방식으로 한다.
③ 급기구는 낮은 장소에 설치하고 인화방지망을 설치한다.
④ 배출구는 지상 2m 이상 높이에 연소의 우려가 없는 곳에 설치한다.

배출설비의 급기구는 높은 곳에 설치하고, 가는 눈의 구리망 등으로 인화방지망을 설치할 것

32

칼륨의 취급상 주의해야 할 내용을 옳게 설명한 것은?

① 석유와 접촉을 피해야 한다.
② 수분과 접촉을 피해야 한다.
③ 화재발생 시 마른모래와 접촉을 피해야 한다.
④ 이산화탄소가 있는 상태에서 보관하여야 한다.

• $2K + 2H_2O \rightarrow 2KOH + H_2$
• 칼륨은 물과 만나 수산화칼륨과 수소를 발생하며 발열하기 때문에 수분과의 접촉을 피해야 한다.

정답   27 ③   28 ④   29 ②   30 ②   31 ③   32 ②

33 ⭐빈출

위험물제조소에서 다음과 같이 위험물을 취급하고 있는 경우 각각의 지정수량 배수의 총합은 얼마인가?

> • 브로민산나트륨 : 300kg
> • 과산화나트륨 : 150kg
> • 다이크로뮴산나트륨 : 500kg

① 3.5   ② 4.0
③ 4.5   ④ 5.0

• 브로민산나트륨(제1류)의 지정수량 : 300kg
• 과산화나트륨(제1류)의 지정수량 : 50kg
• 다이크로뮴산나트륨(제1류)의 지정수량 : 1,000kg

∴ 지정수량 배수의 총합 = $\frac{300}{300} + \frac{150}{50} + \frac{500}{1,000}$ = 4.5배

34

위험물의 지정수량이 나머지 셋과 다른 하나는?

① 질산에스터류
② 나이트로화합물
③ 아조화합물
④ 하이드라진유도체

• 질산에스터류의 지정수량 : 10kg
• 나이트로화합물, 아조화합물, 하이드라진유도체의 지정수량 : 100kg

35

다음 중 제5류 위험물에 해당하지 않는 것은?

① 하이드라진
② 하이드록실아민
③ 하이드라진유도체
④ 하이드록실아민염류

하이드라진(N_2H_4)은 제4류 위험물 중 제2석유류이다.

36

위험물안전관리법령상 위험등급 I의 위험물에 해당하는 것은?

① 무기과산화물
② 황화인, 적린, 황
③ 제1석유류
④ 알코올류

• 무기과산화물은 위험등급 I이다.
• 황화인, 적린, 황, 제1석유류, 알코올류는 위험등급 II이다.

37

품명이 제4석유류인 위험물은?

① 중유   ② 기어유
③ 등유   ④ 크레오소트유

• 중유 : 제3석유류
• 기어유 : 제4석유류
• 등유 : 제2석유류
• 크레오소트유 : 제3석유류

38

위험물안전관리법령에서 정한 메틸알코올의 지정수량을 kg 단위로 환산하면 얼마인가? (단, 메틸알코올의 비중은 0.80이다.)

① 200   ② 320
③ 400   ④ 450

• 메틸알코올의 지정수량 : 400L
• 밀도 = $\frac{질량}{부피}$
• 질량 = 부피 × 밀도
  = 0.8(kg/L) × 400L = 320kg

39

과산화나트륨이 물과 반응하면 어떤 물질과 산소를 발생하는가?

① 수산화나트륨
② 수산화칼륨
③ 질산나트륨
④ 아염소산나트륨

- $2Na_2O_2 + 2H_2O \rightarrow 4NaOH + O_2$
- 과산화나트륨은 물과 반응하여 수산화나트륨과 산소를 발생한다.

40 ⭐빈출

그림의 원통형 종으로 설치된 탱크에서 공간용적을 내용적의 10%라고 하면 탱크용량(허가용량)은 약 얼마인가?

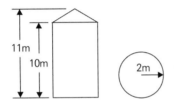

① 113.04
② 124.34
③ 129.06
④ 138.16

위험물저장탱크의 내용적
$V = \pi r^2(1 - 공간용적)$
$= 3.14 \times 2^2 \times 10 \times (1 - 0.1) = 113.04m^3$

41

과산화수소의 위험성으로 옳지 않은 것은?

① 산화제로서 불연성 물질이지만 산소를 함유하고 있다.
② 이산화망가니즈 촉매하에서 분해가 촉진된다.
③ 분해를 막기 위해 하이드라진을 안정제로 사용할 수 있다.
④ 고농도의 것은 피부에 닿으면 화상의 위험이 있다.

- $2H_2O_2 + N_2H_4 \rightarrow N_2 + 4H_2O$
- 과산화수소와 하이드라진을 반응시키면 강력한 산화제와 환원제가 반응하므로 폭발의 위험이 있다.

42

제4류 위험물의 품명 중 지정수량이 6,000L인 것은?

① 제3석유류 중 비수용성 액체
② 제3석유류 중 수용성 액체
③ 제4석유류
④ 동식물유류

- 제3석유류 중 비수용성 액체의 지정수량 : 2,000L
- 제3석유류 중 수용성 액체의 지정수량 : 4,000L
- 제4석유류의 지정수량 : 6,000L
- 동식물유류의 지정수량 : 10,000L

43

위험물의 운반에 관한 기준에서 다음 ( )에 알맞은 온도는 몇 ℃인가?

> 적재하는 제5류 위험물 중 ( )℃ 이하의 온도에서 분해될 우려가 있는 것은 보냉 컨테이너에 수납하는 등 적정한 온도관리를 하여야 한다.

① 40
② 50
③ 55
④ 60

제5류 위험물 중 55℃ 이하의 온도에서 분해될 우려가 있는 것은 보냉 컨테이너에 수납하는 등 적정한 온도관리를 하여야 한다.

정답   39 ①   40 ①   41 ③   42 ③   43 ③

44 ⭐빈출

소화설비의 기준에서 용량 160L 팽창질석의 능력단위는?

① 0.5　　　　　② 1.0
③ 1.5　　　　　④ 2.5

소화설비의 능력단위

소화설비	용량(L)	능력단위
소화전용물통	8	0.3
수조(물통 3개 포함)	80	1.5
수조(물통 6개 포함)	190	2.5
마른모래(삽 1개 포함)	50	0.5
팽창질석 · 팽창진주암(삽 1개 포함)	160	1.0

45

위험물안전관리법령에 의한 위험물 운송에 관한 규정으로 틀린 것은?

① 이동탱크저장소에 의하여 위험물을 운송하는 자는 당해 위험물을 취급할 수 있는 국가기술자격자 또는 안전교육을 받은 자여야 한다.
② 안전관리자 · 탱크시험자 · 위험물운반자 · 위험물운송자 등 위험물의 안전관리와 관련된 업무를 수행하는 자는 시 · 도지사가 실시하는 안전교육을 받아야 한다.
③ 운송책임자의 범위, 감독 또는 지원의 방법 등에 관한 구체적인 기준은 행정안전부령으로 정한다.
④ 위험물운송자는 이동탱크저장소에 의하여 위험물을 운송하는 때에는 행정안전부령으로 정하는 기준을 준수하는 등 당해 위험물의 안전확보를 위하여 세심한 주의를 기울여야 한다.

안전관리자 · 탱크시험자 · 위험물운반자 · 위험물운송자 등 위험물의 안전관리와 관련된 업무를 수행하는 자로서 대통령령이 정하는 자는 해당 업무에 관한 능력의 습득 또는 향상을 위하여 소방청장이 실시하는 교육을 받아야 한다.

46

위험물안전관리법령에서 정한 물분무 소화설비의 설치기준으로 적합하지 않은 것은?

① 고압의 전기설비가 있는 장소에는 해당 전기설비와 분무헤드 및 배관과의 사이에 전기절연을 위하여 필요한 공간을 보유한다.
② 스트레이너 및 일제개방밸브 또는 수동식개방밸브는 제어밸브의 하류 측 부근에 스트레이너, 일제개방밸브 또는 수동식개방밸브의 순으로 설치한다.
③ 물분무 소화설비에 2 이상의 방사구역을 두는 경우에는 화재를 유효하게 소화할 수 있도록 인접하는 방사구역이 상호 중복되도록 한다.
④ 수원의 수위가 수평회전식 펌프보다 낮은 위치에 있는 가압송수장치의 물올림장치는 타 설비와 겸용하여 설치한다.

수원의 수위가 펌프보다 낮은 위치에 있는 가압송수장치에는 다음의 기준에 따른 물올림장치를 설치할 것
• 물올림장치에는 전용의 탱크를 설치할 것
• 탱크의 유효수량은 100L 이상으로 하되, 구경 15mm 이상의 급수배관에 따라 해당 탱크에 물이 계속 보급되도록 할 것

47

제4류 위험물 중 특수인화물로만 나열된 것은?

① 아세트알데하이드, 산화프로필렌, 염화아세틸
② 산화프로필렌, 염화아세틸, 부틸알데하이드
③ 부틸알데하이드, 이소프로필아민, 다이에틸에터
④ 이황화탄소, 황화다이메틸, 이소프로필아민

특수인화물의 종류
산화프로필렌, 다이에틸에터, 아세트알데하이드, 이황화탄소, 이소프로필아민, 황화다이메틸 등

정답　　44 ② 　45 ② 　46 ④ 　47 ④

48

일반적으로 다음에서 설명하는 성질을 가지고 있는 위험물은?

> • 불안정한 고체 화합물로서 분해가 용이하여 산소를 방출한다.
> • 물과 격렬하게 반응하여 발열한다.

① 무기과산화물　　② 과망가니즈산염류
③ 과염소산염류　　④ 다이크로뮴산염류

무기과산화물의 종류에는 과산화나트륨, 과산화칼륨 등이 있으며, 이들은 물과 반응하여 산소를 발생하며 발열하므로 주수소화를 금지한다.
• $2Na_2O_2 + 2H_2O \rightarrow 4NaOH + O_2$
• 과산화나트륨은 물과 반응하여 수산화나트륨과 산소를 발생한다.
• $2K_2O_2 + 2H_2O \rightarrow 4KOH + O_2$
• 과산화칼륨은 물과 반응하여 수산화칼륨과 산소를 발생한다.

49

위험물 관련 신고 및 선임에 관한 사항으로 옳지 않은 것은?

① 제조소의 위치·구조 변경 없이 위험물의 품명 변경 시는 변경한 날로부터 7일 이내에 신고하여야 한다.
② 안전관리자를 선임한 경우에는 선임한 날부터 14일 이내에 신고하여야 한다.
③ 위험물안전관리자가 퇴직한 경우는 퇴직한 날부터 30일 이내에 안전관리자를 다시 선임하여야 한다.
④ 위험물안전관리자를 해임한 경우는 해임한 날부터 30일 이내에 안전관리자를 다시 선임하여야 한다.

제조소등의 위치·구조 또는 설비의 변경 없이 당해 제조소등에서 저장하거나 취급하는 위험물의 품명·수량 또는 지정수량의 배수를 변경하고자 하는 자는 변경하고자 하는 날의 1일 전까지 행정안전부령이 정하는 바에 따라 시·도지사에게 신고하여야 한다.

50

다음 중 발화점이 가장 낮은 것은?

① 이황화탄소　　② 산화프로필렌
③ 휘발유　　　　④ 메탄올

각 위험물의 발화점
• 이황화탄소 : 90℃
• 산화프로필렌 : 449℃
• 휘발유 : 280~456℃
• 메탄올 : 약 470℃

51

소화난이도등급 Ⅰ에 해당하는 위험물제조소는 연면적이 몇 m² 이상인 것인가? (단, 면적 외의 조건은 무시한다.)

① 400　　　　　② 600
③ 800　　　　　④ 1,000

소화난이도등급 Ⅰ에 해당하는 제조소는 연면적이 1,000m² 이상이다.

52

질산에틸의 성질에 대한 설명 중 틀린 것은?

① 비점은 약 88℃이다.
② 무색의 액체이다.
③ 증기는 공기보다 무겁다.
④ 물에 잘 녹는다.

질산에틸(제5류, $C_2H_5ONO_2$)은 물에 녹지 않고 에터, 알코올에 잘 녹는다.

53 ⭐비출

제6류 위험물 운반용기의 외부에 표시하여야 하는 주의사항은?

① 충격주의   ② 가연물접촉주의
③ 화기엄금   ④ 화기주의

유별	종류	운반용기 외부 주의사항
제1류	알칼리금속의 과산화물	가연물접촉주의, 화기·충격주의, 물기엄금
	그 외	가연물접촉주의, 화기·충격주의
제2류	철분, 금속분, 마그네슘	화기주의, 물기엄금
	인화성 고체	화기엄금
	그 외	화기주의
제3류	자연발화성 물질	화기엄금, 공기접촉엄금
	금수성 물질	물기엄금
제4류		화기엄금
제5류	–	화기엄금, 충격주의
제6류		가연물접촉주의

제6류 위험물은 운반용기 외부에 "가연물접촉주의"를 표시한다.

54

위험물안전관리법령상 위험물옥외저장소에 저장할 수 있는 품명은? (단, 국제해상위험물규칙에 적합한 용기에 수납된 경우를 제외한다.)

① 특수인화물   ② 무기과산화물
③ 알코올류   ④ 칼륨

옥외저장소에 저장할 수 있는 위험물 유별
• 제2류 위험물 중 황, 인화성 고체(인화점이 0도 이상인 것에 한함)
• 제4류 위험물 중 제1석유류(인화점이 0도 이상인 것에 한함), 알코올류, 제2석유류, 제3석유류, 제4석유류, 동식물유류
• 제6류 위험물

55

위험물안전관리법령에 따른 위험물의 운송에 관한 설명 중 틀린 것은?

① 알킬리튬과 알킬알루미늄 또는 이 중 어느 하나 이상을 함유한 것은 운송책임자의 감독, 지원을 받아야 한다.
② 이동탱크저장소에 의하여 위험물을 운송할 때의 운송책임자는 법정의 교육이수자도 포함된다.
③ 서울에서 부산까지 금속의 인화물 300kg을 1명의 운전자가 휴식 없이 운송해도 규정위반이 아니다.
④ 운송책임자의 감독 또는 지원의 방법에는 동승하는 방법과 별도의 사무실에서 대기하면서 규정된 사항을 이행하는 방법이 있다.

위험물운송자는 장거리(고속국도 340km 이상, 그 밖의 도로 200km 이상)의 운송을 하는 때에는 2명 이상의 운전자로 한다. 다만, 다음의 3가지 경우에는 그러하지 아니하다.
• 운전책임자의 동승 : 운송책임자가 별도의 사무실이 아닌 이동탱크저장소에 함께 동승한 경우, 이때는 운송책임자가 운전자의 역할을 하지 않는 경우이다.
• 운송위험물의 위험성이 낮은 경우 : 운송하는 위험물이 제2류 위험물, 제3류 위험물(칼슘 또는 알루미늄의 탄화물과 이것만을 함유한 것), 제4류 위험물(특수인화물 제외)인 경우
• 적당한 휴식을 취하는 경우 : 운송 도중에 2시간 이내마다 20분 이상씩 휴식하는 경우

56

황은 순도가 몇 중량퍼센트 이상이어야 위험물에 해당하는가?

① 40   ② 50
③ 60   ④ 70

황은 순도 60wt% 이상인 것을 위험물 기준으로 본다.

정답   53 ② 54 ③ 55 ③ 56 ③

57 ⭐빈출

황린의 저장 및 취급에 관한 주의사항으로 틀린 것은?

① 발화점이 낮으므로 화기에 주의한다.
② 백색 또는 담황색의 고체이며 물에 녹지 않는다.
③ 물과의 접촉을 피한다.
④ 자연발화성이므로 주의한다.

　　황린은 자연발화의 위험성이 크므로 물속에 저장한다.

58

부틸리튬(n-Butyl lithium)에 대한 설명으로 옳은 것은?

① 무색의 가연성 고체이며 자극성이 있다.
② 증기는 공기보다 가볍고 점화원에 의해 산화의 위험이 있다.
③ 화재 발생 시 이산화탄소 소화설비는 적응성이 없다.
④ 탄화수소나 다른 극성의 액체에 용해가 잘 되며 휘발성은 없다.

　　부틸리튬은 이산화탄소와 만나 부티레이트리튬이 생성되므로 이산화탄소 소화설비는 적응성이 없고, 금속화재용 소화제를 사용하는 것이 적합하다.

59

위험물안전관리법령에서 제3류 위험물에 해당하지 않는 것은?

① 알칼리금속　　　　　② 칼륨
③ 황화인　　　　　　　④ 황린

　　황화인은 제2류 위험물이다.

60

복수의 성상을 가지는 위험물에 대한 품명지정의 기준상 유별의 연결이 틀린 것은?

① 산화성 고체의 성상 및 가연성 고체의 성상을 가지는 경우 : 가연성 고체
② 산화성 고체의 성상 및 자기반응성 물질의 성상을 가지는 경우 : 자기반응성 물질
③ 가연성 고체의 성상과 자연발화성 물질의 성상 및 금수성 물질의 성상을 가지는 경우 : 자연발화성 물질 및 금수성 물질
④ 인화성 액체의 성상 및 자기반응성 물질의 성상을 가지는 경우 : 인화성 액체

복수성상의 위험물 기준
• 위험물 위험 순서 : 1 < 2 < 4 < 3 < 5 < 6
• 인화성 액체(제4류) < 자기반응성 물질(제5류)

정답　　　　57 ③　58 ③　59 ③　60 ④

2024년 1회 | CBT 기출복원문제

01

과산화리튬의 화재현장에서 주수소화가 불가능한 이유는?

① 수소가 발생하기 때문에
② 산소가 발생하기 때문에
③ 이산화탄소가 발생하기 때문에
④ 일산화탄소가 발생하기 때문에

> 과산화리튬은 물과 반응하면 산소를 발생하며 폭발의 위험이 있기 때문에 주수소화를 하면 안 된다.

02

전기화재의 급수와 표시색상을 옳게 나타낸 것은?

① C급 – 백색
② D급 – 백색
③ C급 – 청색
④ D급 – 청색

화재의 종류

급수	화재	색상
A	일반	백색
B	유류	황색
C	전기	청색
D	금속	무색

03

위험물제조소등에 설치하는 이산화탄소 소화설비의 소화약제 저장용기 설치장소로 적합하지 않은 곳은?

① 방호구역 외의 장소
② 온도가 40℃ 이하이고 온도변화가 작은 장소
③ 빗물이 침투할 우려가 없는 장소
④ 직사일광이 잘 들어오는 장소

> 위험물제조소등에 설치하는 이산화탄소 소화설비의 소화약제 저장용기는 직사광선 및 빗물이 침투할 우려가 없는 곳에 설치해야 한다.

04

다음 중 수소, 아세틸렌과 같은 가연성 가스가 공기 중 누출되어 연소하는 형식에 가장 가까운 것은?

① 확산연소
② 증발연소
③ 분해연소
④ 표면연소

> 확산연소란 연소버너 주변에 가연성 가스를 확산시켜 산소와 혼합하고, 연소 가능한 혼합가스를 생성하여 연소하는 현상이다.

05

할로젠화합물 소화약제 중 할론 2402의 화학식은?

① $C_2Br_4F_2$
② $C_7Cl_4F_2$
③ $C_2Cl_4Br_2$
④ $C_2F_4Br_2$

> 할론넘버는 C, F, Cl, Br 순으로 매긴다.
> → 할론 2402 = $C_2F_4Br_2$

정답 01 ② 02 ③ 03 ④ 04 ① 05 ④

06

위험물제조소등에 설치하여야 하는 자동화재탐지설비의 설치기준에 대한 설명 중 틀린 것은?

① 자동화재탐지설비의 경계구역은 건축물 그 밖의 공작물의 2 이상의 층에 걸치도록 할 것
② 하나의 경계구역에서 그 한 변의 길이는 50m(광전식 분리형 감지기를 설치할 경우에는 100m) 이하로 할 것
③ 자동화재탐지설비의 감지기는 지붕 또는 벽의 옥내에 면한 부분에 유효하게 화재의 발생을 감지할 수 있도록 설치할 것
④ 자동화재탐지설비에는 비상전원을 설치할 것

하나의 경계구역이 2개 이상의 층에 미치지 아니하도록 할 것. 다만, 면적이 500m² 이하의 범위 내에는 2개의 층을 하나의 경계구역으로 할 수 있다.

07 ⭐빈출

제1종, 제2종, 제3종 분말 소화약제의 주성분에 해당하지 않는 것은?

① 탄산수소나트륨
② 황산마그네슘
③ 탄산수소칼륨
④ 인산암모늄

분말 소화약제의 종류

약제명	주성분	적응화재	색상
제1종	탄산수소나트륨	BC	백색
제2종	탄산수소칼륨	BC	보라색
제3종	인산암모늄	ABC	담홍색
제4종	탄산수소칼륨 + 요소	BC	회색

08 ⭐빈출

그림과 같이 횡으로 설치한 원통형 위험물탱크에 대하여 탱크의 용량을 구하면 약 몇 m³인가? (단, 공간용적은 탱크 내용적의 100분의 5로 한다.)

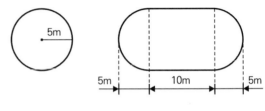

① 52.4
② 261.6
③ 994.8
④ 1,047.2

위험물저장탱크의 내용적

$$V = \pi r^2 \times (l + \frac{l_1 + l_2}{3})(1 - 공간용적)$$

$$= 원의\ 면적 \times (가운데\ 체적길이 + \frac{양끝\ 체적길이의\ 합}{3})$$
$$(1 - 공간용적)$$

$$= 3.14 \times 5^2 \times (10 + \frac{10}{3})(1 - 0.05) = 994.8m^3$$

09

위험물제조소의 경우 연면적이 최소 몇 m²이면 자동화재탐지설비를 설치해야 하는가? (단, 원칙적인 경우에 한한다.)

① 100
② 300
③ 500
④ 1,000

제조소 및 일반취급소는 연면적이 500제곱미터 이상이면 자동화재탐지설비를 설치해야 한다.

10

위험물안전관리법령상 제6류 위험물에 적응성이 없는 것은?

① 스프링클러설비
② 포 소화설비
③ 불활성 가스 소화설비
④ 물분무 소화설비

- 제6류 위험물은 주로 대량의 물에 의한 주수소화가 가능하다.
- 옥내소화전설비, 옥외소화전설비, 스프링클러설비, 물분무 소화설비, 포 소화설비, 인산염류 분말 소화설비 등은 제6류 위험물에 적응성이 있다.
- 이산화탄소 소화기는 폭발이 없을 경우에 한하여 설치할 수 있다.

11 ★빈출

메틸알코올 8,000리터에 대한 소화능력으로 삽을 포함한 마른모래를 몇 리터 설치하여야 하는가?

① 100
② 200
③ 300
④ 400

소화설비의 능력단위

소화설비	용량(L)	능력단위
소화전용물통	8	0.3
수조(물통 3개 포함)	80	1.5
수조(물통 6개 포함)	190	2.5
마른모래(삽 1개 포함)	50	0.5
팽창질석 · 팽창진주암(삽 1개 포함)	160	1.0

- 메틸알코올(CH_3OH, 알코올류)의 지정수량 : 400L
- 1소요단위 = 10 × 지정수량 = 10 × 400 = 4,000L
- $\dfrac{8,000L}{4,000L} = 2$
- $0.5x = 2$이므로 $x = 4$
- 마른모래 용량 = 4 × 50L = 200L

12 ★빈출

위험물안전관리법령상 위험물의 운반에 관한 기준에서 적재 시 혼재가 가능한 위험물을 옳게 나타낸 것은? (단, 각각 지정수량의 10배 이상인 경우이다.)

① 제1류와 제4류
② 제3류와 제6류
③ 제1류와 제5류
④ 제2류와 제4류

유별을 달리하는 위험물 혼재기준

1	6		혼재 가능
2	5	4	혼재 가능
3	4		혼재 가능

13

플래시오버(flash over)에 관한 설명이 아닌 것은?

① 실내화재에서 발생하는 현상
② 순간적인 연소 확대 현상
③ 발생시점은 초기에서 성장기로 넘어가는 분기점
④ 화재로 인하여 온도가 급격히 상승하여 화재가 순간적으로 실내 전체에 확산되어 연소되는 현상

플래시오버의 발생시점은 성장기에서 최성기로 넘어가는 분기점이다.

14 ★빈출

화재 시 이산화탄소를 방출하여 산소의 농도를 13vol%로 낮추어 소화를 하려면 공기 중의 이산화탄소는 몇 vol%가 되어야 하는가?

① 28.1
② 38.1
③ 42.86
④ 48.36

이산화탄소 소화농도

$$\frac{21 - O_2}{21} \times 100 = \frac{21 - 13}{21} \times 100 = 38.1\text{vol}\%$$

15

위험물안전관리법령상 옥내소화전설비의 비상전원은 몇 분 이상 작동할 수 있어야 하는가?

① 45분   ② 30분
③ 20분   ④ 10분

옥내소화전설비의 비상전원은 45분 이상 작동할 수 있어야 한다.

16

전기설비에 적응성이 없는 소화설비는?

① 이산화탄소 소화설비   ② 물분무 소화설비
③ 포 소화설비   ④ 할로젠화합물 소화기

포 소화설비는 전도성이 크므로 전기설비에 적응성이 없다.

17 ⭐빈출

위험물을 취급함에 있어서 정전기를 유효하게 제거하기 위한 설비를 설치하고자 한다. 위험물안전관리법령상 공기 중의 상대습도를 몇 % 이상 되게 하여야 하는가?

① 50   ② 60
③ 70   ④ 80

정전기를 유효하게 제거하기 위해서는 상대습도를 70% 이상 되게 하여야 한다.

18

스프링클러설비의 장점이 아닌 것은?

① 화재의 초기 진압에 효율적이다.
② 사용 약제를 쉽게 구할 수 있다.
③ 자동으로 화재를 감지하고 소화할 수 있다.
④ 다른 소화설비보다 구조가 간단하고 시설비가 적다.

스프링클러설비는 초기시설비용이 많이 든다.

19 ⭐빈출

위험물안전관리법령에 따라 다음 ( ) 안에 들어갈 알맞은 용어는?

> 주유취급소 중 건축물의 2층 이상의 부분을 점포, 휴게음식점 또는 전시장의 용도로 사용하는 것에 있어서는 당해 건축물의 2층 이상으로부터 주유취급소의 부지 밖으로 통하는 출입구와 당해 출입구로 통하는 통로·계단 및 출입구에 ( )을(를) 설치하여야 한다.

① 피난사다리   ② 경보기
③ 유도등   ④ CCTV

주유취급소 중 건축물의 2층 이상의 부분을 점포, 휴게음식점 또는 전시장의 용도로 사용하는 것에 있어 해당 건축물의 2층 이상으로부터 직접 주유취급소의 부지 밖으로 통하는 출입구와 해당 출입구로 통하는 통로·계단에 설치하여야 하는 것은 유도등이다.

20

다음 중 폭발범위가 가장 넓은 물질은?

① 메탄   ② 톨루엔
③ 에틸알코올   ④ 에틸에터

각 위험물의 폭발범위
• 메탄 : 5 ~ 15%(10)
• 톨루엔 : 1.3 ~ 6.7%(5.4)
• 에틸알코올 : 3.5 ~ 20%(16.5)
• 에틸에터 : 1.7 ~ 48%(46.3)

정답   15 ①   16 ③   17 ③   18 ④   19 ③   20 ④

21 ⭐빈출

이황화탄소 저장 시 물속에 저장하는 이유로 가장 옳은 것은?

① 공기 중 수소와 접촉하여 산화되는 것을 방지하기 위하여
② 공기와 접촉 시 환원하기 때문에
③ 가연성 증기의 발생을 억제하기 위해서
④ 불순물을 제거하기 위하여

이황화탄소(CS_2)는 가연성 증기의 발생을 억제하기 위해 물속에 저장한다.

22

과산화벤조일 100kg을 저장하려 한다. 지정수량의 배수는 얼마인가?

① 5배
② 7배
③ 10배
④ 15배

- 과산화벤조일(제5류)의 지정수량 : 10kg
- 과산화벤조일의 지정수량의 배수 = $\frac{100}{10}$ = 10배

23 ⭐빈출

과산화칼륨이 물 또는 이산화탄소와 반응할 경우 공통적으로 발생하는 물질은?

① 산소
② 과산화수소
③ 수산화칼륨
④ 수소

- $2K_2O_2 + 2H_2O \rightarrow 4KOH + O_2$
- 과산화칼륨은 물과 반응하여 수산화칼륨과 산소를 발생한다.
- $2K_2O_2 + 2CO_2 \rightarrow 2K_2CO_3 + O_2$
- 과산화칼륨은 이산화탄소와 반응하여 탄산칼륨과 산소를 발생한다.
→ 과산화칼륨이 물 또는 이산화탄소와 반응하면 공통적으로 산소를 발생한다.

24

다음 중 발화점이 가장 낮은 것은?

① 이황화탄소
② 산화프로필렌
③ 휘발유
④ 메탄올

각 위험물의 발화점
- 이황화탄소 : 90℃
- 산화프로필렌 : 449℃
- 휘발유 : 280~456℃
- 메탄올 : 약 470℃

25

과염소산칼륨과 가연성 고체위험물이 혼합되는 것은 위험하다. 그 주된 이유는 무엇인가?

① 전기가 발생하고 자연 가열되기 때문이다.
② 중합반응을 하여 열이 발생되기 때문이다.
③ 혼합하면 과염소산칼륨이 연소하기 쉬운 액체로 변하기 때문이다.
④ 가열, 충격 및 마찰에 의하여 발화 · 폭발 위험이 높아지기 때문이다.

과염소산칼륨(제1류, $KClO_4$)은 산화성 고체로, 산화성 물질과 가연성 물질이 혼합되면 가열, 충격 및 마찰에 의해 발화 및 폭발 위험이 높아진다.

26 ⭐빈출

위험물안전관리법령상 운송책임자의 감독 · 지원을 받아 운송하여야 하는 위험물에 해당하는 것은?

① 특수인화물
② 알킬리튬
③ 질산구아니딘
④ 하이드라진유도체

운송하는 위험물이 알킬알루미늄, 알킬리튬이거나 이 둘을 함유하는 위험물일 때에는 운송책임자의 감독 또는 지원을 받아 이를 운송하여야 한다.

정답 21 ③ 22 ③ 23 ① 24 ① 25 ④ 26 ②

27

다음 중 위험물안전관리법령상 위험물제조소와의 안전거리가 가장 먼 것은?

① 「고등교육법」에서 정하는 학교
② 「의료법」에 따른 병원급 의료기관
③ 「고압가스 안전관리법」에 의하여 허가를 받은 고압가스제조시설
④ 「문화유산의 보존 및 활용에 관한 법률」에 따른 지정문화유산 및 「자연유산의 보존 및 활용에 관한 법률」에 따른 천연기념물 등

- 학교, 의료기관 등 사람이 많이 모이는 곳 : 30m 이상
- 고압가스제조시설 : 20m 이상
- 지정문화유산 및 천연기념물 등 : 50m 이상

28 ⭐빈출

위험물제조소 표지 및 게시판에 대한 설명이다. 위험물안전관리법령상 옳지 않은 것은?

① 표지는 한 변의 길이가 0.3m, 다른 한 변의 길이가 0.6m 이상으로 하여야 한다.
② 표지의 바탕은 백색, 문자는 흑색으로 하여야 한다.
③ 취급하는 위험물에 따라 규정에 의한 주의사항을 표시한 게시판을 설치하여야 한다.
④ 제2류 위험물(인화성 고체 제외)은 "화기엄금" 주의사항 게시판을 설치하여야 한다.

- 제2류 위험물(인화성 고체 제외)은 "화기주의" 주의사항 게시판을 설치하여야 한다.
- 제2류 위험물 중 인화성 고체는 "화기엄금" 주의사항 게시판을 설치하여야 한다.
- 제조소에 설치하는 표지는 한 변의 길이가 0.3m, 다른 한 변의 길이가 0.6m 이상인 직사각형으로 하고, 표지의 바탕은 백색, 문자는 흑색으로 한다.

29

위험물안전관리법령상 제조소에서 취급하는 제4류 위험물의 최대수량의 합이 지정수량의 12만배 미만인 사업소에 두어야 하는 화학소방자동차 및 자체소방대원의 수의 기준으로 옳은 것은?

① 1대 - 5인
② 2대 - 10인
③ 3대 - 15인
④ 4대 - 20인

제4류 위험물의 최대수량의 합	소방차	소방대원
지정수량의 3천배 이상 12만배 미만	1대	5인
지정수량의 12만배 이상 24만배 미만	2대	10인
지정수량의 24만배 이상 48만배 미만	3대	15인
지정수량의 48만배 이상	4대	20인

30 ⭐빈출

상온에서 액체인 물질로만 조합된 것은?

① 질산메틸, 나이트로글리세린
② 피크린산, 질산메틸
③ 트라이나이트로톨루엔, 다이나이트로벤젠
④ 나이트로글리콜, 테트릴

품명	위험물	상태
질산에스터류	질산메틸 질산에틸 나이트로글리콜 나이트로글리세린	액체
	나이트로셀룰로오스 셀룰로이드	고체
나이트로화합물	트라이나이트로톨루엔 트라이나이트로페놀 다이나이트로벤젠 테트릴	고체

31

위험물안전관리법령상 지정수량이 50kg인 것은?

① $KMnO_4$
② $KClO_2$
③ $NaIO_3$
④ NH_4NO_3

아염소산칼륨(제1류, $KClO_2$)의 지정수량 : 50kg

32

적린이 연소하였을 때 발생하는 물질은?

① 인화수소
② 포스겐
③ 오산화인
④ 이산화황

- $4P + 5O_2 \rightarrow 2P_2O_5$
- 적린은 연소 시 오산화인을 발생한다.

33

저장 또는 취급하는 위험물의 최대수량이 지정수량의 500배 이하일 때 옥외저장탱크의 측면으로부터 몇 m 이상의 보유공지를 유지하여야 하는가? (단, 제6류 위험물은 제외한다.)

① 1
② 2
③ 3
④ 4

옥외탱크저장소의 보유공지

저장 또는 취급하는 위험물의 최대수량	공지의 너비
지정수량의 500배 이하	3m 이상
지정수량의 500배 초과 1,000배 이하	5m 이상
지정수량의 1,000배 초과 2,000배 이하	9m 이상
지정수량의 2,000배 초과 3,000배 이하	12m 이상
지정수량의 3,000배 초과 4,000배 이하	15m 이상

34

제3류 위험물 중 금수성 물질을 제외한 위험물에 적응성이 있는 소화설비가 아닌 것은?

① 분말 소화설비
② 스프링클러설비
③ 옥내소화전설비
④ 포 소화설비

- 금수성 물질의 소화에는 탄산수소염류 등을 이용한 분말 소화약제 등 금수성 위험물에 적응성이 있는 분말 소화약제를 이용한다.
- 자연발화성만 가진 위험물의 소화에는 물 또는 강화액포와 같은 주수소화를 사용하는 것이 가능하며, 마른모래, 팽창질석 등 질식소화는 제3류 위험물 전체의 소화에 사용가능하다.

35 ⭐빈출

다음 반응식과 같이 벤젠 1kg이 연소할 때 발생되는 CO_2의 양은 약 몇 m³인가? (단, 27℃, 750mmHg 기준이다.)

$$2C_6H_6 + 15O_2 \rightarrow 12CO_2 + 6H_2O$$

① 0.72
② 1.22
③ 1.92
④ 2.42

- $PV = \dfrac{wRT}{M}$

- $V = \dfrac{wRT}{PM}$

  $= \dfrac{1 \times 0.082 \times 300}{0.9868 \times 78} \times \dfrac{12}{2} = 1.917m^3$

- P = 압력[$0.9868 = \dfrac{750mmHg}{760mmHg}$ (1기압은 760mmHg이다)]
- V = 부피
- w = 질량(1kg)
- M = 분자량(벤젠의 분자량 = 78g/mol)
- R = 기체상수(0.082를 곱한다)
- T = 절대온도(℃를 환산하기 위해 273을 더한다
  → 273 + 27 = 300K)

31 ② 32 ③ 33 ③ 34 ① 35 ③

36

정기점검대상 제조소등에 해당하지 않는 것은?

① 이동탱크저장소
② 지정수량 120배의 위험물을 저장하는 옥외저장소
③ 지정수량 120배의 위험물을 저장하는 옥내저장소
④ 이송취급소

정기점검대상 제조소등

- 지정수량 10배 이상의 위험물을 취급하는 제조소
- 지정수량 10배 이상의 위험물을 취급하는 일반취급소
- 지정수량 100배 이상의 위험물을 저장하는 옥외저장소
- 지정수량 150배 이상의 위험물을 저장하는 옥내저장소
- 지정수량 200배 이상의 위험물을 저장하는 옥외탱크저장소
- 암반탱크저장소
- 이송취급소
- 지하탱크저장소
- 이동탱크저장소
- 위험물을 취급하는 탱크로서 지하에 매설된 탱크가 있는 제조소 · 주유취급소 또는 일반취급소

37 빈출

탄화칼슘의 성질에 대하여 옳게 설명한 것은?

① 공기 중에서 아르곤과 반응하여 불연성 기체를 발생한다.
② 공기 중에서 질소와 반응하여 유독한 기체를 낸다.
③ 물과 반응하면 탄소가 생성된다.
④ 물과 반응하여 아세틸렌가스가 생성된다.

탄화칼슘과 물의 반응식

- $CaC_2 + 2H_2O \rightarrow Ca(OH)_2 + C_2H_2$
- 탄화칼슘을 물과 반응시키면 수산화칼슘과 아세틸렌이 발생된다.

38

위험물안전관리법령상 연면적이 450m²인 저장소의 건축물 외벽이 내화구조가 아닌 경우 이 저장소의 소화기 소요단위는?

① 3
② 4.5
③ 6
④ 9

위험물의 소요단위(연면적)

구분	외벽 내화구조	외벽 비내화구조
제조소 취급소	100m²	50m²
저장소	150m²	75m²

- 외벽이 내화구조가 아닌 저장소의 1소요단위 : 75m²
- $\dfrac{450}{75} = 6$
- 소요단위는 6단위 이상이 되어야 한다.

39

위험물안전관리법령에 명기된 위험물의 운반용기 재질에 포함되지 않는 것은?

① 고무류
② 유리
③ 도자기
④ 종이

운반용기의 재질은 강판 · 알루미늄판 · 양철판 · 유리 · 금속판 · 종이 · 플라스틱 · 섬유판 · 고무류 · 합성섬유 · 삼 · 짚 또는 나무로 한다.

40

다음은 위험물탱크의 공간용적에 관한 내용이다. ( ) 안에 숫자를 차례대로 올바르게 나열한 것은? (단, 소화설비를 설치하는 경우와 암반탱크는 제외한다.)

> 탱크의 공간용적은 탱크의 내용적의 100분의 ( ) 이상 100분의 ( ) 이하의 용적으로 한다.

① 5, 10
② 5, 15
③ 10, 15
④ 10, 20

탱크의 공간용적은 탱크의 내용적의 100분의 5 이상 100분의 10 이하의 용적으로 한다.

41

아래의 위험물을 위험등급 Ⅰ, 위험등급 Ⅱ, 위험등급 Ⅲ 의 순서로 옳게 나열한 것은?

> 황린, 인화칼슘, 리튬

① 황린, 인화칼슘, 리튬
② 황린, 리튬, 인화칼슘
③ 인화칼슘, 황린, 리튬
④ 인화칼슘, 리튬, 황린

- 황린(제3류)의 위험등급 : Ⅰ등급
- 리튬(제3류)의 위험등급 : Ⅱ등급
- 인화칼슘(제3류)의 위험등급 : Ⅲ등급

42

1몰의 에틸알코올이 완전연소하였을 때 생성되는 이산화탄소는 몇 몰인가?

① 1몰   ② 2몰
③ 3몰   ④ 4몰

에틸알코올의 연소반응식
- $C_2H_5OH + 3O_2 \rightarrow 2CO_2 + 3H_2O$
- 에틸알코올은 연소 시 2몰의 이산화탄소와 물을 생성한다.

43

위험물에 대한 설명으로 틀린 것은?

① 적린은 연소하면 유독성 물질이 발생한다.
② 마그네슘은 연소하면 가연성 수소가스를 발생한다.
③ 황은 분진폭발의 위험이 있다.
④ 황화인에는 P_4S_3, P_2S_5, P_4S_7 등이 있다.

- $Mg + 2H_2O \rightarrow Mg(OH)_2 + H_2$
- 마그네슘은 물과 반응하면 수산화마그네슘과 수소가스를 발생한다.

44

위험물안전관리법령에서 정한 아세트알데하이드등을 취급하는 제조소의 특례에 관한 내용이다. ( ) 안에 해당하는 물질이 아닌 것은?

> 아세트알데하이드등을 취급하는 설비는 ( ), ( ), ( ), ( ) 또는 이들을 성분으로 하는 합금으로 만들지 아니할 것

① 동   ② 은
③ 금   ④ 마그네슘

아세트알데하이드등을 취급하는 설비는 은 · 수은 · 동 · 마그네슘 또는 이들을 성분으로 하는 합금을 사용하면 당해 위험물이 이러한 금속 등과 반응해서 폭발성 화합물을 만들 우려가 있기 때문에 제한한다.

45

제조소등의 위치 · 구조 또는 설비의 변경 없이 해당 제조소등에서 저장하거나 취급하는 위험물의 품명 · 수량 또는 지정수량의 배수를 변경하고자 하는 자는 변경하고자 하는 날의 며칠 전까지 행정안전부령이 정하는 바에 따라 시 · 도지사에게 신고하여야 하는가?

① 1일   ② 14일
③ 21일   ④ 30일

위험물안전관리법 제6조 제2항(위험물시설의 설치 및 변경 등)
제조소등의 위치 · 구조 또는 설비의 변경 없이 당해 제조소등에서 저장하거나 취급하는 위험물의 품명 · 수량 또는 지정수량의 배수를 변경하고자 하는 자는 변경하고자 하는 날의 1일 전까지 행정안전부령이 정하는 바에 따라 시 · 도지사에게 신고하여야 한다.

정답   41 ② 42 ② 43 ② 44 ③ 45 ①

46

아세톤의 성질에 관한 설명으로 옳은 것은?

① 비중은 1.02이다.
② 물에 불용이고, 에터에 잘 녹는다.
③ 증기 자체는 무해하나, 피부에 닿으면 탈지작용이 있다.
④ 인화점이 0℃보다 낮다.

아세톤(제1석유류)은 수용성이고 인화점은 -18℃이다.

47

제4류 위험물의 일반적 성질에 대한 설명으로 틀린 것은?

① 발생증기가 가연성이며 공기보다 무거운 물질이 많다.
② 정전기에 의하여도 인화할 수 있다.
③ 상온에서 액체이다.
④ 전기도체이다.

제4류 위험물은 전기부도체이다.

48

다음 ( ) 안에 들어갈 알맞은 단어는?

보냉장치가 있는 이동저장탱크에 저장하는 아세트알데하이드등 또는 다이에틸에터등의 온도는 당해 위험물의 ( ) 이하로 유지하여야 한다.

① 비점   ② 인화점
③ 융해점   ④ 발화점

보냉장치가 있는 이동저장탱크에 저장하는 아세트알데하이드등 또는 다이에틸에터등의 온도는 당해 위험물의 비점 이하로 유지하여야 한다.

49

제2류 위험물 중 지정수량이 잘못 연결된 것은?

① 황 - 100kg
② 철분 - 500kg
③ 금속분 - 500kg
④ 인화성 고체 - 500kg

인화성 고체의 지정수량 : 1,000kg

50

위험물안전관리법령상 위험물의 운반에 관한 기준에 따르면 지정수량 얼마 이하의 위험물에 대하여는 "유별을 달리하는 위험물의 혼재기준"을 적용하지 아니하여도 되는가?

① 1/2   ② 1/3
③ 1/5   ④ 1/10

유별을 달리하는 위험물의 혼재기준은 지정수량의 1/10 이하의 위험물에 대하여는 적용하지 아니한다.

51

위험물안전관리법령상 제3석유류의 액체상태의 판단 기준은?

① 1기압과 섭씨 20도에서 액상인 것
② 1기압과 섭씨 25도에서 액상인 것
③ 기압에 무관하게 섭씨 20도에서 액상인 것
④ 기압에 무관하게 섭씨 25도에서 액상인 것

인화성 액체라 함은 제3석유류의 경우 1기압과 섭씨 20도에서 액체인 것만 해당한다.

정답   46 ④ 47 ④ 48 ① 49 ④ 50 ④ 51 ①

52

소화난이도등급 Ⅰ의 옥내탱크저장소에 설치하는 소화설비가 아닌 것은? (단, 인화점이 70℃ 이상의 제4류 위험물만을 저장, 취급하는 장소이다.)

① 물분무 소화설비, 고정식 포 소화설비
② 이동식 이외의 이산화탄소 소화설비, 고정식 포 소화설비
③ 이동식의 분말 소화설비, 스프링클러설비
④ 이동식 이외의 할로젠화합물 소화설비, 물분무 소화설비

소화난이도등급 Ⅰ의 옥내탱크저장소에서 인화점 70℃ 이상의 제4류 위험물만을 저장, 취급하는 곳에 설치하는 소화설비
• 물분무 소화설비
• 고정식 포 소화설비
• 이동식 이외의 불활성 가스 소화설비
• 이동식 이외의 할로젠화합물 소화설비
• 이동식 이외의 분말 소화설비

53

위험물안전관리법령에 대한 설명 중 옳지 않은 것은?

① 군부대가 지정수량 이상의 위험물을 군사목적으로 임시로 저장 또는 취급하는 경우는 제조소등이 아닌 장소에서 지정수량 이상의 위험물을 취급할 수 있다.
② 철도 및 궤도에 의한 위험물의 저장·취급 및 운반에 있어서는 위험물안전관리법령을 적용하지 아니한다.
③ 지정수량 미만인 위험물의 저장 또는 취급에 관한 기술상의 기준은 국가화재안전기준으로 정한다.
④ 업무상 과실로 제조소등에서 위험물을 유출, 방출 또는 확산시켜 사람의 생명, 신체 또는 재산에 대하여 위험을 발생시킨 자는 7년 이하의 금고 또는 7천만원 이하의 벌금에 처한다.

지정수량 미만인 위험물의 저장 또는 취급에 관한 기술상의 기준은 시·도의 조례로 정한다.

54

위험물안전관리자를 해임한 때에는 해임한 날부터 며칠 이내에 위험물안전관리자를 다시 선임하여야 하는가?

① 7   ② 14
③ 30   ④ 60

위험물안전관리자를 해임한 때에는 해임한 날부터 30일 이내에 다시 안전관리자를 선임하여야 한다.

55

질산암모늄의 일반적 성질에 대한 설명 중 옳은 것은?

① 불안정한 물질이고 물에 녹을 때는 흡열반응을 나타낸다.
② 물에 대한 용해도 값이 매우 작아 물에 거의 불용이다.
③ 가열 시 분해하여 수소를 발생한다.
④ 과일향의 냄새가 나는 적갈색 비결정체이다.

질산암모늄(제1류, NH_4NO_3)의 특징
• 불안정한 물질이고 물에 녹을 때는 흡열반응을 나타낸다.
• 물에 잘 녹는다.
• 가열 시 분해하여 산소를 발생한다.
• 무색무취의 결정이다.

56 ⭐비출

나이트로셀룰로오스 5kg과 트라이나이트로페놀을 함께 저장하려고 한다. 이때 지정수량 1배로 저장하려면 트라이나이트로페놀을 몇 kg 저장하여야 하는가?

① 5   ② 10
③ 50   ④ 100

• 각 위험물의 지정수량
  – 나이트로셀룰로오스(제5류) : 10kg
  – 트라이나이트로페놀(제5류) : 100kg
• 저장하는 트라이나이트로페놀의 용량 = a
• 지정수량 배수의 합 = $(\frac{5}{10}) + (\frac{a}{100}) = 1$
∴ a = 50kg

정답

52 ③   53 ③   54 ③   55 ①   56 ③

57

황린에 관한 설명 중 틀린 것은?

① 물에 잘 녹는다.
② 화재 시 물로 냉각소화할 수 있다.
③ 적린에 비해 불안정하다.
④ 적린과 동소체이다.

황린은 자연발화의 위험성이 크므로 물속에 저장한다.

58

위험물안전관리법령에 따른 위험물의 운송에 관한 설명 중 틀린 것은?

① 알킬리튬과 알킬알루미늄 또는 이 중 어느 하나 이상을 함유한 것은 운송책임자의 감독·지원을 받아야 한다.
② 이동탱크저장소에 의하여 위험물을 운송할 때 운송책임자에는 법정의 안전교육을 이수하고 관련 업무에 2년 이상 종사한 경력이 있는 자도 포함된다.
③ 서울에서 부산까지 금속의 인화물 300kg을 1명의 운전자가 휴식 없이 운송해도 규정위반이 아니다.
④ 운송책임자의 감독 또는 지원 방법에는 동승하는 방법과 별도의 사무실에서 대기하면서 규정된 사항을 이행하는 방법이 있다.

위험물운송자는 장거리(고속국도 340km 이상, 그 밖의 도로 200km 이상)의 운송을 하는 때에는 2명 이상의 운전자로 한다. 다만, 다음의 3가지 경우에는 그러하지 아니하다.
• 운전책임자의 동승 : 운송책임자가 별도의 사무실이 아닌 이동탱크저장소에 함께 동승한 경우, 이때는 운송책임자가 운전자의 역할을 하지 않는 경우이다.
• 운송위험물의 위험성이 낮은 경우 : 운송하는 위험물이 제2류 위험물, 제3류 위험물(칼슘 또는 알루미늄의 탄화물과 이것만을 함유한 것), 제4류 위험물(특수인화물 제외)인 경우
• 적당한 휴식을 취하는 경우 : 운송 도중에 2시간 이내마다 20분 이상씩 휴식하는 경우

59

1몰의 이황화탄소와 고온의 물이 반응하여 생성되는 유독한 기체물질의 부피는 표준상태에서 얼마인가?

① 22.4L
② 44.8L
③ 67.2L
④ 134.4L

• 화학반응식 : $CS_2 + 2H_2O \rightarrow CO_2 + 2H_2S$
• 이황화탄소는 물과 반응하여 1mol의 이산화탄소와 유독한 기체인 2mol의 황화수소 발생
• 표준상태에서 기체는 1mol당 22.4L
∴ 반응 시 생성물 = 2mol × 22.4L = 44.8L

60

질산의 저장 및 취급법이 아닌 것은?

① 직사광선을 차단한다.
② 분해방지를 위해 요산, 인산 등을 가한다.
③ 유기물과 접촉을 피한다.
④ 갈색병에 넣어 보관한다.

질산은 햇빛에 의해 분해되어 이산화질소를 발생하기 때문에 갈색병에 넣어 보관한다.

정답   57 ① 58 ③ 59 ② 60 ②

2024년 2회 | CBT 기출복원문제

01

다음 중 연소의 3요소를 모두 갖춘 것은?

① 휘발유 + 공기 + 수소
② 적린 + 수소 + 성냥불
③ 성냥불 + 황 + 염소산암모늄
④ 알코올 + 수소 + 염소산암모늄

- 연소의 3요소 : 가연물, 산소공급원, 점화원
- 성냥불 : 점화원, 황 : 가연물, 염소산암모늄 : 산소공급원

02

위험물안전관리법령상 위험등급 Ⅰ의 위험물에 해당하는 것은?

① 무기과산화물　　　② 황화인
③ 제1석유류　　　　④ 황

- 무기화합물의 위험등급 : Ⅰ등급
- 황화인, 제1석유류, 황의 위험등급 : Ⅱ등급

03

위험물제조소의 경우 연면적이 최소 몇 m²이면 자동화재탐지설비를 설치해야 하는가? (단, 원칙적인 경우에 한한다.)

① 100　　　　　　② 300
③ 500　　　　　　④ 1,000

제조소 및 일반취급소는 연면적이 500제곱미터 이상이면 자동화재탐지설비를 설치해야 한다.

04 ⭐ 빈출

제1종 분말 소화약제의 적응화재 급수는?

① A급　　　　　　② BC급
③ AB급　　　　　④ ABC급

분말 소화약제의 종류

약제명	주성분	적응화재	색상
제1종	탄산수소나트륨	BC	백색
제2종	탄산수소칼륨	BC	보라색
제3종	인산암모늄	ABC	담홍색
제4종	탄산수소칼륨 + 요소	BC	회색

05

다음 물질 중 분진폭발의 위험성이 가장 낮은 것은?

① 밀가루　　　　　② 알루미늄분말
③ 모래　　　　　　④ 석탄

분진폭발의 위험성이 가장 낮은 물질은 시멘트, 모래, 석회분말 등이다.

정답　01 ③　02 ①　03 ③　04 ②　05 ③

06

소화설비의 기준에서 이산화탄소 소화설비가 적응성이 있는 대상물은?

① 알칼리금속과산화물
② 철분
③ 인화성 고체
④ 제3류 위험물의 금수성 물질

> 이산화탄소 소화설비는 제2류 위험물 중 철분에는 적응성이 없고 인화성 고체에는 적응성이 있다.

07

다음 중 물이 소화약제로 쓰이는 이유로 가장 거리가 먼 것은?

① 쉽게 구할 수 있다.
② 제거소화가 잘 된다.
③ 취급이 간편하다.
④ 기화잠열이 크다.

> 물이 소화약제로 사용되는 이유는 가격이 싸고, 쉽게 구할 수 있으며, 열 흡수가 매우 크고 사용방법이 비교적 간단하기 때문이다. 물은 제거소화가 아닌 냉각소화를 잘 한다.

08

1몰의 이황화탄소와 고온의 물이 반응하여 생성되는 독성 기체물질의 부피는 표준상태에서 얼마인가?

① 22.4L
② 44.8L
③ 67.2L
④ 134.4L

> • 화학반응식 : $CS_2 + 2H_2O \rightarrow CO_2 + 2H_2S$
> • 이황화탄소는 물과 반응하여 1mol의 이산화탄소와 유독한 기체인 2mol의 황화수소 발생
> • 표준상태에서 기체는 1mol당 22.4L
> ∴ 반응 시 생성물 = 2mol × 22.4L = 44.8L

09

위험물안전관리법령의 소화설비 설치기준에 의하면 옥외소화전설비의 수원의 수량은 옥외소화전 설치개수(설치개수가 4 이상인 경우에는 4)에 몇 m³을 곱한 양 이상이 되도록 하여야 하는가?

① 7.5m³
② 13.5m³
③ 20.5m³
④ 25.5m³

> 소화설비 설치기준에 따른 수원의 수량
> • 옥내소화전 = 설치개수(최대 5개) × 7.8m³
> • 옥외소화전 = 설치개수(최대 4개) × 13.5m³

10 ⭐빈출

화재종류 중 금속화재에 해당하는 것은?

① A급
② B급
③ C급
④ D급

> 화재의 종류

급수	화재(명칭)	색상
A	일반	백색
B	유류	황색
C	전기	청색
D	금속	무색

11

이산화탄소의 특성에 대한 설명으로 옳지 않은 것은?

① 전기전도성이 우수하다.
② 냉각, 압축에 의하여 액화된다.
③ 과량 존재 시 질식할 수 있다.
④ 상온, 상압에서 무색, 무취의 불연성 기체이다.

> 이산화탄소는 전기부도체이다.

12 ⭐빈출

정전기로 인한 재해 방지대책 중 틀린 것은?

① 접지를 한다.
② 실내를 건조하게 유지한다.
③ 공기 중의 상대습도를 70% 이상으로 유지한다.
④ 공기를 이온화한다.

> 정전기 방지대책
> • 접지에 의한 방법
> • 공기를 이온화함
> • 공기 중의 상대습도를 70% 이상으로 유지
> • 위험물이 느린 유속으로 흐를 때

13 ⭐빈출

액화 이산화탄소 1kg이 25℃, 2atm에서 방출되어 모두 기체가 되었다. 방출된 기체상의 이산화탄소 부피는 약 몇 L인가?

① 278　　　　　　② 556
③ 1,111　　　　　④ 1,985

> • $PV = \dfrac{wRT}{M}$
>
> • $V = \dfrac{wRT}{PM}$
>
> $= \dfrac{1,000 \times 0.082 \times 298}{2 \times 44} = 277.681\,L$
>
> – P = 압력(2atm)
> – V = 부피
> – w = 질량(1kg = 1,000g)
> – M = 분자량(이산화탄소의 분자량 = 44g/mol)
> – R = 기체상수(0.082를 곱한다)
> – T = 절대온도(℃를 환산하기 위해 273을 더한다
> 　　→ 273 + 25 = 298K)

14

지정수량의 몇 배 이상의 위험물을 취급하는 제조소에는 화재발생 시 이를 알릴 수 있는 경보설비를 설치하여야 하는가?

① 5　　　　　　　② 10
③ 20　　　　　　④ 100

> 지정수량의 10배 이상의 위험물을 저장 또는 취급하는 제조소등(이동탱크저장소를 제외한다)에는 화재발생 시 이를 알릴 수 있는 경보설비를 설치하여야 한다.

15 ⭐빈출

화재 시 이산화탄소를 방출하여 산소의 농도를 13vol%로 낮추어 소화를 하려면 공기 중의 이산화탄소는 몇 vol%가 되어야 하는가?

① 28.1　　　　　② 38.1
③ 42.86　　　　④ 48.36

> 이산화탄소 소화농도
> $\dfrac{21 - O_2}{21} \times 100 = \dfrac{21 - 13}{21} \times 100 = 38.1\,vol\%$

16 ⭐빈출

다음 위험물의 화재 시 물에 의한 소화방법이 가장 부적합한 것은?

① 황린　　　　　　② 적린
③ 마그네슘분　　　④ 황분

> • $Mg + 2H_2O \rightarrow Mg(OH)_2 + H_2$
> • 마그네슘은 물과 반응하면 수산화마그네슘과 수소기체를 생성하므로 물에 의한 소화가 금지된다.

정답　　　　12 ② 13 ① 14 ② 15 ② 16 ③

17

위험물제조소 내의 위험물을 취급하는 배관에 대한 설명으로 옳지 않은 것은?

① 배관을 지하에 매설하는 경우 접합부분에는 점검구를 설치하여야 한다.
② 배관을 지하에 매설하는 경우 금속성 배관의 외면에는 부식 방지 조치를 하여야 한다.
③ 최대상용압력의 1.5배 이상의 압력으로 수압시험을 실시하여 이상이 없어야 한다.
④ 배관을 지상에 설치하는 경우에는 안전한 구조의 지지물로 지면에 밀착하여 설치하여야 한다.

> 배관을 지상에 설치하는 경우 안전한 구조의 지지물로 지면에 닿지 않도록 설치하여야 한다.

18

건축물의 1층 및 2층 부분만을 방사능력범위로 하고 지하층 및 3층 이상의 층에 대하여 다른 소화설비를 설치해야 하는 소화설비는?

① 스프링클러설비
② 포 소화설비
③ 옥외소화전설비
④ 물분무 소화설비

> 옥외소화전설비
> 건축물의 1층 및 2층 부분만을 방사능력범위로 하고 건축물의 지하층 및 3층 이상의 층에 대하여 다른 소화설비를 설치할 것. 또한 옥외소화전설비를 옥외 공작물에 대한 소화설비로 하는 경우에도 유효방수거리 등을 고려한 방사능력범위에 따라 설치할 것

19

나이트로셀룰로오스 화재 시 가장 적합한 소화방법은?

① 할로젠화합물 소화기를 사용한다.
② 분말 소화기를 사용한다.
③ 이산화탄소 소화기를 사용한다.
④ 다량의 물을 사용한다.

> 나이트로셀룰로오스는 저장 시 열원, 충격, 마찰 등을 피하고 물 또는 알코올 등을 첨가하여 냉암소에 저장하여야 하며 이때 안전한 저장을 위해 에탄올에 보관한다. 화재 시에는 다량의 물을 사용한다.

20

다음 중 강화액 소화약제의 주성분에 해당하는 것은?

① K_2CO_3
② K_2O_2
③ CaO_2
④ $KBrO_3$

> 강화액 소화약제는 물에 탄산칼륨(K_2CO_3), 방청제 및 안정제 등을 첨가하여 $-20℃$에서도 응고하지 않도록 하며 물의 침투능력을 배가시킨 소화약제이다.

21 ⭐빈출

알루미늄분의 성질에 대한 설명으로 옳은 것은?

① 금속 중에서 연소열량이 가장 작다.
② 끓는 물과 반응해서 수소를 발생한다.
③ 산화나트륨 수용액과 반응해서 산소를 발생한다.
④ 안전한 저장을 위해 할로겐 원소와 혼합한다.

> • $2Al + 6H_2O \rightarrow 2Al(OH)_3 + 2H_2$
> • 알루미늄분은 물과 반응하여 수소를 발생하며 폭발한다.

22

에틸알코올의 증기비중은 약 얼마인가?

① 0.72
② 0.91
③ 1.13
④ 1.59

> • 증기비중 $= \dfrac{분자량}{29(공기의\ 평균\ 분자량)}$
> • 에틸알코올(C_2H_5OH) 분자량 $= (12 \times 2) + (1 \times 6) + 16$
> $= 46g/mol$
> • 에틸알코올 증기비중 $= \dfrac{분자량}{29(공기의\ 평균\ 분자량)} = \dfrac{46}{29} = 1.59$

정답   17 ④ 18 ③ 19 ④ 20 ① 21 ② 22 ④

23 ⭐

아조화합물 800kg, 하이드록실아민 300kg, 유기과산화물 40kg의 총 양은 지정수량의 몇 배에 해당하는가?

① 7배
② 9배
③ 10배
④ 15배

- 아조화합물(제5류)의 지정수량 : 100kg
- 하이드록실아민(제5류)의 지정수량 : 100kg
- 유기과산화물(제5류)의 지정수량 : 10kg

∴ 지정수량 배수의 총합 = $\frac{800}{100} + \frac{300}{100} + \frac{40}{10}$ = 15배

24

위험물안전관리법령상 행정안전부령으로 정하는 제1류 위험물에 해당하지 않는 것은?

① 과아이오딘산
② 질산구아니딘
③ 차아염소산염류
④ 염소화아이소사이아누르산

질산구아니딘은 제5류 위험물이다.

25

흑색화약의 원료로 사용되는 위험물의 유별을 옳게 나타낸 것은?

① 제1류, 제2류
② 제1류, 제4류
③ 제2류, 제4류
④ 제4류, 제5류

흑색화약의 원료 : 질산칼륨(제1류, KNO_3), 숯, 황(제2류, S)

26

위험물제조소에 설치하는 안전장치 중 위험물의 성질에 따라 안전밸브의 작동이 곤란한 가압설비에 한하여 설치하는 것은?

① 파괴판
② 안전밸브를 겸하는 경보장치
③ 감압 측에 안전밸브를 부착한 감압밸브
④ 연성계

파괴판은 위험물의 성질에 따라 안전밸브의 작동이 곤란한 가압설비에 한하여 설치하여야 한다.

27

위험물안전관리법령상 제3류 위험물에 속하는 담황색의 고체로서 물속에 보관해야 하는 것은?

① 황린
② 적린
③ 황
④ 나이트로글리세린

황린(P_4)은 제3류 위험물에 속하는 담황색의 고체로서 자연발화의 위험성이 크므로 물속에 저장한다.

28

액체위험물을 운반용기에 수납할 때 내용적의 몇 % 이하의 수납율로 수납하여야 하는가?

① 95
② 96
③ 97
④ 98

액체위험물은 운반용기 내용적의 98% 이하의 수납율로 수납하여야 한다.

정답   23 ④   24 ②   25 ①   26 ①   27 ①   28 ④

29 ⭐빈출

과산화수소의 운반용기 외부에 표시하여야 하는 주의사항은?

① 화기주의　　　　② 충격주의
③ 물기엄금　　　　④ 가연물접촉주의

유별	종류	운반용기 외부 주의사항
제1류	알칼리금속의 과산화물	가연물접촉주의, 화기 · 충격주의, 물기엄금
	그 외	가연물접촉주의, 화기 · 충격주의
제2류	철분, 금속분, 마그네슘	화기주의, 물기엄금
	인화성 고체	화기엄금
	그 외	화기주의
제3류	자연발화성 물질	화기엄금, 공기접촉엄금
	금수성 물질	물기엄금
제4류	–	화기엄금
제5류	–	화기엄금, 충격주의
제6류	–	가연물접촉주의

과산화수소(H_2O_2)는 제6류 위험물로 운반용기 외부에 "가연물접촉주의"를 표시한다.

30 ⭐빈출

위험물제조소에서 "브로민산나트륨 300kg, 과산화나트륨 150kg, 다이크로뮴산나트륨 500kg"의 위험물을 취급하고 있는 경우 각각의 지정수량 배수의 총합은 얼마인가?

① 3.5　　　　② 4.0
③ 4.5　　　　④ 5.0

- 브로민산나트륨(제1류)의 지정수량 : 300kg
- 과산화나트륨(제1류)의 지정수량 : 50kg
- 다이크로뮴산나트륨(제1류)의 지정수량 : 1,000kg

∴ 지정수량 배수의 총합 $= \dfrac{300}{300} + \dfrac{150}{50} + \dfrac{500}{1,000} = 4.5$배

31

오황화인과 칠황화인이 물과 반응했을 때 공통으로 나오는 물질은?

① 이산화황　　　　② 황화수소
③ 인화수소　　　　④ 삼산화황

- $P_2S_5 + 8H_2O \rightarrow 5H_2S + 2H_3PO_4$
- $P_4S_7 + 13H_2O \rightarrow 7H_2S + H_3PO_4 + 3H_3PO_3$
- 오황화인과 칠황화인은 물과 반응 시 황화수소를 생성한다.

32 ⭐빈출

제3류 위험물에 대한 설명으로 옳지 않은 것은?

① 황린은 공기 중에 노출되면 자연발화하므로 물속에 저장하여야 한다.
② 나트륨은 물보다 무거우며 석유 등의 보호액 속에 저장하여야 한다.
③ 트라이에틸알루미늄은 상온에서 액체 상태로 존재한다.
④ 인화칼슘은 물과 반응하여 유독성의 포스핀을 발생한다.

금속나트륨은 물보다 가벼우며 공기와의 접촉을 막기 위해 경유, 등유 등의 산소가 함유되지 않은 보호액(석유류)에 저장한다.

33 ⭐빈출

위험물의 운반 시 혼재가 가능한 것은? (단, 지정수량 10배의 위험물인 경우이다.)

① 제1류 위험물과 제2류 위험물
② 제2류 위험물과 제3류 위험물
③ 제4류 위험물과 제5류 위험물
④ 제5류 위험물과 제6류 위험물

유별을 달리하는 위험물 혼재기준

1	6		혼재 가능
2	5	4	혼재 가능
3	4		혼재 가능

34

다음 위험물 중 착화온도가 가장 낮은 것은?

① 이황화탄소 ② 다이에틸에터
③ 아세톤 ④ 아세트알데하이드

각 위험물의 착화온도
- 이황화탄소 : 약 90℃
- 다이에틸에터 : 약 160℃
- 아세톤 : 약 465℃
- 아세트알데하이드 : 약 175℃

35

휘발유를 저장하던 이동저장탱크에 등유나 경유를 탱크 상부로부터 주입할 때 액표면이 일정 높이가 될 때까지 위험물의 주입관 내의 유속을 몇 m/s 이하로 하여야 하는가?

① 1 ② 2
③ 3 ④ 5

휘발유를 저장하던 이동저장탱크에 등유나 경유를 저장할 때 이동저장탱크의 상부로부터 위험물을 주입할 때에는 위험물의 액표면이 주입관의 끝부분을 넘는 높이가 될 때까지 그 주입관 내의 유속을 초당 1m 이하로 할 것

36

질산이 공기 중에서 분해되어 발생하는 유독한 갈색 증기의 분자량은?

① 16 ② 40
③ 46 ④ 71

- 질산의 분해반응식 : $4HNO_3 \rightarrow 2H_2O + 4NO_2 + O_2$
- 질산은 공기 중에서 분해되어 물, 이산화질소, 산소를 발생한다. 이때 발생하는 유독한 갈색 증기는 질소산화물 중 하나인 이산화질소(NO_2)로, 이산화질소의 분자량은 46g/mol이다.
- 이산화질소(NO_2)의 분자량 = 14 + (16 × 2) = 46g/mol

37

염소산나트륨의 성상에 대한 설명으로 옳지 않은 것은?

① 자신은 불연성 물질이지만 강한 산화제이다.
② 유리를 녹이므로 철제용기에 저장한다.
③ 열분해하여 산소를 발생한다.
④ 산과 반응하면 유독성의 이산화염소를 발생한다.

염소산나트륨은 철제를 부식시키므로 철제용기의 사용을 피한다.

38

다음 ( ) 안에 알맞은 수치를 차례대로 옳게 나열한 것은?

위험물암반탱크의 공간용적은 당해 탱크 내에 용출하는 ( )일간의 지하수 양에 상당하는 용적과 당해 탱크 내용적의 100분의 ( )의 용적 중에서 보다 큰 용적을 공간용적으로 한다.

① 1, 1 ② 7, 1
③ 1, 5 ④ 7, 5

위험물암반탱크의 공간용적은 당해 탱크 내에 용출하는 7일간의 지하수 양에 상당하는 용적과 당해 탱크 내용적의 100분의 1의 용적 중에서 보다 큰 용적을 공간용적으로 한다.

39

지정수량 20배 이상의 제1류 위험물을 저장하는 옥내저장소에서 내화구조로 하지 않아도 되는 것은? (단, 원칙적인 경우에 한한다.)

① 바닥 ② 보
③ 기둥 ④ 벽

- 벽, 기둥 및 바닥 : 내화구조
- 보, 서까래 : 불연재료

40

주유취급소에서 자동차 등에 위험물을 주유할 때에 자동차 등의 원동기를 정지시켜야 하는 위험물의 인화점 기준은? (단, 연료탱크에 위험물을 주유하는 동안 방출되는 가연성 증기를 회수하는 설비가 부착되지 않은 고정주유설비에 의하여 주유하는 경우이다.)

① 20℃ 미만
② 30℃ 미만
③ 40℃ 미만
④ 50℃ 미만

주유취급소에서 자동차 등에 인화점 40℃ 미만의 위험물을 주유할 때에는 자동차 등의 원동기를 정지시켜야 한다.

41

다음 중 물과 접촉하면 열과 산소가 발생하는 것은?

① $NaClO_2$
② $NaClO_3$
③ $KMnO_4$
④ Na_2O_2

과산화나트륨과 물의 반응식
• $2Na_2O_2 + 2H_2O \rightarrow 4NaOH + O_2 + 발열$
• 과산화나트륨은 물과 반응하면 수산화나트륨과 산소 및 열이 발생한다.

42

과산화나트륨에 대한 설명 중 틀린 것은?

① 순수한 것은 백색이다.
② 상온에서 물과 반응하여 수소가스를 발생한다.
③ 화재 발생 시 주수소화는 위험할 수 있다.
④ CO 및 CO_2 제거제를 제조할 때 사용된다.

• $2Na_2O_2 + 2H_2O \rightarrow 4NaOH + O_2 + 발열$
• 과산화나트륨은 물과 반응하면 수산화나트륨과 산소 및 열이 발생한다.

43

알킬알루미늄등 또는 아세트알데하이드등을 취급하는 제조소의 특례기준으로서 옳은 것은?

① 알킬알루미늄등을 취급하는 설비에는 불활성 기체 또는 수증기를 봉입하는 장치를 설치한다.
② 알킬알루미늄등을 취급하는 설비는 은·수은·동·마그네슘을 성분으로 하는 것으로 만들지 않는다.
③ 아세트알데하이드등을 취급하는 탱크에는 냉각장치 또는 보냉장치 및 불활성 기체 봉입장치를 설치한다.
④ 아세트알데하이드등을 취급하는 설비의 주위에는 누설범위를 국한하기 위한 설비와 누설되었을 때 안전한 장소에 설치된 저장실에 유입시킬 수 있는 설비를 갖춘다.

• 알킬알루미늄등을 취급하는 제조소의 특례
  – 알킬알루미늄등을 취급하는 설비의 주위에는 누설범위를 국한하기 위한 설비와 누설된 알킬알루미늄등을 안전한 장소에 설치된 저장실에 유입시킬 수 있는 설비를 갖출 것
  – 알킬알루미늄등을 취급하는 설비에는 불활성 기체를 봉입하는 장치를 갖출 것
• 아세트알데하이드등을 취급하는 제조소의 특례
  – 아세트알데하이드등을 취급하는 설비는 은, 수은, 동, 마그네슘 또는 이들을 성분으로 하는 합금으로 만들지 아니할 것
  – 아세트알데하이드등을 취급하는 설비에는 연소성 혼합기체의 생성에 의한 폭발을 방지하기 위한 불활성 기체 또는 수증기를 봉입하는 장치를 갖출 것
  – 아세트알데하이드등을 취급하는 탱크(옥외에 있는 탱크 또는 옥내에 있는 탱크로서 그 용량이 지정수량의 5분의 1 미만의 것을 제외한다)에는 냉각장치 또는 저온을 유지하기 위한 장치(보냉장치) 및 연소성 혼합기체의 생성에 의한 폭발을 방지하기 위한 불활성 기체를 봉입하는 장치를 갖출 것. 다만, 지하에 있는 탱크가 아세트알데하이드등의 온도를 저온으로 유지할 수 있는 구조인 경우에는 냉각장치 및 보냉장치를 갖추지 아니할 수 있다.

44 ⭐빈출

그림의 원통형 종으로 설치된 탱크에서 공간용적을 내용적의 10%라고 하면 탱크용량(허가용량)은 약 얼마인가?

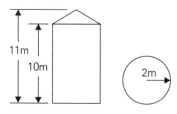

① 113.04m³
② 124.34m³
③ 129.06m³
④ 138.16m³

위험물저장탱크의 내용적

$V = \pi r^2 l(1 - 공간용적)$
  $= 3.14 \times 2^2 \times 10 \times (1 - 0.1) = 113.04m^3$

45 ⭐빈출

0.99atm, 55℃에서 이산화탄소의 밀도는 약 몇 g/L인가?

① 0.62
② 1.62
③ 9.65
④ 12.65

• $PV = \dfrac{wRT}{M}$

• $\dfrac{w}{V} = \dfrac{PM}{RT}$

   $= \dfrac{0.99 \times 44}{0.082 \times 328} = 1.619g/L$

 – P = 압력(0.99atm)
 – V = 부피
 – w = 질량
 – M = 분자량(이산화탄소의 분자량 = 44g/mol)
 – R = 기체상수(0.082를 곱한다)
 – T = 절대온도(℃를 환산하기 위해 273을 더한다
      → 273 + 55 = 328K)

46

제2석유류에 해당하는 물질로만 짝지어진 것은?

① 등유, 경유
② 등유, 중유
③ 글리세린, 기계유
④ 글리세린, 장뇌유

제2석유류 종류에는 등유, 경유, 크실렌, 클로로벤젠 등이 있다.

47

다음 중 지정수량이 나머지 셋과 다른 물질은?

① 황화인
② 적린
③ 칼슘
④ 황

• 황화인, 적린, 황의 지정수량 : 100kg
• 칼슘의 지정수량 : 50kg

48 ⭐빈출

금속나트륨, 금속칼륨 등을 보호액 속에 저장하는 이유를 가장 옳게 설명한 것은?

① 온도를 낮추기 위하여
② 승화하는 것을 막기 위하여
③ 공기와의 접촉을 막기 위하여
④ 운반 시 충격을 적게 하기 위하여

금속나트륨과 금속칼륨은 공기와의 접촉을 막기 위해 등유, 경유 등의 산소가 함유되지 않은 보호액(석유류)에 저장한다.

정답 44 ① 45 ② 46 ① 47 ③ 48 ③

49 ⭐ _{빈출}

다음 중 질산에스터류에 속하는 것은?

① 피크린산
② 나이트로벤젠
③ 나이트로글리세린
④ 트라이나이트로톨루엔

품명	위험물	상태
질산에스터류	질산메틸 질산에틸 나이트로글리콜 나이트로글리세린	액체
	나이트로셀룰로오스 셀룰로이드	고체
나이트로화합물	트라이나이트로톨루엔 트라이나이트로페놀 다이나이트로벤젠 테트릴	고체

50

위험물안전관리법령상 위험물제조소의 옥외에 있는 하나의 액체위험물 취급탱크 주위에 설치하는 방유제의 용량은 해당 탱크용량의 몇 % 이상으로 하여야 하는가?

① 50%   ② 60%
③ 100%   ④ 110%

위험물제조소의 옥외에 있는 위험물취급탱크
하나의 취급탱크 주위에 설치하는 방유제의 용량은 당해 탱크용량의 50% 이상으로 하고, 2 이상의 취급탱크 주위에 하나의 방유제를 설치하는 경우 그 방유제의 용량은 당해 탱크 중 용량이 최대인 것의 50%에 나머지 탱크용량 합계의 10%를 가산한 양 이상이 되게 해야 한다.

51

정기점검대상 제조소등에 해당하지 않는 것은?

① 이동탱크저장소
② 지정수량 120배의 위험물을 저장하는 옥외저장소
③ 지정수량 120배의 위험물을 저장하는 옥내저장소
④ 이송취급소

정기점검대상 제조소등
• 지정수량 10배 이상의 위험물을 취급하는 제조소
• 지정수량 10배 이상의 위험물을 취급하는 일반취급소
• 지정수량 100배 이상의 위험물을 저장하는 옥외저장소
• 지정수량 150배 이상의 위험물을 저장하는 옥내저장소
• 지정수량 200배 이상의 위험물을 저장하는 옥외탱크저장소
• 암반탱크저장소
• 이송취급소
• 지하탱크저장소
• 이동탱크저장소
• 위험물을 취급하는 탱크로서 지하에 매설된 탱크가 있는 제조소 · 주유취급소 또는 일반취급소

52

위험물안전관리법상 위험물에 해당하는 것은?

① 아황산
② 비중이 1.41인 질산
③ 53마이크로미터의 표준체를 통과하는 것이 50중량퍼센트 이상인 철의 분말
④ 농도가 15중량퍼센트인 과산화수소

• 철분 : 철의 분말로서 53마이크로미터의 표준체를 통과하는 것이 50중량퍼센트 미만인 것은 제외
• 질산 : 비중이 1.49 이상인 것
• 과산화수소 : 그 농도가 36중량퍼센트 이상인 것

53 ★빈출

위험물과 그 위험물이 물과 반응하여 발생하는 가스를 잘못 연결한 것은?

① 탄화알루미늄 – 메탄
② 탄화칼슘 – 아세틸렌
③ 인화칼슘 – 에탄
④ 수소화칼슘 – 수소

인화칼슘과 물의 반응식
- $Ca_3P_2 + 6H_2O \rightarrow 3Ca(OH)_2 + 2PH_3$
- 인화칼슘은 물과 반응하여 수산화칼슘과 포스핀가스를 발생한다.

54

위험물의 운반에 관한 기준에 따르면 아세톤의 위험등급은 얼마인가?

① 위험등급 Ⅰ
② 위험등급 Ⅱ
③ 위험등급 Ⅲ
④ 위험등급 Ⅳ

아세톤(제1석유류, 수용성)의 위험등급은 Ⅱ이다.

55

위험물안전관리법령상 위험물제조소등에 자체소방대를 두어야 할 대상으로 옳은 것은?

① 지정수량 300배 이상의 제4류 위험물을 취급하는 저장소
② 지정수량 300배 이상의 제4류 위험물을 취급하는 제조소
③ 지정수량 3,000배 이상의 제4류 위험물을 취급하는 저장소
④ 지정수량 3,000배 이상의 제4류 위험물을 취급하는 제조소

위험물안전관리법령상 자체소방대를 설치해야 하는 사업소
- 제조소 또는 일반취급소에서 취급하는 제4류 위험물의 최대수량의 합이 지정수량의 3천배 이상인 경우(다만, 보일러로 위험물을 소비하는 일반취급소 등 행정안전부령으로 정하는 일반취급소는 제외한다)
- 옥외탱크저장소에 저장하는 제4류 위험물의 최대수량이 지정수량의 50만배 이상인 경우

56

다음은 위험물안전관리법령에서 정한 정의이다. 무엇의 정의인가?

> 인화성 또는 발화성 등의 성질을 가지는 것으로서 대통령령이 정하는 물품을 말한다.

① 위험물
② 가연물
③ 특수인화물
④ 제4류 위험물

위험물안전관리법령상 위험물은 인화성 또는 발화성 등의 성질을 가지는 것으로서 대통령령이 정하는 물품을 말한다.

57

알칼리금속과산화물에 적응성이 있는 소화설비는?

① 할로젠화합물 소화설비
② 탄산수소염류 분말 소화설비
③ 물분무 소화설비
④ 스프링클러설비

알칼리금속과산화물은 주수소화를 금지하고, 마른모래, 탄산수소염류 분말, 팽창질석, 팽창진주암 등으로 질식소화한다.

정답 53 ③ 54 ② 55 ④ 56 ① 57 ②

58

저장 또는 취급하는 위험물의 최대수량이 지정수량의 500배 이하일 때 옥외저장탱크의 측면으로부터 몇 m 이상의 보유공지를 유지하여야 하는가? (단, 제6류 위험물은 제외한다.)

① 1
② 2
③ 3
④ 4

옥외탱크저장소의 보유공지

저장 또는 취급하는 위험물의 최대수량	공지의 너비
지정수량의 500배 이하	3m 이상
지정수량의 500배 초과 1,000배 이하	5m 이상
지정수량의 1,000배 초과 2,000배 이하	9m 이상
지정수량의 2,000배 초과 3,000배 이하	12m 이상
지정수량의 3,000배 초과 4,000배 이하	15m 이상

59

위험물안전관리자를 선임한 제조소등의 관계인은 그 안전관리자를 해임하거나 안전관리자가 퇴직한 때에는 해임하거나 퇴직한 날부터 며칠 이내에 다시 안전관리자를 선임해야 하는가?

① 10일
② 20일
③ 30일
④ 40일

제조소등의 관계인은 그 안전관리자를 해임하거나 안전관리자가 퇴직한 때에는 해임하거나 퇴직한 날부터 30일 이내에 다시 안전관리자를 선임해야 한다.

60 빈출

다음 중 옥내저장소의 동일한 실에 서로 1m 이상의 간격을 두고 저장할 수 없는 것은?

① 제1류 위험물과 제3류 위험물 중 자연발화성 물질(황린 또는 이를 함유한 것에 한한다)
② 제4류 위험물과 제2류 위험물 중 인화성 고체
③ 제1류 위험물과 제4류 위험물
④ 제1류 위험물과 제6류 위험물

유별을 달리하더라도 1m 이상 간격을 둘 때 저장 가능한 경우
• 제1류 위험물(알칼리금속의 과산화물 또는 이를 함유한 것을 제외한다)과 제5류 위험물을 저장하는 경우
• 제1류 위험물과 제6류 위험물을 저장하는 경우
• 제1류 위험물과 제3류 위험물 중 자연발화성 물질(황린 또는 이를 함유한 것에 한한다)을 저장하는 경우
• 제2류 위험물 중 인화성 고체와 제4류 위험물을 저장하는 경우
• 제3류 위험물 중 알킬알루미늄등과 제4류 위험물(알킬알루미늄 또는 알킬리튬을 함유한 것에 한한다)을 저장하는 경우
• 제4류 위험물 중 유기과산화물 또는 이를 함유하는 것과 제5류 위험물 중 유기과산화물 또는 이를 함유한 것을 저장하는 경우

정답   58 ③ 59 ③ 60 ③

2024년 3회 | CBT 기출복원문제

01

위험등급이 나머지 셋과 다른 것은?

① 알칼리토금속
② 아염소산염류
③ 질산에스터류
④ 제6류 위험물

- 알칼리토금속 : 위험등급 Ⅱ
- 아염소산염류, 질산에스터류, 제6류 위험물 : 위험등급 Ⅰ

02 빈출

전기화재의 급수와 표시색상을 옳게 나타낸 것은?

① C급 – 백색
② D급 – 백색
③ C급 – 청색
④ D급 – 청색

화재의 종류

급수	화재	색상
A	일반	백색
B	유류	황색
C	전기	청색
D	금속	무색

03

화재발생 시 물을 이용한 소화를 하면 오히려 위험성이 증대되는 것은?

① 황린
② 적린
③ 탄화알루미늄
④ 나이트로셀룰로오스

탄화알루미늄과 물의 반응식
- $Al_4C_3 + 12H_2O \rightarrow 4Al(OH)_3 + 3CH_4$
- 탄화알루미늄이 물과 만나면 수산화알루미늄과 메탄이 발생한다.

04

제5류 위험물의 화재에 적응성이 없는 소화설비는?

① 옥외소화전설비
② 스프링클러설비
③ 물분무 소화설비
④ 할로젠화합물 소화설비

제5류 위험물은 물에 잘 녹으므로 주수소화한다.

05

금속칼륨에 화재가 발생했을 때 사용할 수 없는 소화약제는?

① 이산화탄소
② 건조사
③ 팽창질석
④ 팽창진주암

- 금속칼륨은 공기와의 접촉을 막아야 하므로 주수소화를 금지하고, 탄산수소염류 분말 소화약제, 팽창질석, 마른모래 등으로 질식소화해야 한다.
- $4K + 3CO_2 \rightarrow 2K_2CO_3 + C$
  칼륨은 이산화탄소와 반응하여 탄산칼륨과 탄소를 발생하므로 이산화탄소 소화약제에 적응성이 없다.

정답   01 ① 02 ③ 03 ③ 04 ④ 05 ①

06 ⭐빈출

제5류 위험물의 화재의 예방과 진압대책으로 옳지 않은 것은?

① 서로 1m 이상의 간격을 두고 유별로 정리한 경우라도 제3류 위험물과는 동일한 옥내저장소에 저장할 수 없다.
② 위험물제조소의 주의사항 게시판에는 주의사항으로 "화기엄금"만 표기하면 된다.
③ 이산화탄소 소화기와 할로젠화합물 소화기는 모두 적응성이 없다.
④ 운반용기의 외부에는 주의사항으로 "화기엄금"만 표시하면 된다.

유별	운반용기 외부 주의사항	게시판
제5류	화기엄금, 충격주의	화기엄금

제5류 위험물은 운반용기의 외부에 주의사항으로 "화기엄금" 및 "충격주의"를 표시한다.

07

다음 중 가연물이 될 수 없는 것은?

① 질소
② 나트륨
③ 나이트로셀룰로오스
④ 나프탈렌

질소는 산소를 포함하고 있기 때문에 가연물이 될 수 없다.

08

가연성 물질과 주된 연소형태의 연결이 틀린 것은?

① 종이, 섬유 – 분해연소
② 셀룰로이드, TNT – 자기연소
③ 목재, 석탄 – 표면연소
④ 황, 알코올 – 증발연소

목재와 석탄은 분해연소를 한다.

09

가연성 고체의 미세한 입자가 일정 농도 이상 공기 중에 분산되어 있을 때 점화원에 의하여 연소폭발되는 현상은?

① 분진폭발　　　　② 산화폭발
③ 분해폭발　　　　④ 중합폭발

공기 중에 퍼져 있는 분진이 점화원에 의해 폭발하는 현상을 분진폭발이라 한다.

10 ⭐빈출

액화 이산화탄소 1kg이 25℃, 2atm에서 방출되어 모두 기체가 되었다. 방출된 기체상의 이산화탄소 부피는 약 몇 L인가?

① 278　　　　② 556
③ 1,111　　　　④ 1,985

- $PV = \dfrac{wRT}{M}$

- $V = \dfrac{wRT}{PM}$

$= \dfrac{1,000 \times 0.082 \times 298}{2 \times 44} = 277.681L$

 – P = 압력(2atm)
 – V = 부피
 – w = 질량(1kg = 1,000g)
 – M = 분자량(이산화탄소의 분자량 = 44g/mol)
 – R = 기체상수(0.082를 곱한다)
 – T = 절대온도(℃를 환산하기 위해 273을 더한다
　　→ 273 + 25 = 298K)

정답　　06 ④　07 ①　08 ③　09 ①　10 ①

11

식용유 화재 시 제1종 분말 소화약제를 이용하여 화재의 제어가 가능하다. 이때의 소화원리에 가장 가까운 것은?

① 촉매효과에 의한 질식소화
② 비누화 반응에 의한 질식소화
③ 아이오딘화에 의한 냉각소화
④ 가수분해 반응에 의한 냉각소화

탄산수소나트륨 소화약제는 염기성을 띠며 식용유와 반응하여 비누화 반응을 일으키는데 이는 질식효과가 있다.

12

전기설비에 적응성이 없는 소화설비는?

① 이산화탄소 소화설비
② 물분무 소화설비
③ 포 소화설비
④ 할로젠화합물 소화기

포 소화설비는 전도성이 크므로 전기설비에 적응성이 없다.

13

할로젠화합물 소화약제 중 할론 2402의 화학식은?

① $C_2Br_4F_2$
② $C_7Cl_4F_2$
③ $C_2Cl_4Br_2$
④ $C_2F_4Br_2$

할론넘버는 C, F, Cl, Br 순으로 매긴다.
→ 할론 2402 = $C_2F_4Br_2$

14 ⭐빈출

유류화재에 해당하는 표시 색상은?

① 백색
② 황색
③ 청색
④ 흑색

화재의 종류

급수	화재	색상
A	일반	백색
B	유류	황색
C	전기	청색
D	금속	무색

15

위험물안전관리법령상 분말 소화설비의 기준에서 규정한 전역방출방식 또는 국소방출방식 분말 소화설비의 가압용 또는 축압용 가스에 해당하는 것은?

① 네온가스
② 아르곤가스
③ 수소가스
④ 이산화탄소

전역방출방식 또는 국소방출방식 분말 소화설비의 가압용 또는 축압용 가스는 질소 또는 이산화탄소로 해야 한다.

16 ⭐빈출

$NH_4H_2PO_4$이 열분해하여 생성되는 물질 중 암모니아와 수증기의 부피 비율은?

① 1 : 1
② 1 : 2
③ 2 : 1
④ 3 : 2

• $NH_4H_2PO_4 \rightarrow HPO_3 + NH_3 + H_2O$
• 인산암모늄은 열분해하여 메타인산, 암모니아, 물을 생성한다.
• 암모니아(NH_3)와 수증기(H_2O)의 몰수비가 1 : 1이므로, 부피 비율은 1 : 1이다.

정답   11 ② 12 ③ 13 ④ 14 ② 15 ④ 16 ①

17

폭굉유도거리(DID)가 짧아지는 조건이 아닌 것은?

① 관경이 클수록 짧아진다.
② 압력이 높을수록 짧아진다.
③ 점화원의 에너지가 클수록 짧아진다.
④ 관 속에 이물질이 있을 경우 짧아진다.

폭굉유도거리가 짧아지는 조건
• 연소속도가 큰 혼합가스일수록
• 압력이 높을수록
• 관 지름이 작을수록
• 점화원 에너지가 클수록
• 관 속에 이물질이 있을 경우

18

위험물안전관리법령의 소화설비 설치기준에 의하면 옥외소화전설비의 수원의 수량은 옥외소화전 설치개수(설치개수가 4 이상인 경우에는 4)에 몇 m³을 곱한 양 이상이 되도록 하여야 하는가?

① 7.5m³
② 13.5m³
③ 20.5m³
④ 25.5m³

소화설비 설치기준에 따른 수원의 수량
• 옥내소화전 = 설치개수(최대 5개) × 7.8m³
• 옥외소화전 = 설치개수(최대 4개) × 13.5m³

19

유류화재 소화 시 분말 소화약제를 사용할 경우 소화 후에 재발화 현상이 가끔씩 발생할 수 있다. 다음 중 이러한 현상을 예방하기 위하여 병용하여 사용하면 가장 효과적인 포 소화약제는?

① 단백포 소화약제
② 수성막포 소화약제
③ 알코올형포 소화약제
④ 합성계면활성제포 소화약제

수성막포 소화약제는 유류화재에 우수한 소화효과를 나타낸다.

20

위험물안전관리법령상 제4류 위험물을 지정수량의 3천배 초과 4천배 이하로 저장하는 옥외탱크저장소의 보유공지는 얼마인가?

① 6m 이상
② 9m 이상
③ 12m 이상
④ 15m 이상

옥외탱크저장소의 보유공지

저장 또는 취급하는 위험물의 최대수량	공지의 너비
지정수량의 500배 이하	3m 이상
지정수량의 500배 초과 1,000배 이하	5m 이상
지정수량의 1,000배 초과 2,000배 이하	9m 이상
지정수량의 2,000배 초과 3,000배 이하	12m 이상
지정수량의 3,000배 초과 4,000배 이하	15m 이상

21

연소 시 아황산가스를 발생하는 것은?

① 황
② 적린
③ 황린
④ 인화칼슘

• $S + O_2 \rightarrow SO_2$
• 황은 공기 중에서 연소하여 아황산가스(이산화황)를 발생한다.

22

제2류 위험물의 취급상 주의사항에 대한 설명으로 옳지 않은 것은?

① 적린은 공기 중에서 방치하면 자연발화한다.
② 황은 정전기가 발생하지 않도록 주의해야 한다.
③ 마그네슘의 화재 시 물, 이산화탄소 소화약제 등은 사용할 수 없다.
④ 삼황화인은 100℃ 이상 가열하면 발화할 위험이 있다.

적린은 비교적 안정하여 공기 중에 방치해도 자연발화하지 않는다.

정답 17 ① 18 ② 19 ② 20 ④ 21 ① 22 ①

23

가솔린이 연소범위에 가장 가까운 것은?

① 1.4 ~ 7.6vol% ② 2.0 ~ 23.0vol%
③ 1.8 ~ 36.5vol% ④ 1.0 ~ 50.0vol%

가솔린의 연소범위는 1.4 ~ 7.6vol%이다.

24

과망가니즈산칼륨에 대한 설명으로 옳은 것은?

① 물에 잘 녹는 흑자색의 결정이다.
② 에탄올, 아세톤에 녹지 않는다.
③ 물에 녹았을 때는 진한 노란색을 띤다.
④ 강알칼리와 반응하여 수소를 방출하며 폭발한다.

과망가니즈산칼륨(제1류, $KMnO_4$)은 물에 잘 녹으며 금속성 광택이 있는 보라색 결정이다.

25

위험물안전관리법령에서 정한 아세트알데하이드등을 취급하는 제조소의 특례에 관한 내용이다. ( ) 안에 해당하는 물질이 아닌 것은?

아세트알데하이드등을 취급하는 설비는 ( ), ( ), ( ), ( ) 또는 이들을 성분으로 하는 합금으로 만들지 아니할 것

① 동 ② 은
③ 금 ④ 마그네슘

아세트알데하이드등을 취급하는 설비는 은·수은·동·마그네슘 또는 이들을 성분으로 하는 합금을 사용하면 당해 위험물이 이러한 금속 등과 반응해서 폭발성 화합물을 만들 우려가 있기 때문에 제한한다.

26 빈출

위험물안전관리법의 규정상 운반차량에 혼재해서 적재할 수 없는 것은? (단, 지정수량의 10배인 경우이다.)

① 염소화규소화합물 – 특수인화물
② 고형알코올 – 나이트로화합물
③ 염소산염류 – 질산
④ 질산구아니딘 – 황린

유별을 달리하는 위험물 혼재기준

1	6		혼재 가능
2	5	4	혼재 가능
3	4		혼재 가능

• 질산구아니딘(제5류)과 황린(제3류)은 혼재 불가하다.
• 염소화규소화합물(제3류)과 특수인화물(제4류)은 혼재 가능하다.
• 고형알코올(제2류)과 나이트로화합물(제5류)은 혼재 가능하다.
• 염소산염류(제1류)와 질산(제6류)은 혼재 가능하다.

27

다음 설명 중 제2석유류에 해당하는 것은? (단, 1기압 상태이다.)

① 착화점이 21℃ 미만인 것
② 착화점이 30℃ 이상 50℃ 미만인 것
③ 인화점이 21℃ 이상 70℃ 미만인 것
④ 인화점이 21℃ 이상 90℃ 미만인 것

제2석유류란 등유, 경유 그 밖에 1기압에서 인화점이 섭씨 21도 이상 70도 미만인 것을 말한다.

28

위험물안전관리법에서 정의한 다음 용어는 무엇인가?

> 인화성 또는 발화성 등의 성질을 가지는 것으로서 대통령령이 정하는 물품을 말한다.

① 위험물
② 인화성 물질
③ 자연발화성 물질
④ 가연물

위험물이란 인화성 또는 발화성 등의 성질을 가지는 것으로서 대통령령이 정하는 물품을 말한다.

29

물분무 소화설비의 설치기준으로 적합하지 않은 것은?

① 물분무 소화설비의 방사구역은 150m² 이상(방호대상물의 표면적이 150m² 미만인 경우에는 당해 표면적)으로 해야 한다.
② 분무헤드의 배치는 분무헤드로부터 방사되는 물분무에 의하여 방호대상물의 모든 표면을 유효하게 소화할 수 있도록 설치해야 한다.
③ 물분무 소화설비에는 비상전원을 설치한다.
④ 수원의 수위가 수평회전식 펌프보다 낮은 위치에 있는 가압송수장치의 물올림장치는 타 설비와 겸용하여 설치한다.

수원의 수위가 펌프보다 낮은 위치에 있는 가압송수장치에는 다음 기준에 따른 물올림장치를 설치할 것
• 물올림장치에는 전용의 탱크를 설치할 것
• 탱크의 유효수량은 100L 이상으로 하되, 구경 15mm 이상의 급수배관에 따라 해당 탱크에 물이 계속 보급되도록 할 것

30

제3류 위험물이 아닌 것은?

① 마그네슘
② 나트륨
③ 칼륨
④ 칼슘

마그네슘(Mg)은 제2류 위험물이다.

31

고정 지붕 구조를 가진 높이 15m의 원통종형 옥외저장탱크 안의 탱크 상부로부터 아래로 1m 지점에 포 방출구가 설치되어 있다. 이 조건의 탱크를 신설하는 경우 최대 허가량은 얼마인가? (단, 탱크의 단면적은 100m²이고, 탱크 내부에는 별다른 구조물이 없으며, 공간용적 기준은 만족하는 것으로 가정한다.)

① 1,400m³
② 1,370m³
③ 1,350m³
④ 1,300m³

탱크 최대 허가량
• 단면적 × 높이 = $n \times r^2 \times l$
• 소화설비를 설치하는 탱크의 공간용적은 당해 소화설비의 소화약제 방출구 아래의 0.3m 이상 1m 미만 사이면 최대탱크 허가량을 구할 수 있다.
• $100 \times (15 - 1 - 0.3) = 100 \times 13.7 = 1{,}370m^3$

32 ⭐빈출

지정수량 10배의 벤조일퍼옥사이드 운송 시 혼재할 수 있는 위험물류로 옳은 것은?

① 제1류
② 제2류
③ 제3류
④ 제6류

유별을 달리하는 위험물 혼재기준

1	6		혼재 가능
2	5	4	혼재 가능
3	4		혼재 가능

벤조일퍼옥사이드는 제5류 위험물이므로 제2류 위험물과 혼재 가능하다.

33

염소산나트륨의 저장 및 취급 시 주의할 사항으로 틀린 것은?

① 철제용기에 저장은 피해야 한다.
② 열분해 시 이산화탄소가 발생하므로 질식에 유의한다.
③ 조해성이 있으므로 방습에 유의한다.
④ 용기에 밀전하여 보관한다.

- $2NaClO_3 \rightarrow 2NaCl + 3O_2$
- 염소산나트륨은 열분해 시 산소가 발생한다.

34 빈출

이동탱크저장소의 위험물 운송에 있어서 운송책임자의 감독, 지원을 받아 운송하여야 하는 위험물의 종류에 해당하는 것은?

① 칼륨
② 알킬알루미늄
③ 질산에스터류
④ 아염소산염류

운송하는 위험물이 알킬알루미늄, 알킬리튬이거나 이 둘을 함유하는 위험물일 때에는 운송책임자의 감독 또는 지원을 받아 이를 운송하여야 한다.

35

삼황화인과 오황화인의 공통점이 아닌 것은?

① 물과 접촉하여 인화수소가 발생한다.
② 가연성 고체이다.
③ 분자식이 P와 S로 이루어져 있다.
④ 연소 시 오산화인과 이산화황이 생성된다.

- 삼황화인(P_4S_3)은 물과 반응하지 않는다.
- $P_2S_5 + 8H_2O \rightarrow 5H_2S + 2H_3PO_4$
- 오황화인은 물과 반응하면 황화수소와 인산을 발생한다.

36

다음 중 물과 반응하여 가연성 가스를 발생하지 않는 것은?

① 리튬
② 나트륨
③ 황
④ 칼슘

황(S)은 물에 녹지 않는다.

37

소화난이도등급 Ⅰ의 옥내저장소에 설치하여야 하는 소화설비에 해당하지 않는 것은?

① 옥외소화전설비
② 연결살수설비
③ 스프링클러설비
④ 물분무 소화설비

연결살수설비는 위험물 소화설비가 아니다.

38

위험물 "과염소산, 과산화수소, 질산" 중 비중이 물보다 큰 것은 모두 몇 개인가?

① 0
② 1
③ 2
④ 3

- 과염소산의 비중 : 1.76
- 과산화수소의 비중 : 1.465
- 질산의 비중 : 1.49
→ 물의 비중은 1로, 3개 모두 비중이 물보다 크다.

정답   33 ②   34 ②   35 ①   36 ③   37 ②   38 ④

39

알루미늄분의 위험성에 대한 설명 중 틀린 것은?

① 뜨거운 물과 접촉 시 결렬하게 반응한다.
② 산화제와 혼합하면 가열, 충격 등으로 발화할 수 있다.
③ 연소 시 수산화알루미늄과 수소를 발생한다.
④ 염산과 반응하여 수소를 발생한다.

알루미늄과 물의 반응식
• $2Al + 6H_2O \rightarrow 2Al(OH)_3 + 3H_2$
• 알루미늄분은 물과 반응하여 수산화알루미늄과 수소를 발생하며 폭발한다.

40 ⭐빈출

염소산칼륨 20kg과 아염소산나트륨 10kg을 과염소산과 함께 저장하는 경우 지정수량 1배로 저장하려면 과염소산은 얼마나 저장할 수 있는가?

① 20킬로그램
② 40킬로그램
③ 80킬로그램
④ 120킬로그램

• 각 위험물의 지정수량
  – 염소산칼륨(제1류) : 50kg
  – 아염소산칼륨(제1류) : 50kg
  – 과염소산(제6류) : 300kg
• 저장하는 과염소산의 용량 = x
• 지정수량 배수의 합 = $(\frac{20}{50}) + (\frac{10}{50}) + (\frac{x}{300}) = 1$

∴ x = 120kg

41

지정수량이 나머지 셋과 다른 것은?

① 과염소산칼륨
② 과산화나트륨
③ 황
④ 아염소산나트륨

• 황의 지정수량 : 100kg
• 과염소산칼륨, 과산화나트륨, 아염소산나트륨의 지정수량 : 50kg

42

위험물안전관리법령에서 규정하고 있는 옥내소화전설비의 설치기준에 관한 내용 중 옳은 것은?

① 옥내소화전은 제조소등 건축물의 층마다 당해 층의 각 부분에서 하나의 호스접속구까지의 수평거리가 25m 이하가 되도록 설치한다.
② 수원의 수량은 옥내소화전이 가장 많이 설치된 층의 옥내소회전 설치개수(설치개수가 5개 이상인 경우는 5개)에 18.6m³를 곱한 양 이상이 되도록 설치한다.
③ 옥내소화전설비는 각 층을 기준으로 하여 당해 층의 모든 옥내소화전(설치개수가 5개 이상인 경우는 5개의 옥내소화전)을 동시에 사용할 경우에 각 노즐 끝부분의 방수압력이 170kPa 이상의 성능이 되도록 한다.
④ 옥내소화전설비는 각 층을 기준으로 하여 당해 층의 모든 옥내소화전(설치개수가 5개 이상인 경우는 5개의 옥내소화전)을 동시에 사용할 경우에 각 노즐 끝부분의 방수량이 1분당 130L 이상의 성능이 되도록 한다.

• 수원의 수량은 옥내소화전이 가장 많이 설치된 층의 옥내소화전 설치개수(설치개수가 5개 이상인 경우는 5개)에 7.8m²를 곱한 양 이상이 되도록 설치할 것
• 옥내소화전설비는 각 층을 기준으로 하여 당해 층의 모든 옥내소화전(설치개수가 5개 이상인 경우는 5개의 옥내소화전)을 동시에 사용할 경우에 각 노즐 끝부분의 방수압력이 350kPa 이상이고, 방수량이 1분당 260L 이상의 성능이 되도록 할 것

43

위험물안전관리법령의 위험물 운반에 관한 기준에서 고체위험물은 운반용기 내용적의 몇 % 이하의 수납율로 수납하여야 하는가?

① 80
② 85
③ 90
④ 95

고체위험물은 운반용기 내용적의 95% 이하의 수납율로 수납하여야 한다.

44 ⭐빈출

위험물안전관리법령상 품명이 나머지 셋과 다른 하나는?

① 트라이나이트로톨루엔
② 나이트로글리세린
③ 나이트로글리콜
④ 셀룰로이드

품명	위험물	상태
질산에스터류	질산메틸 질산에틸 나이트로글리콜 나이트로글리세린	액체
	나이트로셀룰로오스 셀룰로이드	고체
나이트로화합물	트라이나이트로톨루엔 트라이나이트로페놀 다이나이트로벤젠 테트릴	고체

45

하이드라진의 지정수량은 얼마인가?

① 200kg
② 200L
③ 2,000kg
④ 2,000L

하이드라진(제4류, N_2H_4)의 지정수량 : 2,000L

46 ⭐빈출

탄화칼슘을 물과 반응시키면 무슨 가스가 발생하는가?

① 에탄
② 에틸렌
③ 메탄
④ 아세틸렌

탄화칼슘과 물의 반응식
• $CaC_2 + 2H_2O \rightarrow Ca(OH)_2 + C_2H_2$
• 탄화칼슘을 물과 반응시키면 수산화칼슘과 아세틸렌이 발생된다.

47

위험물안전관리법령에서 정의하는 "특수인화물"에 대한 설명으로 올바른 것은?

① 1기압에서 발화점이 150℃ 이상인 것
② 1기압에서 인화점이 40℃ 미만인 고체물질인 것
③ 1기압에서 인화점이 −20℃ 이하이고, 비점 40℃ 이하인 것
④ 1기압에서 인화점이 21℃ 이상, 70℃ 미만인 가연성 물질인 것

특수인화물이란 이황화탄소, 다이에틸에터 그 밖에 1기압에서 발화점이 섭씨 100도 이하인 것 또는 인화점이 섭씨 영하 20도 이하이고 비점이 섭씨 40도 이하인 것을 말한다.

48

물과 반응하면 발열하면서 위험성이 증가하는 것은?

① 과산화칼륨
② 과망가니즈산나트륨
③ 아이오딘산칼륨
④ 과염소산칼륨

• $2K_2O_2 + 2H_2O \rightarrow 4KOH + O_2 + 발열$
• 과산화칼륨은 물과 반응하면 산소를 발생하고 발열하여 폭발의 위험이 있기 때문에 모래, 팽창질석 등을 이용하여 질식소화한다.

49

제6류 위험물 성질로 알맞은 것은?

① 금수성 물질
② 산화성 액체
③ 산화성 고체
④ 자연발화성 물질

제6류 위험물은 산화성 액체이다.

50

물과 친화력이 있는 수용성 용매의 화재에 보통의 포 소화약제를 사용하면 포가 파괴되기 때문에 소화효과를 잃게 된다. 이와 같은 단점을 보완한 소화약제로 가연성인 수용성 용매의 화재에 유효한 효과를 가지고 있는 것은?

① 알코올포 소화약제
② 단백포 소화약제
③ 합성계면활성제포 소화약제
④ 수성막포 소화약제

알코올포 소화약제는 일반적인 포 소화약제가 수용성 용매 화재에서 포가 파괴되는 문제를 보완한 소화약제이다. 단백질 가수분해물이나 합성계면활성제에 지방산금속염, 기타 합성계면활성제 또는 고분자 겔 생성물을 첨가하여 이러한 단점을 개선하였다.

51

다음 ( ) 안에 들어갈 수치를 순서대로 바르게 나열한 것은? (단, 제4류 위험물에 적응성을 갖기 위한 살수밀도기준을 적용하는 경우를 제외한다.)

위험물제조소등에 설치하는 폐쇄형헤드의 스프링클러설비는 30개의 헤드를 동시에 사용할 경우에 각 끝부분의 방사압력이 ( )kPa 이상이고, 방수량이 1분당 ( )L 이상이어야 한다.

① 100, 80
② 120, 80
③ 100, 100
④ 120, 100

위험물제조소등에 설치하는 폐쇄형헤드의 스프링클러설비는 30개의 헤드를 동시에 사용할 경우에 각 끝부분의 방사압력이 100kPa 이상이고, 방수량이 1분당 80L 이상이어야 한다.

52

제1류 위험물이 아닌 것은?

① 과아이오딘산염류
② 퍼옥소붕산염류
③ 아이오딘의 산화물
④ 나이트로화합물

나이트로화합물은 제5류 위험물이다.

53

제조소등에 있어서 위험물을 저장하는 기준으로 잘못된 것은?

① 황린은 제3류 위험물이므로 물기가 없는 건조한 장소에 저장하여야 한다.
② 덩어리 상태의 황과 화약류에 해당하는 위험물은 위험물용기에 수납하지 않고 저장할 수 있다.
③ 옥내저장소에서는 용기에 수납하여 저장하는 위험물의 온도가 55℃를 넘지 아니하도록 필요한 조치를 강구하여야 한다.
④ 이동저장탱크에는 저장 또는 취급하는 위험물의 위험성을 알리는 표지를 부착하고 잘 보일 수 있도록 관리하여야 한다.

황린(P_4)은 자연발화의 위험성이 크므로 pH 9인 물속에 저장한다.

54

마그네슘분의 일반적인 성질에 대한 설명 중 틀린 것은?

① 은백색의 광택이 있는 금속이다.
② 더운 물과 반응하여 산소를 발생한다.
③ 열전도율 및 전기전도도가 큰 금속이다.
④ 황산과 반응하여 수소가스를 발생한다.

• $Mg + 2H_2O \rightarrow Mg(OH)_2 + H_2$
• 마그네슘은 물과 반응하여 수산화마그네슘과 수소를 발생한다.

55

인화점이 낮은 것부터 높은 순서로 나열된 것은?

① 톨루엔 – 아세톤 – 벤젠
② 아세톤 – 톨루엔 – 벤젠
③ 톨루엔 – 벤젠 – 아세톤
④ 아세톤 – 벤젠 – 톨루엔

각 위험물의 인화점
• 아세톤 : –18℃
• 벤젠 : –11℃
• 톨루엔 : 4℃

56

위험물제조소의 위치 · 구조 및 설비의 기준에 대한 설명 중 틀린 것은?

① 벽 · 기둥 · 바닥 · 보 · 서까래는 내화재료로 하여야 한다.
② 제조소의 표지판은 한 변이 30cm, 다른 한 변이 60cm 이상의 크기로 한다.
③ '화기엄금'을 표시하는 게시판은 적색바탕에 백색문자로 한다.
④ 지정수량 10배를 초과한 위험물을 취급하는 제조소는 보유공지의 너비가 5m 이상이어야 한다.

벽, 기둥, 바닥, 보, 서까래 및 계단은 불연재료로 한다.

57

적재 시 일광의 직사를 피하기 위하여 차광성 있는 피복으로 가려야 하는 위험물은?

① 아세트알데하이드   ② 아세톤
③ 메틸알코올   ④ 아세트산

차광성 있는 피복으로 가려야 하는 위험물
• 제1류 위험물
• 제3류 위험물 중 자연발화성 물질
• 제4류 위험물 중 특수인화물
• 제5류 위험물
• 제6류 위험물

58

분진폭발의 위험이 가장 낮은 것은?

① 아연분   ② 시멘트
③ 밀가루   ④ 커피

분진폭발의 원인물질로 작용할 위험성이 가장 낮은 물질은 시멘트, 모래, 석회분말 등이다.

59

물과 반응하여 수소를 발생하는 물질로 불꽃 반응 시 노란색을 나타내는 것은?

① 칼륨   ② 과산화칼륨
③ 과산화나트륨   ④ 나트륨

나트륨(Na)은 물과 반응하여 수소를 발생하며 불꽃 반응 시 노란색을 나타낸다.

60

위험물 이동저장탱크의 외부도장 색상으로 적합하지 않은 것은?

① 제2류 – 적색   ② 제3류 – 청색
③ 제5류 – 황색   ④ 제6류 – 회색

이동저장탱크의 외부도장 색상

유별	1	2	3	5	6
색상	회색	적색	청색	황색	청색

정답   55 ④   56 ①   57 ①   58 ②   59 ④   60 ④

01

제3류 위험물을 취급하는 제조소는 300명 이상을 수용할 수 있는 극장으로부터 몇 m 이상의 안전거리를 유지하여야 하는가?

① 5　　　　　　　　② 10
③ 30　　　　　　　　④ 70

> 사람이 많이 모이는 곳의 안전거리는 30m 이상이다.

02

자연발화가 잘 일어나는 경우와 가장 거리가 먼 것은?

① 주변의 온도가 높을 것
② 습도가 높을 것
③ 표면적이 넓을 것
④ 열전도율이 클 것

> 자연발화조건
> • 주위의 온도가 높을 것
> • 습도가 높을 것
> • 표면적이 넓을 것
> • 열전도율이 적을 것
> • 발열량이 클 것

03 ⭐빈출

금수성 물질 저장시설에 설치하는 주의사항 게시판의 바탕색과 문자색을 옳게 나타낸 것은?

① 적색바탕에 백색문자
② 백색바탕에 적색문자
③ 청색바탕에 백색문자
④ 백색바탕에 청색문자

> 제3류 위험물 중 금수성 물질 저장시설에 설치하는 게시판에 표시하는 주의사항은 물기엄금이고, 청색바탕에 백색문자로 표시한다.

04

식용유 화재 시 제1종 분말 소화약제를 이용하여 화재의 제어가 가능하다. 이때의 소화원리에 가장 가까운 것은?

① 촉매효과에 의한 질식소화
② 비누화 반응에 의한 질식소화
③ 아이오딘화에 의한 냉각소화
④ 가수분해 반응에 의한 냉각소화

> 식용유 화재(주방 화재)에서는 비누화 반응을 통해 소화가 이루어진다. 제1종 분말 소화약제는 알칼리금속화합물을 포함하여, 고온의 식용유와 반응하면 지방산과 결합하여 비누처럼 변하는 비누화 반응이 일어난다. 이 반응은 기름의 표면에 비누층을 형성해 산소의 접근을 차단하고, 연료로 작용하는 기름의 연소를 방지해 질식소화를 유도한다.

정답　　01 ③　02 ④　03 ③　04 ②

05

B, C급 화재뿐만 아니라 A급 화재까지도 사용이 가능한 분말 소화약제는?

① 제1종 분말 소화약제
② 제2종 분말 소화약제
③ 제3종 분말 소화약제
④ 제4종 분말 소화약제

분말 소화약제의 종류

약제명	주성분	분해식	적응화재
제1종	탄산수소나트륨	$2NaHCO_3 \rightarrow Na_2CO_3 + CO_2 + H_2O$	BC
제2종	탄산수소칼륨	$2KHCO_3 \rightarrow K_2CO_3 + CO_2 + H_2O$	BC
제3종	인산암모늄	$NH_4H_2PO_4 \rightarrow NH_3 + HPO_3 + H_2O$	ABC
제4종	탄산수소칼륨 + 요소	–	BC

06 ⭐

위험물을 취급함에 있어서 정전기를 유효하게 제거하기 위한 설비를 설치하고자 한다. 위험물안전관리법령상 공기 중의 상대습도를 몇 % 이상 되게 하여야 하는가?

① 50
② 60
③ 70
④ 80

정전기를 유효하게 제거하기 위해서는 상대습도를 70% 이상 되게 하여야 한다.

07 ⭐

소화전용물통 3개를 포함한 수조 80L의 능력단위는?

① 0.3
② 0.5
③ 1.0
④ 1.5

소화설비의 능력단위

소화설비	용량(L)	능력단위
소화전용물통	8	0.3
수조(물통 3개 포함)	80	1.5
수조(물통 6개 포함)	190	2.5
마른모래(삽 1개 포함)	50	0.5
팽창질석·팽창진주암(삽 1개 포함)	160	1.0

08

위험물 혼재수량에 대하여 확인하지 않아도 되는 것은?

① 1/10
② 1/5
③ 1/3
④ 1/2

위험물 혼재수량을 확인하지 않아도 되는 기준은 1/10이다. 위험물안전관리법에 따르면, 위험물의 종류에 따라 일정 비율 이하로 혼재할 경우 수량을 더하지 않고 관리할 수 있는데, 그 기준이 1/10 이하일 때이다.

09

위험물안전관리법령상 간이탱크저장소에 대한 설명 중 틀린 것은?

① 간이저장탱크의 용량은 600리터 이하여야 한다.
② 하나의 간이탱크저장소에 설치하는 간이저장탱크는 5개 이하여야 한다.
③ 간이저장탱크는 두께 3.2mm 이상의 강판으로 흠이 없도록 제작하여야 한다.
④ 간이저장탱크는 70kPa의 압력으로 10분간의 수압시험을 실시하여 새거나 변형되지 않아야 한다.

하나의 간이탱크저장소에 설치하는 간이저장탱크는 그 수를 3 이하로 하고, 동일한 품질의 위험물 간이저장탱크를 2 이상 설치하지 않아야 한다.

10

위험물제조소에서 국소방식의 배출설비 배출능력은 1시간당 배출장소 용적의 몇 배 이상인 것으로 하여야 하는가?

① 5
② 10
③ 15
④ 20

국소방식 배출설비의 배출능력은 1시간당 배출장소 용적의 20배 이상인 것으로 하여야 한다.

11

건축물 화재 시 성장기에서 최성기로 진행될 때 실내온도가 급격히 상승하기 시작하면서 화염이 실내 전체로 급격히 확대되는 연소현상은?

① 슬롭오버(Slop over)
② 플래시오버(Flash over)
③ 보일오버(Boil over)
④ 프로스오버(Froth over)

플래시오버(Flash over)는 실내 화재가 어느 한 지점에서 발생하여 실내의 모든 가연물이 동시에 발화하게 되는 현상으로, 온도가 급격히 상승하고 화염이 방 전체를 덮는 상태를 말한다. 이는 화재에서 매우 위험한 단계로, 화재의 확산이 급격하게 이루어진다.

12 ⭐빈출

B급 화재의 표시 색상은?

① 청색
② 무색
③ 황색
④ 백색

화재의 종류

급수	화재(명칭)	색상
A	일반	백색
B	유류	황색
C	전기	청색
D	금속	무색

13

연소의 3요소를 모두 포함하는 것은?

① 과염소산, 산소, 불꽃
② 마그네슘분말, 연소열, 수소
③ 아세톤, 수소, 산소
④ 불꽃, 아세톤, 질산암모늄

• 연소의 3요소 : 가연물, 산소공급원, 점화원
• 불꽃 : 점화원, 아세톤 : 가연물, 질산암모늄 : 산소공급원

14

할론 소화약제 1011의 화학식으로 옳은 것은?

① CH_2ClBr
② $CHClBr$
③ CF_2ClBr
④ $CFClBr$

• 할론넘버는 C, F, Cl, Br 순으로 매긴다.
• 할론 1011 = CH_2ClBr
• 할론 1011은 브로모클로로메탄(Bromochloromethane)으로, 주로 소방용 소화약제로 사용된다.

15

가연물이 연소할 때 공기 중의 산소농도를 떨어뜨려 연소를 중단시키는 소화방법은?

① 제거소화
② 질식소화
③ 냉각소화
④ 억제소화

공기 중의 산소농도를 한계산소량 이하로 낮추어 연소를 중지시키는 소화방법은 질식소화로, 이산화탄소 등 불활성 가스의 방출로 화재를 제어하거나 모래 등을 이용하여 불을 끄는 것은 질식소화의 예이다.

16

위험물제조소의 경우 연면적이 최소 몇 m²이면 자동화재탐지설비를 설치해야 하는가? (단, 원칙적인 경우에 한한다.)

① 100
② 300
③ 500
④ 1,000

제조소 및 일반취급소는 연면적이 500제곱미터 이상이면 자동화재탐지설비를 설치해야 한다.

정답   11 ② 12 ③ 13 ④ 14 ① 15 ② 16 ③

17

다음 물질 중 분진폭발의 위험이 가장 낮은 것은?

① 마그네슘 가루 ② 아연 가루
③ 밀가루 ④ 시멘트 가루

분진폭발의 원인물질로 작용할 위험성이 가장 낮은 물질은 시멘트, 모래, 석회분말 등이다.

18 빈출

분말 소화약제의 식별 색을 옳게 나타낸 것은?

① $KHCO_3$: 백색
② $NH_4H_2PO_4$: 담홍색
③ $NaHCO_3$: 보라색
④ $KHCO_3 + (NH_2)_2CO$: 초록색

분말 소화약제의 종류

약제명	주성분	색상
제1종	탄산수소나트륨($NaHCO_3$)	백색
제2종	탄산수소칼륨($KHCO_3$)	보라색
제3종	인산암모늄($NH_4H_2PO_4$)	담홍색
제4종	탄산수소칼륨 + 요소[$KHCO_3 + (NH_2)_2CO$]	회색

19

위험물안전관리법령에 따른 대형수동식소화기의 설치기준에서 방호대상물의 각 부분으로부터 하나의 대형수동식소화기까지의 보행거리는 몇 m 이하가 되도록 설치하여야 하는가? (단, 옥내소화전설비, 옥외소화전설비, 스프링클러설비 또는 물분무등소화설비와 함께 설치하는 경우는 제외한다.)

① 10 ② 15
③ 20 ④ 30

대형수동식소화기의 설치기준에서 방호대상물의 각 부분으로부터 하나의 대형수동식소화기까지의 보행거리는 30m 이하가 되도록 설치하여야 한다. 단, 옥내소화전설비, 옥외소화전설비, 스프링클러설비 또는 물분무등소화설비와 함께 설치하는 경우는 그러하지 아니하다.

20

위험물제조소등에 설치하는 이산화탄소 소화설비의 소화약제 저장용기 설치장소로 적합하지 않은 곳은?

① 방호구역 외의 장소
② 온도가 40℃ 이하이고 온도변화가 작은 장소
③ 빗물이 침투할 우려가 없는 장소
④ 직사일광이 잘 들어오는 장소

이산화탄소 소화설비의 소화약제 저장용기 설치기준
• 방호구역 외의 장소에 설치
• 온도가 40℃ 이하, 온도변화가 작은 곳에 설치
• 직사광선 및 빗물 침투 우려가 없는 곳에 설치
• 방화문으로 구획된 실에 설치

21

위험물안전관리법령상 제조소등에 대한 긴급 사용정지명령 등을 할 수 있는 권한이 없는 자는?

① 시·도지사 ② 소방본부장
③ 소방서장 ④ 소방청장

위험물안전관리법 제25조(제조소등에 대한 긴급 사용정지명령 등)
시·도지사, 소방본부장 또는 소방서장은 공공의 안전을 유지하거나 재해의 발생을 방지하기 위하여 긴급한 필요가 있다고 인정하는 때에는 제조소등의 관계인에 대하여 당해 제조소등의 사용을 일시 정지하거나 그 사용을 제한할 것을 명할 수 있다.

정답 17 ④ 18 ② 19 ④ 20 ④ 21 ④

22

다음 중 화재 시 내알코올포 소화약제를 사용하는 것이 가장 적합한 위험물은?

① 아세톤
② 휘발유
③ 경유
④ 등유

내알코올포 소화약제는 주로 물과 섞이는 성질을 가진 물질, 즉 수용성인 인화성 액체에 적합하다. 이러한 약제는 알코올류와 같이 물과 쉽게 혼합되는 화재에 효과적이다. 따라서 소포성 있는 위험물화재(알코올화재 등)에서는 내알코올포를 사용해야 한다.

23

위험물안전관리법령상 다음 ( ) 안에 알맞은 수치는?

> 옥내저장소에서 위험물을 저장하는 경우 기계에 의하여 하역하는 구조로 된 용기만을 겹쳐 쌓는 경우에 있어서는 ( )m 높이를 초과하여 용기를 겹쳐 쌓지 아니하여야 한다.

① 10
② 5
③ 15
④ 6

옥내저장소에서 위험물을 저장하는 경우 기계에 의하여 하역하는 구조로 된 용기만을 겹쳐 쌓는 경우에 있어서는 6m 높이를 초과하여 용기를 겹쳐 쌓지 아니하여야 한다.

24 ⭐빈출

금속칼륨의 보호액으로 가장 적합한 것은?

① 물
② 아세트산
③ 등유
④ 에틸알코올

금속칼륨은 공기와의 접촉을 막기 위해 등유, 경유 등의 산소가 함유되지 않은 보호액(석유류)에 저장한다.

25

다음은 P_2S_5와 물의 화학반응이다. ( ) 안에 알맞은 숫자를 차례대로 나열한 것은?

$$P_2S_5 + ( )H_2O \rightarrow ( )H_2S + ( )H_3PO_4$$

① 2, 8, 5
② 2, 5, 8
③ 8, 5, 2
④ 8, 2, 5

오황화인과 물의 반응식
• $P_2S_5 + 8H_2O \rightarrow 5H_2S + 2H_3PO_4$
• 오황화인은 물과 반응하면 황화수소(H_2S)와 인산(H_3PO_4)을 생성한다.

26 ⭐빈출

위험물제조소에서 다음과 같이 위험물을 취급하고 있는 경우 각각의 지정수량 배수의 총합은 얼마인가?

> • 브로민산나트륨 : 300kg
> • 과산화나트륨 : 150kg
> • 다이크로뮴산나트륨 : 500kg

① 3.5
② 4.0
③ 4.5
④ 5.0

• 브로민산나트륨(제1류)의 지정수량 : 300kg
• 과산화나트륨(제1류)의 지정수량 : 50kg
• 다이크로뮴산나트륨(제1류)의 지정수량 : 1,000kg

∴ 지정수량 배수의 총합 = $\frac{300}{300} + \frac{150}{50} + \frac{500}{1,000} = 4.5$배

정답   22 ①   23 ④   24 ③   25 ③   26 ③

27 ⭐빈출

위험물안전관리법령상 위험물을 운반하기 위해 적재할 때 예를 들어 제6류 위험물은 1가지 유별(제1류 위험물)하고만 혼재할 수 있다. 다음 중 가장 많은 유별과 혼재가 가능한 것은? (단, 지정수량의 1/10을 초과하는 위험물이다.)

① 제1류　　　　　　② 제2류
③ 제3류　　　　　　④ 제4류

유별을 달리하는 혼재기준

1	6		혼재 가능
2	5	4	혼재 가능
3	4		혼재 가능

28

가솔린의 연소범위에 가장 가까운 것은?

① 1.4 ~ 7.6vol%
② 2.0 ~ 23.0vol%
③ 1.8 ~ 36.5vol%
④ 1.0 ~ 50.0vol%

가솔린의 연소범위는 1.4 ~ 7.6vol%이다.

29

위험물제조소등에 옥내소화전설비를 설치할 때 옥내소화전이 가장 많이 설치된 층의 소화전의 개수가 4개일 경우 확보하여야 할 수원의 수량은?

① 10.4m³　　　　　　② 20.8m³
③ 31.2m³　　　　　　④ 41.6m³

소화설비 설치기준에 따른 수원의 수량
• 옥내소화전 = 설치개수(최대 5개) × 7.8m³
• 옥외소화전 = 설치개수(최대 4개) × 13.5m³
∴ 옥내소화전의 수원의 수량 = 4 × 7.8 = 31.2m³

30 ⭐빈출

탄화칼슘을 물과 반응시키면 무슨 가스가 발생하는가?

① 에탄　　　　　　② 에틸렌
③ 메탄　　　　　　④ 아세틸렌

탄화칼슘과 물의 반응식
• $CaC_2 + 2H_2O \rightarrow Ca(OH)_2 + C_2H_2$
• 탄화칼슘은 물과 반응하여 수산화칼슘과 아세틸렌을 발생한다.

31 ⭐빈출

위험물안전관리법령상 운송책임자의 감독·지원을 받아 운송하여야 하는 위험물에 해당하는 것은?

① 특수인화물
② 알킬리튬
③ 질산구아니딘
④ 하이드라진유도체

운송하는 위험물이 알킬알루미늄, 알킬리튬이거나 이 둘을 함유하는 위험물일 때에는 운송책임자의 감독 또는 지원을 받아 이를 운송하여야 한다.

32

위험물안전관리법령상 지하탱크저장소 탱크전용실의 안쪽과 지하저장탱크와의 사이는 몇 m 이상의 간격을 유지하여야 하는가?

① 0.1　　　　　　② 0.2
③ 0.3　　　　　　④ 0.5

지하저장탱크와 탱크전용실의 안쪽과의 사이는 0.1m 이상의 간격을 유지하여야 한다.

정답　　27 ④　28 ①　29 ③　30 ④　31 ②　32 ①

33

산화성 고체위험물의 화재예방과 소화방법에 대한 설명 중 틀린 것은?

① 무기과산화물은 화재 시 물에 의한 냉각소화 원리를 이용하여 소화한다.
② 통풍이 잘 되는 차가운 곳에 저장한다.
③ 분해촉매, 이물질과의 접촉을 피한다.
④ 조해성 물질은 방습하고 용기는 밀전한다.

> 무기과산화물(예 과산화나트륨, 과산화칼륨)은 물과 반응하면 산소를 방출하며 폭발하기 때문에 주로 질식소화를 해야 한다.

34

위험물 이동저장탱크의 외부도장 색상으로 적합하지 않은 것은?

① 제2류 – 적색
② 제3류 – 청색
③ 제5류 – 황색
④ 제6류 – 회색

> 이동저장탱크의 외부도장 색상

유별	1	2	3	5	6
색상	회색	적색	청색	황색	청색

35 빈출

다음 중 위험물안전관리법령상 지정수량의 1/10을 초과하는 위험물을 운반할 때 혼재할 수 없는 경우는?

① 제1류 위험물과 제6류 위험물
② 제2류 위험물과 제4류 위험물
③ 제4류 위험물과 제5류 위험물
④ 제5류 위험물과 제3류 위험물

> 유별을 달리하는 위험물 혼재기준

1	6		혼재 가능
2	5	4	혼재 가능
3	4		혼재 가능

36

위험물탱크의 용량은 탱크의 내용적에서 공간용적을 뺀 용적으로 한다. 이 경우 소화약제 방출구를 탱크 안의 윗부분에 설치하는 탱크의 공간용적은 당해 소화설비의 소화약제 방출구 아래의 어느 범위의 면으로부터 윗부분의 용적으로 하는가?

① 0.1m 이상 0.5m 미만 사이의 면
② 0.3m 이상 1m 미만 사이의 면
③ 0.5m 이상 1m 미만 사이의 면
④ 0.5m 이상 1.5m 미만 사이의 면

> 소화약제 방출구를 탱크 안의 윗부분에 설치하는 탱크의 공간용적은 당해 소화설비의 소화약제 방출구 아래 0.3m 이상 1m 미만 사이의 면으로부터 윗부분의 용적으로 한다.

37 빈출

상온에서 액상인 것으로만 나열된 것은?

① 나이트로셀룰로오스, 나이트로글리세린
② 질산에틸, 나이트로글리세린
③ 질산에틸, 피크린산
④ 나이트로셀룰로오스, 셀룰로이드

품명	위험물	상태
질산에스터류	질산메틸 질산에틸 나이트로글리콜 나이트로글리세린	액체
	나이트로셀룰로오스 셀룰로이드	고체
나이트로화합물	트라이나이트로톨루엔 트라이나이트로페놀 다이나이트로벤젠 테트릴	고체

정답   33 ① 34 ④ 35 ④ 36 ② 37 ②

38

위험물의 운반에 관한 기준에서 적재방법 기준으로 틀린 것은?

① 고체위험물은 운반용기의 내용적 95% 이하의 수납율로 수납할 것
② 액체위험물은 운반용기의 내용적 98% 이하의 수납율로 수납할 것
③ 알킬알루미늄은 운반용기 내용적의 95% 이하의 수납율로 수납하되, 50℃의 온도에서 5% 이상의 공간용적을 유지할 것
④ 제3류 위험물 중 자연발화성 물질에 있어서는 불활성 기체를 봉입하여 밀봉하는 등 공기와 접하지 아니하도록 할 것

알킬알루미늄등은 운반용기 내용적의 90% 이하의 수납율로 수납하되, 50℃의 온도에서 5% 이상의 공간용적을 유지하도록 해야 한다.

39

소화난이도등급 Ⅰ의 옥내저장소에 설치하여야 하는 소화설비에 해당하지 않는 것은?

① 옥외소화전설비
② 연결살수설비
③ 스프링클러설비
④ 물분무 소화설비

소화난이도등급 Ⅰ의 옥내저장소에 설치하여야 하는 소화설비
• 처마높이가 6m 이상인 단층건물 또는 다른 용도의 부분이 있는 건축물에 설치한 옥내저장소 : 스프링클러설비 또는 이동식 외의 물분무등소화설비
• 그 밖의 것 : 옥외소화전설비, 스프링클러설비, 이동식 외의 물분무등소화설비 또는 이동식 포 소화설비

40

다음 중 위험물저장탱크의 내용적을 구하는 식으로 알맞은 것은?

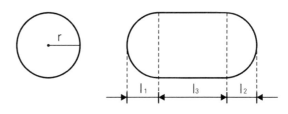

① $V = \pi r \times (l + \dfrac{l_1 + l_2}{3}) \times (1 - 공간용적)$

② $V = \pi r \times (l + \dfrac{l_1 + l_2}{2}) \times (1 - 공간용적)$

③ $V = \pi r^2 \times (l + \dfrac{l_1 + l_2}{3}) \times (1 - 공간용적)$

④ $V = \pi r^2 \times (l + \dfrac{l_1 + l_2}{2}) \times (1 - 공간용적)$

위험물저장탱크의 내용적

$V = \pi r^2 \times (l + \dfrac{l_1 + l_2}{3})(1 - 공간용적)$

$= 원의\ 면적 \times (가운데\ 체적길이 + \dfrac{양끝\ 체적길이의\ 합}{3})$
$(1 - 공간용적)$

41 ⭐빈출

알루미늄분의 위험성에 대한 설명 중 틀린 것은?

① 뜨거운 물과 접촉 시 격렬하게 반응한다.
② 산화제와 혼합하면 가열, 충격 등으로 발화할 수 있다.
③ 연소 시 수산화알루미늄과 수소를 발생한다.
④ 염산과 반응하여 수소를 발생한다.

• $2Al + 6H_2O \rightarrow 2Al(OH)_3 + 3H_2$
• 알루미늄분은 물과 반응하여 수산화알루미늄과 수소를 발생하며 폭발하므로 물과의 접촉은 위험하다.
• $4Al + 3O_2 \rightarrow 2Al_2O_3$
• 알루미늄분은 연소하여 산화알루미늄을 발생한다.

정답   38 ③   39 ②   40 ③   41 ③

42

위험물 관련 신고 및 선임에 관한 사항으로 옳지 않은 것은?

① 제조소의 위치·구조 변경 없이 위험물의 품명 변경 시는 변경한 날로부터 7일 이내에 신고하여야 한다.
② 제조소 설치자의 지위를 승계한 자는 승계한 날로부터 30일 이내에 신고하여야 한다.
③ 위험물안전관리자를 선임한 경우에는 선임한 날로부터 14일 이내에 신고하여야 한다.
④ 위험물안전관리자가 퇴직한 때에는 퇴직일로부터 30일 이내에 다시 안전관리자를 선임하여야 한다.

위험물안전관리법 제6조 제2항(위험물시설의 설치 및 변경 등)
제조소등의 위치·구조 또는 설비의 변경 없이 당해 제조소등에서 저장하거나 취급하는 위험물의 품명·수량 또는 지정수량의 배수를 변경하고자 하는 자는 변경하고자 하는 날의 1일 전까지 행정안전부령이 정하는 바에 따라 시·도지사에게 신고하여야 한다.

43

소화설비의 주된 소화효과를 옳게 설명한 것은?

① 옥내·옥외소화전설비 : 질식소화
② 스프링클러설비, 물분무 소화설비 : 억제소화
③ 포, 분말 소화설비 : 억제소화
④ 할로젠화합물 소화설비 : 억제소화

할로젠화합물 소화설비는 억제소화의 효과를 가진다.

44

위험물안전관리법령상 위험물옥외저장소에 저장할 수 있는 품명은? (단, 국제해상위험물규칙에 적합한 용기에 수납된 경우를 제외한다.)

① 특수인화물   ② 무기과산화물
③ 알코올류   ④ 칼륨

옥외저장소에 저장할 수 있는 위험물 유별
• 제2류 위험물 중 황, 인화성 고체(인화점이 0도 이상인 것에 한함)
• 제4류 위험물 중 제1석유류(인화점이 0도 이상인 것에 한함), 알코올류, 제2석유류, 제3석유류, 제4석유류, 동식물유류
• 제6류 위험물

45

위험물안전관리자를 해임한 후 며칠 이내에 후임자를 선임하여야 하는가?

① 14일   ② 15일
③ 20일   ④ 30일

제조소등의 관계인은 그 안전관리자를 해임하거나 안전관리자가 퇴직한 때에는 해임하거나 퇴직한 날부터 30일 이내에 다시 안전관리자를 선임하여야 한다.

46 빈출

제조소의 게시판 사항 중 위험물의 종류에 따른 주의사항이 옳게 연결된 것은?

① 제2류 위험물(인화성 고체 제외) – 화기엄금
② 제3류 위험물 중 금수성 물질 – 물기엄금
③ 제4류 위험물 – 화기주의
④ 제5류 위험물 – 물기엄금

• 제3류 위험물 중 금수성 물질 : 물기엄금
• 제3류 위험물 중 자연발화성 물질 : 화기엄금
• 제2류 위험물(인화성 고체 제외) : 화기주의
• 제4류 위험물 : 화기엄금
• 제5류 위험물 : 화기엄금

47

위험물안전관리법령상 제조소등의 정기점검대상에 해당하지 않는 것은?

① 지정수량 15배의 제조소
② 지정수량 40배의 옥내탱크저장소
③ 지정수량 50배의 이동탱크저장소
④ 지정수량 20배의 지하탱크저장소

정기점검대상 제조소등
• 지정수량 10배 이상의 위험물을 취급하는 제조소
• 지정수량 10배 이상의 위험물을 취급하는 일반취급소
• 지정수량 100배 이상의 위험물을 저장하는 옥외저장소
• 지정수량 150배 이상의 위험물을 저장하는 옥내저장소
• 지정수량 200배 이상의 위험물을 저장하는 옥외탱크저장소
• 암반탱크저장소
• 이송취급소
• 지하탱크저장소
• 이동탱크저장소
• 위험물을 취급하는 탱크로서 지하에 매설된 탱크가 있는 제조소·주유취급소 또는 일반취급소

48

제3류 위험물 중 은백색 광택이 있고 노란색 불꽃을 내며 연소하며 비중이 약 0.97, 융점이 97.7℃인 물질의 지정수량은 몇 kg인가?

① 10
② 20
③ 50
④ 300

제3류 위험물인 나트륨(Na)은 은백색 광택을 띠고, 노란색 불꽃을 내며 연소하며, 비중은 약 0.97, 융점은 97.7℃이고 지정수량은 10kg이다.

49

과산화수소의 저장 및 취급 방법으로 옳지 않은 것은?

① 갈색 용기를 사용한다.
② 직사광선을 피하고 냉암소에 보관한다.
③ 농도가 클수록 위험성이 높아지므로 분해방지 안정제를 넣어 분해를 억제시킨다.
④ 장시간 보관 시 철분을 넣어 유리용기에 보관한다.

철분은 과산화수소의 분해를 촉진하는 촉매 역할을 하고 과산화수소는 열, 햇빛에 의해 분해가 촉진되므로 뚜껑에 작은 구멍을 뚫은 갈색병에 보관해야 한다.

50

메탄올과 비교한 에탄올의 성질에 대한 설명 중 틀린 것은?

① 인화점이 낮다.
② 발화점이 낮다.
③ 증기비중이 크다.
④ 비점이 높다.

• 메탄올의 인화점 : 11℃
• 에탄올의 인화점 : 13℃

51

위험물안전관리법령상 특수인화물의 정의에 대해 다음 ( ) 안에 알맞은 수치를 차례대로 옳게 나열한 것은?

> 특수인화물이라 함은 이황화탄소, 다이에틸에터 그 밖에 1기압에서 발화점이 섭씨 ( )도 이하인 것 또는 인화점이 섭씨 영하 ( )도 이하이고 비점이 섭씨 40도 이하인 것을 말한다.

① 100, 20
② 25, 0
③ 100, 0
④ 25, 20

특수인화물이란 이황화탄소, 다이에틸에터 그 밖에 1기압에서 발화점이 섭씨 100도 이하인 것 또는 인화점이 섭씨 영하 20도 이하이고 비점이 섭씨 40도 이하인 것을 말한다.

정답   47 ② 48 ① 49 ④ 50 ① 51 ①

52

위험물제조소등에 자체소방대를 두어야 할 대상으로 옳은 것은?

① 지정수량 300배 이상의 제4류 위험물을 취급하는 저장소
② 지정수량 300배 이상의 제4류 위험물을 취급하는 제조소
③ 지정수량 3,000배 이상의 제4류 위험물을 취급하는 저장소
④ 지정수량 3,000배 이상의 제4류 위험물을 취급하는 제조소

위험물안전관리법령상 자체소방대를 설치해야 하는 사업소
• 제조소 또는 일반취급소에서 취급하는 제4류 위험물의 최대수량의 합이 지정수량의 3천배 이상인 경우(다만, 보일러로 위험물을 소비하는 일반취급소 등 행정안전부령으로 정하는 일반취급소는 제외한다)
• 옥외탱크저장소에 저장하는 제4류 위험물의 최대수량이 지정수량의 50만배 이상인 경우

53

제조소등의 관계인이 예방규정을 정하여야 하는 제조소등이 아닌 것은?

① 지정수량 100배의 위험물을 저장하는 옥외탱크저장소
② 지정수량 150배의 위험물을 저장하는 옥내저장소
③ 지정수량 10배의 위험물을 취급하는 제조소
④ 지정수량 5배의 위험물을 취급하는 이송취급소

예방규정을 정해야 하는 제조소등
• 지정수량의 10배 이상의 위험물을 취급하는 제조소
• 지정수량의 10배 이상의 위험물을 취급하는 일반취급소
• 지정수량의 100배 이상의 위험물을 저장하는 옥외저장소
• 지정수량의 150배 이상의 위험물을 저장하는 옥내저장소
• 지정수량의 200배 이상의 위험물을 저장하는 옥외탱크저장소
• 암반탱크저장소
• 이송취급소

54 ⭐빈출

이황화탄소를 화재예방상 물속에 저장하는 이유는?

① 불순물을 물에 용해시키기 위해
② 가연성 증기의 발생을 억제하기 위해
③ 상온에서 수소가스를 발생시키기 때문에
④ 공기와 접촉하면 즉시 폭발하기 때문에

이황화탄소(CS_2)는 가연성 증기의 발생을 억제하기 위해 물속에 저장한다.

55

다이너마이트의 원료로 사용되며 건조한 상태에서는 타격, 마찰에 의하여 폭발의 위험이 있으므로 운반 시 물 또는 알코올을 첨가하여 습윤시키는 위험물은?

① 벤조일퍼옥사이드
② 트라이나이트로톨루엔
③ 나이트로셀룰로오스
④ 다이나이트로나프탈렌

나이트로셀룰로오스는 제5류 위험물로 다이너마이트의 원료로 사용되며 건조한 상태에서는 타격, 마찰에 의하여 폭발의 위험이 있으므로 운반 시 물 또는 알코올을 첨가하여 습윤시킨다.

56

다음 중 발화점이 가장 낮은 것은?

① 이황화탄소   ② 산화프로필렌
③ 휘발유   ④ 메탄올

각 위험물의 발화점
• 이황화탄소 : 90℃
• 산화프로필렌 : 449℃
• 휘발유 : 280~456℃
• 메탄올 : 약 470℃

57

위험물안전관리법에서 규정하고 있는 내용으로 틀린 것은?

① 민사집행법에 의한 경매, 「채무자 회생 및 파산에 관한 법률」에 의한 환가, 국제징수법·관세법 또는 「지방세징수법」에 따른 압류재산의 매각과 그 밖에 이에 준하는 절차에 따라 제조소등의 시설의 전부를 인수한 자는 그 설치자의 지위를 승계한다.

② 피성년후견인, 탱크시험자의 등록이 취소된 날로부터 2년이 지나지 아니한 자는 탱크시험자로 등록하거나 탱크시험자의 업무에 종사할 수 없다.

③ 농예용·축산용으로 필요한 난방시설 또는 건조시설을 위한 지정수량 20배 이하의 취급소는 신고를 하지 아니하고 위험물의 품명·수량을 변경할 수 있다.

④ 법정의 완공검사를 받지 아니하고 제조소등을 사용한 때 시·도지사는 허가를 취소하거나 6월 이내의 기간을 정하여 사용정지를 명할 수 있다.

위험물안전관리법 제6조 제3항(위험물시설의 설치 및 변경 등)
다음의 어느 하나에 해당하는 제조소등의 경우에는 허가를 받지 아니하고 당해 제조소등을 설치하거나 그 위치·구조 또는 설비를 변경할 수 있으며, 신고를 하지 아니하고 위험물의 품명·수량 또는 지정수량의 배수를 변경할 수 있다.
• 주택의 난방시설(공동주택의 중앙난방시설을 제외한다)을 위한 저장소 또는 취급소
• 농예용·축산용 또는 수산용으로 필요한 난방시설 또는 건조시설을 위한 지정수량 20배 이하의 저장소

58

KMnO₄의 지정수량은 몇 kg인가?

① 50
② 100
③ 300
④ 1,000

과망가니즈산칼륨($KMnO_4$)은 제1류 위험물로 지정수량은 1,000kg이다.

59

피크린산 제조에 사용되는 물질과 가장 관계가 있는 것은?

① C_6H_6
② $C_6H_5CH_3$
③ $C_3H_5(OH)_3$
④ C_6H_5OH

피크린산[$C_6H_2(NO_2)_3OH$]은 질산에 페놀(C_6H_5OH)을 반응시켜 제조한다.

60

위험물안전관리법령상 제2류 위험물의 위험등급에 대한 설명으로 옳은 것은?

① 제2류 위험물 중 위험등급 I에 해당되는 품명이 없다.
② 제2류 위험물 중 위험등급 III에 해당되는 품명은 지정수량이 500kg인 품명만 해당된다.
③ 제2류 위험물 중 황화인, 적린, 황 등 지정수량이 100kg인 품명은 위험등급 I에 해당한다.
④ 제2류 위험물 중 지정수량이 1,000kg인 인화성 고체는 위험등급 II에 해당한다.

제2류 위험물의 종류

등급	품명	지정수량(kg)
II	황화인, 적린, 황	100
III	금속분, 철분, 마그네슘	500
	인화성 고체	1,000

PART 03

최신
CBT 기출복원문제
(2025년 1회 · 2회)

2025년 CBT 기출복원문제

2025년 1회 CBT 기출복원문제

자격종목	시험시간	문항수	점수
위험물기능사	60분	60문항	

01 1기압 27℃에서 아세톤 58g을 완전히 기화시키면 부피는 약 몇 L가 되는가?

① 22.4   ② 24.6
③ 27.4   ④ 58.0

02 다음 중 인화점이 가장 높은 것은?

① 사이안화수소
② 에탄올
③ 아세트산
④ 아세트알데하이드

03 적린과 동소체 관계에 있는 위험물은?

① 오황화인   ② 인화알루미늄
③ 인화칼슘   ④ 황린

04 고온체의 색깔이 휘적색일 경우의 온도는 약 몇 ℃ 정도인가?

① 500   ② 950
③ 1,300   ④ 1,500

05 화재 종류 중 금속화재에 해당하는 것은?

① A급   ② B급
③ C급   ④ D급

06 A급, B급, C급 화재에 모두 적용이 가능한 소화약제는?

① 제1종 분말 소화약제
② 제2종 분말 소화약제
③ 제3종 분말 소화약제
④ 제4종 분말 소화약제

07 다음 중 오존층 파괴지수가 가장 큰 것은?

① Halon 104
② Halon 1211
③ Halon 1301
④ Halon 2402

08 질소와 아르곤과 이산화탄소의 용량비가 52대 40대 8인 혼합물 소화약제에 해당하는 것은?

① IG - 541
② HCFC BLEND A
③ HFC - 125
④ HFC - 23

09 인화점이 낮은 것부터 높은 순서로 나열된 것은?

① 톨루엔 - 아세톤 - 벤젠
② 아세톤 - 톨루엔 - 벤젠
③ 톨루엔 - 벤젠 - 아세톤
④ 아세톤 - 벤젠 - 톨루엔

10 오황화인과 칠황화인이 물과 반응했을 때 공통으로 나오는 물질은?

① 이산화황   ② 황화수소
③ 인화수소   ④ 삼산화황

11 상온에서 액체인 물질로만 조합된 것은?

① 질산메틸, 나이트로글리세린
② 피크린산, 질산메틸
③ 트라이나이트로톨루엔, 다이나이트로벤젠
④ 나이트로글리콜, 테트릴

12 옥내탱크저장소 중 탱크전용실을 단층건물 외의 건축물에 설치하는 경우 탱크전용실을 건축물의 1층 또는 지하층에만 설치하여야 하는 위험물이 아닌 것은?

① 제2류 위험물 중 덩어리 황
② 제3류 위험물 중 황린
③ 제4류 위험물 중 인화점이 38℃ 이상인 위험물
④ 제6류 위험물 중 질산

13 위험물안전관리법령상 판매취급소에 관한 설명으로 옳지 않은 것은?

① 건축물의 1층에 설치하여야 한다.
② 위험물을 저장하는 탱크시설을 갖추어야 한다.
③ 건축물의 다른 부분과는 내화구조의 격벽으로 구획하여야 한다.
④ 제조소와 달리 안전거리 또는 보유공지에 관한 규제를 받지 않는다.

14 이동탱크저장소의 위험물 운송에 있어서 운송책임자의 감독·지원을 받아 운송하여야 하는 위험물의 종류에 해당하는 것은?

① 칼륨   ② 알킬알루미늄
③ 질산에스터류   ④ 아염소산염류

15 위험물을 저장하는 간이탱크저장소의 구조 및 설비의 기준으로 옳은 것은?

① 탱크의 두께 2.5mm 이상, 용량 600L 이하
② 탱크의 두께 2.5mm 이상, 용량 800L 이하
③ 탱크의 두께 3.2mm 이상, 용량 600L 이하
④ 탱크의 두께 3.2mm 이상, 용량 800L 이하

16 경유를 저장하는 옥외저장탱크의 반지름이 2m이고 높이가 12m일 때 탱크 옆판으로부터 방유제까지의 거리는 몇 m 이상이어야 하는가?

① 4   ② 5
③ 6   ④ 7

답안표기란

09 ① ② ③ ④
10 ① ② ③ ④
11 ① ② ③ ④
12 ① ② ③ ④
13 ① ② ③ ④
14 ① ② ③ ④
15 ① ② ③ ④
16 ① ② ③ ④

17 제조소등의 관계인이 예방규정을 정하여야 하는 제조소등이 아닌 것은?

① 지정수량 100배의 위험물을 저장하는 옥외탱크저장소
② 지정수량 150배의 위험물을 저장하는 옥내저장소
③ 지정수량 10배의 위험물을 취급하는 제조소
④ 지정수량 5배의 위험물을 취급하는 이송취급소

18 제2류 위험물인 마그네슘에 대한 설명으로 옳지 않은 것은?

① 2mm의 체를 통과한 것만 위험물에 해당된다.
② 화재 시 이산화탄소 소화약제로 소화가 가능하다.
③ 가연성 고체로 산소와 반응하여 산화반응을 한다.
④ 주수소화를 하면 가연성의 수소가스가 발생한다.

19 다음 중 나이트로글리세린을 다공질의 규조토에 흡수시켜 제조한 물질은?

① 흑색화약
② 나이트로셀룰로오스
③ 다이너마이트
④ 연화약

20 위험물안전관리법령상 동식물유류의 경우 1기압에서 인화점은 섭씨 몇 도 미만으로 규정하고 있는가?

① 150
② 250
③ 450
④ 600

21 염소산나트륨의 성상에 대한 설명으로 옳지 않은 것은?

① 자신은 불연성 물질이지만 강한 산화제이다.
② 유리를 녹이므로 철제용기에 저장한다.
③ 열분해하여 산소를 발생한다.
④ 산과 반응하면 유독성의 이산화염소를 발생한다.

22 다음 ( ) 안에 알맞은 수치를 차례대로 옳게 나열한 것은?

> 위험물암반탱크의 공간용적은 당해 탱크 내에 용출하는 ( )일간의 지하수 양에 상당하는 용적과 당해 탱크 내용적의 100분의 ( )의 용적 중에서 보다 큰 용적을 공간용적으로 한다.

① 1, 1
② 7, 1
③ 1, 5
④ 7, 5

23 위험물안전관리법령상 위험물제조소등에 자체소방대를 두어야 할 대상으로 옳은 것은?

① 지정수량 300배 이상의 제4류 위험물을 취급하는 저장소
② 지정수량 300배 이상의 제4류 위험물을 취급하는 제조소
③ 지정수량 3,000배 이상의 제4류 위험물을 취급하는 저장소
④ 지정수량 3,000배 이상의 제4류 위험물을 취급하는 제조소

답안표기란

17	①	②	③	④
18	①	②	③	④
19	①	②	③	④
20	①	②	③	④
21	①	②	③	④
22	①	②	③	④
23	①	②	③	④

24 위험물안전관리법령상 위험물을 운반하기 위해 적재할 때 예를 들어 제6류 위험물은 1가지 유별(제1류 위험물)하고만 혼재할 수 있다. 다음 중 가장 많은 유별과 혼재가 가능한 것은? (단, 지정수량의 1/10을 초과하는 위험물이다.)

① 제1류
② 제2류
③ 제3류
④ 제4류

25 다음 ( ) 안에 적합한 숫자를 차례대로 나열한 것은?

자연발화성 물질 중 알킬알루미늄등은 운반용기의 내용적의 ( )% 이하의 수납율로 수납하되, 50℃의 온도에서 ( )% 이상의 공간용적을 유지하도록 할 것

① 90, 5
② 90, 10
③ 95, 5
④ 95, 10

26 옥외저장소에서 저장 또는 취급할 수 있는 위험물이 아닌 것은? (단, 국제해상위험물규칙에 적합한 용기에 수납된 위험물의 경우는 제외한다.)

① 제2류 위험물 중 황
② 제1류 위험물 중 과염소산염류
③ 제6류 위험물
④ 제2류 위험물 중 인화점이 10℃인 인화성 고체

27 이동탱크저장소에 의한 위험물의 운송 시 준수하여야 하는 기준에서 다음 중 어떤 위험물을 운송할 때 위험물운송자는 위험물안전카드를 휴대하여야 하는가?

① 특수인화물 및 제1석유류
② 알코올류 및 제2석유류
③ 제3석유류 및 동식물유류
④ 제4석유류

28 위험물안전관리법령에 따른 위험물의 운송에 관한 설명 중 틀린 것은?

① 알킬리튬과 알킬알루미늄 또는 이 중 어느 하나 이상을 함유한 것은 운송책임자의 감독·지원을 받아야 한다.
② 이동탱크저장소에 의하여 위험물을 운송할 때의 운송책임자에는 법정의 안전교육을 이수하고 관련 업무에 2년 이상 종사한 경력이 있는 자도 포함된다.
③ 서울에서 부산까지 금속의 인화물 300kg을 1명의 운전자가 휴식 없이 운송해도 규정위반이 아니다.
④ 운송책임자의 감독 또는 지원의 방법에는 동승하는 방법과 별도의 사무실에서 대기하면서 규정된 사항을 이행하는 방법이 있다.

29 다음 중 제4류 위험물의 화재에 적응성이 없는 소화기는?

① 포 소화기
② 봉상수 소화기
③ 인산염류 소화기
④ 이산화탄소 소화기

30 적린의 성질에 대한 설명 중 틀린 것은?

① 물이나 이황화탄소에 녹지 않는다.
② 발화온도는 약 260℃ 정도이다.
③ 연소할 때 인화수소 가스가 발생한다.
④ 산화제가 섞여 있으면 마찰에 의해 착화하기 쉽다.

31 특수인화물 200L와 제4석유류 12,000L를 저장할 때 각각의 지정수량 배수의 합은 얼마인가?

① 3 　　　　② 4
③ 5 　　　　④ 6

32 제3류 위험물 중 은백색 광택이 있고 노란색 불꽃을 내며 연소하며 비중이 약 0.97, 융점이 97.7℃인 물질의 지정수량은 몇 kg인가?

① 10 　　　　② 20
③ 50 　　　　④ 300

33 플래시오버(Flash Over)에 대한 설명으로 옳은 것은?

① 대부분 화재 초기(발화기)에 발생한다.
② 대부분 화재 종기(쇠퇴기)에 발생한다.
③ 내장재의 종류와 개구부의 크기에 영향을 받는다.
④ 산소의 공급이 주요 요인이 되어 발생한다.

34 다음은 위험물탱크의 공간용적에 관한 내용이다. ( ) 안에 숫자를 차례대로 올바르게 나열한 것은? (단, 소화설비를 설치하는 경우와 암반탱크는 제외한다.)

> 탱크의 공간용적은 탱크 내용적의 100분의 ( ) 이상 100분의 ( ) 이하의 용적으로 한다.

① 5, 10 　　　　② 5, 15
③ 10, 15 　　　　④ 10, 20

35 할론 1301의 증기비중은? (단, 불소의 원자량은 19, 브로민의 원자량은 80, 염소의 원자량은 35.50이고 공기의 분자량은 29이다.)

① 2.14 　　　　② 4.15
③ 5.14 　　　　④ 6.15

36 위험물안전관리법령상 제4류 위험물을 지정수량의 3천배 초과 4천배 이하로 저장하는 옥외탱크저장소의 보유공지는 얼마인가?

① 6m 이상 　　　　② 9m 이상
③ 12m 이상 　　　　④ 15m 이상

37 물과 친화력이 있는 수용성 용매의 화재에 보통의 포 소화약제를 사용하면 포가 파괴되기 때문에 소화효과를 잃게 된다. 이와 같은 단점을 보완한 소화약제로 가연성인 수용성 용매의 화재에 유효한 효과를 가지고 있는 것은?

① 알코올포 소화약제
② 단백포 소화약제
③ 합성계면활성제포 소화약제
④ 수성막포 소화약제

38 나이트로셀룰로오스 5kg과 트라이나이트로페놀을 함께 저장하려고 한다. 이때 지정수량 1배로 저장하려면 트라이나이트로페놀을 몇 kg 저장하여야 하는가?

① 5   ② 10
③ 50   ④ 100

39 위험물을 운반용기에 수납하여 적재할 때 차광성이 있는 피복으로 가려야 하는 위험물이 아닌 것은?

① 제1류 위험물   ② 제2류 위험물
③ 제5류 위험물   ④ 제6류 위험물

40 건축물 외벽이 내화구조이며, 연면적 300m²인 위험물옥내저장소의 건축물에 대하여 소화설비의 소요단위는 최소한 몇 단위 이상이 되어야 하는가?

① 1단위   ② 2단위
③ 3단위   ④ 4단위

41 CH_3ONO_2의 소화방법에 대한 설명으로 옳은 것은?

① 물을 주수하여 냉각소화한다.
② 이산화탄소 소화기로 질식소화를 한다.
③ 할로젠화합물 소화기로 질식소화를 한다.
④ 건조사로 질식소화한다.

42 지정과산화물을 저장 또는 취급하는 위험물 옥내저장소의 저장창고 기준에 대한 설명으로 틀린 것은?

① 서까래의 간격은 30cm 이하로 할 것
② 저장창고의 출입구에는 60분+방화문, 60분방화문을 설치할 것
③ 저장창고의 외벽을 철근콘크리트조로 할 경우 두께를 10cm 이상으로 할 것
④ 저장창고의 창은 바닥면으로부터 2m 이상의 높이에 둘 것

43 화재발생 시 물을 이용한 소화를 하면 오히려 위험성이 증대되는 것은?

① 황린
② 적린
③ 탄화알루미늄
④ 나이트로셀룰로오스

44 질산암모늄의 일반적 성질에 대한 설명 중 옳은 것은?

① 불안정한 물질이고 물에 녹을 때는 흡열반응을 나타낸다.
② 물에 대한 용해도 값이 매우 작아 물에 거의 불용이다.
③ 가열 시 분해하여 수소를 발생한다.
④ 과일향의 냄새가 나는 적갈색 비결정체이다.

답안표기란

38	①	②	③	④
39	①	②	③	④
40	①	②	③	④
41	①	②	③	④
42	①	②	③	④
43	①	②	③	④
44	①	②	③	④

PART 01
PART 02
PART 03

45 과산화벤조일(Benzoyl Peroxide)에 대한 설명 중 옳지 않은 것은?

① 지정수량은 10kg이다.
② 저장 시 희석제로 폭발의 위험성을 낮출 수 있다.
③ 상온에서 불안정하다.
④ 건조 상태에서는 마찰·충격으로 폭발의 위험이 있다.

46 제5류 위험물이 아닌 것은?

① 클로로벤젠
② 과산화벤조일
③ 염산하이드라진
④ 아조벤젠

47 트라이나이트로톨루엔의 성질에 대한 설명 중 옳지 않은 것은?

① 담황색의 결정이다.
② 폭약으로 사용된다.
③ 자연분해의 위험성이 적어 장기간 저장이 가능하다.
④ 조해성과 흡습성이 매우 크다.

48 제6류 위험물 운반용기의 외부에 표시하여야 하는 주의사항은?

① 충격주의   ② 가연물접촉주의
③ 화기엄금   ④ 화기주의

49 알칼리금속과산화물의 화재 시 소화약제로 가장 적합한 것은?

① 물   ② 마른모래
③ 이산화탄소   ④ 할로젠화합물

50 위험물제조소등에 설치해야 하는 각 소화설비의 설치기준에 있어서 각 노즐 또는 헤드 끝부분의 방사압력 기준이 나머지 셋과 다른 설비는?

① 옥내소화전설비
② 옥외소화전설비
③ 스프링클러설비
④ 물분무 소화설비

51 위험물안전관리법령상 옥내소화전설비의 비상전원은 몇 분 이상 작동할 수 있어야 하는가?

① 45분   ② 30분
③ 20분   ④ 10분

52 위험물안전관리법령상 다음 ( ) 안에 알맞은 수치는?

옥내저장소에서 위험물을 저장하는 경우 기계에 의하여 하역하는 구조로 된 용기만을 겹쳐 쌓는 경우에 있어서는 ( )m 높이를 초과하여 용기를 겹쳐 쌓지 아니하여야 한다.

① 2   ② 4
③ 6   ④ 8

53 다음 중 위험물안전관리법령에 따른 소화설비의 구분에서 "물분무등소화설비"에 속하지 않는 것은?

① 불활성 가스 소화설비
② 포 소화설비
③ 스프링클러설비
④ 분말 소화설비

답안표기란

45	①	②	③	④
46	①	②	③	④
47	①	②	③	④
48	①	②	③	④
49	①	②	③	④
50	①	②	③	④
51	①	②	③	④
52	①	②	③	④
53	①	②	③	④

54 점화원으로 작용할 수 있는 정전기를 방지하기 위한 예방대책이 아닌 것은?

① 정전기 발생이 우려되는 장소에 접지 시설을 한다.
② 실내의 공기를 이온화하여 정전기 발생을 억제한다.
③ 정전기는 습도가 낮을 때 많이 발생하므로 상대습도를 70% 이상으로 한다.
④ 전기의 저항이 큰 물질은 대전이 용이하므로 비전도체 물질을 사용한다.

55 유류화재 소화 시 분말 소화약제를 사용할 경우 소화 후에 재발화 현상이 가끔씩 발생할 수 있다. 다음 중 이러한 현상을 예방하기 위하여 병용하여 사용하면 가장 효과적인 포 소화약제는?

① 단백포 소화약제
② 수성막포 소화약제
③ 알코올형포 소화약제
④ 합성계면활성제포 소화약제

56 에틸알코올의 증기비중은 약 얼마인가?

① 0.72　　② 0.91
③ 1.13　　④ 1.59

57 다음 중 물과 접촉하면 열과 산소가 발생하는 것은?

① $NaClO_2$　　② $NaClO_3$
③ $KMnO_4$　　④ Na_2O_2

58 위험물안전관리법령상 옥외저장소 중 덩어리 상태의 황을 지반면에 설치한 경계표시의 안쪽에서 저장 또는 취급할 때 경계표시의 높이는 몇 m 이하로 하여야 하는가?

① 1　　② 1.5
③ 2　　④ 2.5

59 다음 중 제5류 위험물이 아닌 것은?

① 나이트로글리세린
② 나이트로톨루엔
③ 나이트로글리콜
④ 트라이나이트로톨루엔

60 다음 중 분자량이 약 74, 비중이 약 0.7인 물질로서 에탄올 두 분자에서 물이 빠지면서 축합반응이 일어나 생성되는 물질은?

① $C_2H_5OC_2H_5$　　② C_2H_5OH
③ C_6H_5Cl　　④ CS_2

답안표기란				
54	①	②	③	④
55	①	②	③	④
56	①	②	③	④
57	①	②	③	④
58	①	②	③	④
59	①	②	③	④
60	①	②	③	④

2025년 2회 CBT 기출복원문제

자격종목	시험시간	문항수	점수
위험물기능사	60분	60문항	

답안표기란

01 ① ② ③ ④
02 ① ② ③ ④
03 ① ② ③ ④
04 ① ② ③ ④
05 ① ② ③ ④
06 ① ② ③ ④
07 ① ② ③ ④

01 자연발화가 잘 일어나는 경우와 가장 거리가 먼 것은?

① 주변의 온도가 높을 것
② 습도가 높을 것
③ 표면적이 넓을 것
④ 열전도율이 클 것

02 B, C급 화재뿐만 아니라 A급 화재까지도 사용이 가능한 분말 소화약제는?

① 제1종 분말 소화약제
② 제2종 분말 소화약제
③ 제3종 분말 소화약제
④ 제4종 분말 소화약제

03 유류화재에 해당하는 표시 색상은?

① 백색   ② 황색
③ 청색   ④ 흑색

04 화재 시 이산화탄소를 방출하여 산소의 농도를 13vol%로 낮추어 소화를 하려면 공기 중의 이산화탄소는 몇 vol%가 되어야 하는가?

① 28.1   ② 38.1
③ 42.86   ④ 48.36

05 일반적으로 고급알코올 황산에스터염을 기포제로 사용하며 냄새가 없는 황색의 액체로서 밀폐 또는 준밀폐 구조물의 화재 시 고팽창포로 사용하여 화재를 진압할 수 있는 포 소화약제는?

① 단백포 소화약제
② 합성계면활성제포 소화약제
③ 알코올형포 소화약제
④ 수성막포 소화약제

06 정전기로 인한 재해 방지대책 중 틀린 것은?

① 접지를 한다.
② 실내를 건조하게 유지한다.
③ 공기 중의 상대습도를 70% 이상으로 유지한다.
④ 공기를 이온화한다.

07 플래시오버(Flash Over)에 대한 설명으로 옳은 것은?

① 대부분 화재 초기(발화기)에 발생한다.
② 대부분 화재 종기(쇠퇴기)에 발생한다.
③ 내장재의 종류와 개구부의 크기에 영향을 받는다.
④ 산소의 공급이 주요 요인이 되어 발생한다.

08 위험물제조소 및 일반취급소에 설치하는 자동화재탐지설비의 설치기준으로 틀린 것은?

① 하나의 경계구역은 600㎡ 이하로 하고, 한 변의 길이는 50m 이하로 한다.
② 주요한 출입구에서 내부 전체를 볼 수 있는 경우 경계구역은 1,000㎡ 이하로 할 수 있다.
③ 광전식분리형 감지기를 설치한 경우에는 하나의 경계구역을 1,000㎡ 이하로 할 수 있다.
④ 비상전원을 설치하여야 한다.

09 27℃에서 500mL에 6g의 비전해질을 녹인 용액의 삼투압은 7.4기압이었다. 이 물질의 분자량은 약 얼마인가?

① 20.78 ② 39.89
③ 58.16 ④ 77.65

10 다음 중 수용액의 pH가 가장 작은 것은?

① 0.01N HCl
② 0.1N HCl
③ 0.01N CH_3COOH
④ 0.1N NaOH

11 할로젠화합물의 소화약제 중 할론 2402의 화학식은?

① $C_2Br_4F_2$ ② $C_7Cl_4F_2$
③ $C_2Cl_4Br_2$ ④ $C_2F_4Br_2$

12 다음 중 물이 소화약제로 쓰이는 이유로 가장 거리가 먼 것은?

① 쉽게 구할 수 있다.
② 제거소화가 잘 된다.
③ 취급이 간편하다.
④ 기화잠열이 크다.

13 위험물안전관리법령상 전기설비에 적응성이 없는 소화설비는?

① 포 소화설비
② 이산화탄소 소화설비
③ 할로젠화합물 소화설비
④ 물분무 소화설비

14 위험물제조소의 안전거리 기준으로 틀린 것은?

① 「초·중등교육법」 및 「고등교육법」에 의한 학교 - 20m 이상
② 「의료법」에 의한 병원급 의료기관 - 30m 이상
③ 「문화유산의 보존 및 활용에 관한 법률」에 따른 지정문화유산 및 「자연유산의 보존 및 활용에 관한 법률」에 따른 천연기념물 등 - 50m 이상
④ 사용전압이 35,000V를 초과하는 특고압가공전선 - 5m 이상

15 이동저장탱크에 알킬알루미늄을 저장하는 경우에 불활성 기체를 봉입하는데 이때의 압력은 몇 kPa 이하이어야 하는가?

① 10 ② 20
③ 30 ④ 40

답안표기란

08	①	②	③	④
09	①	②	③	④
10	①	②	③	④
11	①	②	③	④
12	①	②	③	④
13	①	②	③	④
14	①	②	③	④
15	①	②	③	④

16 금속분, 나트륨, 코크스 같은 물질이 공기 중에서 점화원을 제공받아 연소할 때의 주된 연소형태는?

① 표면연소   ② 확산연소
③ 분해연소   ④ 증발연소

17 다음은 위험물안전관리법령에 따른 판매취급소에 대한 정의이다. ( )에 알맞은 말은?

> 판매취급소라 함은 점포에서 위험물을 용기에 담아 판매하기 위하여 지정수량의 (가)배 이하의 위험물을 (나)하는 장소이다.

① 가 : 20, 나 : 취급
② 가 : 40, 나 : 취급
③ 가 : 20, 나 : 저장
④ 가 : 40, 나 : 저장

18 다음 그림과 같은 위험물을 저장하는 탱크의 내용적은 약 몇 m³인가? (단, r은 10m, l은 25m이다.)

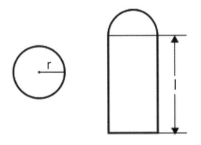

① 3,612   ② 4,754
③ 5,812   ④ 7,854

19 질소와 아르곤과 이산화탄소의 용량비가 52대 40대 8인 혼합물 소화약제에 해당하는 것은?

① IG-541
② HCFC BLEND A
③ HFC-125
④ HFC-23

20 다음 물질 중 분진폭발의 위험이 가장 낮은 것은?

① 마그네슘가루   ② 아연가루
③ 밀가루   ④ 시멘트가루

21 위험물안전관리법령상 위험물의 운송에 있어서 운송책임자의 감독 또는 지원을 받아 운송하여야 하는 위험물에 속하지 않는 것은?

① $Al(CH_3)_3$ ② CH_3Li
③ $Cd(CH_3)_2$ ④ $Al(C_4H_9)_3$

22 제조소등의 관계인이 예방규정을 정하여야 하는 제조소등이 아닌 것은?

① 지정수량 100배의 위험물을 저장하는 옥외탱크저장소
② 지정수량 150배의 위험물을 저장하는 옥내저장소
③ 지정수량 10배의 위험물을 취급하는 제조소
④ 지정수량 5배의 위험물을 취급하는 이송취급소

답안표기란				
16	①	②	③	④
17	①	②	③	④
18	①	②	③	④
19	①	②	③	④
20	①	②	③	④
21	①	②	③	④
22	①	②	③	④

23 자기반응성 물질인 제5류 위험물에 해당하는 것은?

① $CH_3(C_6H_4)NO_2$
② CH_3COCH_3
③ $C_6H_2(NO_2)_3OH$
④ $C_6H_5NO_2$

24 상온에서 액상인 것으로만 나열된 것은?

① 나이트로셀룰로오스, 나이트로글리세린
② 질산에틸, 나이트로글리세린
③ 질산에틸, 피크린산
④ 나이트로셀룰로오스, 셀룰로이드

25 고형알코올 2,000kg과 철분 1,000kg의 각각 지정수량 배수의 총합은 얼마인가?

① 3   ② 4
③ 5   ④ 6

26 제1류 위험물 중 알칼리금속의 과산화물을 저장 또는 취급하는 위험물제조소에 표시하여야 하는 주의사항은?

① 화기엄금   ② 물기엄금
③ 화기주의   ④ 물기주의

27 위험물안전관리법령상 옥내탱크저장소의 기준에서 옥내저장탱크 상호 간에는 몇 m 이상의 간격을 유지하여야 하는가? (단, 탱크의 점검 및 보수에 지장이 없는 경우는 제외한다.)

① 0.3   ② 0.5
③ 0.7   ④ 1.0

28 금속나트륨의 저장방법으로 옳은 것은?

① 에탄올 속에 넣어 저장한다.
② 물속에 넣어 저장한다.
③ 젖은 모래 속에 넣어 저장한다.
④ 경유 속에 넣어 저장한다.

29 다음 물질 중 인화점이 가장 낮은 것은?

① CH_3COCH_3
② $C_2H_5OC_2H_5$
③ $CH_3(CH_2)_3OH$
④ CH_3OH

30 제조소의 게시판 사항 중 위험물의 종류에 따른 주의사항이 옳게 연결된 것은?

① 제2류 위험물(인화성 고체 제외) - 화기엄금
② 제3류 위험물 중 금수성 물질 - 물기엄금
③ 제4류 위험물 - 화기주의
④ 제5류 위험물 - 물기엄금

31 제조소 건축물로 외벽이 내화구조인 것의 1소요단위는 연면적이 몇 m²인가?

① 50   ② 100
③ 150   ④ 1,000

답안표기란				
23	①	②	③	④
24	①	②	③	④
25	①	②	③	④
26	①	②	③	④
27	①	②	③	④
28	①	②	③	④
29	①	②	③	④
30	①	②	③	④
31	①	②	③	④

32 다음 소화설비 중 능력단위가 1.0인 것은?

① 삽 1개를 포함한 마른모래 50L
② 삽 1개를 포함한 마른모래 150L
③ 삽 1개를 포함한 팽창질석 100L
④ 삽 1개를 포함한 팽창질석 160L

33 트라이에틸알루미늄 분자식에 포함된 탄소의 개수는?

① 2   ② 3
③ 5   ④ 6

34 위험물의 소화방법으로 적합하지 않은 것은?

① 적린은 다량의 물로 소화한다.
② 황화인의 소규모 화재 시에는 모래로 질식소화한다.
③ 알루미늄분은 다량의 물로 소화한다.
④ 황의 소규모 화재 시에는 모래로 질식소화한다.

35 에틸알코올의 증기비중은 약 얼마인가?

① 0.72   ② 0.91
③ 1.13   ④ 1.59

36 다음 중 황린의 연소 생성물은?

① 삼황화인   ② 인화수소
③ 오산화인   ④ 오황화인

37 위험물안전관리자를 해임한 후 며칠 이내에 후임자를 선임하여야 하는가?

① 14일   ② 15일
③ 20일   ④ 30일

38 제조소등의 위치·구조 또는 설비의 변경 없이 해당 제조소등에서 저장하거나 취급하는 위험물의 품명·수량 또는 지정수량의 배수를 변경하고자 하는 자는 변경하고자 하는 날의 며칠 전까지 행정안전부령이 정하는 바에 따라 시·도지사에게 신고하여야 하는가?

① 1일   ② 14일
③ 21일   ④ 30일

39 위험물과 그 위험물이 물과 반응하여 발생하는 가스를 잘못 연결한 것은?

① 탄화알루미늄 – 메탄
② 탄화칼슘 – 아세틸렌
③ 인화칼슘 – 에탄
④ 수소화칼슘 – 수소

40 다음 중 조해성이 있는 황화인만 모두 선택하여 나열한 것은?

$$P_4S_3, \ P_2S_5, \ P_4S_7$$

① $P_4S_3, \ P_2S_5$ ② $P_4S_3, \ P_4S_7$
③ $P_2S_5, \ P_4S_7$ ④ $P_4S_3, \ P_2S_5, \ P_4S_7$

41 위험물안전관리법령상 제4류 위험물을 지정수량의 3천배 초과 4천배 이하로 저장하는 옥외탱크저장소의 보유공지는 얼마인가?

① 6m 이상   ② 9m 이상
③ 12m 이상   ④ 15m 이상

답안표기란				
32	①	②	③	④
33	①	②	③	④
34	①	②	③	④
35	①	②	③	④
36	①	②	③	④
37	①	②	③	④
38	①	②	③	④
39	①	②	③	④
40	①	②	③	④
41	①	②	③	④

42 유별을 달리하는 위험물을 운반할 때 혼재할 수 있는 것은? (단, 지정수량의 1/10을 넘는 양을 운반하는 경우이다.)

① 제1류와 제3류
② 제2류와 제4류
③ 제3류와 제5류
④ 제4류와 제6류

43 다음 위험물의 저장창고에 화재가 발생하였을 때 소화방법으로 주수소화가 적당하지 않은 것은?

① $NaClO_3$
② S
③ NaH
④ TNT

44 제2류 위험물 중 인화성 고체의 제조소에 설치하는 주의사항 게시판에 표시할 내용을 옳게 나타낸 것은?

① 적색바탕에 백색문자로 "화기엄금" 표시
② 적색바탕에 백색문자로 "화기주의" 표시
③ 백색바탕에 적색문자로 "화기엄금" 표시
④ 백색바탕에 적색문자로 "화기주의" 표시

45 옥외저장탱크 중 압력탱크 외의 탱크에 통기관을 설치하여야 할 때 밸브 없는 통기관인 경우 통기관의 지름은 몇 mm 이상으로 하여야 하는가?

① 10
② 15
③ 20
④ 30

46 위험물제조소등에 옥외소화전을 6개 설치할 경우 수원의 수량은 몇 m^3 이상이어야 하는가?

① $48m^3$
② $54m^3$
③ $60m^3$
④ $81m^3$

47 다음 중 알칼리금속의 과산화물 저장창고에 화재가 발생하였을 때 가장 적합한 소화약제는?

① 마른모래
② 물
③ 이산화탄소
④ 할론 1211

48 강화액 소화약제에 소화력을 향상시키기 위하여 첨가하는 물질로 옳은 것은?

① 탄산칼륨
② 질소
③ 사염화탄소
④ 아세틸렌

49 탄화칼슘과 물이 반응하였을 때 발생하는 가연성 가스의 연소범위에 가장 가까운 것은?

① 2.1 ~ 9.5vol%
② 2.5 ~ 81vol%
③ 4.1 ~ 74.2vol%
④ 15.0 ~ 28vol%

50 휘발유를 저장하던 이동저장탱크에 탱크의 상부로부터 등유나 경유를 주입할 때 액표면이 주입관의 끝부분을 넘는 높이가 될 때까지 그 주입관 내의 유속을 몇 m/s 이하로 하여야 하는가?

① 1
② 2
③ 3
④ 5

51 다음은 위험물을 저장하는 탱크의 공간용적 산정기준이다. ( )에 알맞은 수치로 옳은 것은?

> 가. 위험물을 저장 또는 취급하는 탱크의 공간용적은 탱크의 내용적의 ( ) 이상 ( ) 이하의 용적으로 한다. 다만, 소화설비(소화약제 방출구를 탱크 안의 윗부분에 설치하는 것에 한한다)를 설치하는 탱크의 공간용적은 당해 소화설비의 소화약제 방출구 아래의 0.3m 이상 1m 미만 사이의 면으로부터 윗부분의 용적으로 한다.
> 나. 암반탱크에 있어서는 당해 탱크 내에 용출하는 ( )일간의 지하수의 양에 상당하는 용적과 당해 탱크의 내용적의 ( )의 용적 중에서 보다 큰 용적을 공간용적으로 한다.

① 3/100, 10/100, 10, 1/100
② 5/100, 5/100, 10, 1/100
③ 5/100, 10/100, 7, 1/100
④ 5/100, 10/100, 10, 3/100

52 주유취급소의 고정주유설비에서 펌프기기의 주유관 끝부분에서 최대토출량으로 틀린 것은?

① 휘발유는 분당 50리터 이하
② 경유는 분당 180리터 이하
③ 등유는 분당 80리터 이하
④ 제1석유류(휘발유 제외)는 분당 100리터 이하

53 산화프로필렌에 대한 설명으로 틀린 것은?

① 무색의 휘발성 액체이고, 물에 녹는다.
② 인화점이 상온 이하이므로 가연성 증기 발생을 억제하여 보관해야 한다.
③ 은, 마그네슘 등의 금속과 반응하여 폭발성 혼합물을 생성한다.
④ 증기압이 낮고 연소범위가 좁아서 위험성이 높다.

54 위험물안전관리법령에서 정의하는 다음 용어는 무엇인가?

> 인화성 또는 발화성 등의 성질을 가지는 것으로서 대통령령이 정하는 물품을 말한다.

① 위험물
② 인화성 물질
③ 자연발화성 물질
④ 가연물

55 제6류 위험물의 화재예방 및 진압대책으로 적합하지 않은 것은?

① 가연물과의 접촉을 피한다.
② 과산화수소를 장기보존할 때는 유리 용기를 사용하여 밀전한다.
③ 옥내소화전설비를 사용하여 소화할 수 있다.
④ 물분무 소화설비를 사용하여 소화할 수 있다.

56 다음 중 화재 시 내알코올포 소화약제를 사용하는 것이 가장 적합한 위험물은?

① 아세톤   ② 휘발유
③ 경유   ④ 등유

57 다음 중 위험물의 지정수량을 틀리게 나타낸 것은?

① S : 100kg
② Mg : 100kg
③ K : 10kg
④ Al : 500kg

58 물과 반응하였을 때 발생하는 가연성 가스의 종류가 나머지 셋과 다른 하나는?

① 탄화리튬
② 탄화마그네슘
③ 탄화칼슘
④ 탄화알루미늄

59 운반할 때 빗물의 침투를 방지하기 위하여 방수성이 있는 피복으로 덮어야 하는 위험물은?

① TNT   ② 이황화탄소
③ 과염소산   ④ 마그네슘

60 위험물제조소의 위치·구조 및 설비의 기준에 대한 설명 중 틀린 것은?

① 벽·기둥·바닥·보·서까래는 내화재료로 하여야 한다.
② 제조소의 표지판은 한 변이 30cm, 다른 한 변이 60cm 이상의 크기로 한다.
③ '화기엄금'을 표시하는 게시판은 적색바탕에 백색문자로 한다.
④ 지정수량 10배를 초과한 위험물을 취급하는 제조소는 보유공지의 너비가 5m 이상이어야 한다.

2025년 CBT 기출복원문제 정답 및 해설

2025년 1회 CBT 기출복원문제

01	02	03	04	05	06	07	08	09	10	11	12	13	14	15	16	17	18	19	20
②	③	④	②	④	③	③	①	④	②	①	③	②	②	③	①	①	②	③	②
21	22	23	24	25	26	27	28	29	30	31	32	33	34	35	36	37	38	39	40
②	②	④	④	①	②	①	③	②	③	④	①	③	③	④	①	③	①	②	②
41	42	43	44	45	46	47	48	49	50	51	52	53	54	55	56	57	58	59	60
①	③	③	①	③	①	④	②	②	①	①	③	③	④	②	④	④	②	②	①

01 빈출 ▸ ②

- 이상기체 방정식(PV = nRT)을 이용하여 문제를 푼다.
  - P : 압력(1atm)
  - V : 부피(L)
  - n : 몰수(mol)
  - R : 기체상수(0.082L · atm/mol · K)
  - T : 300K(절대온도로 변환하기 위해 273을 더한다
    → 273 + 27 = 300K)
- 아세톤(CH_3COCH_3)의 몰질량 : 58g/mol

- 아세톤의 몰수(n) = $\dfrac{58g}{58g/mol}$ = 1mol

$$\therefore V = \dfrac{nRT}{P} = \dfrac{1 \times 0.082 \times 300}{1} = 24.636L$$

02 ▸ ③

각 위험물의 인화점

위험물	품명	인화점(℃)
사이안화수소	제1석유류(수용성)	-17
에탄올	알코올류	13
아세트산	제2석유류(수용성)	40
아세트알데하이드	특수인화물	-38

03 ▸ ④

적린(P)과 황린(P_4)은 동소체 관계이다.

04 ▸ ②

고온체 색깔의 온도순 나열

- 담암적색 < 암적색 < 적색 < 황색 < 휘적색 < 황적색 < 백적색
  < 휘백색
- 휘적색일 경우의 온도는 약 950℃이다.

05 빈출 ▸ ④

화재의 종류

급수	화재	색상
A	일반	백색
B	유류	황색
C	전기	청색
D	금속	무색

06 빈출 ▸ ③

분말 소화약제의 종류

약제명	주성분	적응화재	색상
제1종	탄산수소나트륨	BC	백색
제2종	탄산수소칼륨	BC	보라색
제3종	인산암모늄	ABC	담홍색
제4종	탄산수소칼륨 + 요소	BC	회색

07 ▸ ③

- Halon 1211 : 파괴지수 3
- Halon 1301 : 파괴지수 10
- Halon 2402 : 파괴지수 6

08　　　　　　　　　　　　　　　▶ ①

IG – 541 혼합물 종류

N_2 : Ar : CO_2 = 52 : 40 : 8

09　　　　　　　　　　　　　　　▶ ④

각 위험물의 인화점

위험물	품명	인화점(℃)
아세톤	제1석유류(수용성)	-18
벤젠	제1석유류(비수용성)	-11
톨루엔	제1석유류(비수용성)	4

10　　　　　　　　　　　　　　　▶ ②

- $P_2S_5 + 8H_2O \rightarrow 5H_2S + 2H_3PO_4$
- $P_4S_7 + 13H_2O \rightarrow 7H_2S + H_3PO_4 + 3H_3PO_3$
- 오황화인(P_2S_5)과 칠황화인(P_4S_7)은 물과 반응 시 황화수소(H_2S)를 생성한다.

11　🚩빈출　　　　　　　　　　　　▶ ①

품명	위험물	상태
질산에스터류	질산메틸 질산에틸 나이트로글리콜 나이트로글리세린	액체
	나이트로셀룰로오스 셀룰로이드	고체
나이트로화합물	트라이나이트로톨루엔 트라이나이트로페놀 다이나이트로벤젠 테트릴	고체

12　　　　　　　　　　　　　　　▶ ③

옥외저장탱크를 건축물의 1층 또는 지하층의 탱크전용실에 설치하여야 하는 위험물

- 제2류 위험물 중 황화인, 적린 및 덩어리 황
- 제3류 위험물 중 황린
- 제6류 위험물 중 질산

13　　　　　　　　　　　　　　　▶ ②

판매취급소에는 탱크시설을 갖추지 않아도 된다.

14　🚩빈출　　　　　　　　　　　　▶ ②

운송하는 위험물이 알킬알루미늄, 알킬리튬이거나 이 둘을 함유하는 위험물일 때에는 운송책임자의 감독 또는 지원을 받아 이를 운송하여야 한다.

15　　　　　　　　　　　　　　　▶ ③

- 간이저장탱크의 용량은 600L 이하이어야 한다.
- 간이저장탱크는 두께 3.2mm 이상의 강판으로 흠이 없도록 제작하여야 하며, 70kPa의 압력으로 10분간의 수압시험을 실시하여 새거나 변형되지 아니하여야 한다.

16　　　　　　　　　　　　　　　▶ ①

옥외저장탱크와 방유제까지의 거리를 구하는 방법

- 지름이 15m 미만인 경우 = $\dfrac{\text{탱크 높이}}{3}$ 이상

- 지름이 15m 이상인 경우 = $\dfrac{\text{탱크 높이}}{2}$ 이상

∴ $12 \times \dfrac{1}{3}$ = 4m 이상

17　　　　　　　　　　　　　　　▶ ①

예방규정을 정해야 하는 제조소등

- 지정수량의 10배 이상의 위험물을 취급하는 제조소
- 지정수량의 10배 이상의 위험물을 취급하는 일반취급소
- 지정수량의 100배 이상의 위험물을 저장하는 옥외저장소
- 지정수량의 150배 이상의 위험물을 저장하는 옥내저장소
- 지정수량의 200배 이상의 위험물을 저장하는 옥외탱크저장소
- 암반탱크저장소
- 이송취급소

18　　　　　　　　　　　　　　　▶ ②

- $Mg + CO_2 \rightarrow MgO + CO$
- $2Mg + CO_2 \rightarrow 2MgO + C$
- 마그네슘은 이산화탄소와 반응하여 일산화탄소 또는 탄소를 방출하며 화재가 확대되므로 이산화탄소 소화약제로 소화가 불가능하다.

19　　　　　　　　　　　　　　　▶ ③

나이트로글리세린은 다이너마이트의 원료이다.

20　　　　　　　　　　　　　　　▶ ②

동식물유류의 경우 1기압에서 인화점은 섭씨 250도 미만으로 정의한다.

21　　　　　　　　　　　　　　　▶ ②

염소산나트륨(제1류, $NaClO_3$)은 철제를 부식시키므로 철제용기의 사용을 피한다.

22 ▶ ②

위험물암반탱크의 공간용적은 당해 탱크 내에 용출하는 7일간의 지하수 양에 상당하는 용적과 당해 탱크 내용적의 100분의 1의 용적 중에서 보다 큰 용적을 공간용적으로 한다.

23 ▶ ④

위험물안전관리법령상 자체소방대를 설치해야 하는 사업소
- 제조소 또는 일반취급소에서 취급하는 제4류 위험물의 최대수량의 합이 지정수량의 3천배 이상인 경우(다만, 보일러로 위험물을 소비하는 일반취급소 등 행정안전부령으로 정하는 일반취급소는 제외한다)
- 옥외탱크저장소에 저장하는 제4류 위험물의 최대수량이 지정수량의 50만배 이상인 경우

24 ▶ ④

유별을 달리하는 위험물 혼재기준

1	6		혼재 가능
2	5	4	혼재 가능
3	4		혼재 가능

25 ▶ ①

자연발화성 물질 중 알킬알루미늄등은 운반용기의 내용적의 90% 이하의 수납율로 수납하되, 50℃의 온도에서 5% 이상의 공간용적을 유지하도록 할 것

26 ▶ ②

옥외저장소에 저장할 수 있는 위험물 유별
- 제2류 위험물 중 황, 인화성 고체(인화점이 0도 이상인 것에 한함)
- 제4류 위험물 중 제1석유류(인화점이 0도 이상인 것에 한함), 알코올류, 제2석유류, 제3석유류, 제4석유류, 동식물유류
- 제6류 위험물

27 ✈빈출 ▶ ①

위험물(제4류 위험물에 있어서는 특수인화물 및 제1석유류만 해당)운송자는 위험물안전카드를 휴대하여야 한다.

28 ▶ ③

위험물운송자는 장거리(고속국도 340km 이상, 그 밖의 도로 200km 이상)의 운송을 하는 때에는 2명 이상의 운전자로 한다. 다만, 다음의 경우에는 그러하지 아니하다.
- 운전책임자의 동승 : 운송책임자가 별도의 사무실이 아닌 이동탱크저장소에 함께 동승한 경우, 이때는 운송책임자가 운전자의 역할을 하지 않는 경우이다.

- 운송위험물의 위험성이 낮은 경우 : 운송하는 위험물이 제2류 위험물, 제3류 위험물(칼슘 또는 알루미늄의 탄화물과 이것만을 함유한 것), 제4류 위험물(특수인화물 제외)인 경우
- 적당한 휴식을 취하는 경우 : 운송 도중에 2시간 이내마다 20분 이상씩 휴식하는 경우

29 ▶ ②

제4류 위험물은 가연성 증기가 발생하며 연소하는 특징이 있으므로 주로 질식소화를 한다.

30 ▶ ③

- $4P + 5O_2 \rightarrow 2P_2O_5$
- 적린은 연소 시 오산화인이 발생한다.

31 ▶ ④

- 특수인화물의 지정수량 : 50L
- 제4석유류의 지정수량 : 6,000L

∴ 지정수량 배수의 합 $= \dfrac{200}{50} + \dfrac{12,000}{6,000} = 6$배

32 ▶ ①

제3류 위험물인 나트륨(Na)은 은백색 광택을 띠고, 노란색 불꽃을 내며 연소하며, 비중은 약 0.97, 융점은 97.7℃이고, 지정수량은 10kg이다.

33 ▶ ③

플래시오버 현상은 실내에서 어느 부분이 무염 연소 또는 연소 확대되는 과정에서 실내의 온도가 높아짐에 따라 가연성 혼합기의 인화점 또는 착화점보다 높게 되면 순간 폭발적으로 연소되며 실내의 가연물에 일시에 착화된다. 이는 성장기에서 최성기로 진행되는 사이에 발생하는 현상으로 내장재의 종류와 개구부의 크기에 영향을 받는다.

34 ▶ ①

탱크의 공간용적은 탱크 내용적의 100분의 5 이상 100분의 10 이하의 용적으로 한다.

35 ▶ ③

- 할론넘버는 C, F, Cl, Br 순으로 매긴다.
- 할론 1301 = CF_3Br
- 증기비중 $= \dfrac{분자량}{29(공기의 평균 분자량)}$

  $= \dfrac{12 + (19 \times 3) + 80}{29} = 5.137$

36
▶ ④

옥외탱크저장소의 보유공지

저장 또는 취급하는 위험물의 최대수량	공지의 너비
지정수량의 500배 이하	3m 이상
지정수량의 500배 초과 1,000배 이하	5m 이상
지정수량의 1,000배 초과 2,000배 이하	9m 이상
지정수량의 2,000배 초과 3,000배 이하	12m 이상
지정수량의 3,000배 초과 4,000배 이하	15m 이상

37
▶ ①

알코올포 소화약제는 일반적인 포 소화약제가 수용성 용매 화재에서 포가 파괴되는 문제를 보완한 소화약제이다. 단백질 가수분해물이나 합성계면활성제에 지방산금속염, 기타 합성계면활성제 또는 고분자 겔 생성물을 첨가하여 이러한 단점을 개선하였다.

38
▶ ③

- 각 위험물의 지정수량
  - 나이트로셀룰로오스(제5류) : 10kg
  - 트라이나이트로페놀(제5류) : 100kg
- 저장하는 트라이나이트로페놀의 용량 = a
- 지정수량 배수의 합 = $(\frac{5}{10}) + (\frac{a}{100}) = 1$

∴ a = 50kg

39
▶ ②

차광성 있는 피복으로 가려야 하는 위험물
- 제1류 위험물
- 제3류 위험물 중 자연발화성 물질
- 제4류 위험물 중 특수인화물
- 제5류 위험물
- 제6류 위험물

40
▶ ②

위험물의 소요단위(연면적)

구분	외벽 내화구조	외벽 비내화구조
제조소 취급소	100m²	50m²
저장소	150m²	75m²

- 외벽이 내화구조인 저장소의 1소요단위 : 150m²
- $\frac{300}{150} = 2$
- 소요단위는 2단위 이상이 되어야 한다.

41
▶ ①

질산메틸(CH_3ONO_2)은 제5류 위험물로 물을 주수하여 냉각소화한다.

42
▶ ③

지정과산화물을 저장 또는 취급하는 옥내저장소에 대해 저장창고의 외벽은 두께 20cm 이상의 철근콘크리트조나 철골철근콘크리트조 또는 두께 30cm 이상의 보강콘크리트블록조로 해야 한다.

43
▶ ③

탄화알루미늄과 물의 반응식
- $Al_4C_3 + 12H_2O \rightarrow 4Al(OH)_3 + 3CH_4$
- 탄화알루미늄이 물과 만나면 수산화알루미늄과 메탄이 발생하므로 주수금지이다.

44
▶ ①

질산암모늄(제1류, NH_4NO_3)의 특징
- 불안정한 물질이고 물에 녹을 때는 흡열반응을 나타낸다.
- 물에 잘 녹는다.
- 가열 시 분해하여 산소를 발생한다.
- 무색무취의 결정이다.

45
▶ ③

과산화벤조일[제5류, $(C_6H_5CO)_2O_2$]의 특징
- 품명은 유기과산화물이고, 지정수량은 10kg이다.
- 상온에서 안정하다.
- 유기물, 환원성과의 접촉을 피하고 마찰, 충격을 피한다.
- 건조 방지를 위해 희석제를 사용한다.

46
▶ ①

클로로벤젠(C_6H_5Cl)은 제4류 위험물 중 제2석유류(비수용성)이다.

47
▶ ④

트라이나이트로톨루엔[제5류, $C_6H_2(NO_2)_3CH_3$]은 물에 녹지 않는다.

48 ✈빈출
▶ ②

유별	종류	운반용기 외부 주의사항
제1류	알칼리금속의 과산화물	가연물접촉주의, 화기·충격주의, 물기엄금
	그 외	가연물접촉주의, 화기·충격주의
제2류	철분, 금속분, 마그네슘	화기주의, 물기엄금
	인화성 고체	화기엄금
	그 외	화기주의

유별	종류	운반용기 외부 주의사항
제3류	자연발화성 물질	화기엄금, 공기접촉엄금
	금수성 물질	물기엄금
제4류		화기엄금
제5류	–	화기엄금, 충격주의
제6류		가연물접촉주의

49 ▶ ②

알칼리금속과산화물은 주수소화를 금지하고 마른모래, 탄산수소염류 분말, 팽창질석, 팽창진주암 등으로 질식소화한다.

50 ▶ ③

방사압력 기준
• 스프링클러설비 : 100kPa
• 옥내소화전설비, 옥외소화전설비, 물분무 소화설비 : 350kPa

51 ▶ ①

옥내소화전설비의 비상전원은 45분 이상 작동할 수 있어야 한다.

52 ▶ ③

옥내저장소에서 위험물을 저장하는 경우 기계에 의하여 하역하는 구조로 된 용기만을 겹쳐 쌓는 경우에 있어서는 6m 높이를 초과하여 용기를 겹쳐 쌓지 아니하여야 한다.

53 ▶ ③

물분무등소화설비 종류
• 물분무 소화설비
• 포 소화설비
• 불활성 가스 소화설비
• 할로젠화합물 소화설비
• 분말 소화설비

54 빈출 ▶ ④

정전기 방지대책
• 접지에 의한 방법
• 공기를 이온화함
• 공기 중의 상대습도를 70% 이상으로 함
• 위험물이 느린 유속으로 흐를 때

55 ▶ ②

수성막포 소화약제는 주로 가솔린이나 기름과 같은 가연성 액체의 화재를 진압하기 위해 사용되는 소화약제이다. 물과 함께 폴리머계 계면활성제를 사용하여 발포 성능을 가지는 액체로 구성되어 있다.

56 ▶ ④

• 증기비중 = $\dfrac{분자량}{29(공기의\ 평균\ 분자량)}$

• 에틸알코올(C_2H_5OH) 분자량 = $(12 \times 2) + (1 \times 6) + 16 = 46g/mol$

• 에틸알코올 증기비중 = $\dfrac{분자량}{29(공기의\ 평균\ 분자량)} = \dfrac{46}{29} = 1.59$

57 ▶ ④

과산화나트륨과 물의 반응식
• $2Na_2O_2 + 2H_2O \rightarrow 4NaOH + O_2 + 발열$
• 과산화나트륨은 물과 반응하면 수산화나트륨과 산소 및 열이 발생한다.

58 ▶ ②

옥외저장소 중 덩어리 상태의 황을 지반면에 설치한 경계표시의 안쪽에서 저장 또는 취급할 때 경계표시의 높이는 1.5m 이하로 한다.

59 ▶ ②

나이트로톨루엔은 제4류 위험물 중 제3석유류(비수용성)이다.

60 ▶ ①

다이에틸에터($C_2H_5OC_2H_5$)는 에탄올과 진한 황산의 혼합물을 가열하여 제조할 수 있는데, 이때 에탄올 두 분자에서 물이 빠지면서 축합반응이 일어나 생성된다.

2025년 2회 CBT 기출복원문제

01	02	03	04	05	06	07	08	09	10	11	12	13	14	15	16	17	18	19	20
④	③	②	②	②	②	③	③	②	②	④	②	①	①	②	①	②	④	①	④
21	22	23	24	25	26	27	28	29	30	31	32	33	34	35	36	37	38	39	40
③	①	③	②	②	②	②	④	②	②	②	④	④	③	④	③	④	①	③	③
41	42	43	44	45	46	47	48	49	50	51	52	53	54	55	56	57	58	59	60
④	②	③	①	④	②	①	①	②	①	③	④	④	①	②	①	②	④	④	①

01 ▶ ④

자연발화조건
- 주위의 온도가 높을 것
- 습도가 높을 것
- 표면적이 넓을 것
- 열전도율이 적을 것
- 발열량이 클 것

02 ★빈출 ▶ ③

분말 소화약제의 종류

약제명	주성분	분해식	적응화재
제1종	탄산수소나트륨	$2NaHCO_3 \rightarrow Na_2CO_3 + CO_2 + H_2O$	BC
제2종	탄산수소칼륨	$2KHCO_3 \rightarrow K_2CO_3 + CO_2 + H_2O$	BC
제3종	인산암모늄	$NH_4H_2PO_4 \rightarrow NH_3 + HPO_3 + H_2O$	ABC
제4종	탄산수소칼륨 + 요소	–	BC

03 ★빈출 ▶ ②

화재의 종류

급수	화재	색상
A	일반	백색
B	유류	황색
C	전기	청색
D	금속	무색

04 ★빈출 ▶ ②

이산화탄소 소화농도

$$\frac{21 - O_2\%}{21} \times 100 = \frac{21 - 13}{21} \times 100 = 38.1vol\%$$

05 ▶ ②

- 합성계면활성제포 소화약제는 고급알코올 황산에스터염을 주요 기포제로 사용하며, 냄새가 없고 황색을 띠는 액체이다.

- 이 소화약제는 밀폐 또는 준밀폐 구조물에서 고팽창포를 형성하여 화재를 진압할 수 있다.
- 고팽창포는 공기의 흐름을 차단하여 화재 현장에 산소가 공급되지 않도록 하고, 또한 열을 흡수하여 불을 끄는 방식으로 사용된다.

06 ★빈출 ▶ ②

정전기 방지대책
- 접지에 의한 방법
- 공기를 이온화함
- 공기 중의 상대습도를 70% 이상으로 유지
- 위험물이 느린 유속으로 흐를 때

07 ▶ ③

플래시오버 현상은 실내에서 어느 부분이 무염 연소 또는 연소 확대되는 과정에서 실내의 온도가 높아짐에 따라 가연성 혼합기의 인화점 또는 착화점보다 높게 되면 순간 폭발적으로 연소되며 실내의 가연물에 일시에 착화된다. 이는 성장기에서 최성기로 진행되는 사이에 발생하는 현상으로 내장재의 종류와 개구부의 크기에 영향을 받는다.

08 ▶ ③

하나의 경계구역의 면적은 600m² 이하로 하고 그 한 변의 길이는 50m(광전식분리형 감지기를 설치할 경우에는 100m) 이하로 할 것. 다만, 당해 건축물 그 밖의 공작물의 주요한 출입구에서 그 내부의 전체를 볼 수 있는 경우에 있어서는 그 면적을 1,000m² 이하로 할 수 있다.

09 ★빈출 ▶ ②

- $PV = \dfrac{wRT}{M}$

- $M = \dfrac{wRT}{PV} = \dfrac{6 \times 0.082 \times 300}{7.4 \times 0.5} = 39.891g/mol$

[P : 압력, V : 부피, w : 질량, M : 분자량, R : 기체상수(0.082를 곱한다), T : 300K(절대온도로 변환하기 위해 273을 더한다)]

10 ▶ ②

- pH가 가장 작은 것은 가장 강한 산성을 나타내는 물질이다.
- 0.1N HCl(강산) : HCl은 강산으로 완전히 해리되므로, 0.1N 용액에서는 수소이온농도가 0.1M이 된다.
  → $pH = -\log[H^+] = -\log(0.1) = 1$
- 0.01N HCl(강산) : HCl은 강산으로 완전히 해리되므로, 0.01N 용액에서는 수소이온농도가 0.01M이 된다.
  → $pH = -\log[H^+] = -\log(0.01) = 2$
- 0.01N CH_3COOH(약산) : 일반적으로 0.01N 아세트산 용액의 pH는 약 3 정도이다.
- 0.1N NaOH(강염기)
  → $pOH = -\log(0.1) = 1$ $pOH = -\log(0.1) = 1$
  $pH + pOH = 14$이므로, $pH = 14 - pOH = 14 - 1 = 13$
  → 0.1N NaOH 용액의 pH = 13

11 ▶ ④

할론넘버는 C, F, Cl, Br 순으로 매긴다.
→ 할론 2402 = $C_2F_4Br_2$

12 ▶ ②

물이 소화약제로 사용되는 이유는 가격이 싸고, 쉽게 구할 수 있으며, 열 흡수가 매우 크고 사용방법이 비교적 간단하기 때문이다. 물은 제거소화가 아닌 냉각소화가 잘 된다.

13 ▶ ①

포 소화설비는 전기설비에 스며들어 누전이 발생되므로 적응성이 없다.

14 ▶ ①

학교, 병원, 수용인원 300명 이상 영화상영관 및 이와 유사한 시설과 수용인원 20명 이상 복지시설, 어린이집은 안전거리 30m 이상이다.

15 ▶ ②

이동저장탱크에 알킬알루미늄등을 저장할 때에는 20kPa 이하의 압력으로 불활성의 기체를 봉입한다.

16 ▶ ①

표면연소의 종류에는 목탄(숯), 코크스, 금속분 등이 있다.

17 ▶ ②

판매취급소라 함은 점포에서 위험물을 용기에 담아 판매하기 위하여 지정수량의 40배 이하의 위험물을 취급하는 장소이다.

18 ✈빈출 ▶ ④

종으로 설치한 원형 탱크의 내용적
$V = \pi r^2 l = \pi \times 10^2 \times 25 = 7{,}854m^3$

19 ▶ ①

IG - 541 혼합물 종류
- N_2 : Ar : CO_2 = 52 : 40 : 8

20 ▶ ④

분진폭발의 원인물질로 작용할 위험성이 가장 낮은 물질은 시멘트, 모래, 석회분말 등이다.

21 ✈빈출 ▶ ③

운송하는 위험물이 알킬알루미늄, 알킬리튬이거나 이 둘을 함유하는 위험물일 때에는 운송책임자의 감독 또는 지원을 받아 이를 운송하여야 한다.

22 ▶ ①

예방규정을 정해야 하는 제조소등
- 지정수량의 10배 이상의 위험물을 취급하는 제조소
- 지정수량의 10배 이상의 위험물을 취급하는 일반취급소
- 지정수량의 100배 이상의 위험물을 저장하는 옥외저장소
- 지정수량의 150배 이상의 위험물을 저장하는 옥내저장소
- 지정수량의 200배 이상의 위험물을 저장하는 옥외탱크저장소
- 암반탱크저장소
- 이송취급소

23 ▶ ③

$C_6H_2(NO_2)_3OH$(트라이나이트로페놀)은 제5류 위험물이다.

24 ✈빈출 ▶ ②

품명	위험물	상태
질산에스터류	질산메틸 질산에틸 나이트로글리콜 나이트로글리세린	액체
	나이트로셀룰로오스 셀룰로이드	고체
나이트로화합물	트라이나이트로톨루엔 트라이나이트로페놀 다이나이트로벤젠 테트릴	고체

25 ✈빈출 ▶ ②

- 고형알코올(제2류)의 지정수량 : 1,000kg
- 철분(제2류)의 지정수량 : 500kg

∴ 지정수량 배수의 총합 = $\dfrac{2,000}{1,000} + \dfrac{1,000}{500}$ = 4배

26 ✈빈출 ▶ ②

유별	종류	게시판
제1류	알칼리금속의 과산화물	물기엄금
	그 외	–
제2류	철분, 금속분, 마그네슘	화기주의
	인화성 고체	화기엄금
	그 외	화기주의
제3류	자연발화성 물질	화기엄금
	금수성 물질	물기엄금
제4류	–	화기엄금
제5류	–	화기엄금
제6류		–

27 ▶ ②

옥내저장탱크와 탱크전용실의 벽과의 사이 및 옥내저장탱크의 상호 간에는 0.5m 이상의 간격을 유지할 것. 다만, 탱크의 점검 및 보수에 지장이 없는 경우에는 그러하지 아니하다.

28 ▶ ④

금속나트륨과 금속칼륨은 공기와의 접촉을 막기 위해 경유, 등유 등의 산소가 함유되지 않은 보호액(석유류)에 저장한다.

29 ▶ ②

각 위험물의 인화점
- CH_3COCH_3(아세톤) : -18℃
- $C_2H_5OC_2H_5$(다이에틸에터) : -45℃
- $CH_3(CH_2)_3OH$(1 - 부탄올) : 35℃
- CH_3OH(메탄올) : 약 11℃

30 ✈빈출 ▶ ②

- 제3류 위험물 중 금수성 물질 : 물기엄금
- 제3류 위험물 중 자연발화성 물질 : 화기엄금
- 제2류 위험물(인화성 고체 제외) : 화기주의
- 제4류 위험물 : 화기엄금
- 제5류 위험물 : 화기엄금

31 ✈빈출 ▶ ②

소요단위(연면적)

구분	외벽 내화구조	외벽 비내화구조
제조소 취급소	100m²	50m²
저장소	150m²	75m²

32 ✈빈출 ▶ ④

소화설비의 능력단위

소화설비	용량(L)	능력단위
소화전용물통	8	0.3
수조(물통 3개 포함)	80	1.5
수조(물통 6개 포함)	190	2.5
마른모래(삽 1개 포함)	50	0.5
팽창질석·팽창진주암(삽 1개 포함)	160	1.0

33 ▶ ④

트라이에틸알루미늄 분자식 : $(C_2H_5)_3Al$
→ 위 분자식을 통해 탄소가 6개 있음을 알 수 있다.

34 ✈빈출 ▶ ③

- $2Al + 6H_2O \rightarrow 2Al(OH)_3 + 3H_2$
- 알루미늄은 물과 반응하여 수산화알루미늄과 수소를 발생하며 폭발한다.

35 ▶ ④

- 증기비중 = $\dfrac{\text{분자량}}{29(\text{공기의 평균 분자량})}$
- 에틸알코올(C_2H_5OH) 분자량 = (12 × 2) + (1 × 6) + 16 = 46g/mol
- 에틸알코올 증기비중 = $\dfrac{\text{분자량}}{29(\text{공기의 평균 분자량})} = \dfrac{46}{29} = 1.59$

36 ▶ ③

황린의 연소반응식
- $P_4 + 5O_2 \rightarrow 2P_2O_5$
- 황린은 연소 시 오산화인(P_2O_5)을 발생한다.

37 ▶ ④

제조소등의 관계인은 그 안전관리자를 해임하거나 안전관리자가 퇴직한 때에는 해임하거나 퇴직한 날부터 30일 이내에 다시 안전관리자를 선임하여야 한다.

38　▶ ①

위험물안전관리법 제6조 제2항(위험물시설의 설치 및 변경 등)
제조소등의 위치·구조 또는 설비의 변경 없이 당해 제조소등에서 저장하거나 취급하는 위험물의 품명·수량 또는 지정수량의 배수를 변경하고자 하는 자는 변경하고자 하는 날의 1일 전까지 행정안전부령이 정하는 바에 따라 시·도지사에게 신고하여야 한다.

39 🏅빈출　▶ ③

인화칼슘과 물의 반응식
• $Ca_3P_2 + 6H_2O \rightarrow 3Ca(OH)_2 + 2PH_3$
• 인화칼슘은 물과 반응하여 수산화칼슘과 포스핀가스를 발생한다.

40　▶ ③

• 조해성이란 공기 중에서 수분을 흡수하여 녹는 성질을 의미한다.
• 황화인 중에서 조해성이 있는 것은 P_2S_5(오황화인), P_4S_7(칠황화인)이다.

41　▶ ④

옥외탱크저장소의 보유공지

저장 또는 취급하는 위험물의 최대수량	공지의 너비
지정수량의 500배 이하	3m 이상
지정수량의 500배 초과 1,000배 이하	5m 이상
지정수량의 1,000배 초과 2,000배 이하	9m 이상
지정수량의 2,000배 초과 3,000배 이하	12m 이상
지정수량의 3,000배 초과 4,000배 이하	15m 이상

42 🏅빈출　▶ ②

유별을 달리하는 위험물 혼재기준

1	6		혼재 가능
2	5	4	혼재 가능
3	4		혼재 가능

43　▶ ③

• $NaH + H_2O \rightarrow NaOH + H_2$
• 수소화나트륨(NaH)은 물과 반응하여 수소가스를 발생시키므로 주수소화는 적절하지 않고 건조한 모래 등 물과 반응하지 않는 소화약제를 사용하여야 한다.

44 🏅빈출　▶ ①

• 제2류 위험물(인화성 고체 제외) : 화기주의
• 제2류 위험물 중 인화성 고체 : 화기엄금
• 화기엄금은 적색바탕에 백색문자로 표시한다.

45　▶ ④

밸브 없는 통기관의 지름은 30mm 이상으로 한다.

46　▶ ②

소화설비 설치기준에 따른 수원의 수량
• 옥내소화전 = 설치개수(최대 5개) × 7.8m³
• 옥외소화전 = 설치개수(최대 4개) × 13.5m³
∴ 옥외소화전의 수원의 수량 = 4 × 13.5 = 54m³

47　▶ ①

알칼리금속의 과산화물은 주수소화를 금지하고 마른모래, 탄산수소염류 분말, 팽창질석, 팽창진주암 등으로 질식소화한다.

48　▶ ①

• 강화액 소화약제는 주로 물에 특정 화학물질을 첨가하여 소화 성능을 향상시키는 방식이다.
• 탄산칼륨(K_2CO_3)은 강화액 소화약제의 소화력을 높이기 위해 자주 첨가되며, 주로 주방 화재에서 발생하는 기름 화재를 진압하는 데 사용된다.

49 🏅빈출　▶ ②

• $CaC_2 + 2H_2O \rightarrow Ca(OH)_2 + C_2H_2$
• 탄화칼슘과 물이 반응하면 수산화칼슘과 가연성의 아세틸렌이 발생한다.
• 아세틸렌의 연소범위는 2.5 ~ 81vol%이다.

50　▶ ①

이동탱크저장소에서의 취급기준(시행규칙 별표 18)
휘발유를 저장하던 이동저장탱크에 등유나 경유를 주입할 때 또는 등유나 경유를 저장하던 이동저장탱크에 휘발유를 주입할 때에는 다음의 기준에 따라 정전기 등에 의한 재해를 방지하기 위한 조치를 할 것
• 이동저장탱크의 상부로부터 위험물을 주입할 때에는 위험물의 액표면이 주입관의 끝부분을 넘는 높이가 될 때까지 그 주입관 내의 유속을 초당 1m 이하로 할 것
• 이동저장탱크의 밑부분으로부터 위험물을 주입할 때에는 위험물의 액표면이 주입관의 정상부분을 넘는 높이가 될 때까지 그 주입배관 내의 유속을 초당 1m 이하로 할 것

51 ▶ ③

- 일반적으로 탱크의 공간용적은 탱크의 내용적의 5/100 이상 10/100 이하의 용적으로 한다. 다만, 소화설비(소화약제 방출구를 탱크 안의 윗부분에 설치하는 것에 한한다)를 설치하는 탱크의 공간용적은 당해 소화설비의 소화약제 방출구 아래의 0.3m 이상 1m 미만 사이의 면으로부터 윗부분의 용적으로 한다.
- 암반탱크에 있어서는 당해 탱크 내에 용출하는 7일간의 지하수의 양에 상당하는 용적과 당해 탱크의 내용적의 1/100의 용적 중에서 보다 큰 용적을 공간용적으로 한다.

52 ▶ ④

제1석유류(휘발유 제외)는 분당 50리터 이하이다.

53 ▶ ④

산화프로필렌(Propylene Oxide)의 특징
- 제4류 위험물 중 특수인화물이다.
- 무색의 휘발성 액체이고 물에 녹는다.
- 인화점이 상온 이하이므로 가연성 증기 발생을 억제하여 보관해야 한다.
- 구리(Cu), 마그네슘(Mg), 은(Ag), 수은(Hg)과 반응하면 아세틸라이드를 생성한다.
- 저장용기 내부에는 불연성 가스 또는 수증기 봉입장치를 해야 한다.
- 증기압(538mmHg)이 높고 연소범위(2.8~37%)가 넓어 위험성이 높다.

54 ▶ ①

위험물이란 인화성 또는 발화성 등의 성질을 가지는 것으로서 대통령령이 정하는 물품을 말한다.

55 ▶ ②

과산화수소(H_2O_2)는 햇빛에 의해 분해되므로 뚜껑에 작은 구멍을 뚫은 갈색용기에 보관한다.

56 ▶ ①

소포성 있는 위험물 화재(알코올 화재 등)에서는 내알코올포를 사용해야 한다.

57 ▶ ②

마그네슘(Mg)의 지정수량 : 500kg

58 ⭐빈출 ▶ ④

- $Al_4C_3 + 12H_2O \rightarrow 4Al(OH)_3 + 3CH_4$
- 탄화알루미늄은 물과 반응하여 수산화알루미늄과 메탄을 발생한다.
- 탄화리튬, 탄화마그네슘, 탄화칼슘은 물과 반응하여 아세틸렌(C_2H_2)을 발생시킨다.

59 ▶ ④

제2류 위험물인 마그네슘(Mg)은 금수성 물질로, 물과 접촉할 경우 화재나 폭발을 일으킬 수 있다. 따라서 빗물이나 습기가 침투하지 않도록 방수성이 있는 피복으로 덮어야 한다.

60 ▶ ①

벽, 기둥, 바닥, 보, 서까래 및 계단은 불연재료로 한다.

빠른정답 보기

2025년 1회 CBT 기출복원문제 정답

01	②	31	④
02	③	32	①
03	④	33	③
04	②	34	①
05	④	35	③
06	③	36	④
07	③	37	①
08	①	38	③
09	④	39	②
10	②	40	②
11	①	41	①
12	③	42	③
13	②	43	③
14	②	44	①
15	③	45	③
16	①	46	①
17	①	47	④
18	②	48	②
19	③	49	②
20	②	50	③
21	②	51	①
22	②	52	③
23	④	53	③
24	④	54	④
25	①	55	②
26	②	56	④
27	①	57	④
28	③	58	②
29	②	59	②
30	③	60	①

2025년 2회 CBT 기출복원문제 정답

01	④	31	②
02	③	32	④
03	②	33	④
04	②	34	③
05	②	35	④
06	②	36	③
07	③	37	④
08	③	38	①
09	②	39	③
10	②	40	③
11	④	41	④
12	②	42	②
13	①	43	③
14	①	44	①
15	②	45	④
16	①	46	②
17	②	47	①
18	④	48	①
19	①	49	②
20	④	50	①
21	③	51	③
22	①	52	④
23	③	53	④
24	②	54	①
25	②	55	②
26	②	56	①
27	②	57	②
28	④	58	④
29	②	59	④
30	②	60	①

MEMO

성공의 커다란 비결은
결코 지치지 않는 인간으로 인생을 살아가는 것이다.
(A great secret of success is to go through life as a man who never gets used up.)

알버트 슈바이처(Albert Schweitzer)

가장 위대한 영광은 한 번도 실패하지 않음이 아니라
실패할 때마다 다시 일어서는 데 있다.

공자(孔子)

박문각 취밥러 시리즈
위험물기능사 필기 8개년 기출문제집

초판인쇄	2025. 5. 15
초판발행	2025. 5. 20

저자와의
협의 하에
인지 생략

편 저 자	김연진
발 행 인	박용
출판총괄	김현실
개발책임	이성준
편집개발	김태희, 이보혜
마 케 팅	김치환, 최지희
일러스트	㈜ 유미지

발 행 처	㈜ 박문각출판
출판등록	등록번호 제2019-000137호
주 소	06654 서울시 서초구 효령로 283 서경B/D 4층
전 화	(02) 6466-7202
팩 스	(02) 584-2927
홈페이지	www.pmgbooks.co.kr

ISBN	979-11-7262-746-1
정가	22,000원